U0659884

国家出版基金项目
NATIONAL PUBLICATION FOUNDATION

中国石油大学(华东)"211工程"建设
重点资助系列学术专著

复杂油气藏物理-化学强化开采
工程技术研究与实践丛书

卷三

裂缝性特低渗油藏
水窜水淹调控高效驱油技术

WATER FLOODING CONTROL AND HIGH EFFICIENCY OIL DISPLACEMENT TECHNOLOGY
OF FRACTURED EXTRA-LOW PERMEABILITY RESERVOIR

蒲春生　高瑞民　刘　静　王成俊　著

中国石油大学出版社
CHINA UNIVERSITY OF PETROLEUM PRESS

图书在版编目(CIP)数据

裂缝性特低渗油藏水窜水淹调控高效驱油技术/蒲春生等著. —东营:中国石油大学出版社,2015.12

(复杂油气藏物理-化学强化开采工程技术研究与实践丛书;3)

ISBN 978-7-5636-4962-4

Ⅰ. ①裂… Ⅱ. ①蒲… Ⅲ. ①裂缝性油气藏—低渗透油气藏—水窜—化学封堵—研究 Ⅳ. ①TE344

中国版本图书馆 CIP 数据核字(2015)第 313414 号

书　　名:裂缝性特低渗油藏水窜水淹调控高效驱油技术

作　　者:蒲春生　高瑞民　刘　静　王成俊

责任编辑:王金丽(电话 0532—86983567)

封面设计:悟本设计

出 版 者:中国石油大学出版社(山东 东营　邮编 257061)

网　　址:http://www.uppbook.com.cn

电子信箱:shiyoujiaoyu@126.com

印 刷 者:山东临沂新华印刷物流集团有限责任公司

发 行 者:中国石油大学出版社(电话 0532—86981531,86983437)

开　　本:185 mm×260 mm　印张:17.75　字数:422 千字

版　　次:2015 年 12 月第 1 版第 1 次印刷

定　　价:95.00 元

总 序

“211工程”于1995年经国务院批准正式启动,是新中国成立以来由国家立项的高等教育领域规模最大、层次最高的工程,是国家面对世纪之交的国内国际形势而做出的高等教育发展的重大决策。“211工程”抓住学科建设、师资队伍建设等决定高校水平提升的核心内容,通过重点突破带动高校整体发展,探索了一条高水平大学建设的成功之路。经过17年的实施建设,“211工程”取得了显著成效,带动了我国高等教育整体教育质量、科学研究、管理水平和办学效益的提高,初步奠定了我国建设若干所具有世界先进水平的一流大学的基础。

1997年,中国石油大学跻身“211工程”重点建设高校行列,学校建设高水平大学面临着重大历史机遇。在“九五”“十五”“十一五”三期“211工程”建设过程中,学校始终围绕提升学校水平这个核心,以面向石油石化工业重大需求为使命,以实现国家油气资源创新平台重点突破为目标,以提升重点学科水平,打造学术领军人物和学术带头人,培养国际化、创新型人才为根本,坚持有所为、有所不为,以优势带整体,以特色促水平,学校核心竞争力显著增强,办学水平和综合实力明显提高,为建设石油学科国际一流的高水平研究型大学打下良好的基础。经过“211工程”建设,学校石油石化特色更加鲜明,学科优势更加突出,“优势学科创新平台”建设顺利,5个国家重点学科、2个国家重点(培育)学科处于国内领先、国际先进水平。根据ESI 2012年3月更新的数据,我校工程学和化学2个学科领域首次进入ESI世界排名,体现了学校石油石化主干学科实力和水平的明显提升。高水平师资队伍建设取得实质性进展,培养汇聚了两院院士、长江学者特聘教授、国家杰出青年基金获得者、国家“千人计划”和“百千万人才工程”入选者等一批高层次人才队伍，为学校未来发展提供了人才保证。科技创新能力大幅提升，高层次项目、高水平成果不断涌现，年到位科研经费突破4亿元，初步建立起石油特色鲜明的科技创新体系，成为国家科技创新体系的重要组成部分。创新人才培养能力不断提高，开展"卓越工程师教育培养计划"和拔尖创新人才培育特区，积极探索国际化人才的培养，深化研究生培养机制改革，初步构建了与创新人才培养相适应的创新人才培养模式和研究生培养机制。公共服务支撑体系建设不断完善，建成了先进、高效、快捷的公共服务体系，学校办学的软硬件条件显著改善，有力保障了教学、科研以及管理水平的提升。

17年来的"211工程"建设轨迹成为学校发展的重要线索和标志。"211工程"建设所取得的经验成为学校办学的宝贵财富。一是必须要坚持有所为、有所不为，通过强化特色、突出优势，率先从某几个学科领域突破，努力实现石油学科国际一流的发展目标。二是必须坚持滚动发展、整体提高，通过以重点带动整体，进一步扩大优势，协同发展，不断提高整体竞争力。三是必须坚持健全机制、搭建平台，通过完善"联合、开放、共享、竞争、流动"的学科运行机制和以项目为平台的各项建设机制，加强统筹规划、集中资源力量、整合人才队伍，优化各项建设环节和工作制度，保证各项工作的高效有序开展。四是必须坚持凝聚人才、形成合力，通过推进"211工程"建设任务和学校各项事业发展，培养和凝聚大批优秀人才，锻炼形成一支甘于奉献、勇于创新的队伍，各学院、学科和各有关部门协调一致、团结合作，在全校形成强大合力，切实保证各项建设任务的顺利实施。这些经验是在学校"211工程"建设的长期实践中形成的，今后必须要更好地继承和发扬，进一步推动高水平研究型大学的建设和发展。

为更好地总结"211工程"建设的成功经验，充分展示"211工程"建设的丰富成果，学校自2008年开始设立专项资金，资助出版与"211工程"建设有关的系列学术专著，专款资助石大优秀学者以科研成果为基础的优秀学术专著的出版，分门别类地介绍和展示学科建设、科技创新和人才培养等方面的成果和经验。相信这套丛书能够从不同的侧面、从多个角度和方向，进一步传承先进的科学研究成果和学术思想，展示我校"211工程"建设的巨大成绩和发展思路，从而对扩大我校在社会上的影响，提高学校学术声誉，推进我校今后的"211工程"建设发挥重要而独特的贡献和作用。

最后，感谢广大学者为学校"211工程"建设付出的辛勤劳动和巨大努力，感谢专著作者孜孜不倦地整理总结各项研究成果，为学术事业、为学校和师生留下宝贵的创新成果和学术精神。

中国石油大学(华东)校长

山红红

2012年9月

序 一

在世界经济发展和国内经济保持较快增长的背景下，我国石油需求持续大幅度上升。2014年我国石油消费量达到5.08×10^8 t，国内原油产量为2.1×10^8 t，对外依存度接近60%，预计未来还将呈现上升态势，国家石油战略安全的重要性愈加凸显。

经过几十年的勘探开发，国内各大油田相继进入开采中后期，新发现并投入开发的油田绝大多数属于低渗、特低渗、致密、稠油、超稠油、异常应力、高温高压、海洋等难动用复杂油气藏，储层类型多、物性差，地质条件复杂，地理环境恶劣，开发技术难度极大。多年来，蒲春生教授率领课题组在异常应力构造油藏、致密砂岩油藏、裂缝性特低渗油藏、深层高温高压气藏和薄层疏松砂岩稠油油藏等复杂油气藏物理-化学强化开采理论与技术方面进行了大量研究工作，取得了丰富的创新性成果，并在生产实践中取得了良好的应用效果。尤其在异常应力构造油藏大段泥页岩井壁失稳与多套压力系统储层伤害物理-化学协同控制机制、致密砂岩油藏水平井纺锤形分段多簇体积压裂、水平井/直井联合注采井网渗流特征物理与数值模拟优化决策、深层高温高压气藏多级脉冲燃爆诱导大型水力缝网体积压裂动力学理论与工艺技术、裂缝性特低渗油藏注水开发中后期基于流动单元/能量厚度协同作用理论的储层精细评价技术和裂缝性水窜水淹微观动力学机理与自适应深部整体调控技术、薄层疏松砂岩稠油油藏注蒸汽热力开采“降黏-防汽窜-防砂”一体化动力学理论与配套工程技术等方面的研究成果具有原创性。在此基础上，将多年科研实践成果进行了系统梳理与总结凝练，同时全面吸收相关技术领域的知识精华与矿场实践经验，形成了这部《复杂油气藏物理-化学强化开采工程技术研究与实践丛书》。

该丛书理论与实践紧密结合，重点论述了涉及异常应力构造油藏大段泥页岩井壁稳定与多套压力系统储层保护问题、致密砂岩油藏储层改造与注采井网优化问题、裂缝性特低渗油藏水窜水淹有效调控问题、薄层疏松砂岩稠油油藏高效热采与有效防砂协调问题等关键工程技术的系列研究成果，其内容涵盖储层基本特征分析、制约瓶颈剖析、技术对策适应性评价、系统工艺设计、施工参数优化、矿场应用实例分析等方面，是从事油气田开发工程的科学研究工作者、工程技术人员和大专院校相关专业师生很好的参考书。同时，该丛书的出版也必将对同类复杂油气藏的高效开发具有重要的指导和借鉴意义。

中国科学院院士

2015 年 10 月

序 二

随着常规石油资源的减少，低渗、特低渗、稠油、超稠油、致密以及异常应力构造、高温高压等复杂难动用油气藏逐步成为我国石油工业的重要接替储量，但此类油气藏开发难度大且成本高，同时油田的高效开发与生态环境协调可持续发展的压力越来越大，现有的常规强化开采技术已不能完全满足这些难动用油气资源高效开发的需要。将现有常规采油技术和物理法采油相结合，探索提高复杂油气藏开发效果的新方法和新技术，对促进我国难动用油气藏单井产能和整体采收率的提高具有十分重要的理论与实践意义。

自20世纪90年代以来，蒲春生教授带领科研团队基于陕甘宁、四川、塔里木、吐哈、准噶尔等西部油气田地理条件恶劣、生态环境脆弱以及油气藏地质条件复杂的具体情况，建立了国内唯一一个专门从事物理法和物理-化学复合法强化采油理论与技术研究的“油气田特种增产技术实验室”。2002年，“油气田特种增产技术实验室”被批准为“陕西省油气田特种增产技术重点实验室”。2006年，开始筹建中国石油大学(华东)油气田开发工程国家重点学科下的“复杂油气开采物理-生态化学技术与工程研究中心”。经过多年的科学研究与工程实践，该科研团队在复杂油气藏强化开采理论研究和工程实践上取得了一系列特色鲜明的研究成果，尤其在异常应力构造大段泥页岩井壁稳定防控机制与储层伤害液固耦合微观作用机制、致密砂岩储层分段多簇体积压裂、水平井与直井组合井网下的渗流传导规律及体积压裂裂缝形态的优化决策、深层高温高压气藏多级脉冲深穿透燃爆诱导体积压裂裂缝延伸动态响应机制、裂缝性特低渗储层裂缝尺度动态表征与缝内自适应深部调控技术、薄层疏松砂岩稠油油藏注蒸汽热力开采综合提效配套技术等方面获得重要突破，并在生产实践中取得了显著效果。

在此基础上，他们将多年科研实践成果进行系统梳理与总结凝练，并吸收相关技术领域的知识精华与矿场实践经验，写作了这部《复杂油气藏物理-化学强化开采工程技术研究与实践丛书》，可为复杂油气藏开发领域的研究人员和工程技术人员提供重要参考。这部丛书的出版将会积极推动复杂油气藏物理-化学复合开采理论与技术的发展，对我国复杂油气资源高效开发具有重要的社会意义和经济意义。

中国工程院院士

韩旭

2015 年 10 月

PREFACE 前言

随着我国陆上主力常规油气资源逐渐进入开发中后期，复杂油气资源的高效开发对于维持我国石油工业稳定发展、保障石油供应平衡、支撑国家经济可持续发展、维护国家战略安全均具有重要意义。异常应力构造储层、致密砂岩储层、裂缝性特低渗储层、深层高温高压储层、薄层疏松砂岩稠油储层是近年来逐步投入规模开发的几类重要复杂油气资源。在这些油藏的钻井、储层改造、井网布置、水驱控制、高效开发等各环节均存在突出的技术制约，主要体现在异常应力构造储层的井壁稳定与储层保护问题、致密砂岩储层的储层改造与井网优化问题、裂缝性特低渗储层的水驱有效调控问题、疏松砂岩储层的高效热采与有效防砂协调问题等。由于这些复杂油气藏自身的特殊性，一些常规开发技术方法和工艺手段的应用受到了不同程度的限制，而新兴的物理-化学复合方法在该类储层开发中体现出较强的适用性。由此，突破常规技术开发瓶颈，系统梳理物理-化学复合开发技术，完善矿场施工配套工艺等，对于提高复杂油气资源开发的效率和效益具有十分重要的意义。

基于上述复杂油气藏的地质特点和开发特征，将现有常规采油技术与物理法采油相结合，探索提高复杂油气藏开发水平的新思路与新方法，必将有效地促进上述几类典型难动用油气藏单井产量与采收率的提高，减少油层伤害与环境污染，提高整体经济效益和社会效益。1987 年以来，作者所带领的科研团队一直致力于储层液/固体系微观动力学、储层波动力学、储层伤害孔隙堵塞预测诊断与评价、裂缝性水窜通道自适应调控、高能气体压裂强化采油、稠油高效开发等复杂油气藏物理-化学强化开采基本理论与工程应用方面的研究工作。在理论研究取得重要认识的基础上,逐步形成了异常应力构造泥页岩井壁稳定、储层伤害评价诊断与防治、致密砂岩油藏水平井/直井复合井网开发、深层高温高压气藏多级脉冲燃爆诱导大型水力缝网体积压裂、裂缝性特低渗油藏水窜水淹自适应深部整体调控、薄层疏松砂岩稠油油藏注蒸汽热力开采“降黏-防汽窜-防砂”一体化等多项创新性配套工程技术成果,并逐步在矿场实践中获得成功应用。特别是近十年来,项目组的研究工作被列入了国家西部开发科技行动计划重大科技攻关课题“陕甘宁盆地特低渗油田高效开发与水资源可持续发展关键技术研究(2005BA901A13)”、国家科技重大专项课题“大型油气田及煤层气开发(2008ZX05009)”、国家863计划重大导向课题“超大功率超声波油井增油技术及其装置研究(2007AA06Z227)”、国家973计划课题“中国高效气藏成藏理论与低效气藏高效开发基础研究”三级专题“气藏气/液/固体系微观动力学特征(2001CB20910704)”、国家自然科学基金课题“油井燃爆压裂中毒性气体生成与传播规律研究(50774091)”、教育部重点科技攻关项目“振动-化学复合增产技术研究(205158)”、中国石油天然气集团公司中青年创新基金项目“低渗油田大功率弹性波层内叠合造缝与增渗关键技术研究(05E7038)”、中国石油天然气股份公司风险创新基金项目“电磁采油系列装置研究与现场试验(2002DB-23)”、陕西省重大科技攻关专项计划项目“陕北地区特低渗油田保水开采提高采收率关键技术研究(2006KZ01-G2)”和陕西省高等学校重大科技攻关项目“陕北地区低渗油田物理-化学复合增产与提高采收率技术研究(2005JS04)”,以及大庆、胜利、吐哈、长庆、延长、辽河、大港、塔里木、吉林、中原等石油企业的科技攻关项目和技术服务项目,使相关研究与现场试验工作取得了重要进展,获得了良好的经济效益与社会效益。在作者及合作者近30年研究工作积累的基础上,结合前人有关的研究工作,总结撰写出《复杂油气藏物理-化学强化开采工程技术研究与实践丛书》。在作者多年的研究工作和本丛书的撰写过程中,自始至终得到了郭尚平院士、王德民院士、韩大匡院士、戴金星院士、罗平亚院士、袁士义院士、李佩成院士、张绍槐教授、葛家理教授、张琪教授、李仕伦教授、陈月明教授、赵福麟教授等前辈们的热心指导与无私帮助,并得到了中国石油大庆油田、辽河油田、大港油田、新疆油田、塔里木油田、吐哈油田、长庆油田,中国石化胜利油田、中原油田,中海油渤海油田,以及延长石油集团等企业的精诚协作与鼎力支持,在此特向他们致以崇高的敬意和由衷的感谢。

本书为丛书的第三卷,全面系统地介绍了适用于裂缝性特低渗油藏水窜水淹调控驱油的技术理论体系及矿场试验效果。

我国低渗、特低渗油气资源分布广、储量丰富、开发难度大,其中裂缝性发育的特低渗油藏在低渗、特低渗资源中占有非常大的比例,其复杂的地质特点使得开发难度进一步加大。目前裂缝性特低渗油藏已在我国部分油田如大庆、胜利、长庆、新疆、延长、四川等油田进行了开发,并取得了较高的产量,以长庆、延长油田为代表的鄂尔多斯盆地浅层裂缝性特低渗油藏更是其中的开发典型。由于该类裂缝性特低渗油藏埋深浅、地层压力低、储层物性差、微裂缝发育,天然能量开发产量衰减速度快、采收率低,注水开发已被证实为该类储层高效开发的必由之路。然而,该类裂缝性特低渗油藏的特殊地质特征又导致在注水过程中会发生要么注不进、要么暴性水窜的问题，严重制约了水驱开发效率，加上水资源短缺和新资源区块越来越少，更加迫切要求对现有开发区块进行注水开发效果的改善，通过精细层系开发、平面驱替调节干预、油水井改造、新技术引进与应用等来实现采收率的提高。裂缝性特低渗油藏水窜水淹调控驱油技术在此背景下显得尤为重要。

作者带领科研团队在裂缝性特低渗油藏水窜水淹调控驱油技术方面开展了大量系统的研究工作，并在以下方面取得了一些重要进展：

(1) 形成了一套改善裂缝性特低渗油藏水窜水淹状况并提高其采出程度的系统化技术体系，兼顾了横向调节与强化开发，综合了水井调驱技术、油井堵水技术、高效驱油技术、谐振波复合化学调驱技术等，评价了其对裂缝性特低渗油藏的适应性。

(2) 系统结合并评价了空气泡沫深部调驱和自适应凝胶深部液流转向调驱两种水井调控技术在裂缝性特低渗油藏的应用效果，研发了适合该类油藏的调控化学药剂配方，揭示了其主控影响因素与作用机制，确定了其最优注入工艺参数。

(3) 建立了高渗窜流通道的泡沫水泥可渗透堵水技术，优化了适合该类油藏的堵水体系配方，室内预测了其动态封堵效果，给出了其经济可行性和适用条件。

(4) 开展了裂缝性特低渗油藏系列高效驱油技术研究，评价了注水开发、注气开发及气水交替注入开发的驱油效果，揭示了其主控影响因素与作用机制，确定了最优注入工艺参数，评价了相应开发方式的开发效果。

(5) 创新性地提出并系统研究了物理-化学复合调控驱油技术，探索性地揭示了谐振波复合空气泡沫调控驱油技术、谐振波复合自适应凝胶调控技术、谐振波复合表面活性剂驱油技术的作用机理，优化了谐振波复合化学调控驱油工艺参数，预测了谐振波复合调控驱油效果及经济可行性。

(6) 实现了裂缝性特低渗油藏水窜水淹调控驱油技术的先导性矿场试验，验证了系统化的裂缝性特低渗油藏水窜水淹调控驱油技术体系的增油降水、增压增注效果。

全书共分 8 章。第 1 章介绍裂缝性特低渗油藏、物理法采油技术、化学堵水技术的基本概念与理论；第 2 章简述裂缝性特低渗油藏地质特征与调控驱油系列关键技术，包括水井调驱技术、油井堵水技术、高效驱油技术、物理法采油技术、物理法复合化学调控驱油技术等对裂缝性特低渗油藏的适应性；第 3 章分析裂缝性特低渗油藏注水井空气泡沫调驱和自适应凝胶调驱技术的作用原理、作用效果的主控因素、施工工艺参数体系及经济性等；第 4 章介绍裂缝性特低渗油藏生产井近井带泡沫水泥可渗透封堵技术；第 5 章阐述提高裂缝性特低渗油藏开发效果的系列高效驱油技术，包含水驱开发、注气开发、气水交替注入等开发方式；第 6 章阐述大功率谐振波物理法采油技术、谐振波复合空气泡沫调控驱油技术、谐振波复合凝胶调控技术、谐振波复合表面活性剂驱油技术等物理-化学复合调控驱油技术理论体系；第 7 章介绍裂缝性特低渗油藏水窜水淹调控驱油技术的矿场试验实例；第 8 章简述裂缝性特低渗油藏水窜水淹高效驱油技术的发展趋势。

本书可供从事油气田开发工程、石油开发地质等方面工作的科研工作者和工程技术人员参考，也可以作为相关专业领域的博士、硕士研究生和高年级大学生的参考教材。

本书内容主要基于作者及所领导的科研团队取得的研究成果，同时也参考了近年来国内外同行专家在这一领域公开出版或发表的相关研究成果，相关参考资料已列入参考文献之中，特做此说明，并对这些资料的作者致以诚挚的谢意。

中国石油大学（华东）油气田开发工程国家重点学科“211 工程”建设计划、985 创新平台建设计划和中国石油大学出版社对本书的出版给予了大力支持和帮助，在此表示衷心的感谢。本书的出版还得到了国家出版基金和中国石油大学（华东）“211 工程”建设学术著作出版基金的支持，在此一并表示感谢。

目前，裂缝性特低渗油藏水窜水淹调控驱油技术在诸多方面仍处于研究发展阶段，加之作者水平有限和经验不足，书中难免有缺点和错误，欢迎同行和专家提出宝贵意见。

作　者

2015 年 8 月

CONTENTS 目 录

第1章　裂缝性特低渗油藏水窜水淹特征及其调控问题

1.1　基础概念与油藏特征

1.1.1　裂缝性油藏

油气在裂缝性圈闭中聚集而形成的油气藏，称为裂缝性油气藏。与其他类型的油气藏相比，裂缝性油气藏常具有以下几方面的特点[1-5]：

(1) 裂缝性油气藏储集层的原始孔隙率高低不一，渗透率均极低，但在裂缝发育带的渗透率很高，其储渗空间发育分布极不均一，同一储集层的不同部位，储集性能相差悬殊，实验室测定的油气层岩心渗透率往往很低，但在地下由于裂缝发育，沟通了储集层中各种储集空间，形成了一个畅通的渗流系统，油气藏在开采中的实际渗透率却很高。裂缝的发育分布情况与区域构造背景、褶皱强度、储层岩性、厚度和层序组合等有密切关系。

(2) 裂缝性油气藏在钻井过程中，经常发生钻具放空、钻井液漏失和井喷现象，并且放空和漏失的井段和层位，往往是产层所在的井段和层位。大漏大喷往往是发现高产裂缝性油气藏的前兆。

(3) 由于裂缝发育带可垂直切穿多层岩层，把原来互相隔绝的储集空间沟通起来，形成一个统一的储集空间，因此，裂缝性油气藏常呈块状，其油气柱高度一般都较大。油气井产量高，但差别大，油气分布极不均一。目前世界上产量最高的万吨井，绝大多数与碳酸盐岩中的裂缝性油气藏有关。例如，伊朗有许多这种类型的油田，单井日产量多数达千吨以上，个别万吨井已稳定生产10年以上。产量差别大，油气分布极不均一，也是裂缝性油气藏的重要特点，具体表现在同一油气藏内，相邻生产井的产量相差悬殊，高产井群中伴有低产井或干井，低产井群中伴有高产井。造成这一状况的原因，与裂缝性储集层的孔隙-裂缝成因复杂及分布不均有关。

总之，裂缝性油气藏是一种比较复杂的油气藏类型，在勘探这种类型的油气藏时，最重要的是分析和认识裂缝发育带分布规律，因为正是这些次生裂缝带的发育分布情况，控制了地下油气的富集程度。

裂缝性油气藏在世界石油和天然气的产量、储量中占有十分重要的地位。按其储集层的岩石类型及重要性，它可分为碳酸盐岩和沉积岩裂缝性油气藏两大类，鄂尔多斯盆地裂缝性特低渗油气藏为典型的沉积岩裂缝性油气藏。

裂缝性油藏中涉及的裂缝主要包括两大类：一类为人工裂缝，即在钻井、压裂、酸化、水力喷砂、射孔等人为应力作用下或诱导下造成的缝隙，其张启程度较大，渗透性较高；另一类为天然裂缝，岩石在成岩作用或构造作用等地质应力作用下产生破裂，破裂两侧的岩石沿破裂面没有发生明显的相对位移，或仅有微量位移的断裂构造，由于天然裂缝种类和产生原因的多样化，其特征、张启程度、渗透性、走向、倾向和倾角等均不同。

人工诱导裂缝包括钻井诱导裂缝、水压致裂缝等；天然裂缝包括原生缝、收缩缝（火山岩的柱状节理、沉积岩中的干裂等）、层间缝（层面、层理等）、压溶缝（缝合线，有的缝合线并非原生的，而是构造成因的）、风化缝（席理、球状风化缝、根劈缝等）、非构造缝（形成不受构造运动和构造力的影响，分布规律性较差且不受构造影响）、构造缝等。

天然裂缝普遍存在于自然界的所有岩石中，天然裂缝分类的方法有多种，如按裂缝成因可分为构造缝和成岩缝；按裂缝力学性质分为张裂缝和剪裂缝；按裂缝的倾角分为垂直缝、高角度缝、低角度缝和水平缝；按裂缝开放性分为张开缝、闭合缝、全充填缝、半充填缝；按裂缝发育程度分为高密度分布裂缝和低密度分布裂缝；按裂缝组系分为平行缝、斜列缝和共轭缝。

裂缝是油气储层中一种重要的储渗空间。在油气成藏过程中裂缝是油气运移的通道，在油田开发中储层裂缝的存在增强了储存空间和流体渗流条件，同时加剧了储层的非均质性。在鄂尔多斯盆地裂缝性特低渗油气藏中人工裂缝、天然裂缝并存，而天然裂缝的走向、倾角、形态也是多种多样的。目前认为天然微裂缝是发育的一种主要裂缝，根据微裂缝的定义一般认为裂缝宽度在 100 μm 或 150 μm 以下的称微裂缝。

1.1.2 特低渗油藏

低渗油田是一个相对的概念，世界上并无统一固定的标准和界限，因不同国家、不同时期的资源状况和技术经济条件而划定，变化范围较大。根据我国生产实践和理论研究，对于低渗油层的范围和界限已经有了比较一致的认识（表 1-1 和表 1-2）。1990 年油田开发工作会议上把低渗油层上限定为 $50\times10^{-3}\ \mu m^2$[6-8]。

表 1-1　碎屑岩储层渗透率类型划分（SY/T 6285—2011）

分　类	特高渗	高　渗	中　渗	低　渗	特低渗	超低渗
渗透率 K /($10^{-3}\ \mu m^2$)	$K\geqslant 2\,000$	$500\leqslant K<2\,000$	$50\leqslant K<500$	$10\leqslant K<50$	$1\leqslant K<10$	$K<1$

表 1-2　砂岩气藏按照孔隙度、渗透率划分标准（中国石油天然气总公司标准，1998）

分　类	高　渗	中　渗	低　渗	特低渗
渗透率 K/($10^{-3}\ \mu m^2$)	$500\leqslant K$	$10\leqslant K<500$	$0.1\leqslant K<10$	$K<0.1$
孔隙度/%	$\geqslant 25$	25～15	15～10	<10

我国低渗油气藏含油气层系多，涵盖古生界、中生界和新生界。低渗油气藏类型多，包括砂岩、碳酸盐岩和火山岩。低渗油气藏分布区域广，主要盆地都有分布，东部有松辽、渤海湾、二连、海拉尔、苏北、江汉盆地砂岩油藏，松辽、渤海湾盆地火山岩油气藏；中部有鄂尔多斯、四川盆地砂岩油气藏和海相碳酸盐岩气藏；西部有准噶尔、柴达木、塔里木、三塘湖盆地砂砾岩油气藏、火山岩油气藏和海相碳酸盐岩油气藏。

一般特低渗储层渗透率介于 $1\times10^{-3}\sim10\times10^{-3}\ \mu m^2$。特低渗储层的主要地质特征：① 储层沉积微相变化快，平面和纵向上储层非均质性强；② 裂缝相对发育；③ 主要的渗流空间为残余粒间孔、溶蚀微孔、溶蚀微缝等，孔喉细小。

特低渗储层的地质特征导致开发面临以下主要难题：① 流体流动在渗流力学上表现为"非达西流"，从本质上影响采收率的提高；② 低压储层导致投产初期过后，采液、采油指数下降，一般常规注水很难恢复；③"低渗、低压、低丰度"，造就了"多井低产"，给资本投资和运行成本造成了巨大的压力；④ 低渗透水平井水平段规模压裂改造投产始终是一大难题，现在仍在探索规模化实施。

储层渗透率的损害严重影响储层流体的流动，尤其是近井附近。特低渗储层由于孔喉细小，更容易受到损害。一般主要的损害类型有：应力敏感性损害，水锁损害，敏感性矿物在外界流体的作用下造成的损害，微小颗粒的侵入损害等。由于特低渗储层孔喉细小，因此水锁伤害是特低渗储层的重要伤害类型。水锁伤害包括永久性水锁伤害和暂时性水锁伤害。永久性水锁伤害指由于侵入的外来水基液体滞留在地下不能返排出，造成地层含水饱和度的升高，降低了油相的流动能力；暂时性水锁伤害指侵入水基流体后，必然造成油相渗透率的下降，但侵入水可以被返排出来，油相渗透率能够恢复，因此，这种损害是暂时性损害。由沿河湾长 6 储层相渗曲线可以看出，沿河湾储层含水饱和度增加至等渗点饱和度时，油相渗透率下降 80％～98％，表明水相对储层的封闭能力较强，尤其对渗透率小于 $1\times10^{-3}\ \mu m^2$ 的储层。

与特低渗储层描述相关的技术包括野外露头天然裂缝描述、岩心裂缝描述、成像与常规测井裂缝描述、储层生产动态测试资料表征、三维地震、四维地震、井间地震和井间电磁波等油气藏表征、三维可视化、综合地质研究技术。油藏描述技术是对油气藏特征进行定性与定量描述、预测，进行剩余油分布预测和开发决策的主要技术。由于决策的内容不同，油藏描述技术和方法也不同，描述内容和精度亦有差别。对进入中后期开发的老油田，以确定剩余油分布为目的的油气藏描述，必须通过集成化的精细表征提供准确的剩余油分布状况，指导油气田调整挖潜，改善开发效果。

与特低渗储层开发相关的技术包括天然能量开发技术、注气开发技术、注水开发技术等[9-14]。天然能量开发包括打水平井、加密井，调节生产参数，提高原油动用程度和控制面积；注水开发包括超前注水、早期注水、不稳定注水、后期注水等；注气开发包括注氮气、空气、二氧化碳等[15-18]。另外还有许多与特低渗储层开发与调整相关的技术，如不同面积注水方式的开发井网部署与调整，裸眼井、常规直井、定向井、水平井等钻井类型及辅助定向井、水平井开发的系列技术，点状注水、排状注水、面积注水等布井方式，射孔、燃爆、水力压裂、酸化等储层改造措施[19-26]，水大井堵水、事故井处理、老井恢复、老井加深等旧井挖潜技术，微生物驱、碱驱、表面活性剂驱等三次采油技术。

1.1.3 裂缝性特低渗油藏水窜水淹特征

裂缝性特低渗油藏在水驱开发过程中，由于储层较强的非均质性易发生不同程度的水窜水淹状况，具体表现为以下特征[27-33]：

(1) 相对其他同期投、转注注水井，注水井注入压力在突然升高或持续性走高后突然大幅降低，或注入量在相同注入压力下明显升高，累计注入量相对较高。

(2) 相对其他相同物性区域的生产井，生产井产液量明显上升，或含水率出现明显升高，甚至发生完全水淹(含水率100%)，部分严重井发生自溢流现象。

(3) 生产测试中，关停对应注水井时，生产井响应速度相对较快，甚至特别快，部分水窜水淹井能够在1 h内即出现变化。

(4) 注水井与周围油井均处于同一物性较好的沉积微相中，或注水井处于物性较差的微相、油井处于物性较好的微相，且油水井连线方向与裂缝发育方向相近时，油水间亦发生水窜水淹。

(5) 水窜水淹井组的注水井吸水剖面大部分有明显的尖峰，且吸水强度相对其他注水井明显偏大。

(6) 生产和检测过程中其他易显示水窜水淹状况的特征。

1.2 国内外技术现状

1.2.1 裂缝性特低渗油藏采油技术方法

目前裂缝性特低渗油藏涉及的采油技术包括一次采油技术、二次采油技术和三次采油技术等。

一次采油技术为仅依靠天然能量开采原油的方法。天然能量包括天然水驱、弹性能量驱、溶解气驱、气驱及重力驱等。随着地层压力的下降，需要用注入流体(以水为主)补充地层压力的办法来采油，称为二次采油。三次采油为用来提高油田原油采收率的技术，通过气体注入、化学注入、超声波刺激、微生物注入或热回收等方法来实现。

目前试验和研究的三次采油技术主要为化学驱、气驱、热力驱和微生物驱。其中化学驱包括聚合物驱、表面活性剂驱、碱驱及其复配的二元、三元复合驱和泡沫驱等；气驱包括CO_2混相/非混相驱、N_2驱、烃类气驱和烟道气驱等[34-39]；热力驱包括蒸汽吞吐、热水驱、蒸汽驱和火烧油层等；微生物驱包括微生物调剖或微生物驱油等。四大三次采油技术中，有的已形成工业化应用，有的正在开展先导性矿场试验，有的还处于理论研究之中。

(1) 化学驱。

自20世纪80年代美国化学驱达到高峰以后的30多年内，化学驱在美国运用越来越少，但在中国却得到了成功应用。中国化学驱技术已代表世界先进水平，其中，聚合物驱技术于1996年形成工业化应用；“十五”期间大庆油田形成了以烷基苯磺酸盐为主剂的“碱＋聚合物＋表面活性剂”二元复合驱技术，胜利油田形成“聚合物＋表面活性剂”的无碱二元复合驱技术；目前，已开展“碱＋聚合物＋表面活性剂＋天然气”泡沫复合驱室内研究和矿场试验。

(2) 注气驱。

20 世纪 70 年代,注烃类气驱主要在加拿大获得成功应用,到 80 年代,CO_2混相驱成为美国最重要的三次采油方法。氮气或烟道气技术应用较少。

(3) 微生物驱。

微生物驱虽然经过了大量的研究和先导性试验,但在大规模投入推广应用前还需要进一步的研究。

1.2.2　低渗油藏物理法采油技术

油田开发过程中由于钻井、完井、压裂、注水、注气及措施引起的机械杂质对油层近井地带造成污染和损坏,以及地层本身的结垢和结蜡使近井地带油层渗透率降低,阻碍了原油向井筒的会聚,使油井产量急剧下降,致使油井的实际产能和潜在产能之间存在很大差距,使部分井成为低产井,停产甚至死井,物理法采油技术提供了一条解决该问题的方法。物理强化开采方式研究较早,由于其机理较为复杂,关于物理强化开采的大量研究仍在继续。目前物理强化开采方式主要应用于油藏开采中,如低频谐振波采油、超声波解堵采油、电法采油、强磁防垢、高能气体压裂、水射流射孔割缝等[40-54],尤其是在一些低渗、稠油等复杂油藏开采中取得了非常不错的效果。

波动采油技术是物理法采油技术的重要组成部分,它是以强大的振动能量作用于地层,通过振动波在地层的传播,使油层及流体产生不同的物理和化学变化,从而改善油层渗流条件,解除油层堵塞,疏通油流通道,创造有利于原油流动的环境,达到油井增产、水井增注的目的。最初发现波动对油井产量和采收率有影响的是对一些自然现象如火车经过、地震发生时油水井液面的观察。从上述现象中人们探索出一定条件的波动可以增加储层内部油相流动,增加原油产量,由此逐渐引出了该技术。振动采油技术含量高、投入少、产出高、工艺简单、对油层和环境无污染,可以实现油田产量的持续增长,控制原油成本的上升,提高油田的整体开发效益,从而为特殊复杂油气田的低成本高效开发提供了一种新的技术措施。

低频谐振波采油技术主要应用于低渗油藏,与高频波动采油的区别为低频波动采油技术波动能量不易衰减、传播距离远;高频波动采油技术主要指超声波采油技术,其波动能量衰减快,因此主要作用在近井带或用于井筒降黏、解堵、防垢、防蜡等等。

通过国内外低频波动采油技术室内实验和模型研究发现,低频波动对于提高油藏采收率的作用机理主要体现在以下几个方面:① 降低原油黏度;② 降低液体的表面张力,增加原油的流动性;③ 降低附面层的厚度,提高液体的渗流速度;④ 清除油层堵塞,提高地层渗透率;⑤ 改变岩石表面的润湿性,减小渗流通道中的“贾敏效应”,降低残余油饱和度。

波动采油技术是一个涉及范围较广的概念,任何以机械振动力为作用基础的物理采油技术都可纳入此范畴。从目前的发展状况看,波动采油技术主要包括人工地面或井下大功率振动技术、水力振荡技术以及电脉冲技术三类。人工地面或井下振动技术是利用大功率人工可控地面或井下振动震源产生的低频波作用于油层,达到一处振动多井受益的目的。地面震源波由于通过地表软土层时衰减太大,致使到达油层能量相对很弱,埋藏较深井传递到的振动波能量更小。井下振动震源放在油层部位,振动波直接作用于油层,减少了振动波从震源向油层传播衰减造成的能量损失，增强了其对油层的作用强度与作用范围。水力振荡技术是利用流体通过井下振荡器腔型结构时产生的周期性剧烈振动在目的层段产生振荡压力波，作用于油层，在近井地层中造成岩层破碎和偏移，来达到解除油层污染、改善近井带的渗流状况、提高渗透率和增产的目的。该项技术的主要工具为水力振动器，它主要由外筒、柱塞和储能器三大部分组成。由于作用频率相对较高，因而作用半径不是很大。低频电脉冲技术又称为电液压冲击技术或电爆法，通过井下仪器的放电部分在正对油层的位置进行脉冲放电，放电的瞬间释放出大量能量，在电极间形成的高压等离子区产生很强的冲击波，击穿充满井内的流体并通过射孔孔眼作用于地层。电脉冲采油设备由地面控制仪器和井下放电仪器两部分构成。

1.2.3 裂缝性特低渗油藏堵水技术

国外堵水技术的研究和应用已有近 50 年的历史，最早是利用水基水泥和封隔器进行分层卡堵水，后来发展为应用原油、黏性油、憎水的油水乳化液固态烃溶液和油基水泥等作为选择性堵剂。1974 年，Needham 等人指出，利用聚丙烯酰胺在多孔介质中的吸附和机械捕集效应可有效地封堵高含水层，从而使化学堵水调剖技术的发展上了一个台阶。20 世纪 70 年代末到 80 年代初，油田化学堵水技术得到了较好的发展和应用，注水井调剖技术和深部调剖技术也引起了石油工程师们极大的兴趣。近年来又发展了深部流体改向技术等新方法。目前，在国外，据统计有应用前景的调剖剂有长延缓交联型凝胶(如美国 Phillips 石油公司的调剖-堵水剂系列和 Marathon 石油公司推出的聚合物-Cr^{3+} 凝胶体系)和弱凝胶体系[55-60]。

国内对堵水技术的探索和研究至今也有近 50 年的历史。起初也是探索堵水用剂与方法，到 20 世纪 70 年代随着水溶性聚合物及其凝胶在油田的应用，油田堵水技术进入了一个新的发展阶段，堵水调剖剂品种迅速增加，处理井次增多，经济效果也明显提高。80 年代，提出了以油田区块为单元的整体堵水调剖技术，堵水技术跳出了单井处理的范围，大规模地开展了从油藏整体出发，以油田、区块为单元的整体堵水调剖处理。我国经过“八五”和“九五”期间的科技攻关，在各大油田应用过的各种堵水调剖剂约有 70 种，使用的较为频繁的调剖剂主要是凝胶类调剖剂。进入 90 年代中期，人们发现运用常规的小剂量、近井地带凝胶很难解决许多油藏中存在的层内绕流和层间窜流问题，于是提出了在油藏深部调整吸水剖面，迫使液流转向，改善注水开发效果的要求，从而形成了深部调剖研究的新热点。该技术主要通过大剂量深部处理，对高渗透层或裂缝产生堵塞，改变所注流体的流向，增加驱替剂的驱油面积和驱油效率，以提高采出程度。相应地研制了可动性凝胶、弱凝胶、颗粒凝胶胶囊、凝胶等新型化学剂。进入 21 世纪以来，深部调驱用化学剂得到较大发展[61-76]，所用的调驱剂基本为聚合物交联形成的弱凝胶体系。

1. 聚合物凝胶类深部调剖技术

聚合物凝胶类深部调剖技术主要包括胶态分散凝胶(简称 CDG)深部调剖技术和弱凝胶深部调剖技术。聚合物分子在交联剂存在下不形成三维网络结构而形成分子内交联、有胶体性质的热力学稳定体系，称为胶态分散凝胶体系。胶态分散凝胶的特点：该体系的聚合物用量少，适应性广泛，具备凝胶的属性，有很好的耐温性。弱凝胶是由低质量浓度的聚合物和低质量浓度的交联剂（聚合物质量浓度通常在 800～1 500 mg/L 之间）形成的、以分子间交联为主及分子内交联为辅的、黏度在 100～10 000 mPa · s之间、具有三维网络结构的弱交联体系。从分子间交联特性来看，弱凝胶可被认为是稀（弱）的本体凝胶，不同之处在于弱凝胶有一定的流动性。

胶态分散凝胶深部调剖技术是新近发展起来的一项变革性的提高波及效率的方法，它同时具有交联聚合物深部调剖和油藏内部流体流度调节两种技术的特点，因此，这项技术既可用于油藏深部调剖，也可用于聚合物驱油。

Smith 设计了 TGU 仪器评价凝胶强度，用于对凝胶体系进行筛选。在 TGU 仪器测试过程中，对溶液施加压力，使其通过筛网，利用流量和压力数据作图，可以获得转变压力。低于此压力时，胶态分散凝胶能有效地封堵多孔介质；高于此压力时，胶态分散凝胶与未交联的聚合物相似，可以流动。转变压力与凝胶强度成正比，可以对凝胶强度进行定量分析。Fletcher，Ranganathan 等也报道了有关胶态分散凝胶的研究结果。

Mack 和 Smith 报道了美国 Tiorco 公司 1983 年至 1993 年完成的 29 个胶态分散凝胶深部调剖矿场试验的结果：19 个取得了经济和技术上的成功，提高采收率幅度为 1.3%～18.2%，每增 1 桶油的化学剂成本在 0.75～4.70 美元之间；3 个在技术上取得了成功，但经济上没有明显的效果；7 个项目未成功。

国内对胶态分散凝胶的研究始于 20 世纪 90 年代初期，此后迅速发展，在 1998 年北京召开的交联聚合物调驱提高采收率技术研讨会和 2000 年由西南石油学院提高采收率室在成都组织召开的全国稳油控水技术研讨会上，许多研究院以及油田报道了室内研究成果和矿场试验。

大庆油田于 1999 年进行了大范围的 CDG 先导试验，试验面积为 0.75 km^2，包括 6 口注水井和 12 口生产井的五点井网，井距为 250 m。截至 2003 年，已经注入了三个段塞：CDG（0.179 PV）＋聚合物（600 mg/L，0.155 PV）＋CDG（0.196 PV）。从 2003 年起，已经恢复了水驱。结果表明，CDG 的应用调整了油水井之间的渗透率，提高了体积波及效率，含水率降低了 19.8%，中部生产井 B1-7-P124 在高峰产油期日增油 24 t。

近年来，弱凝胶深部调剖技术得到了迅速发展，它既可以作为改善现有调剖、堵水的调堵新技术，又可以作为一项改善波及效率的新技术。大量研究与应用结果表明，弱凝胶深部调剖技术经济可行，具有较好的应用前景。与常规的聚合物驱相比，弱凝胶调剖技术中聚合物用量大大降低，对高温高盐油藏有更好的适应性，所以它对于老油田堵水调剖有着重要意义。

弱凝胶深部调剖技术具有以下特点和优势：选择性强，更加容易在高渗透层较深部位产生有效堵塞；不会对地层造成永久性的伤害，不妨碍后期措施的进行，并且具有成胶时间长、阻力系数较低和残余阻力系数高的特点，可真正实现深部调剖；具有较好的剪切稳定性。

Willhite 报道了聚丙烯酰胺-醋酸铬凝胶在美国堪萨斯州中部 Arbuckle 油藏的应用。措施实施以前测试了压力数据，用于计算油藏渗透率；处理过程中测试了井底流压，以便对凝胶注入过程进行检测；措施结束后测试了压力恢复数据，对油水渗透率降低的情况进行了评价。结果降低了产水量，获得了成功。

Reddy 等研究了一种不污染环境的天然多胺交联剂体系，该交联剂在较大的温度范围内能与许多聚合物发生反应，比如聚丙烯酰胺、AMPS/丙烯酰胺以及丙烯酸烷基酯聚合物。Reddy 还致力于研究壳聚糖基的凝胶组分，不仅要使用壳聚糖与高分子交联剂结合，而且要完全从天然聚合物中得到凝胶。Nguyen 等对聚丙烯酰胺-醋酸铬凝胶的组分对凝胶脱水量的大小和油水相对渗透率选择性降低的影响进行了研究。实验表明，油水渗透率选择性降低程度以及凝胶的脱水量是凝胶组分以及凝胶注入过程中压力梯度的函数。Jain 等还对聚丙烯酰胺与乙酸铬的反应动力学进行了研究。

聚合物凝胶在裂缝性油藏中有着广泛的应用。Seright 使用模拟器研究了示踪剂注入和凝胶驱替。结果表明，平行于注采井组流动方向的裂缝的传导率至少是垂直于注采井组流动方向裂缝传导率的 10 倍时，凝胶处理潜能最大，同时在具有中—大裂缝的油藏中，凝胶处理也具有很大潜力。当裂缝方向与注采井组流动方向平行时，凝胶处理效果对裂缝间距并不敏感；当裂缝方向与注采井裂缝性油藏深部调剖工艺技术研究及应用组流动方向不平行时，凝胶处理效果随着裂缝间距的增加而增加。Sydansk 等在裂缝中利用部分成胶的聚合物凝胶的实验结果表明，部分成胶的铬(Ⅲ)-羧酸盐-丙烯酰胺聚合物(反应时间小于 8 h)注入 1 mm 宽裂缝中的有效黏度低于相同化学成分的完全成胶的聚合物凝胶的有效黏度(反应时间 $>$ 15 h)。因此，部分成型的凝胶的注入性更好，注入压力更低；并且反应时间 5 h 左右的部分成型的凝胶，其在裂缝中的滤失量也很低。Sydansk 等还使用了高相对分子质量和低相对分子质量聚合物复合配制的聚合物凝胶在部分成胶的情况下应用于裂缝性生产井的堵水作业。

Caicedo 应用风险和不确定性分析对注入水波及过程中凝胶的体积进行了优化。Caicedo 指出，确定凝胶最优体积需要计算以下参数：凝胶处理半径以及相应的油水井产能指数的预测；在新的含水条件下人工举升系统的动态(通过节点分析方法)措施；有效期内的净现值。每个参数都能作为不同的输入值，其中一些参数非常敏感并且伴随着相当大的不确定性。Caicedo 还使用了概率以及非概率模型对凝胶处理的风险进行定量评估。

土耳其 Bati Raman 油藏是一个天然裂缝性碳酸盐岩油藏，在 CO_2 驱过程中，由于油藏的非均质性以及不利的流度比使油藏的波及效率极低。2002 年 6 月，利用聚合物凝胶对三口井的天然裂缝进行处理获得了成功；此外，在委内瑞拉东部高温高压油藏中的注水设计中使用凝胶也获得了成功。

2. 微生物深部调剖技术

微生物提高采收率从 1926 年至今经过近 90 年的发展，已经取得了可喜的成绩，起到了稳油控水和提高采收率的目的。

微生物深部调剖机理是微生物产生的气体和表面活性剂、产酸作用及对原油的降解作用。原油受微生物作用后，族组分和分子结构都发生变化。高碳数正构烷烃降解成低碳数烷烃；芳烃骨架不受影响，支链断裂；代谢产物有有机酸、气体和酮、醚类物质。原油受微生物作用后物性变化较大，黏度、凝点、蜡含量均降低。微生物提高原油采收率是多种因素协同作用的结果。如短链有机酸可与岩石矿物反应，增大低渗透地层的渗透率，气体可以增加地层压力，产生的生物表面活性物质可改变岩石表面性质。

适于调剖的微生物应该是耐温、耐盐和兼性厌氧亲油的微生物,并且筛选的菌种应是非致病菌。调剖液是调剖微生物赖以生存的营养液,它能刺激菌体迅速生长和抵御不良环境。

该技术适用于厚油层或高渗透油层的深部处理,微生物在油层中生成的生物聚合物及生物残骸可大幅度地降低储层渗透率,堵塞高渗透层带,启动中、低渗透层,增加注入井的注入压力,使后续液流转向,改善波及效率,达到提高原油采收率的目的。其优点是工艺简单、施工安全、不污染环境,同时降低了材料和施工的成本;缺点是微生物过度生长可能引起井堵塞。

Maudgalya 等研究了生物表面活性剂及微生物提高采收率的潜力。实验结果表明,芽孢杆菌 mojavensis JF-2 产生的生物表面活性剂联合助表面活性剂 2,3-丁二醇以及部分水解聚丙烯酰胺可以较大幅度地采出残余油。随着生物表面活性剂质量浓度的不同,可以采出 20%～80%的残余油,采收率与生物表面活性剂质量浓度成线性规律。最近,Hitzman 以及 Strappa 报道了微生物在提高原油采收率方面的成功应用。

3. 预交联颗粒深部调剖技术

预交联颗粒是一种高吸水性树脂,能够吸水膨胀,且膨胀后的颗粒具有一定的弹性、强度和保水性能,具有耐温抗盐性能好、配制简单、施工方便、对非目的层污染少等优点。预交联颗粒是含有强亲水基团的交联高聚物,与水接触时,水分子会进入预交联凝胶网格结构内,形成氢键;同时,这种空间网格结构的凝胶体各交联点之间的分子链段因吸入水分子而由无规蜷曲状态变为伸展状态,产生内聚力。当这种作用力达到相对平衡状态时,吸水膨胀达到饱和状态,通常,这种吸水膨胀能力可达到几十到数百倍。

预交联颗粒凝胶具有三维立体网格结构,并含有大量亲水基团,这种亲水特性使其在不同条件下能显著改变其体积大小,同时通过交联作用形成的三维骨架结构具有一定的强度,能在地层深部形成堵塞,改变流体流向;更重要的是,吸水膨胀后的预交联凝胶在外力作用下能发生可逆形变,当外力减小时形变在一定程度上能够恢复。因此,深部调剖中可以充分利用这些特性结合油藏压力场的变化,实现深部流体转向的目的。

预交联颗粒既可以通过单体与交联剂共聚而成,也可以通过合成或者天然聚合物改性后交联而成。对于这种交联颗粒,通常是由烘干、粉碎、筛分等工艺过程加工而成;另外可以通过乳液聚合制成乳胶粒。通过调整体系配方和加工工艺,可形成粒径、膨胀倍数、膨胀时间、耐温性和强度大小可控的系列调剖剂,油田可根据实际需要进行优选。

4. 泡沫深部调驱技术

泡沫流体应用于油田提高采收率技术,已有 40 多年的历史。最初只是简单的在气驱过程中加入表面活性剂水溶液,防止过早发生气窜。后来逐渐发展为复合泡沫、凝胶泡沫等提高注气采收率技术。近年来在注气过程中加入一定量的泡沫段塞提高注气采收率和泡沫驱成为提高油藏采收率研究的重点。大量室内实验研究及现场应用都表明泡沫具有较高的波及效率、驱替效率,是提高水驱后油藏采收率的有效方式。

在国外,1956 年 Fried 首次开展了泡沫提高采收率方面研究。其研究结果表明:泡沫可以引起气相相对渗透率迅速降低,从而延缓气体的突破;之后经过了大量研究,泡沫驱取得了更大的进步，并在现场取得了试验成功。对该技术的研究主要集中在起泡剂的筛选、泡沫在多孔介质中的产生及影响因素、泡沫在多孔介质的运移机理方面，并提出了相应的数学模型，通过建立模型来解释泡沫在多孔介质中的运移形态。国外对泡沫提高注气采收率技术进行了大量的现场试验，大部分都获得了很好的效果，证明该技术是一种经济性较好的提高采收率方法。

自 20 世纪 70 年代以来，我国也进行了大量泡沫驱油方面的研究。研究内容主要集中在起泡剂的损失及其抑制、泡沫的稳定性和泡沫驱油机理等方面。目前，我国泡沫驱油技术还处于实验室研究和井组规模的先导性试验阶段，使用泡沫的主要目的是在气驱及混相驱过程中防止气体窜流，改善注入剖面，延缓气体突破。1965 年，玉门油田最早进行了泡沫驱油试验。之后，克拉玛依油田、吉林油田、辽河油田、胜利油田等进行了一系列现场试验，试验效果非常明显。

泡沫以其特有的性质在提高注气采收率方面具有一定的技术优势。在气驱过程中加入泡沫可以有效封堵大孔道，扩大气体的波及体积，提高驱油效率。空气驱时加入泡沫段塞可以有效延长气体突破时间，降低气体到达生产井时的含氧量，防止发生起火或爆炸事故。国内在泡沫提高注气采收率和泡沫驱方面进行了一些矿场试验，还没有大量应用于提高采收率技术中。随着我国提高采收率技术的迅速发展、驱油理论研究及实验研究的不断深入、表面活性剂工业的迅速发展进步，可以预料泡沫驱油提高采收率技术在我国将会有广阔的发展前景。

1.3 技术难点与对策

1.3.1 技术难点

(1) 针对裂缝性特低渗油藏水驱过程中出现的要么注不进、要么易发生水窜的问题，且部分实际区块已发生严重水淹的环境，如何给出一种合适的治理方法，达到调控驱油的目的。

(2) 裂缝性特低渗油藏由于同时发育裂缝和特低渗基质，且裂缝张启易受孔隙压力影响，进行该类油藏水窜水淹治理时，要求得到一种封堵药剂既可满足注得进，又能堵得住裂缝等高渗通道；另外，在调堵的同时采取增产技术时，如何保证增产药剂不对封堵造成影响。

(3) 由于裂缝性特低渗油藏室内模拟难度大，如何使注入流体能够注得进，且模拟环境能较为合理地模拟储层条件；另外，由于一般室内实验和实际储层存在的较大差异，模拟结果能否对实际油藏提供相应的技术应用建议。

(4) 在当前已有调控增油技术范畴下，对于裂缝性特低渗油藏这类储层是否有创新性的技术或复合技术能够引入或提出。

1.3.2 技术对策

(1) 充分考虑裂缝性特低渗双重介质油藏特征和水驱微观渗流规律，给出该类油藏可以有效动用裂缝和基质剩余油的技术方法，在保证后续驱油有效应用之前有必要进行渗流通道的封堵，且封堵需既可注得进，又能有效封堵裂缝，充分从工艺上挖掘技术应用可行性。

(2) 在综合调研目前封堵技术体系的基础上，选择适用于裂缝性特低渗油藏的堵水技术，考虑裂缝性发育特征，有针对性地使堵剂在注入时具有较低黏滞性，在可控时间内达到一定强度，从而有效封堵裂缝等高渗通道；在该类油藏调控驱油技术复合治理时，探索工艺顺序优化可行性，从而提高各技术的抗干扰能力。

(3) 对多类模型进行实验，不断进行调整，得到与实际储层特征渗流实验规律相同的室内实验模型；同时保留或选择性保留与油藏条件相同的模拟环境，扩大实验开展范围；充分调研已有成果，同抓共性与异性，积极从实验中挖掘相似或创新性的理论与工艺规律，并进行理性推广，实现技术上和经济上的应用可行性。

(4) 进行综合性、全面的调研分析，并大胆地进行假设，利用头脑风暴积极推出创新性的治理建议，并允许假设的失败；不断总结经验，推陈出新，对已有技术也可进行应用推广与创新，挖掘应用方向的创新理念，不对技术进行全盘否定；尝试试验，在实践中得到适用于裂缝性特低渗油藏水窜水淹调控驱油的创新技术方向和实际有效方法。

1.4　本书主要成果与矿场实践

通过裂缝性特低渗油藏水窜水淹调控高效驱油技术研究和矿场先导性推广试验，取得了以下成果：

(1) 通过裂缝性特低渗油藏地质特征分析，总结了各试验区油藏物性参数，主力油层低渗—特低渗、低含油饱和度、微裂缝发育、高地层水矿化度等特征的复杂性，说明进行关键技术针对性研究非常必要；主力油层提高采收率关键技术适应性分析得到了适合主力油层的空气泡沫和自适应凝胶等水井调驱技术、泡沫水泥油井堵水技术、水驱/气驱/表面活性剂驱等高效驱油技术、低频谐振波强化驱油及其复合化学应用技术。

(2) 通过裂缝性特低渗油藏注水井调驱技术研究，研发了适应温度范围 20～80 ℃、矿化度范围 20 000～100 000 mg/L 的系列凝胶，其交联时间 24～96 h 可调，黏度 20 000～100 000 mPa・s 可调，完全可适用于五个主力储层条件，且经封堵效果评价表明，封堵率可达到 80%以上，可有效提高采收率 16%～20%；研发了适应温度范围 20～60 ℃、矿化度范围 20 000～100 000 mg/L 的空气泡沫体系，其耐盐性(包括 Na^{+}，Ca^{2+}，Mg^{2+} 等金属离子)和泡沫稳定性强，完全可适用于五个主力储层条件，经封堵效果评价表明，封堵率可达到 85%以上，可有效提高采收率 10%～16%。

(3) 通过裂缝性特低渗油藏生产井有效堵水技术研究，研制了适合主力油层五个试验区油井渗透性封堵和渗透性井壁改造的泡沫超细水泥和泡沫 G 级水泥堵剂体系，其抗压强度 5～25 MPa 可调，初凝时间 1～2 h 可调，孔隙度高(16%～30%)，密度低(1.2～1.5 g/cm^3)，经封堵效果评价表明，封堵率可达到 86%以上，可有效提高采收率 6%～12%。

(4) 通过裂缝性特低渗油藏高效驱油技术研究，得到水驱、注气驱、表面活性剂驱等高效驱油技术，可以提高主力油层原油采出程度。其中表面活性剂驱和气水交注室内模拟提高采收率效果最好，水驱次之，气驱最差；但气驱对于水资源匮乏区仍具有一定的应用价值。综合考虑高效驱油技术提高采收率效果和储层应用条件，各试验区建议扩大注水开发规模。

(5) 通过裂缝性特低渗油藏低频谐振波-化学复合驱油技术研究可知，低频谐振波采油技术可提高泡沫、凝胶调驱和表面活性剂驱的应用效果，分别提高采收率 4%～10%，4%，4%～13%；研究得到了低频谐振波复合化学驱油技术工艺参数，振动频率在储层岩石固有频率附近频域(约 18 Hz)，复合空气泡沫、凝胶、表面活性剂最佳振动加速度分别由 0.3～0.4 m/s^2，0.7 m/s^2 过渡至 2.0 m/s^2，0.4 m/s^2，复合空气泡沫、凝胶、表面活性剂最佳振动方式分别为持续振动、凝胶成胶加速期(药剂混合后 24～48 h)振动、持续振动。

(6) 在鄂尔多斯盆地多油田、多区块、多开发状况的不同裂缝性特低渗油藏的水窜水淹调控高效驱油先导性推广试验表明，该技术体系可有效改善该类油藏水窜水淹状况，提高水驱效率，增加原油采出程度，为该类油藏提供了一种行之有效的新思路与新技术。该技术具有明显的油井增油降水、水井增压增注作用。因此在裂缝性特低渗油藏具有良好的应用前景与推广价值。

第2章　裂缝性特低渗油藏地质特征与关键技术适应性分析

2.1　裂缝性特低渗油藏地质特征

鄂尔多斯盆地陕北斜坡带东部油区大地构造位置处在鄂尔多斯盆地东部二级构造单元——陕北斜坡。陕北斜坡为鄂尔多斯盆地的主体部分，主要形成于早白垩世，为一向西倾斜的平缓单斜，坡降一般为7～10 m/km，倾角一般小于1°。由西向东出露的地层依次由下侏罗统延安组转为上三叠统延长组。该斜坡断层与局部构造均不发育，仅局部发育差异压实作用形成的低幅度鼻状构造，且鼻状构造形态多不规则，方向性较差，两翼一般近对称，倾角小于2°，闭合面积小于10 km^2，闭合度一般为10～20 m。幅度较大、圈闭较好的背斜构造在该斜坡不发育。

该区域钻遇地层自上而下分别为第四系、白垩系、侏罗系、三叠系。其中，白垩系和侏罗系在北部油区厚度大、保存好，且大部分地区第四系直接不整合覆盖在三叠系或侏罗系之上。侏罗系延安组和三叠系延长组是北部油区的主要勘探目的层，而南部和东部则以三叠系延长组作为其主要勘探目的层[77-78]。其中延9、延10、长2、长4+5、长6等低渗特低渗储层是该区域油田的主力储层，本课题以延9、长2、长6三个层位为研究对象(图2-1)。

延9储层主要为曲流河三角洲平原沉积，包括分流河道、河漫沼泽、决口扇、天然堤等微相。延9储层孔隙普遍较高，孔隙度在14%～18%，渗透率在20×10^{-3} μm^2左右，甚至更高，孔喉直径较大，一般为中/大孔、中喉道类型，主要分布在鄂尔多斯盆地陕北斜坡带的西部。

长6储层在大多数采油厂主要为三角洲前缘沉积，沉积微相以水下分流河道为主，并发育有分流间湾、河口坝席状砂等微相。其中在少数采油厂发育有曲流河三角洲平原亚相或同时发育三角洲前缘和三角洲平原亚相，三角洲平原亚相以分流河道为主；在部分采油厂内部区块发育有浅湖沉积亚相。长6储层孔隙普遍较低，为低渗特低渗储层，孔隙度在8%～11%，渗透率在$(0.1\sim1.3)\times10^{-3}$ μm^2，孔喉直径小，一般为中/小孔、细/微喉道类型。长6储层在延长油区各油田几乎均有分布，西部地区几乎连成一片，在绝大部分采油厂均已经开发。

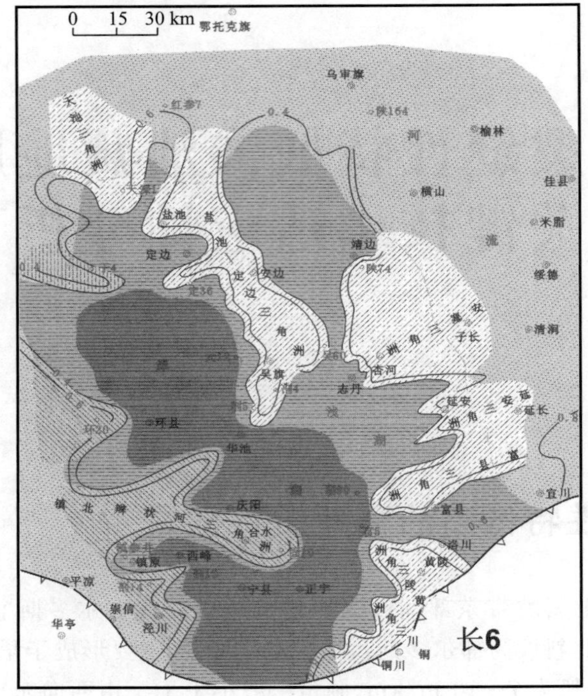

(a) 长6

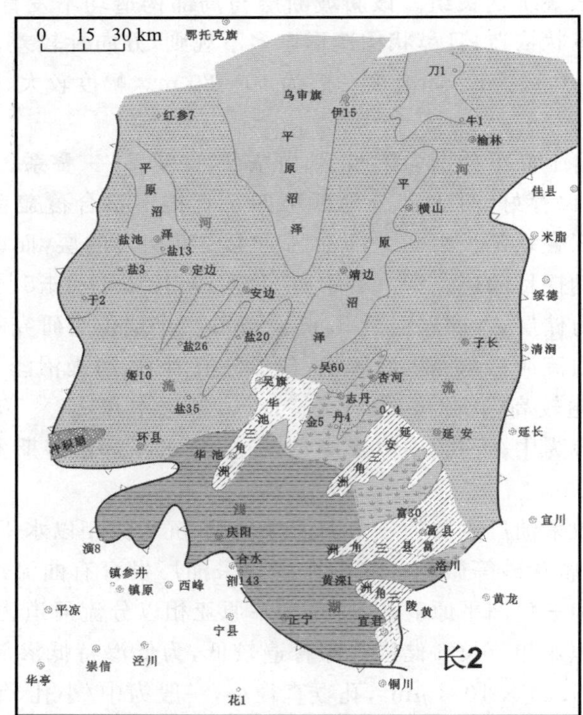

(b) 长2

图 2-1　鄂尔多斯盆地陕北斜坡带长 6、长 2 储层沉积环境

长2储层在大多数采油厂主要为三角洲平原沉积亚相，其中部分为曲流河亚相、部分为辫状河亚相，沉积微相以分流河道为主，其次为河流间微相；长2储层在少数采油厂发育三角洲前缘沉积亚相，或以三角洲前缘为主，或者由三角洲前缘随湖退过渡至三角洲平原，三角洲前缘亚相以水下分流河道为主。长2储层孔隙普遍次之，孔隙度在11%～16%，渗透率在$(1\sim15)\times10^{-3}\ \mu m^2$，孔喉直径较小，一般为中/小孔、细喉道类型。长2储层主要分布在鄂尔多斯盆地陕北斜坡带的西部及南部。

由储层特征可知，长2、长6和延9主要为岩性油藏；由于局部圈闭发育，形成了较小的构造-岩性油藏。长2、长6储层油藏边底水一般不发育，在青化砭和子长等采油厂长2储层虽存在油水界面，但边底水不活跃，因此主要为弹性-溶解气驱油藏。延9储层油藏一般发育有边底水或为油水同层，但边底水不十分活跃，属弹性弱水压驱动油藏。长2、长6和延9储层由于矿化度高、有一定黏土矿物等，均具有一定的储层敏感性；但随着储层矿物组成的不同，储层敏感性在不同采油厂亦各不相同，速敏、水敏、盐敏、碱敏等敏感性程度从无—弱—中等偏弱—中等偏强，酸敏为强酸敏，或弱酸敏，或对储层渗流具有一定的改善作用等。该区主力油层渗透率低，初始含水饱和度普遍较高，束缚水饱和度和残余油饱和度一般为25%～40%，储层岩石为亲水性润湿，等渗点饱和度大于50%。储层丰度在平面和垂向上分布不均，不同区域和不同垂向小层内储层原油丰度数值不一，延9储层为$(30\sim60)\times10^4\ t/km^2$，长2储层一般为$70\times10^4\ t/km^2$左右，长6储层（包含长$6^1$、长$6^2$、长$6^3$、长$6^4$）由于各采油厂开发内部小层数目差异较大，介于$(30\sim140)\times10^4\ t/km^2$之间。

依据赵靖舟分级评价标准，长2油藏主要可划分为II_b，III_a，III_b，IV_a类型油藏；长6油藏主要可划分为III_b，IV_a类型油藏；延9主要可划分为II_b，III_a类型油藏（表2-1）。整体而言，延9油藏特征最好，长2次之，长6最差。

表2-1　该区主力油层油藏类型划分

类型		中高渗透层（Ⅰ类）	低渗透层（Ⅱ类）		特低渗透层（Ⅲ类）		超低渗透层（Ⅳ类）		致密层（Ⅴ类）
		Ⅰ	II_a	II_b	III_a	III_b	IV_a	IV_b	Ⅴ
长6	东部						√√		
	西部					√	√√		
长2	东部			√	√	√√	√		
	西部			√	√√	√	√		
延9				√√	√				

鄂尔多斯盆地陕北斜坡带主力油层地质沉积特征表明，主力油层延9、长2、长6虽然在沉积区域内部储层特征较为稳定，但各主力层位间沉积背景、储层特征、主要油藏类型等差异较大，在不同主力层位开展关键技术治理需要考虑储层的差异性，说明对不同试验区代表的不同主力层位进行针对性的关键技术分析十分必要。

2.2 裂缝性特低渗油藏试验区油藏特征

为了明确各水窜水淹调控高效驱油技术的适用性，现对代表鄂尔多斯盆地陕北斜坡带的主力油层长 2、长 6、延 9 的五个试验区储层特征进行分析，包括基本油藏特征、储层敏感性、相渗特征、岩石抗压强度和试验区水质，五个试验区分别处于油田的各个方向，分别代表油田东西南北中地理方位及陕北斜坡东西部差异化储层的典型特征。

2.2.1 试验区简介

选取主力油层典型区块分别为反映东部长 2 储层的 WYB 油田 YM 注水区、反映西部长 2 储层的 XZC 油田 W214 注水区、反映东部长 6 储层的 GGY 油田 T114 井区、反映西部长 6 储层的 YN 油田 SH1 号和 SH2 号注水站、反映延安组延 9 储层的 DB 油田 4930 示范区。

1. WYB 油田 YM 注水区

该油田位于鄂尔多斯盆地陕北斜坡东部，探明含油面积 229.6 km^2，主要开采延长组长 6、长 4+5、长 2 油层。

研究区长 2 油藏为受到岩性控制的构造-岩性油藏。储集体主要为河道砂坝砂岩，砂层厚度较大，含油中等—较丰富。从研究区长 2 油层组储集层砂体的平面展布及储集砂体的物性特征看，高物性带和砂体展布匹配，呈南北向带状分布。储层在纵横向上存在较强的非均质性。长 2^1 油层非均质性最强，其次为长 2^2 油层。再依据 PVT 取样分析、油井生产特征等，从驱动类型划分，长 2 油藏为具有边底水驱动的封闭弹性驱动类型。

长 2 油层为低孔、低渗储层。长 2 油层主要为一套浅灰色、灰绿色块状细砂岩，其次为少量的粉细砂岩、中细砂岩及粉砂岩。储层岩石主要为岩屑长石砂岩、长石砂岩，碎屑含量占岩石组分的 90%～98%，成分以长石为主，其次为石英和云母。长石含量平均为 45.13%，石英含量平均为 19.94%，黑云母含量平均为 3.63%，岩屑含量平均为 16.84%，常见岩屑为岩浆岩岩屑、变质岩岩屑及沉积岩岩屑，以岩浆岩岩屑为主，重矿物含量微或小于 1%，成分成熟度较低。长 2 油层填隙物中杂基含量较少，主要为胶结物，胶结物含量平均为 7.63%，主要为绿泥石、方解石、自生石英长石等，其中方解石含量变化较大，局部含量高达 30%。黏土矿物绝对含量为 4.39%，以绿泥石为主，相对含量达 67.96%，次为高岭土，相对含量 20.44%，伊利石含量为 8.96%，伊/蒙混层相对含量为 2.64%～4%，混层比为 5%。本区储层孔隙划分为两大类：

(1) 粒间孔，是研究区延长组储层主要的孔隙类型，包括原生粒间孔及残余粒间孔。原生粒间孔，系沉积期间所形成的孔隙，为原生孔隙，一般孔径较大，主要在 0.05～0.1 mm 之间。

(2) 溶孔，是长 2 油层主要的孔隙类型，在长 2 油层，总面孔率为 20%～35%，可细分为粒间溶孔、粒内溶孔、填隙物内溶孔、微孔隙、微裂隙等。中山川油区延长组长 2 油层碎屑颗粒粒径最大为 0.50 mm，主要在 0.05～0.25 mm 之间，为细砂岩。长 2 油层总面孔率平均 13.25%，孔径 20～200 μm，多为 20～90 μm，很不均匀。

长 2 储层孔隙度最大值为 18.93%，最小值为 2.5%，平均值为 12.195%。储层渗透率最大值 $166.49 \times 10^{-3}\ \mu m^2$，最小值 $0.061 \times 10^{-3}\ \mu m^2$，平均值为 $15.885 \times 10^{-3}\ \mu m^2$。依据敏感性分析，长 2 油层岩石的速敏为中等偏弱、酸敏为弱、水敏为中等偏强、碱敏较弱、盐敏为中等偏强，无应力敏感性。

2. XZC 油田 W214 注水区

XZC 油田王家湾区属陕北黄土塬区，地形起伏不平，为沟、梁、峁地貌。地面海拔 1 100～1 500 m，相对高差 150～305 m。属大陆季风性气候，气候干燥缺水，年降雨量 300～600 mm，年平均气温 8～12 ℃，无霜期 170 d。区内交通方便，油田公路与包茂高速相连通。XZC 油田王家湾区为中浅层、中低孔、低渗、低产、低丰度、轻质常规油小型油田。目前，注水开发中暴露出一些矛盾：注水压力不断升高；注入水纵向和横向推进不均匀；潜在裂缝张开，形成水窜；注入水长期冲刷形成优势渗流通道，造成无效注水；油井含水率不断上升，产液逐渐降低。

如图 2-2 所示，W214 注水开发示范区组建于 2004 年 11 月，目前注水井 9 口，受益井 43 口，含油面积 3.687 km^2，水驱控制面积 2.27 km^2，区块地质储量 274×10^4 t，采用油井转

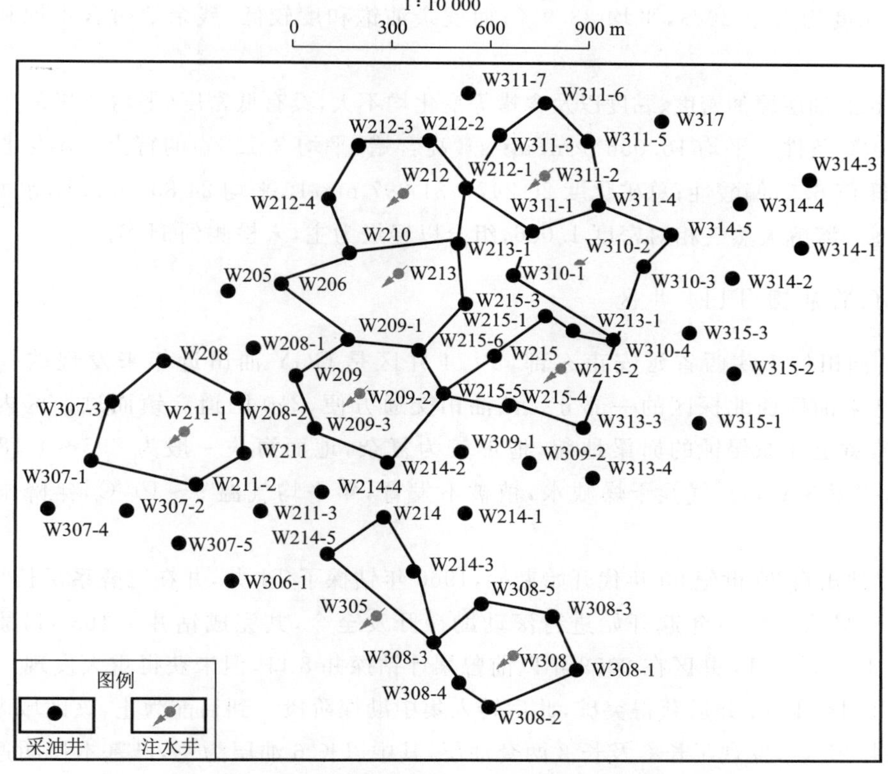

图 2-2　XZC 油田 W214 注水区注采井网图

注,注采层位为三叠系延长组长 2^1 油层;油层平均有效厚度 17.3 m,孔隙度为 17%,渗透率为 $7.96\times10^{-3}\ \mu m^2$,地层原油体积系数为 1.029,地层原油黏度为 16.056 mPa·s,为低孔、低渗储层。目前平均注水压力 9 MPa,平均单井日注水量 24.22 m^3,累计注水量 $34.88\times10^4\ m^3$,累计产油 19.78×10^4 t,综合含水率 50%,采油速度 1.16%,采出程度 7.21%,累计注采比 0.79,累计亏空 94 424 m^3,目前地层压力 4.22 MPa,示范区综合递减率为 7%,注水开发见到明显效果。

本区长 2 油层岩石主要以灰—浅灰色细粒、中—细粒长石砂岩和长石岩屑砂岩为主,还有少量岩屑长石砂岩。砂岩结构成熟度差—中等,分选性总体较好,碎屑颗粒多呈次棱角状和次磨圆状,胶结类型较为多样,主要以孔隙—薄膜型为主,线状接触。长 2 油层填隙物主要为杂基和胶结物,杂基含量在 0～6%之间,平均为 3.68%;胶结物含量 0～16%,一般平均为 5%;填隙物主要为绿泥石、方解石、石英、长石、浊沸石及黄铁矿等,局部见沥青,黏土矿物以绿泥石为主,方解石次之;含油岩性主要为细—中粒砂岩,含油级别主要为油斑、油迹和荧光,泥质粉砂岩和钙质砂岩不含油。长 2 储层孔隙度最小值为 3.24%,最大值为 21.03%,平均值为 11.95%,主要分布在 14%～16%之间。长 2 储层渗透率分布在 $(0.01\sim205.72)\times10^{-3}\ \mu m^2$ 之间,平均主要分布在 $(0.2\sim4)\times10^{-3}\ \mu m^2$ 之间。长 2^1 平均面孔率 10.8%,粒间孔在 1%～12%之间,平均 8.12%,是最主要的孔隙类型;其次为溶蚀孔。储层油水相对渗透率曲线由于束缚水饱和度高,其等渗点的含水饱和度大于 50%,平均为 54.9%;各样品的束缚水饱和度均大于 20%,平均 33.9%;而残余油饱和度较低,残余油时含水饱和度达到 66.8%。

本区长 2 油层原油密度、黏度以及含蜡等变化均不大,具有低密度(平均 0.859 4 g/cm^3)、低黏度(50 ℃条件下平均 16.056 5 mPa·s)、高含蜡(平均 8.12%)的特点。本区长 2 油层地层水 pH 值 6.5,偏酸性;总矿化度 20 247～31 297 mg/L,平均 24 855 mg/L,水型主要为 Na_2SO_4 型。溶解天然气相对密度 1.086,组分以轻烃为主,未检测到 H_2S。

3. GGY 油田 T114 井区

GGY 油田位于陕西省延安市东部,T114 井区是 GGY 油田近年来发现的一个新区块,属于其采油厂西北探区的一部分。该油田交通方便,210 国道穿镇而过。区内地表为黄土塬,属黄土高原侵蚀的峁梁地貌,地形较为复杂,地面海拔一般为 895～1 185 m,最大相对高差近 300 m。气候干燥缺水,植被不发育,年平均气温 9～10 ℃,年降雨量不足 600 mm。

GGY 油田自 20 世纪 60 年代开始勘探,1960 年钻探了 T1 井,并在三叠系延长组长 6 油层发现油气显示。1975 年起开始进行滚动勘探开发至今,共完成钻井 2 163 口,累计产油 216.99×10^4 t。T114 井区在 2002 年以前曾累计钻探井 8 口,但未获得重大发现。2003 年钻 T116,T114,T115 井后获得突破,此后转入集中勘探阶段。到目前为止,该区域内已经累计完成探井 25 口,发现了长 6 及长 2 两套油层,其中以长 6 油层为主,已基本探明连片含油面积 18 km^2,估算地质储量约 828×10^4 t(按储量丰度为 $46\times10^4\ t/km^2$ 估算)。

本区长 6 油藏地层为晚三叠世长 6 段沉积时期延安三角洲前缘北侧形成的水下分流河道前端砂泥岩互层沉积建造，再往北即为延安三角洲与安塞三角洲之间的大型沉积间湾，砂体局部连片性好，砂岩颗粒分选相对较好，但总体上受泥质沉积的影响较大而封闭性较强。邻近的有机泥质沉积是有利的生油层及良好的遮挡层，与物性较好的砂体形成有利的生储盖组合。此外，由于砂岩渗透率极低，毛管力作用很强，油水分异很差，油水混储，无明显的油水界面，缺乏边、底水。所以，在以上主要作用决定之下，形成典型的岩性油藏。其油气分布主要受储层岩性和物性控制，一般优质储层分布区即是油气的富集区，基本走向为北东—南西向。研究人员对 GGY 地区的沉积相开展的大量研究工作表明，GGY 油田长 6 油层属三角洲前缘沉积，砂体主要为水上分流河道；储集层存在较大的非均质性。

本区长 6 储层的主要储集空间有粒间孔、溶蚀孔(长石溶孔、岩屑溶孔、沸石溶孔)、微裂缝等。面孔率一般在 4%～8%之间，平均为 6.6%。其中残余粒间孔一般分布在 1%～5%之间，平均达 3.8%，是本区长 6 储层最主要的一种孔隙类型。溶蚀孔隙包括粒间溶孔和粒内溶孔，分布在 1.0%～4.5%之间，平均为 3.2%，是本区长 6 储层另一类重要的孔隙类型。此外，局部井有微裂隙发育，其对储层局部渗透率的改善有重要作用，但发育微裂隙的井分布较分散，未集中分布。根据 T114 井区已有统计结果可知，长 6 储层孔隙度最大值为 12.3%，最小值为 1.1%，平均值为 8.3%。长 6 储层渗透率最大值大于 $6.77\times10^{-3}\ \mu m^2$，最小值小于 $0.01\times10^{-3}\ \mu m^2$，平均值为 $0.85\times10^{-3}\ \mu m^2$，而且渗透率的分布范围较宽。纵向上粒序复杂多变，粒径 0.1～0.75 mm，平均 0.44 mm。长 6 储层孔隙度与渗透率相关性较差，相关系数不到 0.26。参考延长油田 Z417 井高压物性资料，油藏饱和压力为 1.12 MPa。据邻区 T81—T69 井区的温压实测资料，长 6 油层地层温度 24.6～27.5 ℃，地温梯度 2.61～3.10 ℃/(100 m)，地层压力 4.016～5.812 MPa，压力系数 0.92～0.94，压力梯度 9.70～9.86 kPa/m，属常温低压系统。T114 井区储层相对润湿指数为 0.17，为弱亲水储层。本区长 6 油层原油密度、黏度以及含硫量等均变化不大，属低密度、低黏度、低凝固点、微含硫的常规陆相黑油，原油密度 0.821～0.837 g/cm^3，平均 0.826 g/cm^3，黏度为 2.59～3.87 mPa·s(50 ℃)，平均 3.26 mPa·s(50 ℃)，凝固点－14～10 ℃，平均为 2.8 ℃，含硫量 0.002%～0.21%，平均 0.104%，初馏点 54.9～83.2 ℃，平均 72.5 ℃，原油体积系数为 1.036，含盐量变化较大，为 11～202 mg/L。

T114 井区目前井网形式为 150 m×125 m 的矩形反九点井网，井距为 195 m，排距为 96 m。T114 井区所取试验区块整体上采取超前注水开采方式。单井日产油 0.05～0.8 m^3，日产液 0.1～3.0 m^3，单井日注入量 1～3 m^3。由于储层渗透率低、存在天然裂缝等，存在产油、产液量小，注入压力低或注不进去，容易水窜等问题。

4. YN 油田 SH1 号和 SH2 号注水站

YN 油田 SH 东区位于鄂尔多斯盆地二级构造单元陕北斜坡的中央，发育有小型鼻状隆起。油藏为特低渗、低压、低温、低饱和压力、无气顶、无边底水、较好的原油性质等多重特点的岩性油藏(图 2-3)。

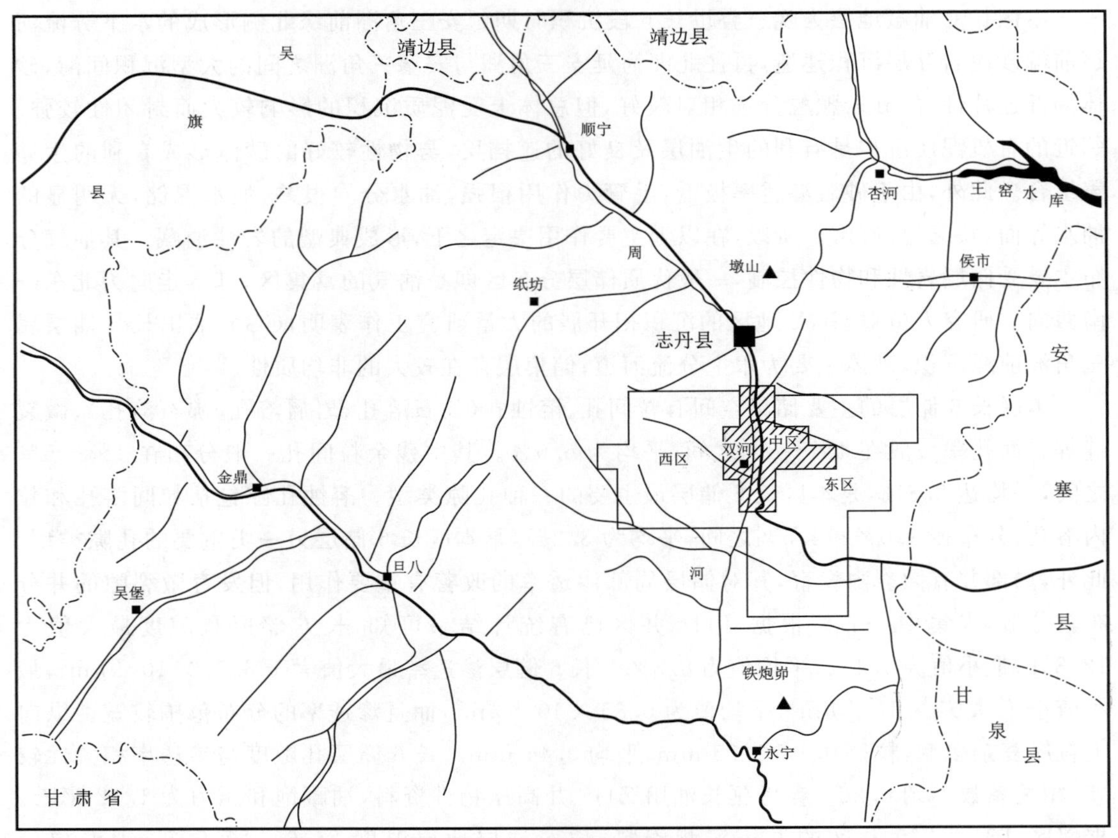

图 2-3　YN 油田 SH 东区位置图

研究区长 6 储层的岩性主要为浅灰绿色细粒长石砂岩，岩石中碎屑组分约占 90%，杂基组分很少；镜下可见到的孔隙均为溶蚀孔隙。碎屑成分以长石为主，含量 60.1%；石英次之，含量 27.8%；黑云母含量 7.8%；岩屑含量 4.2%；具高长石、低石英、较高云母的碎屑组合特征。储集层的填隙物组分主要为高岭石、方解石、绿泥石，而在长 6^3 储层中还有少量水云母、自生石英和黄铁矿充填；以薄膜—孔隙式胶结为主，个别为薄膜—嵌屑式和嵌屑—孔隙式胶结。本区延长组储集砂岩以中细孔喉、中小孔径为主；平均喉径 0.17～1.36 μm，平均孔隙直径多在 10～100 μm 之间，应为中孔中喉及小孔小喉型储层。本区长 6 储层岩石润湿性应为中等混合润湿—弱亲水类型。

本区储层为特低渗性质：渗透率在 $(0.2\sim5)\times10^{-3}$ μm^2 之间，孔隙度 8%～15%，原油密度平均 0.84 g/cm^3，其中长 6^1 为 0.83 g/cm^3，长 6^2 为 0.84 g/cm^3，长 6^3 为 0.85 g/cm^3，原油平均黏度为 8.17 mPa·s，原油中硫的质量分数平均为 0.06%，原油中蜡的质量分数平均为 13.83%。根据溶解气组分资料，成分以甲烷为主，甲烷的质量分数 70.75%，相对密度 0.82。区内长 6 油藏无水层，因此未获得可靠的水样及分析成果。根据区外地层水的分析资料，长 6 总矿化度为 96 100～99 400 mg/L，地层水属封闭的原生水，高矿化度 $CaCl_2$ 型。

本区主要为不规则反九点井网，日注水量 6～18 m^3，井口泵压 10～10.5 MPa，油井月产液量高，平均 50～150 m^3，少数井产液量较差仅 10 m^3，部分井产液量则高达250 m^3 左右，月产油 30～100 m^3，少数井产油差，仅 1 m^3，部分井则可达 180 m^3 左右。

5. DB 油田 4930 示范区

DB 油田 4930 井区位于伊陕斜坡带的西端，区域主要发育含油层位有延安组的延 6、延 8、延 9、延 10，延长组的长 2、长 4＋5、长 6、长 8 等层位，油藏埋深 1 600～2 600 m。油区探明含油面积 60 km^2，叠合含油面积 40.8 km^2，地质储量总计 2 524.77 × 10^4 t，主要分布在长 4＋5、长 6、延 6、延 9 共 4 个油层，其中延 9 油层地质储量为 621.12 × 10^4 t，延 6、延 9 油层地质储量总计为 1 031.61 × 10^4 t，占该区地质储量的 24.60%。从区域叠合含油面积分布图来看，延安组与延长组叠合区域占较大部分，叠合储量约为 1 530.26 × 10^4 t，占该区地质储量的 60.61%(图 2-4)。

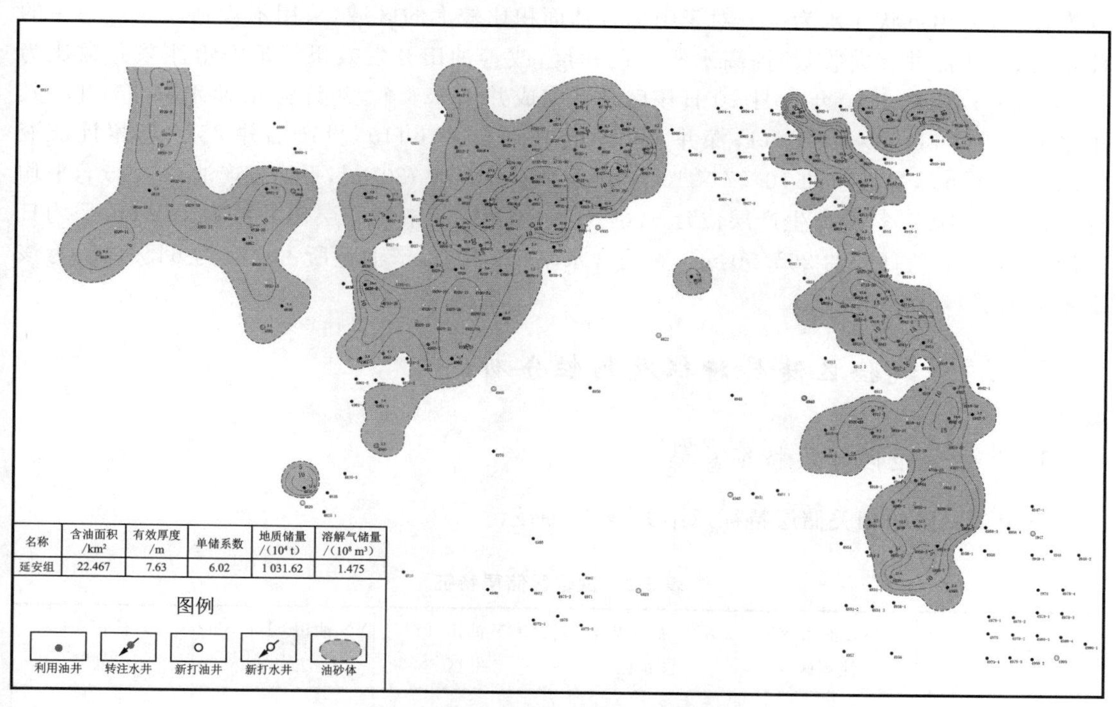

名称	含油面积/km^2	有效厚度/m	单储系数	地质储量/(10^4 t)	溶解气储量/(10^8 m^3)
延安组	22.467	7.63	6.02	1 031.62	1.475

图 2-4　4930 井区延安组井网部署图

延安组普遍为有边、底水的构造岩性油藏，油层连通性较好，有利于注水开发。延安组为一套含煤岩系，属于河流沼泽相沉积，纵向上为砂岩、泥岩、煤或炭质泥岩组成的进积型多旋回沉积，沉积初期多为巨厚多阶性辫状河较粗碎屑岩填充沉积。岩石矿物学特征以灰白色、浅灰色长石质石英砂岩为主，岩石结构成熟度较好。高岭土质孔隙型胶结，可见较多的白云母片，砂岩储油物性较好。延 9 储层岩石类型为灰褐色细—中粒岩屑石英砂岩，粒径一般为 0.18～0.45 mm，中厚层状到块状。砂岩中石英碎屑含量平均为 78.8%，岩屑含量平均为14%，长石含量平均为7.2%。砂岩颗粒磨圆度较好，分选好，细粒石英次生加大一般到中等，中粒石英次生加大比较发育，常见石英颗粒间嵌合。岩屑成分比较复杂，主要有喷发岩、隐晶岩、片岩和千枚岩等，有的含有少量沉积岩岩屑。细粒石英砂岩常见杂基充填孔隙，填隙物中杂基以绿泥石和伊利石为主，绿泥石呈薄膜状分布；胶结物以石英次生加大胶结为主。从孔隙发育情况看，孔隙以粒间孔为主，少量岩屑粒内孔或粒内溶孔，储集性能较好。延安组油层岩石呈弱—偏亲水，延安组渗透率平均为42.6 $\times 10^{-3}$ μm^2，孔隙平均为15.28%。延9油层样品分析资料表明储层弱或无酸敏、弱或无速敏、弱或无水敏。该区适合注水开发。樊学油区延安组平均油层温度55.46 ℃，地温梯度2.64 ℃/(100 m)，原始地层压力9.02～14.43 MPa，压力系数0.9。樊学油区地层原油密度0.733～0.811 g/cm^3，地层原油黏度1.15～4.41 mPa·s；地面原油密度0.744～0.899 g/cm^3，平均密度为0.837 g/cm^3，地面原油黏度3.93～36.91 mPa·s，凝固点相对较低，平均为16.3 ℃，初馏点高，平均为115.6 ℃，原油不含沥青质，总体来说原油物性较好，纵向上各层差异不大。

DB油田主要采用菱形反九点井网。但由于延安组油层在东北部、东南部、西北部分布规模较小，采用点状注水为主。对于中部含油面积比较大的区域，采用不规则反九点为主的注水方式，使油井多向收效，提高水驱控制程度，改善油田开发效果。延安组注采井数比为1∶3～1∶4，截至2010年5月20日该区共计完成井场128个，共计完钻油水井351口，其中采油井282口，注水井53口，探井16口(包括评价井1口)，投产油井282口，累计产液28.24 $\times 10^4$ m^3，累计产油16.07 $\times 10^4$ t，目前平均日产液720 m^3，平均日产油380.25 t，平均综合含水率37.5%，主力生产层位延6、延9、长4+5。其中延9层位井数为113口，平均日产液420.30 m^3、日产油295.90 m^3，平均含水率29.60%，产油量所占比例为64.91%，为该区主力油层。

2.2.2 试验区储层特征及物性分析

1. 五个试验区储层特征总结

五个试验区的相关储层特征总结如表2-2所示。

表2-2 试验区储层特征

试验区	WYB油田YM注水区	XZC油田W214注水区	GGY油田T114井区	YN油田SH1,SH2注水站	DB油田4930示范区
试验区研究层位	长2	长2	长6	长6	延9
温度/℃	33.88	41.2	24.6～27.5	45～50	55.46
压力/MPa	3.96	7	4.02～5.81	11	9.01～14.43
地层饱和压力/MPa	0.83	—	—	3.91	—
孔隙度/%	2.5～18.93	3.24～21.03	1.1～12.3	8～15	15～17
平均孔隙度/%	12.195	11.95	8.3	12.05	15.28

续表

试验区	WYB 油田 YM 注水区	XZC 油田 W214 注水区	GGY 油田 T114 井区	YN 油田 SH1,SH2 注水站	DB 油田 4930 示范区
渗透率 /($10^{-3}\mu m^2$)	0.061～166.49	0.01～205.72	0.01～6.77	0.1～5.0	10～50
平均渗透率 /($10^{-3}\mu m^2$)	15.885	0.1～4	0.85	0.992	42.6
主要岩石类型	细砂岩	细粒长石砂岩	细砂岩及中—细粒砂岩	中—细粒砂岩	细—中粒砂岩
岩石粒径/mm	0.05～0.25	—	0.44	0.125～0.25	0.1～0.35
原油黏度 /(mPa·s)	6.368(50 ℃)	16.056(50 ℃)	3.26(50 ℃)	8.17(50 ℃)	1.15～4.41 (地层温度)
原油密度 /($g \cdot m^{-3}$)	0.824	0.859 4	0.826	0.84	0.733～0.811
地层水矿化度 /($mg \cdot L^{-1}$)	47 188.98	24 855	48 956.30	96 100～99 400	14 200～31 050
地层水类型	$CaCl_2$	Na_2SO_4	$CaCl_2$	$CaCl_2$	$CaCl_2$和 $NaHCO_3$，以 $NaHCO_3$为主

2. 储层岩石敏感性分析

对五个试验区岩心进行敏感性实验，实验采用模拟地层水，根据水质分析结果分别配制不同矿化度地层水，敏感性实验结果如表 2-3 所示。

表 2-3　试验区岩心敏感性

层位 \ 敏感性	速敏性	盐敏性	水敏性	酸敏性	碱敏性	应力敏感性
WYB 油田 YM 注水区	中等偏弱	中等偏强	中等偏强	弱—改善	弱碱敏	中等偏弱
XZC 油田 W214 注水区	弱速敏	中等偏强	中等偏弱	弱—改善	中等偏强	中等偏弱
GGY 油田 T114 井区	弱速敏	弱盐敏	弱水敏	强酸敏	中等偏弱	中　等
YN 油田 SH1,SH2 注水站	弱速敏	弱盐敏	中等偏弱	弱酸敏	弱碱敏	中　等
DB 油田 4930 示范区	弱速敏	弱盐敏	弱水敏	弱—改善	无	中等偏弱

敏感性分析结果表明，储层岩石均具有一定的水敏和盐敏性，因此后续关键技术研究中需考虑地层水的影响。

3. 储层相渗特征

通过岩石相渗实验，对储层岩石渗流状况进行分析，实验利用非稳态法中的恒压法测定，参考《油水相对渗透率测定》(SY/T 5345—1999)标准进行实验[79]。实验曲线如图 2-5～2-9 所示。

由相渗实验可知，试验区为低渗储层，共存水饱和度高，原始含油饱和度低；两相流动范围窄；残余油饱和度高；油相渗透率(K_{ro})下降快；水相渗透率(K_{rw})上升慢，最终值低。油水两相等渗点处束缚水饱和度 $S_w > 50\%$，属于亲水性储层。其中，WYB 油田 YM 注水区储层岩石束缚水饱和度 35%，等渗点饱和度为 56%，残余油饱和度为 28%；XZC 油田 W214

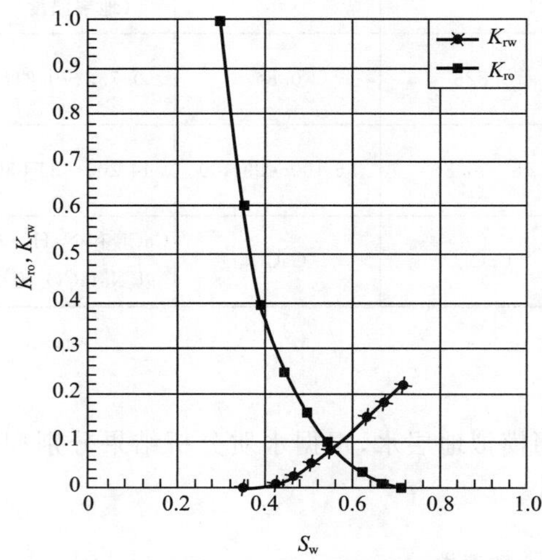

图 2-5 WYB 油田 YM 注水区长 2 相渗

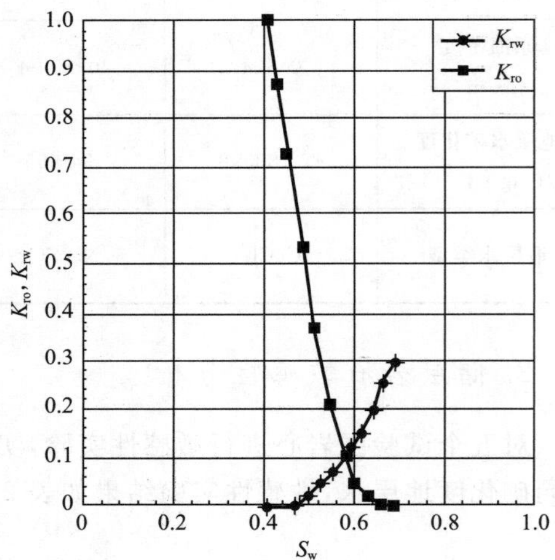

图 2-6 XZC 油田 W214 注水区长 2 相渗

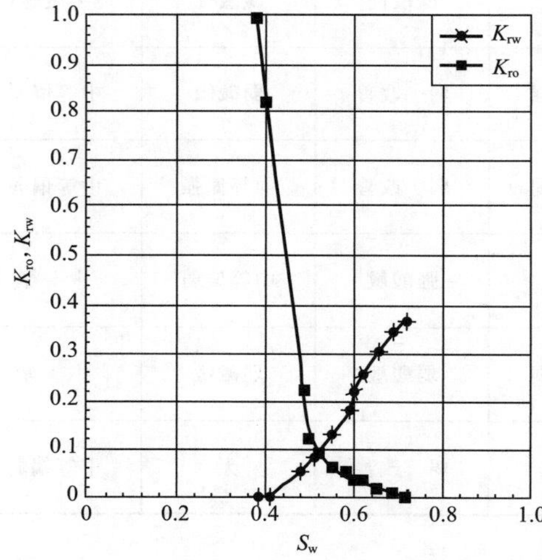

图 2-7 GGY 油田 T114 井区长 6 相渗

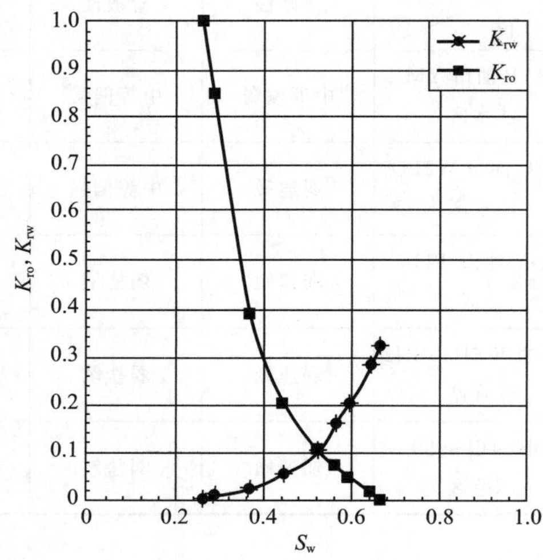

图 2-8 YN 油田 SH1，SH2 注水站长 6 相渗

注水区储层岩石束缚水饱和度 41%，等渗点饱和度为 59%，残余油饱和度为 31%；GGY 油田 T114 井区储层岩石束缚水饱和度 38%，等渗点饱和度为 52%，残余油饱和度为 28%；YN 油田 SH1，SH2 注水站储层岩石束缚水饱和度 27%，等渗点饱和度为 53%，残余油饱和度为 33%；DB 油田 4930 示范区储层岩石束缚水饱和度 46.5%，等渗点饱和度为 63%，残余油饱和度为 26%。

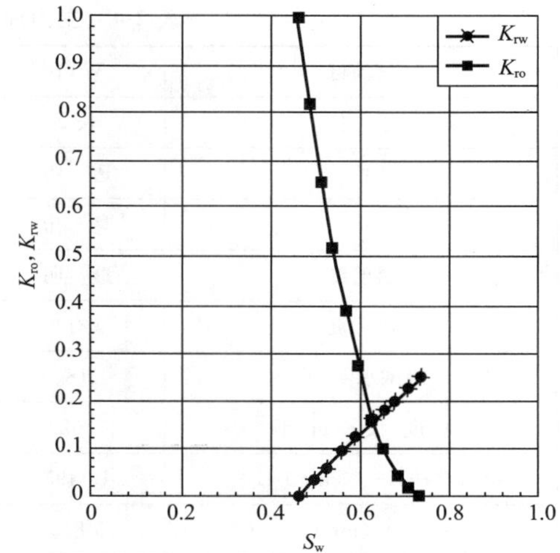

图 2-9 DB 油田 4930 示范区延 9 相渗

4. 储层岩石抗压强度

实验利用中国石油大学(华东)力学实验教学中心的微机控制电子式万能材料试验机(图 2-10)进行，测量天然岩心在轴向的抗压强度。实验结果如图 2-11 所示。岩石抗压强度结果表明，该区主力油层岩石抗压强度普遍较低，岩石脆性较强，弹塑性较差。延 9 岩石由于埋藏深，抗压强度略高，但沿层理方向，由于黑云母、煤质等的发育，使其强度会有所降低；由于长 6 岩石较致密，其抗压强度要高于长 2，但由于本身存在微裂缝，其抗压强度存在较小的情况。

图 2-10 电子式万能材料试验机

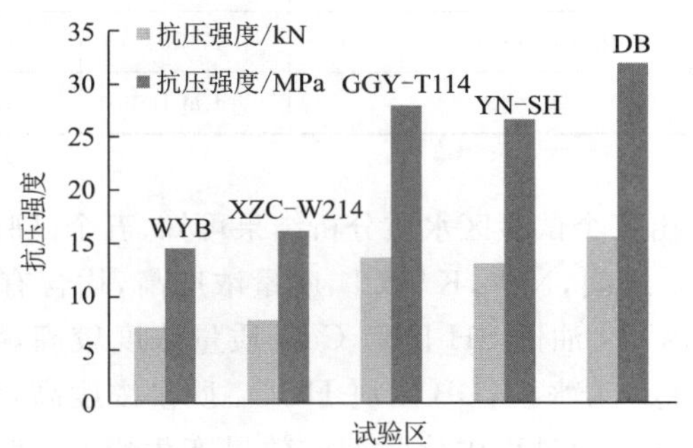

图 2-11 主力油层天然岩心抗压强度实验结果

5. 地层水水质分析

根据《水质 氯化物的测定 硝酸银滴定法》(GB/T 11896—1989)、《水质 悬浮物的测定 重量法》(GB/T 11901—1989)、《水质 pH 值的测定 玻璃电极法》(GB/T 6920—1986)、《水质 硫酸盐的测定 质量法》(GB/T 11899—1989)等，对五个试验区地层水在中国石油大学(华东)元素分析实验室进行了水质分析，实验结果如表 2-4 所示。

表 2-4　主力油层五个试验区水质分析结果

试验区	WYB	XZC	GGY	YN 油田 SH	DB 区块
层　位	长 2	长 2	长 6	长 6	延 9
色	透　明	透　明	透　明	透　明	透　明
味	臭　味	无　味	无　味	无　味	无　味
透明度	透　明	透　明	透　明	透　明	透　明
沉　淀	有	无	无	无	无
测试水温/℃	18	18	18	18	18
密度/(g·cm^{-3})	1.029	1.003	1.017	1.01	1.022
$\rho(Na^+ + K^+)$/(mg·L^{-1})	12 495	8 633	6 492	24 858	10 593
$\rho(Ca^{2+})$/(mg·L^{-1})	5 875	1 083	11 323	3 751	58
$\rho(SO_4^{2-})$/(mg·L^{-1})	38	2 546	638	846	764
$\rho(Mg^{2+})$/(mg·L^{-1})	162	129	135	627	26
$\rho(Cl^-)$/(mg·L^{-1})	28 469	12 064	30 051	45 979	10 550
$\rho(HCO_3^-)$/(mg·L^{-1})	189	383	286	328	1 231
$\rho(CO_3^{2-})$/(mg·L^{-1})	26	38	31	0	47
ρ(溶解氧)/(mg·L^{-1})	0.38	0.45	0.43	0.39	0.24
ρ(悬浮物)/(mg·L^{-1})	386.4	5.68	4.67	3.12	4.9
悬浮物颗粒直径中值/μm	50.5	3.2	3.1	2.9	3.4
ρ(侵蚀性二氧化碳)/(mg·L^{-1})	0.3	0.32	0.34	0.36	0.3
pH	6.0	6.8	6.8	6.7	6.3
矿化度/(mg·L^{-1})	47 254	24 855	48 956	76 398	23 269
水　型	$CaCl_2$	Na_2SO_4	$CaCl_2$	$CaCl_2$	$NaHCO_3$

由五个试验区水质分析结果可知，五个试验区水质矿化度普遍偏高，介于 20 000～100 000 mg/L 之间，Na^+，K^+，Cl^- 质量浓度高，均含有一定质量浓度的 Ca^{2+} 和 Mg^{2+}。其中，WYB，GGY，YN 油田 SH 区块 Ca^{2+} 质量浓度较高，为 $CaCl_2$ 水型；XZC 区块 SO_4^{2-} 质量浓度较高，为 Na_2SO_4 水型；DB 区块 HCO_3^- 质量浓度高，为 $NaHCO_3$ 水型。高矿化度、Ca^{2+} 等的存在会对化学治理过程中化学剂的效果产生影响，因此在后续关键技术实验中应对部分离子和高矿化度进行敏感性分析。

2.3　裂缝性特低渗油藏提高采收率关键技术适应性分析

由储层地质特征分析可知，地层压力低，储层渗透率低，局部发育有天然裂缝，为低渗或特低渗油藏，均具有一定的敏感性，属水湿油藏，束缚水饱和度和残余油饱和度高，油相相对渗透率下降快，水相相对渗透率较低，地层水矿化度高等。在该储层特征影响下，天然能量不足、产量较低，注水后水沿裂缝产生水窜，含水率上升快，因此急需采取相应的措施如调驱、堵水、强化驱油等对储层进行综合治理。

2.3.1　水井调驱技术适应性分析

1. 常用调驱堵剂类型

水井调剖是严重非均质油藏控水稳油，提高水驱效率的重要技术手段。国外早期使用非选择性水基水泥调剖，后来发展为原油、增黏油等作为选择性调剖剂。1974 年 Needham 等人指出，利用聚合物聚丙烯酰胺在多孔介质中的吸附滞留和机械捕集效应来封堵高含水层，从而使化学调剖技术进入了新的发展阶段。20 世纪 70 年代末到 80 年代初，油田化学堵水技术得到了长足的发展，进而发展成为以水井为主的注水井调剖技术。最近国外研制的深部调剖剂有微生物类、沉淀类、冻胶类以及胶态分散冻胶类等[80-87]。我国从 20 世纪 50 年代开始研究和应用堵水调剖技术。在调剖体系方面，结合我国不同类型油藏特征和不同开发阶段的调剖技术需求研制出了一系列的调剖体系，主要可分为以下七大类型[88-105]：① 无机沉淀类调堵剂；② 水溶性聚合物凝胶调堵剂；③ 颗粒类调堵剂；④ 沉淀型（悬浊液型）调剖剂；⑤ 冻胶型调剖剂；⑥ 树脂型调剖剂；⑦ 胶体分散型调剖剂。国内研制的深部调剖剂主要有两类：冻胶类和颗粒类。

近年来在深部调剖（调驱）液流转向剂研究与应用方面取得了许多新进展，形成包括弱凝胶、胶态分散凝胶（CDG）、体膨颗粒、柔性颗粒等多套深部调堵（调驱）技术[106-117]。室内实验和矿场试验表明，注水井调剖效果优于油井堵水，它可以起到一井多调的效果，大大增加了原油的动用程度。水井调剖可根据堵剂特征分为非选择性堵剂调堵和选择性堵剂调堵。

1）非选择性堵剂调堵

（1）水泥调堵。

水泥是最早使用的堵水剂，利用它凝固后的不透水性进行封堵，通常用于打水泥塞封下层水；挤入窜槽井段封堵窜流，或挤入水层挤水。由于价格便宜，强度大，可以用于各种温度，至今仍在研究和使用中。水泥主要产品类型有水基水泥、油基水泥、活化水泥及微粒水泥。由于水泥颗粒大，不易进入中低渗透性地层，因而用挤入水层的方法堵水时，封堵强度不高，成功率低，有效期短，长时间以来这类堵剂的应用范围受到限制。该类堵剂目前在延长油田与其他堵剂进行了复合使用，用于水井近井带调剖；另外，发展的超细水泥和泡沫水泥等可以用于油井的大孔道封堵上以及压裂导致的油井亏空近井带填充，以减少油井的出水，降低处理成本[118-123]。

（2）树脂型堵剂调堵。

树脂型堵剂是指由低分子物质通过缩聚反应产生的具有体型结构、不溶不熔的高分子物质。树脂按受热后性质的变化分为热固性树脂和热塑性树脂两种。非选择性堵剂常采用热固性树脂，如酚醛树脂、环氧树脂、脲醛树脂、糖醇树脂、三聚氰胺-甲醛树脂等。树脂型堵剂具有如下优点：可以注入地层孔隙并且具有足够高的强度，可封堵孔隙、裂缝、孔洞、窜槽和炮眼；树脂固化后呈中性，与井下液体不反应，因而有效期长。据报道，每消耗 1 t 商品树脂堵剂，可增产原油 18 t，经济效益显著。其缺点是：成本较高，无选择性，使用时通常仅限井底周围径向 30 cm 以内，使用前必须检验处理层位并加以隔离，树脂固化前对水、表面活性剂、碱和酸的污染敏感，使用时必须注意。

(3) 无机盐沉淀型调剖堵水剂调堵。

该堵剂主要是硅酸钙堵剂。利用相对密度 1.50～1.61 的水玻璃和相对密度 1.3～1.5 的氯化钙溶液，中间以柴油隔离，依次挤入地层，使水玻璃与氯化钙在地层内相遇，生成白色硅酸钙沉淀，堵塞地层孔隙。总用量可根据水层厚度、孔隙度及挤入半径确定。一般挤入半径取 1.5～2 m 即可见效。挤入程序为：1/2 氯化钙溶液(浓度①为 70%～80%)→柴油隔离液→水玻璃→柴油隔离液→氯化钙溶液→柴油隔离液→水玻璃→顶替清水。顶替完后需大排量洗井到井口不再返出封堵剂为止，上提油管至油层以上 40 m，关井反应 40 h 即可开井。这种封堵剂来源广，成本低，施工安全简便，封堵效果好，解堵容易(高压酸化、碱液压裂)，但在施工时必须采取有效的保护措施，否则会堵塞油层，污染地层。

(4) 凝胶调堵。

凝胶是固态或半固态的胶体体系，由胶体颗粒、高分子或表面活性剂分子互相连接形成空间网状结构，结构孔隙中充满了液体，液体被包在其中固定不动，使凝胶失去流动性，其性质介于固体和液体之间。凝胶分为刚性凝胶和弹性凝胶两类。目前有硅酸凝胶、氰凝堵剂和丙凝堵剂等。目前，凝胶、弱凝胶类调堵剂在低渗油层得到广泛应用。

常用的交联剂主要有：$A1^{3+}$，Cr^{3+}，有机酚醛类交联剂。其中，Al^{3+} 与聚合物成胶具有强度适中、易控制的特点，只适合低温、酸性或中性油藏条件；Cr^{3+} 是一种很强的络合剂，与聚合物形成的凝胶有很强的稳定性和耐冲刷性，可以耐受较宽范围的温度和 pH 值条件；有机酚醛类交联剂体系苯酚中苯环的引入，大大增强了凝胶的热稳定性，适宜应用于高温油藏的深部调剖。

凝胶调堵可分为强凝胶、中等强度凝胶和弱凝胶调堵。强、中、弱凝胶所适应的油藏条件：① 强凝胶适用于地层高含水(含水率大于 80%)，层间渗透率差别大，变化范围在 $(100\sim5\,000)\times10^{-3}\ \mu m^2$ 之间，封堵目的层单一，而且厚度(小于 5 m)不是很大的油水井；中等强度凝胶适用于层间、层内渗透率差别较大，油层渗透率变化在 $(50\sim1\,000)\times10^{-3}\ \mu m^2$ 之间，目的层为多段层或厚油层的调剖井；弱凝胶主要应用于渗透率较低(小于 $100\times10^{-3}\ \mu m^2$)的两类油层，即低压注水时各层吸水比例差别较大，但吸水层渗透率相对均匀，或者目的层发育较差，层间渗透率差别不大的井。② 油藏温度 40～60 ℃的低温油藏宜使用主剂水解度高(0.5%～3%)、相对分子质量大(50～200 万)的强凝胶，而油藏温度 70～150 ℃的高温油藏宜使用主剂水解度低(小于 0.1%)、相对分子质量小(100 000～500 000)的弱凝胶，油藏温度50～90 ℃中温油藏宜使用中等强度的凝胶。

强、中、弱凝胶的注入工艺条件：① 弱凝胶注入之前，应先注入一个质量浓度相对较高的聚合物段塞，降低地层对交联剂的吸附量，适宜裸眼或射孔完井的注水井调剖。② 中等强度凝胶其施工压力必须满足油层启动压力＜施工压力＜油层破裂压力，注入速度不能过高，防止调剖剂进入低渗层。③ 强凝胶具有很高的残余阻力系数，注入性差，易封堵近井地带，因此注入后需注入破胶剂，以解除井眼堵塞。选择延迟交联技术，注入调剖剂前应对井

① 以下若无特殊说明，浓度均指质量分数。

眼、井身进行冲洗，适合深穿透、大孔径射孔完井。

(5) 冻胶调堵。

冻胶型凝胶是由高分子溶液在交联剂作用下形成的具有网状结构的物质，因其含液量很高(体积分数通常大于 98%)，胶凝后类似于冻胶而得名。该类堵剂很多，如铝冻胶、锆冻胶、钛冻胶、醛冻胶、铬木质素冻胶、硅木冻胶、酚醛树脂冻胶等都属此类。聚合物冻胶堵剂主要用于：① 裂缝性油藏和裂缝发育储层的深部调剖；② 中、高、低孔隙性/裂缝性储层的油井堵水；③ 出水层位不清的油井笼统选择性堵水。

(6) 交联聚合物微球调堵。

交联聚合物微球是采用微乳聚合技术合成的一种核壳型堵剂，核为交联聚合物凝胶，壳为水化层。此外，在制备过程中加入高效表面活性剂，可有效降低油水界面张力，使分散油聚集成油带，并不断扩大，提高注入流体的驱油效率。交联聚合物微球水溶性好，可均匀分散在水中形成溶液或溶胶，具有遇水膨胀和吸附性能，在运移过程中使地层压力升高，当压力达一定程度后，微球变形通过孔喉，继续向地层深部运移遇到下一孔喉又发生封堵，压力再次上升，后又穿过孔喉，发生突破，注入压力略降低。交联聚合物微球通过“封堵—突破—运移—封堵”，达到地层深部孔喉的封堵和改变流体方向的目的。

在油水井非选择性堵剂调堵中，树脂堵剂调堵强度最好，冻胶、沉淀型堵剂调堵次之，凝胶调堵最差；而成本则是凝胶、沉淀型堵剂调堵最低，冻胶调堵次之，树脂型调堵最高。沉淀型堵剂调堵是一种强度较好而价廉的堵剂，加之它耐温、耐盐、耐剪切，是较理想的一类非选择性堵剂。在油水井非选择性堵剂中，凝胶、冻胶和沉淀型堵剂都是水基堵剂，都有优先进入出水层的特点，因此在施工条件较好的油水井选择性调堵中同样也可使用。

2) 选择性堵剂调堵

选择性堵水适用于不易用封隔器将油层与待封堵水层分开的施工作业。目前选择堵水的方法发展很快，选择性堵剂的种类也很多。尽管选择性堵剂的作用机理有很大不同，但它们都是利用油和水、出油层和出水层之间的性质差异进行选择性堵水的。这类堵剂按分散介质的不同可分为三类：水基堵剂、油基堵剂和醇基堵剂。它们分别以水、油和醇作溶剂配制而成。

(1) 水基堵剂调堵。

水基堵剂是选择性堵剂中应用最广、品种最多、成本较低的一种堵剂。它包括各类水络性聚合物、泡沫、水包油型乳状液及某些皂类等。其中最常用的是水溶性聚合物。

(2) 油基堵剂调堵。

有机硅类堵剂包括四氯化硅、氯甲硅烷和低分子氯硅氧烷等。它们对地层温度适应性好，可用于一般地层温度，也可用于高温(200 ℃)地层。聚氨酯堵剂是由多羟基化合物和多异氰酸酯聚合而成的，聚合时保持异氰酸基的数量超过烃基的数量，即可制得有选择性堵水作用的聚氨酯。稠油类堵剂包括活性稠油、耦合调油和稠油固体粉末等。

(3) 醇基堵剂调堵。

醇基堵剂包括松香二聚物、醇基复合堵剂等，应用得较少。

在选择性堵剂中，聚合物堵剂、调油堵剂引起了人们的重视。部分水解聚丙烯酸胺有独特的堵水选择性，且易于交联，适用于不同渗透率地层。稠油堵剂是唯一一种可回收使用的堵剂，但使用时要注意地层的预处理，使地层被油润湿并增加水层的含油饱和度以利于稠油的进入。其中目前应用最多的为泡沫类堵剂。

根据选择性堵剂和非选择性堵剂特征分别对其进行应用油藏调研，并进行该区主力油层适应性分析。

2. 非选择性堵剂适应性分析

国内非选择性堵剂应用调研如表 2-5 所示。

表 2-5　国内非选择性调堵堵剂应用调研

应用油田	注入方式	油藏特征			应用效果	
		油藏类别	深度、温度、压力	孔、渗、饱及原油黏度	堵剂注入情况	含水率和产油变化
大庆萨Ⅱ1-2 层	聚合物铝凝胶(CDG)	高渗油藏	—	568×10^{-3} μm^2	单井日注量 98 m^3，注入压力 8.5～11.9 MPa，注入 49 个月	中心井采收率提高 14.51%，全区提高大于 55.4%
马寨油田	注水井注缔合聚合物调剖	中高渗油藏	温度 90 ℃	18.2%，(39.4～973)×10^{-3} μm^2，3.8 mPa·s	95 ℃，马寨注入水配制 3 000 mg/L 时体系黏度可达 64 mPa·s；14 口井累计注入缔合聚合物调剖剂 14 395 m^3，单井剂量 1 028 m^3	注水压力上升 2.0 MPa，吸水厚度单井增加 6.8 m；累增油 4 290 t
茨榆坨茨 13 块茨 20-139 井组	注水井弱凝胶调驱	常规稠油油藏	1 690～1 820 m，55 ℃	17.1%，117×10^{-3} μm^2	凝胶强度为 1.6 Pa；笼统挤注，施工周期 7 d，单井注入量 1 520 m^3，平均挤注速度 818 m^3/h，处理半径 9 193 m	井组综合含水率下降 10%，日产油量增加 5 t，调驱有效期达到 16 个月
辽河油田牛心坨油田	弱凝胶调驱	低渗裂缝性稠油砂砾岩边水油藏	1 500～2 200 m	11.3%，26.7×10^{-3} μm^2，400～2 000 mPa·s (50 ℃)	HPAM＋交联剂 LH-1，配制后 72～150 h 达到最大黏度	注水压力上升 2.0～7.5 MPa，综合含水率平均下降 2.7%，累增油 5 735.6 t
广北油田 11 口注水井	污泥调剖	—	—	—	单井平均注入量 247 m^3，累计注入调剖剂 2 719 m^3	产油量稳中有升，含水率保持稳定
长庆油田	MF 酸性树脂堵剂	中低渗油藏	—	(10～142)×10^{-3} μm^2	堵水 8 口，成功率 62.5%	共增油 2 800 t，减少出水 78 000 m^3
	RF 中性交联凝胶堵剂				堵水 4 口，成功率 100%	
	水玻璃材料				调剖 5 井次，成功率 80%	增油 2 482 t，减少出水 3 289 m^3

续表

应用油田	注入方式	油藏特征			应用效果	
		油藏类别	深度、温度、压力	孔、渗、饱及原油黏度	堵剂注入情况	含水率和产油变化
渤南油田五区沙三 9 1-2 层	硅体系调剖剂	高温低渗砂岩油藏	3 240～3 350 m，120～135 ℃，注水压力 32～35 MPa	—	硅体系调剖剂 6 口井，累计投入各类调剖剂 5 100 m^3	累计增产原油 11 756 t，区块增加可采储量 24 126 $\times 10^4$ t，年含水上升率由 9.7%下降至 0.23%
宝浪油田	耐温高强度延迟交联凝胶	低孔低渗裂缝性砂岩油藏	2 100～2 650 m	5.8%～15.1%，(13～22.8)$\times 10^{-3}$ μm^2	耐温 90～120 ℃；强度≥10 Pa；封堵率≥90%；110 ℃下，1 年后强度仍达 82%；单井注入 325～460 m^3，定排量 15～5 m^3/h	综合含水率下降 9.6%，非水窜井的液量、油量上升，四井组累计减少无效产水 5 610 m^3，增油 3 267 t
新疆石南 21 井区	丙烯酰胺＋甲叉双丙烯酰胺＋改性剂＋引发剂	中孔低渗油藏	75 ℃	13.13%，4.215$\times 10^{-3}$ μm^2	26 ℃时 111 mPa·s；75 ℃成胶≥4 h，成胶后黏度＞510 Pa·s；油管注调剖剂 200 m^3，泵车压力由 0 上升到 10 MPa 后再套管顶替 10 m^3，候凝 48 h	油套管压力上升到 16 MPa，日产液量由 0 增加至 3～13.4 m^3，有效期约 8 个月
吉林扶余油田东十八九站	微生物调剖堵水	高渗油藏	28 ℃	26.9%，0.18 μm^2，29.2 mPa·s	2 口注水井和 10 口采油井，第一阶段连续注菌液 28 m^3/(300 m^3 糖蜜)；第二阶段每日小段塞注菌液，注入 25 m^3 菌液/(225 m^3 糖蜜)	第一阶段 11 个月内含水率下降 10.6%，日增油 9.1 t；第二阶段 10 个月内含水率下降 5.6%，日增油 4.8 t
胜利孤岛油田中二中区 24X516 井组	聚驱后聚合物微球调驱	高渗稠油油藏	65～70 ℃	32.6%，2.260 μm^2，74～90 mPa·s (地下)	微球质量浓度 2 000～2 500 mg/L；注入 94 d，乳剂用量 30.45 t	油压上升，8 口油井中见效 5 口，增油 1 160 t

从国内油田调堵应用情况分析[124-138]，非选择性堵剂调堵主要应用于高渗地层、层内有其他水层干扰的地层等，低渗地层应用堵剂多为普通凝胶或弱凝胶堵剂。对于该区主力油层，储层低孔、低渗、地层能量低，对于强度高的堵剂其初始注入压力大，很难注入地层，注入压力过高会压裂地层，形成新的裂缝或连通地层微裂缝，加剧储层非均质性，使水驱过程更加复杂。另外，对于非选择性堵剂，即使注入地层也会很容易堵塞地层，因此只能选择少量注入封堵近井带。非选择性堵剂中，弱凝胶强度最低，但是其黏度也相应较低，适宜注入其他堵剂难以注入的低渗、特低渗地层，加上其价格便宜、来源广泛，可选择用于注入注水井进

行深部调驱，促使液流转向，提高波及系数。综上所述，延长组油层水井适宜用弱凝胶进行调堵，延安组底水油藏水井可用中强度凝胶或弱凝胶调堵，进行深部液流转向。

3. 选择性堵剂适应性分析——泡沫类堵剂

由于选择性堵剂目前主要应用的是泡沫类堵剂，泡沫类堵剂应用广泛且已较为成熟，因此此处仅对泡沫类堵剂进行适应性分析[102,103,139-143]。

泡沫流体应用于油田，在国内外已有30多年的历史。最初的泡沫驱只是简单的加活性剂水溶液，为了防止因注气的气体黏度过低而导致发生过早气窜的现象。但在实践中由于常规泡沫的稳定性较差，阻碍了它的推广应用。泡沫复合驱油技术是在常规泡沫驱和三元复合驱基础上发展起来的一项三次采油新技术。这项新技术集中了三元复合驱和普通泡沫驱的双重优点，在显著提高油层波及体积的同时，也提高了驱油效率，从而可以大幅度提高采收率，在理论上有较高的研究价值，在实践上有非常重要的指导价值。

目前泡沫驱已在大量低渗、特低渗油田进行了应用，通过表2-6中油藏应用实例和应用条件对比，发现氮气泡沫和空气泡沫类堵剂可广泛地应用于低渗油田封堵窜流通道来提高采收率，当然空气泡沫类堵剂对油藏埋深及油藏温度可能会有一定限制。对于鄂尔多斯盆地陕北斜坡带油田主力油层所处层位，由于埋深较浅，因此应用空气泡沫调驱时空气主要发生低温氧化，氧气消耗受到影响，对于采出井必须进行氧气浓度检测，并对整体空气泡沫调驱过程进行安全监控；氮气泡沫调驱由于不存在氧气问题，可以较好地应用于该区油田。整体而言，泡沫驱技术可以较好地应用于该区油田进行封堵以提高原油采出程度。由于空气泡沫调驱在该区油田已有所应用，且效果较好，考虑空气作为气源，来源广泛，无成本，因此此处考虑进行空气泡沫驱在五个试验区的应用研究。

根据选择性和非选择性水井调驱堵剂适应性分析结果，水井可以采用自适应弱凝胶和空气泡沫进行调驱。

表2-6　国内选择性堵剂泡沫应用调研

应用油田	注入方式	油藏特征			应用效果	
		油藏类别	深度、温度、压力	孔、渗、饱及原油黏度	注入量	含水率和产油变化
辽河油田锦90断块兴1组	氮气泡沫驱：N_2和化学剂混注	稠油油藏	1 080 m，49.7 ℃，10.7 MPa	462.7 mPa·s	注氮气63.18×10^4 m^3	投入产出比1∶2，提高采收率19.63%，最终采收率60%
萨北油田	氮气泡沫	低渗油藏	—	$(0.11\sim0.8)\times10^{-3}$ μm^2	3口井施工81 d，累注泡沫剂4 477 m^3，注氮气100.7×10^4 m^3，累计气液比1.12∶1，注入地下气液总体积9 512 m^3	累增油2 569 t，中心井有效期超过12个月，投入产出比1∶2.08
中原油田胡11-152井组	注空气泡沫	中低渗油藏	3 300 m，115 ℃，35 MPa	$(50\sim500)\times10^{-3}$ μm^2	空气泡沫段塞式注入，气液比为1∶2，累注空气46×10^4 m^3，起泡液3 251 m^3	地层压力提高，产液量降低50 m^3/d，产油增5 t/d，累增油609 t

续表

应用油田	注入方式	油藏特征			应用效果	
		油藏类别	深度、温度、压力	孔、渗、饱及原油黏度	注入量	含水率和产油变化
广西百色上法油田	注空气泡沫	低渗油藏	1 362 m，79 ℃，13.4 MPa	4%，$23\times10^{-3}\ \mu m^2$，1.09 mPa·s	连续 8 年累注空气泡沫 31 井次，累注空气 $843\times10^4\ m^3$，起泡液 $3.43\times10^4\ m^3$	累增油 1.48×10^4 t，投入产出比 1∶4.49
靖安油田五里湾一区 ZJ53 井区	泡沫复合空气驱	特低渗油藏	1 600 m，59.2 ℃	11.5%，$1.81\times10^{-3}\ \mu m^2$，1.6 mPa·s	累计注入泡沫 $5.78\times10^4\ m^3$，其中起泡液 28 863 m^3，空气 28 903 m^3，日注空气 24 m^3，注气压力 17 MPa	含水率由 56% 下降到 49%，日产油总量由见效前的 18.7 t 上升到最高值 31 t

2.3.2　油井堵水技术适应性分析

鄂尔多斯盆地陕北斜坡带油田主力油层部分油井由于近井带存在高渗窜流通道，使得油井含水率急剧上升，严重影响了油井正常生产，降低了注水效率，消耗了地层能量，因此，必须采取措施对窜流油井进行封堵。

类似水井调剖堵剂，油井常用堵剂亦包括选择性堵水剂和非选择性堵水剂。选择性堵水剂包括水基、油基和醇基堵剂；非选择性堵水剂包括树脂型堵剂、冻胶型堵剂、凝胶型堵剂、沉淀型堵剂和分散体型堵剂。其中分散体型堵剂主要用于封堵高渗通道或特高渗透层，包括黏土/水泥、碳酸钙/水泥和粉煤灰、水泥等[144-147]。

由于该油田油井多为压裂投产，近井带存在大孔道或爆燃压裂导致地层亏空（即大肚子井），需要进行相应的封堵，以降低储层产水，同时降低应力对储层套管的伤害。堵剂可选择非选择性堵剂，目前非选择性堵剂堵水在该油田许多采油厂如 GGY，QHB 等均有所应用。考虑油井近井带的水相冲刷，可选择强度最高的特种水泥堵水。为了增加水泥的渗透性，可在水泥注入时加入起泡剂，增强油井用水泥堵剂的孔隙度。目前泡沫水泥技术在国外已进行了大规模应用，堵水增油效果明显，高渗层和低渗层大孔道均可用来封堵，泡沫水泥注入量视地层特点和日常注水压力调节；国内泡沫水泥已在胜利油田等进行了应用，堵水效果较好，原油采出程度增加（表 2-7）。这说明泡沫水泥技术完全可以应用于主力油层油井。

表 2-7　国内泡沫水泥堵水应用实例

应用油田	注入方式	油藏特征	应用效果	
			堵剂注入情况	含水率和产油变化
前苏联阿普谢龙半岛某开发晚期油田	泡沫水泥堵水	—	水灰比 0.5～0.6，1978—1980 年堵水 267 次，水泥用量取决于地层吸水压力	成功率 70% 以上，并有效期延长 64 d，增油 237 t，出水量降低 1 900 m^3

续表

应用油田	注入方式	油藏特征	应用效果	
			堵剂注入情况	含水率和产油变化
美国七个州几十口油井	Zonetrol泡沫水泥堵水	—	HPAM+交联剂M130+防护剂J274等；对低渗油藏，HPAM相对分子质量选择100万以上	用于封堵大孔道，普遍获得了增油减水的效果
胜利孤岛稠油油藏10口蒸汽吞吐井	氮气泡沫水泥调堵	高渗稠油油藏，3 240～3 350 m，120～135 ℃，注水压力为32～35 MPa	改性水泥+AEO+三乙醇胺+SDBS+水+缓凝剂+降滤失剂CMC；气液比0.5～2，单井注入96.5 m^3	9口井有效，压力上升8.5 MPa，累增油7 887 t，降水明显，有效期可超过吞吐周期

2.3.3 高效驱油技术适应性分析

对于鄂尔多斯盆地陕北斜坡带低渗—特低渗油藏，为了进一步提高原油开发效率，除采取堵水调剖措施，还需要采取其他措施来进一步增加原油波及系数和洗油效率，实现油田高效驱油。目前国内外低渗油藏高效驱油技术主要包括水驱、气驱、表面活性剂驱，另外还包括压裂、酸化等储层近井/远井地带改造措施。此处，只考虑提高油水井间原油采出程度的水驱、气驱、表面活性剂驱技术。

1. 高效驱油技术方式

1）水驱

该区主力油层主要为低压、低能量的低渗、特低渗储层，目前单独依靠储层天然能量开发难度大，产量递减快，因此需要补充地层能量。注水开发是补充地层能量的第一方式，在所有采油厂均进行了注水试验，注水后效果明显，油井产量明显有所恢复或者增加，地层压力有所恢复或下降减缓，原油综合递减率明显下降。因此，水驱是该油田高效驱油的一项非常重要的技术，现场已有应用，且效果明显。本书将在第5章中对水驱室内效果进行分析。

2）表面活性剂驱

表面活性剂驱是提高低渗油藏采收率的一项重要技术，通过表面活性剂降低界面张力、润湿反转、乳化原油、原油聚并成油带等作用来提高洗油效率。由于该区为低渗储层，泥质含量高，因此表面活性剂在低渗地层的吸附滞留是影响表面活性剂驱效果的一个重要因素，在考虑对主力油层表面活性剂驱时需进行主控影响因素分析。

3）气驱

气驱提高原油采收率以其逐年增长的态势和显著的成效正在成为当今世界石油开采业中最具潜力、最有前景的一项技术革命。注气驱是继水驱、聚合物驱、蒸汽驱之后提高原油采收率的又一重要途径。我国部分低渗油田开展了注气现场试验，如我国长庆靖安油田、富民油田、川中大安寨等。国外提高采收率应用技术中，据统计注气排第二位，已成为除热采之外最重要的提高采收率方法。注气技术主要包括注烃气，CO_2，N_2，烟道气以及空气等的混相和非混相驱技术。据提高采收率二次潜力评价结果分析，目前我国适合注气开发的储量范围较大，特别对那些不适宜注水的油田（如低渗透、强水敏储层及水资源匮乏区域等），注气是提高采收率切实可行的一种开发方式。本节将重点对不同气驱技术适应性进行分析，得到适合主力油层开发的有效气驱方式[148-156]。

2. 气驱技术适应性方式

1）N_2驱适应性分析

N_2驱是 20 世纪 70 年代中期到 80 年代发展起来的提高采收率的新技术。N_2 驱因其资源、地域不受限制，无污染、无腐蚀，且随着制氮技术的不断进步和制氮成本的不断降低，越来越体现出其巨大的优越性。注 N_2开发油气田方面，美国和加拿大等北美地区国家处于技术领先的地位。国内注 N_2发展起步较晚，到目前为止华北油田、胜利油田、江汉油田、中原油田、延长油田等都进行了注 N_2 矿场试验（表 2-8）。

表 2-8　国内 N_2驱应用油田

应用油田	注入方式	油藏特征			应用效果	
		油藏类别	深度、温度、压力	孔、渗、饱、原油黏度	注入量	含水率和产油变化
姚店油田丰富川长 2、长 6 区	注 N_2	低渗油藏	—	—	长 6 区域注氮气油井 34 口，长 2 区域注氮气油井 10 口，注气约 1 个月	高产期在 10～20 d，总共增产 1 680 t
1980 年美国 19 个氮气试验区	注 N_2	—	360～4 500 m	—	日注氮气量总计达到 1 500×10^4 m^3	92.5×10^4 t 原油
中原油田卫 42 块卫 41-14 井组	注 N_2	高压低渗油藏	3 380 m，121 ℃，36.15 MPa	13%，3.5×10^{-3} μm^2，9.01 mPa·s	试验稳定压力为 56.5 MPa，注气约 50 d，累计注液氮 863.73 m^3	油井产量明显上升，井组累计增油 767 t，效果明显
八面河油田面一区沙三上油藏	注 N_2	—	—	36%，1 418×10^{-3} μm^2，791 mPa·s	3 口注水井平均单井注氮 2 214×10^4 Nm^3	3 个井组平均日增油 7 111 t，动液面上升 90 m
胜利油区大芦湖油田樊 29 块	注 N_2	低渗油藏	2 800～2 950 m，29～36 MPa	16.3%，12.1×10^{-3} μm^2，62%，1.8 mPa·s	共注入氮气量 7 646.1 m^3（地下）	增油 860 t，投入产出比为 1∶2.05

N_2 驱的驱油机理主要是通过增加地层能量、降低原油黏度或通过与原油混相来提高原油采收率，通常包括以下几种类型：多次接触混相驱（包括作为 CO_2、富气或其他注入剂的混相驱的后缘注入和气水交替注入混相驱），多次接触非混相驱或近混相驱，重力驱，氮气泡沫驱等。

经过长时间的研究与实践，人们总结出 N_2 驱的适用范围如表 2-9 所示。

表 2-9　N_2 驱适用油藏参数

驱替方式评价参数	N_2 混相驱		N_2 非混相驱	
	现行项目范围	建议实行值域	现行项目范围	建议实行值域
原油相对密度	0.775 3～0.875 2	0.798～0.824	0.738 9～0.91	0.809 3～0.825 3
原油黏度/(mPa·s)	0.18～0.85	<0.4	0.07～3.5	1.975～3.57
含油饱和度/%	80～99	>40	47～98.5	>25
油藏渗透率/(10^{-3} μm^2)	0.5～700	无限制	3～2 050	无限制
油藏孔隙度/%	4～27	9.66～17.46	4～28	10.14～19.3
地层压力/MPa	28.43～37.26	27～34.7	20.7～40.71	13.2～36.3
油藏温度/℃	40.56～141	>38	26.7～162.78	无临界条件
储层深度/m	371～4 816	2 000～3 680	366～5 642	1 000～3 200
储层厚度/m	8.5～70	薄　层	—	—
储层类型	无裂缝的砂岩和碳酸盐岩			
原先的采油机理	二采、注水	二　采	一采、注烃	一　采

2）CO_2 驱适应性分析

从 20 世纪 50 年代起，CO_2 驱油开始作为提高采收率的一种重要方法。CO_2 驱的原理包括：① CO_2 溶解气使原油体积膨胀；② CO_2 溶解气降低了原油的黏度；③ CO_2 溶解气具有气驱及解堵能力；④ CO_2 对油层具有一定的酸化解堵作用；⑤ CO_2 可使原油中的轻质烃萃取，并且汽化轻质烃与 CO_2 间具有很好的互溶性；⑥ CO_2 改善原油和水的流度比。

到目前为止，国外已在实验室和现场进行了相当规模的研究和应用。国内注 CO_2 采油技术发展较晚，最根本的原因是 CO_2 气源不充足。但是近年来，江苏、胜利、吉林等油田相继发现了一些中小规模的 CO_2 气藏，加之东部地区多数油田已进入开采后期，需要进行强化采油，人们对 CO_2 的应用产生了极大的兴趣。CO_2 驱主要应用于低渗透油藏和注水晚期油藏提高采收率。近年来，这项技术的应用也已从大油田转向小油田，显示了很好的发展和应用前景。如表 2-10 所示。

表 2-10　CO_2 驱应用油田

应用油田	注入方式	油藏特征			应用效果	
		油藏类别	深度、温度、压力	孔、渗、饱、原油黏度	注入量	含水率和产油变化
濮城油田沙一段油藏濮 1-1 井组	凝胶泡沫调驱后注 CO_2	中渗油藏	9.82 MPa	25.8%，361×10^{-3} μm^2，1.82 mPa·s	累计注入 CO_2 液体 9 800 m^3，泵压 5.2 MPa	日增油 815 t，累计增油 1 150 t

续表

应用油田	注入方式	油藏特征			应用效果	
		油藏类别	深度、温度、压力	孔、渗、饱、原油黏度	注入量	含水率和产油变化
吉林油田黑 59 区块	注 CO_2	低渗油藏	24.2 MPa，2 450 m	$3.0\times10^{-3}\ \mu m^2$	累注 CO_2 24.8×10^4 t	比注气前提高 1 t，日净增产油能力 33 t，年增油产量 0.93×10^4 t
大庆油田萨南东部	CO_2 与水交注	高渗油藏	1 139.5 m，49 ℃	27.6%，$1\ 628\times10^{-3}\ \mu m^2$，9.8 mPa·s	注气 13 个月，年注气速度 0.18～0.214 PV，注气 4～6 个周期，累计水气比达到(1～3)：1	日产油增加 12 t，采收率提高 6.0%，每增采 1 t 原油需注入 2 200 m^3 CO_2
大庆长垣外围扶余油层	注 CO_2	特低渗油藏	1 696～1 703 m，20.4 MPa	14.5%，$1.4\times10^{-3}\ \mu m^2$，6.6 mPa·s	注气 21 个月，累注 5 396 t，平均注入压力 12.5～13.0 MPa，日注 60 t	日产油从 5.8 t 逐步上升到 6.6 t，累计增油 2 200 t
胜利油田高 89-1 块	注 CO_2	特低渗油藏	2 800～3 200 m	12.5%，$4.7\times10^{-3}\ \mu m^2$，11.83 mPa·s	CO_2 平均日注 40～60 t，注气压力 9～15 MPa	地层压力上升 6 MPa，日产油较注气前大幅上升

由统计结果和油藏经验可以总结出 CO_2 驱的适用油藏参数如表 2-11 所示。

表 2-11　CO_2 驱适用油藏参数

驱替方式评价参数	CO_2 混相驱		CO_2 非混相驱	
	适宜范围	最佳范围	适宜范围	最佳范围
原油相对密度	0.860 3～0.881 6	0.83～0.862	0.815 5～0.979 2	0.829 2～0.886
原油黏度/(mPa·s)	0.34～3.5	1.11～1.686	0.46～32	1.41～13.63
含油饱和度/%	17～89	43.8～56	36～80	44.27～62.33
油藏渗透率/($10^{-3}\ \mu m^2$)	0.1～50	无限制	36～500	无限制
油藏孔隙度/%	3.93～29	12.22～22.28	13～32	18.43～27.55
地层压力/MPa	1.2～22	16.8～22	—	<20
油藏温度/℃	11～121	无临界条件	48.8～107.78	无临界条件
储层深度/m	699～3 202	1 577～1 904	732～2 689	>1 100
储层厚度/m	3～56.7	4.5～12	7～110	相对薄
储层岩性	砂岩、石灰岩、白云岩和石灰岩	—	—	—
原先的采油机理	溶解气驱、水驱	水　驱	溶解气驱、水驱	水　驱

3）空气驱适应性分析

注空气法是指那些把空气注入某一油藏时自然发生的采油法。把空气注入油藏时，同时发生两种现象：驱油和油的氧化。根据驱替效率和氧化强度可以把注空气法分为四种类型：高温氧化非混相空气驱（HTO-IAF）、低温氧化非混相空气驱（LTO-IAF）、高温氧化混相空气驱（HTO-MAF）和低温氧化混相空气驱（LTO-MAF）。

20 世纪 60 年代以来，国外（主要在美国）针对注空气提高轻质油油藏采收率，在室内研究、数值模拟等方面做了大量的工作，现场注空气驱油配套技术也逐渐完善。20 世纪 80 年代以来，我国针对注空气提高轻质油油藏采收率，在室内研究、数值模拟以及现场试验等方面做了大量工作，并取得了一定成果。实验研究表明，在一定的油藏温度下，自发的低温氧化反应足以将氧气消耗掉，同时反应产生的热量使油层温度升高，促使轻烃组分挥发。因此，直接起作用的并不是空气，而是在油层内生成的 CO_2 以及由 N_2 和挥发的轻烃组分等组成的烟道气。因此注空气的驱油机理主要包括烟道气驱油机理、混相驱机理和原油膨胀机理等。空气驱应用油田如表 2-12 所示。

表 2-12　空气驱应用油田

应用油田	注入方式	油藏特征			应用效果	
		油藏类别	深度与温、压	孔、渗、饱、原油黏度	注入量	含水率和产油变化
美国 Bufflao 油田	注空气	超低渗油藏	100 ℃，36 MPa	18%，1×10^{-3} μm²，0.24 mPa·s	单井平均 13 000 m³/d	累计增油 59×10^{4} m³
美国 MPHU 油田	注空气	特低渗油藏	110 ℃，2 896 m	17%，5×10^{-3} μm²，57%，0.24 mPa·s	井距 800～1 200 m，注入压力 30.3 MPa，注入量为 23×10^{4} m³	累计增油 66×10^{4} m³
靖安油田五里湾一区 ZJ53 井区	泡沫复合空气驱	特低渗油藏	1 600 m，59.2 ℃	11.5%，1.81×10^{-3} μm²，1.6 mPa·s	累注泡沫 5.78×10^{4} m³，起泡液 28 863 m³，空气 28 903 m³，平均日注空气 24 m³，注气压力 17 MPa	含水率由 56% 下降到 49%，日产油总量由见效前的 18.7 t 上升到最高值 31 t
莲Ⅱ油层组齐 40-17-028 井组	空气复合蒸汽驱	稠油油藏	40 ℃，1～3 MPa	32%，$1\,985\times10^{-3}$ μm²	前期注入介质高温起泡剂，后期注入介质蒸汽与空气；日注蒸汽 80～120 t，日注空气 5 140～10 000 m³；累注空气 174.4×10^{4} m³	压力上升 0.2 MPa，产油量有所上升，含水率下降

续表

应用油田	注入方式	油藏特征			应用效果	
		油藏类别	深度与温压	孔、渗、饱、原油黏度	注入量	含水率和产油变化
大庆油田小井距北井组萨Ⅱ$^{7+8}$层	注空气	正韵律油层	10.6 MPa	28.7%，注水开发后期注空气	首先注空气，注入压力 11.5～12.0 MPa；然后水气交注，13～15 MPa。累计注气 2 200 m^3，日注 30 m^3	原不吸水层段，注气后可以吸气；产液厚度增加；不产液段日产油 5 t，平均单井日增油 1～4 t，有效期达 4 个月
胜利滨 425 块	注空气	低渗油藏	2 716～2 740 m	>14.5%，>11×10^{-3} μm^2，>29.3%，9.2 mPa·s	累计注入 50.48 × 10^4 m^3，折算地下 4 910 m^3	累计增油 405 t

经过长时间的研究与实践，人们总结出空气驱的适用油藏标准如表 2-13 所示。

表 2-13　空气驱油藏筛选标准

参　数	适宜范围	参　数	适宜范围
原油黏度	<10 × 10^{-3} mPa·s	原始油藏压力	>氮气的最小混相压力
原油密度	<850 kg/m^3	渗透率	>1 × 10^{-3} μm^2
埋藏深度	>1 000 m	孔隙度	>11%
油藏温度	<80 ℃	含油饱和度	>30%

空气复合蒸汽驱井组优选原则：注采对应关系好，油层连通系数高；注采井网、监测系统较完善；井组汽驱已受效，温度场、汽腔已形成，部分井已汽窜或有汽窜趋势；注汽井井况良好，注入参数及采注比较合理。

4）烃气驱适应性分析

烃类气可以是甲烷（干气，常称贫气）、富气以及液化气三种，由于这些气不必进行处理、不腐蚀管线、混相压力较低而被认为是很有潜力的方法。根据不同烃类气体自身及其与原油系统的特性，烃类气体驱油可具有混相驱和非混相驱；而混相驱又包括初次接触混相驱与多次接触混相驱（汽化气驱和凝析气驱）。注烃气在国内外油田已有所应用，但由于其成本和安全性问题，其使用并未推广（表 2-14）。

经过长时间的研究与实践，人们总结出注烃类气体的适用油藏标准如表 2-15 所示。

表 2-14　烃气驱应用油田

应用油田	注入方式	油藏特征			应用效果	
		油藏类别	深度、温度、压力	孔、渗、饱、原油黏度	注入量	含水率和产油变化
中原油田文 88 块	注天然气	低渗油藏	145 ℃，60～68 MPa	14%，5×10^{-3} μm²	两口井注气压力 40 MPa，单井日注气量约 5×10^4 m³，累计注气 $1\,900\times10^4$ m³	地层压力上升 3.4 MPa，日增油 2.4～4 t
萨中北一区断东和萨北北二东注气试验区	天然气与水交注	正韵律厚油层，高渗油藏	921～935 m，10～11 MPa	(330～609)×10^{-3} μm²	水气交替注入周期为 30 d，最大工作压力为 20 MPa，日注气 10×10^4 Nm³，分别注气 39 和 43 个周期，注气量 45.2×10^4 m³和 40.8×10^4 m³，水气比为 2.0～2.22	注入压力上升 0.9～1.8 MPa，动用厚度增加，含水率上升变缓，产油量单井增加 3.3 t/d

表 2-15　注烃评价参数

驱替方式 评价参数	烃类混相驱		烃类非混相驱现行项目范围
	现行项目范围	建议实行值域	
原油相对密度	0.750 5～0.91	0.82～0.85	0.855～0.91
原油黏度/(mPa·s)	0.097～2	0.404 9～0.6	1.4～2
含油饱和度/%	30～98	>40	50～70
油藏渗透率/(10^{-3} μm²)	0.1～5 000	无限制	0～500
油藏孔隙度/%	4.25～26	10.63～13.47	5～24
地层压力/MPa	10.64～41.13	22.8～35.4	>10
油藏温度/℃	54.44～139.98	无临界值	50～76.11
储层深度/m	1 232～4 330	>2 720	900～4 330
储层厚度/m	3～56.7	4.5～12	7～110
储层岩性	尽可能少的裂缝和高渗透的砂岩和碳酸盐岩		
润湿性	中　性		

5）烟道气驱适应性分析

烟道气是天然气、原油或煤炭等有机物在完全燃烧后生成的产物。烟道气主要成分为 N_2 和 CO_2。烟道气驱的驱替效果介于 CO_2 驱和 N_2 驱之间。早期烟道气驱气源主要是产出天然气燃烧后的产物，在注入前必须经过一系列装置的处理才能达到注入要求。美国在 20 世纪 60 年代到 80 年代之间曾经在一些油田进行过烟道气驱矿场实践。这一时期主要是通过燃烧伴生天然气来产生烟道气，随后由于天然气价格上涨，烟道气驱项目没有得到进一步的发展。随着人们对温室气体减排重要性的认识的提高，将工厂产生的烟道气经处理后注入油藏既可减少温室气体排放又可提高原油采收率，因此烟道气驱又有了发展机遇。

烟道气通常含有 80%～85%的 N_2 和 15%～20%的 CO_2 以及少量杂质，也称排出气体。处理过的烟道气，可用作驱油剂。烟道气的化学成分不固定，其性质主要取决于 N_2 和 CO_2 在烟道气中所占的比例。烟道气具有可压缩性、溶解性、可混相性及腐蚀性。根据烟道气中所含气体的组成，提高采收率机理主要是 CO_2 驱和 N_2 驱机理。烟道气驱更适用于稠油油藏、低渗油藏、凝析气藏和陡构造油藏。

从应用实例看，目前烟道气驱还主要应用于稠油油田开发上，低渗油田应用很少。烟道气驱油藏应用如表 2-16 所示。烟道气驱可以提高采收率，且利于保护环境，但是收集烟道气技术复杂，气源不足或气源与井场距离大，输送不便；需要优化管网设计，就近气源开展应用。另外，烟道气在油田注入前需进行相应的处理，以减小对管网和地层的伤害。这都为烟道气的大规模应用增加了限制。对于鄂尔多斯盆地陕北斜坡带油田，烟道气收集不方便且运输困难，不适合该技术的应用。烟道气驱适用条件如表 2-17 所示。

表 2-16　烟道气驱油藏应用

应用油田	注入方式	油藏特征			应用效果	
		油藏类别	深　度	温度、压力	注入量	含水率和产油变化
辽河油田锦 45 块 J13-12 井	1998 年 8 月烟道气＋蒸汽吞吐双注采油	稠油油藏	—	—	注入 8.64 Nm^3，折算地下 2 690 m^3	日产油量最高达 43 t，含水率下降 40%
辽河油田锦州采油厂欢 17 块	烟道气驱	稠油油藏	—	—	注烟气 3 个月	日产油增加 10 t，注入压力上升 1.3 MPa；锦 35-302 井最高达到 14 t，累计增油 200 t
兴隆台油层 J33-31 块	水驱＋烟道气＋化学剂	稠油油藏	1 050～1 250 m	46 ℃，11.7 MPa	单井注水量（50 ℃）保持在 150 t/d，烟道气与水的比为 1 ∶ 1，浓度为 0.3%的石油磺酸盐	—
1980 年美国 10 个烟道气试验区	注烟道气（N_2 为 85%以上和 CO_2 为 15%）	—	360～4 500 m	—	—	132.5 × 10^4 t 原油
曙光油田杜 66 块	1998 年 12 月工业性试验	—	—	—	1 年	累计增产原油 6 038.4 t

表 2-17 烟道气驱适用条件

气驱类型	油层深度/km	地面原油相对密度	地下原油黏度/(mPa·s)	单井一次注入量(折算地下)/m^3	注入速度/($m^3 \cdot h^{-1}$)	出站压力/MPa	烟道气的注入温度/℃
烟道气驱	>1.0	<0.849 8	<0.4	>3 000	>200	15	≤180,高压往复压缩机末级出口排气不冷却

目前气驱在国内外油田进行了广泛应用，尤其是 N_2 驱、CO_2 驱、空气驱和泡沫驱应用更广。通过上述油藏应用实例和应用条件对比，气驱技术可以广泛地应用于低渗油田提高采收率，但对油藏埋深有一定限制。气驱中的烟道气驱和注烃气在油田虽然进行了一些矿场试验，但由于烟道气驱需要增加相应的处理设备，且收集运输困难；注烃气成本太高，且可能降低原油品质，因此烟道气驱、注烃气不适宜该区油田。因此，该区主力油藏适用的气驱技术有 N_2 驱、CO_2 驱、空气驱。另外，由于 N_2 驱与 CO_2 驱皆为多次接触混相驱，且由于 N_2 来源广、价格便宜，此处只研究 N_2 驱和空气驱。

2.3.4 低频谐振波复合化学调驱适应性分析

目前，低渗油藏的高效开发已成为未来石油工业发展的关键，然而低渗油田由于其低孔、低渗、产量低等特点，综合开发效益较差，如何对原有技术进行开发创新或复合应用已经成为目前研究的重点，而波动采油技术则提供了提高采收率的一种途径。

在国外，俄罗斯(前苏联)、美国比较早地开展了一些研究工作，利用室内物理模拟装置建立了水力脉冲波、超声波和人工地震波等在地层中传播的理论模型和传播规律，针对某一特定的油藏，应用物理模拟实验装置研究了波场对储层砂岩岩心油水相对渗透率的影响规律。国内起步较晚，但亦对振动采油机理做了大量的工作[157-167]。

波动采油技术主要基于机械波对地层较强的穿透能力(当然主要指低频波，超声波在近井带急剧衰减)、共振提高振动效应、振幅/频率对颗粒运移的影响。波动微观采油作用机理主要有[168-172]：

(1) 降低原油黏度。机械波使孔隙里的原油连续不断地受到拉伸和压缩，由于剪切力的作用降低分子间的作用力，破坏原油的流变结构，使原油黏度降低。

(2) 降低液体的表面张力，增加原油的流动性。机械波通过地下介质传播到储油层的上覆盖层，由于径向距离的差异，在油层横向产生微小附加压力梯度，这种附加压力梯度会减小油层液体的表面张力，促进其流动。此外，超低频简谐振动对油层的黏弹性介质反复作用的后果造成其应变积累。停振后油层介质的积累应变会松弛而转变为应力，其应力的释放过程会使液体流速的增加保持一段时间。因此，震源振动和停振一段时间后，均会促使液体向低压区流动。

(3) 振动有利于清除油层堵塞，提高地层渗透率。振动可使沉积在孔隙表面的污染物缓慢地剥离，分散在液体中被带走；还有可能使某些地层产生微小裂缝，或使其较致密的地方变得有些疏松，导致绝对渗透率提高。

(4) 振动可能改变岩石表面的润湿性，减小渗流通道中的“贾敏效应”，降低残余油饱和度。机械振动通过多孔介质或裂隙性介质时还可激发产生声波，机械振动和声波破坏吸附在孔隙表面上的表面膜，降低流体对岩石表面的黏附力，改变岩石的润湿性；而表面膜破坏后，使同样的孔隙尺寸允许流体通过的截面积增大，并且振动后的动摩擦力也小于静态液相与岩石的摩擦力。这样，不仅可减小"贾敏效应"，使"死油区"中的原油在较小的压差下进入渗流通道，降低残余油饱和度，而且由于这部分原油的迁移，储层流体也会按密度差异而重新分布。

(5) 振动对水驱油的影响。振动可以使原油出现乳化现象，进而降低水驱压力，大幅度提高油水两相的渗透率，提高原油采收率。

目前，低频谐振波采油技术在国内外均进行了一定的矿场试验，矿场试验表明低频谐振波采油技术可促进低渗油田采收率的提高，并可复合其他采油技术增加油藏动用程度[173-183]。国内外振动采油应用油田如表 2-18 所示。

表 2-18　国内外振动采油应用油田

应用油田	振动方式	油藏特征			应用效果	
		油藏类别	深度、温度、压力	孔、渗、饱、原油黏度	振动参数	含水率和产油变化
科尔沁油田包 1 断块	地面振动	—	—	—	超低频可控震源 LCZY-Ⅱ振动，13 个周期	增产效果显著和可观经济效益
大港油田港西二区二断块	地面振动	普通稠油油藏	≤3 000 m	540.5 mPa·s	谐振频率为 80～96 冲/min，每冲以 3～5 kN 对震源井井壁进行锤击，经井下能量辐射器传播至油层，采油井段长 850 m，共振动 94 d	74 口油井受益，采用自然递减法统计，3 个月内累计增油 4 693 t
濮城油田 51 块北块 51-97	地面振动	中渗油藏	91～100 ℃，2 250～2 800 m，22.86～28.35 MPa	19.88%，65.6×10^{-3} μm^2，0.01～3.22 mPa·s	固井深度 ≤ 1 400 m，井口频率 86 次/min，电流 50 A，井口冲程 10 cm，井下冲程 50 cm，撞击频率 48 次/min，对井壁产生撞击力 40 kN；2 个振动周期各 30 d，间隔 30 d	震源井影响区域共有油水井井数 285 口，开井 163 口，日增油 22 t，日增气 8 000 m^3
前苏联戈梅利区水井和克拉斯诺达尔边疆区两个油田油井	人工振动	—	125～1 400 m	—	固定式大功率地面震源（10^6 N），双模块非平衡震源（10^5 N），工作频率 1～30 Hz	动液面明显上升，含油量增加 9%

续表

应用油田	振动方式	油藏特征			应用效果	
		油藏类别	深度、温度、压力	孔、渗、饱、原油黏度	振动参数	含水率和产油变化
辽河油田	井下振动	—	—	—	3.5 t级深井震源	当年增油1 243 t
吉林扶余油田	地面振动	稠油油藏	470 m	55～270 mPa·s	机械式垂直起振机，振动力(3～30)×10^4 N，工作频率1～15 Hz	投入产出比1：(9～12)，动液面上升，含水率下降1%～20%，增产幅度较大
大庆葡萄花油田166-80井	地面振动	稠油油藏	—	50～250 mPa·s	最大激振力380 kN，工作频率9～11 Hz	影响油井10口，日产液下降8.6%，日产油增加16.1%，含水率下降6.8%，有效期1个月左右
大庆长垣	地面振动	低渗油藏	埋藏深	—	—	20口井中15口有效，已累计增油1 494 t
胜利孤东油田	井下自激振动采油	稠油油藏	1 000～3 000 m	—	—	11口井中10口有效，有效期1 a以上，单井日增液16.2 m^3，泵效提高24.5%

低频谐振波采油的应用一般应满足下列条件：① 振动处理油层技术适用于构造比较简单、区块比较完整、油层连通性好、原油黏度中等的油藏。② 选择油层渗透率要慎重。实验室研究发现，振动处理特低渗透率和渗透率较高的岩心效果均不好，存在一个振动处理的最佳渗透率范围。③ 对单井有效厚度大于14 m，且油层供液能力较好的油井，有效率相应高一些，有效期也相应长一些。④ 油井以不出砂或含砂量较低为宜。可用于低产低能区块、低渗油藏及注蒸汽开采已接近经济许可线的稠油区块。

对于该区主力油层低渗、特低渗油藏，其地层特点适合低频谐振波采油技术的应用，且低频谐振波采油技术可以较好地与其他化学调驱技术进行复合应用，以进一步提高油田原油采出程度。

第3章 裂缝性特低渗油藏注水井深部调驱关键技术

由于水井存在主要水驱指进严重、注入压力低等问题，因此需对水井进行深部调驱，以改善注水效果，从而提高原油开发效率。空气泡沫调驱和自适应双向调驱技术是两种应用效果较好、提高采收率明显的调驱技术。基于两种调驱治理技术的不同，将分别开展相应的调驱体系配方研制，并对研制出的配方进行封堵性能测试，根据试验驱油效果和投入产出比评价，最终确定不同调堵技术在主力油层的应用可行性。

然而，由于试验区储层特征不同，为使自适应凝胶调驱技术和空气泡沫调驱效果达到最优，对主力油层不同试验区的调驱体系配方进行调整优化，最终得到五个试验区水井调驱的弱凝胶体系配方和空气泡沫体系配方。

首先，在分析两项调驱技术作用机理的基础上，针对调驱技术特点分别开展相应的调驱工艺理论分析，确定最佳调驱工艺体系配方，并研究调驱体系的调驱效果，确定自适应凝胶调驱技术和空气泡沫调驱技术在主力油层的应用可行性，并进行相应的经济评价。

3.1 裂缝性特低渗油藏注水井调驱技术

通过该区主力油层提高采收率关键技术适应性分析可知，适应主力油层水井调驱的关键技术主要包括自适应弱凝胶调驱技术和空气泡沫调驱技术。下面通过对两种调驱技术作用机理的分析，了解两种调驱技术的作用关键，为调驱体系配方的建立和工艺参数的优化奠定基础。

3.1.1 注水井空气泡沫调驱作用机理

对于该区主力油层浅层储层，空气泡沫驱驱油机理主要有空气驱的低温氧化机理和泡沫驱的调驱机理。空气驱的低温氧化机理的作用机理在空气驱作用机理部分已讲述，此处只说明泡沫驱的调驱机理。

(1) 扩大微观波及体积，提高驱油效率。液体流动的阻力主要表现为层间内摩擦力(或黏滞力)，而体系的流动阻力除了这种内摩擦力之外，还有一个因气泡或液滴相互碰撞产生的附加阻力项，因此体系流动阻力远大于液体的流动阻力；同时，由于气泡的变形，气泡通过孔隙喉道时还受到气阻效应的附加阻力，因此泡沫进入被水占据的大孔喉时，使其中的流动阻力大幅度增加，迫使体系进入水波及的纯油区，将剩余油采出。

(2) 抑制了黏性指进，使流体改向。泡沫在孔隙介质中具有较高的表观黏度，具有类似于聚合物驱的高流度控制能力，抑制了黏性指进，驱油效果较好。

(3) 气阻效应作用。水驱主要是驱替大孔道中的原油，而泡沫驱则能驱替小孔道中的原油，这是因为起泡流体首先进入流动阻力较小的高渗大孔道，并形成泡沫，产生气阻效应。大孔道中流动阻力随泡沫量的增加而增大，当流动阻力增加到超过小孔道中流动阻力后，泡沫便越来越多地流入中低渗小孔道，改变了微观波及面积，具有一定的微观调剖作用。在流动过程中，泡沫会相互聚并、分裂。

(4) 剥离油膜作用。孔隙表面润湿性的非均质性和原油中的重组分的作用，造成了部分油滴或油段残留在孔壁上。经过泡沫的作用，大量的油滴和油段开始启动，在显微镜下可观察到泡沫使油膜剥离变薄，剥离下的油呈分散的细粉状或丝状，随水流动，被驱出孔隙。

3.1.2 注水井自适应凝胶调驱作用机理

自适应凝胶注入油层后，既可以改善油藏的非均质性，又可以改善水驱油流度比，从而提高波及系数，增加水驱油藏的采收率。

(1) 流度控制作用。对于均质油藏，在通常的水驱油条件下，注入水的黏度往往低于原油黏度。驱油过程中水、油流度比不合理，导致产出液中含水率上升很快，过早地达到采油经济所允许的极限含水率，使实际驱油效率远远小于极限驱油效率。

(2) 调剖作用。调整吸水剖面，扩大水淹体积，是自适应凝胶提高采收率的一项主要机理。因为在自适应凝胶的作用下，注入水波及体积的扩大，将在油层的未见水层段采出无水原油。这就是说，油层水淹体积扩大多少，采出油的体积也就增加多少。

自适应凝胶调驱选井条件：① 低渗地层渗透率不能过低；② 各层吸水比例差别较大或平面存在裂缝，导致单向突进严重；③ 地层仍有一定的储量；④ 对应油井含水率较高、自身注入压力较低的水井；⑤ 在地层中自适应凝胶黏度在达到目的封堵段时未急剧上升；⑥ 油藏温度不太高(一般 40～60 ℃)等。

3.2 注水井空气泡沫调驱技术优化与评价

空气泡沫调驱技术作为一种水井调驱措施，通过增加驱替水相波及系数，增加主力油层开发效果。在本章空气泡沫调驱技术研究中，将选用最为便宜的空气当作气源，首先开展适应该区主力油层特点的泡沫体系配方研究，在优选得到的配方基础上进行空气泡沫调驱技术工艺注入参数优化研究，分析得到的调驱体系的动态封堵效果和经济投入产出，为空气泡沫调驱技术高效治理现场问题注入井奠定理论基础。

3.2.1　空气泡沫调驱泡沫体系筛选

空气泡沫调驱泡沫体系筛选包括起泡剂筛选和稳泡剂筛选，以下通过评价泡沫起泡和稳泡能力及多因素对泡沫的影响，最终得到适合主力油层的泡沫体系。

1. 起泡剂筛选

由于空气泡沫调驱主要通过孔隙介质中泡沫的数量控制流度，调整驱替剖面，因此要求用于空气泡沫调驱的起泡剂应同时具有良好的起泡能力和稳泡能力，即在筛选泡沫调驱用起泡剂的过程中，考察的重点是泡沫起泡能力和稳泡能力的综合性能，单独一项性能突出不一定适用于泡沫调驱。

通过室内实验，对收集到的国内常用 42 种起泡剂采用蒸馏水进行初步筛选。实验方法：Waring Blender 法，转速为 3 000 r/min，搅拌 1.5 min。基液：100 mL 浓度为 0.5%的起泡剂溶液。实验结果如表 3-1 所示。

表 3-1　起泡剂初选实验结果

序　号	起泡剂	最大体积/mL	半衰期/s	泡沫综合值/(mL·s)	序　号	起泡剂	最大体积/mL	半衰期/s	泡沫综合值/(mL·s)
1	PO-FA330	650	348	226 200	16	HY-2	390	242	94 380
2	HDF-1	680	305	207 400	17	BK-6	490	185	90 650
3	十六烷基三甲基溴化铵	550	264	145 200	18	BK-5	480	180	86 400
4	十二烷基硫酸钠	620	232	143 840	19	BZ-1	390	212	82 680
5	YG-202	450	285	128 250	20	2 号油田起泡剂	410	192	78 720
6	十二烷基苯磺酸钠	460	275	126 500	21	十二烷基磺酸钠	360	217	78 120
7	HY-6	550	227	124 850	22	十二烷基甜菜碱	445	165	73 425
8	兖州起泡剂	590	207	122 130	23	DY-1	402	180	72 360
9	SJ-6	480	254	121 920	24	非离子性表活剂	330	214	70 620
10	CEA-2	450	254	114 300	25	GCF-1	350	179	62 650
11	SJ-8	370	280	103 600	26	SD-A1	280	154	43 120
12	BK-8	465	212	98 580	27	YFP-1 起泡剂	380	108	41 040
13	DP-4	370	260	96 200	28	SA1	280	140	39 200
14	BK-2	480	200	96 000	29	两性咪唑啉	290	133	38 570
15	BK-7	475	201	95 475	30	盘锦昊原料 2	350	108	37 800

续表

序号	起泡剂	最大体积/mL	半衰期/s	泡沫综合值/(mL·s)	序号	起泡剂	最大体积/mL	半衰期/s	泡沫综合值/(mL·s)
31	青岛长兴起泡剂（阴离子）	300	115	34 500	37	HY-4	150	74	11 100
32	Ⅰ比尔化工	300	109	32 700	38	4号油田起泡剂	200	43	8 600
33	7-Q-1	200	110	22 000	39	3号油田起泡剂	190	40	7 600
34	Ⅱ两性活性剂	250	82	20 500	40	十二醇	123	5	615
35	YG-201	260	74	19 240	41	石油磺酸盐	140	0	0
36	十二烷基苯酚聚氧乙烯醚	180	80	14 400	42	油酸钠	170	0	0

从实验结果可以看出，起泡剂的起泡体积与半衰期并不成比例关系，从综合起泡能力看，PO-FA330、HDF-1、十六烷基三甲基溴化铵(CTAB)、YG-202、十二烷基硫酸钠(SDS)、十二烷基苯磺酸钠(ABS)、HY-6性能要优于其他起泡剂，其中PO-FA330和HDF-1性能最为突出。因此舍弃其他起泡剂，对这七种起泡剂进行进一步筛选评价。

1）起泡剂配伍性能评价

在初选实验中先采用了蒸馏水配置溶液对起泡剂的性能进行初步评价，然后进一步评价地层水与起泡剂的配伍性。

利用五个试验区模拟地层水对已初步筛选完的七种起泡剂进行性能评价，结果如表3-2～表3-5所示，分析不同地层水矿化度(其中DB区块矿化度最低，约为20 000 mg/L；YN油田SH区块矿化度最高，约为100 000 mg/L)对起泡剂起泡性能的影响。

表3-2 模拟地层水对起泡剂的影响

试验区	测量指标	PO-FA330	HDF-1	CTAB	SDS	YG-202	ABS	HY-6
WYB模拟地层水	起泡体积/mL	500	360	440	280	270	315	470
	半衰期/s	295	234	215	210	227	192	300
	泡沫综合值/(mL·s)	147 500	84 240	94 600	58 800	61 290	60 480	141 000
	溶液有无沉淀	清亮透明	清亮透明	浑浊	白色絮状沉淀	浑浊	清亮透明	白色絮状沉淀
XZC模拟地层水	起泡体积/mL	595	465	535	365	375	460	565
	半衰期/s	293	249	217	270	260	212	307
	泡沫综合值/(mL·s)	174 335	115 785	116 095	98 550	97 500	97 520	173 455
	溶液有无沉淀	清亮透明	清亮透明	浑浊	白色絮状沉淀	浑浊	清亮透明	白色絮状沉淀

续表

试验区	测量指标	PO-FA330	HDF-1	CTAB	SDS	YG-202	ABS	HY-6
GGY模拟地层水	起泡体积/mL	555	425	495	325	335	420	525
	半衰期/s	275	214	182	235	225	177	290
	泡沫综合值/(mL·s)	152 625	90 950	90 090	76 375	75 375	74 340	152 250
	溶液有无沉淀	清亮透明	清亮透明	浑　浊	白色絮状沉淀	浑　浊	清亮透明	白色絮状沉淀
YN-SH模拟地层水	起泡体积/mL	405	275	345	230	240	270	375
	半衰期/s	265	204	172	225	215	167	280
	泡沫综合值/(mL·s)	107 325	56 100	59 340	51 750	51 600	45 090	105 000
	溶液有无沉淀	清亮透明	清亮透明	浑　浊	白色絮状沉淀	浑　浊	清亮透明	白色絮状沉淀
DB模拟地层水	起泡体积/mL	615	485	555	385	395	495	585
	半衰期/s	328	252	220	273	265	215	335
	泡沫综合值/(mL·s)	201 720	122 220	122 100	105 105	104 675	106 425	195 975
	溶液有无沉淀	清亮透明	清亮透明	浑　浊	白色絮状沉淀	浑　浊	清亮透明	白色絮状沉淀

表 3-3　矿化度对泡沫最大体积的影响　　单位:mL

药剂种类	PO-FA330	HDF-1	CTAB	SDS	YG-202	ABS	HY-6
蒸馏水	605	650	550	620	450	460	595
配置地层水	375～585	405～615	275～485	345～555	230～385	240～395	270～495

表 3-4　矿化度对泡沫半衰期的影响　　单位:s

药剂种类	PO-FA330	HDF-1	CTAB	SDS	YG-202	ABS	HY-6
蒸馏水	316	308	264	256	285	275	355
配置地层水	280～335	265～328	204～252	172～220	210～273	215～265	167～215

表 3-5　矿化度对泡沫综合值的影响　　单位:mL·s

药剂种类	PO-FA330	HDF-1	CTAB	SDS	YG-202	ABS	HY-6
蒸馏水	191 180	200 200	145 200	143 840	128 250	126 500	211 225
配置地层水	105 000～195 975	107 325～201 720	56 100～122 220	59 340～122 100	51 750～105 105	51 600～104 675	45 090～106 425

由实验结果可知，溶液中离子对泡沫的稳定性有很大的影响。无机盐对泡沫稳定性具有积极和消极双重作用。低矿化度对起泡体积影响不大，对泡沫稳定性起积极作用，但当矿化度增加到一定程度时，会对泡沫的稳定性产生不利影响。综合泡沫最大体积、半衰期及泡沫综合值来看，起泡剂 HDF-1、PO-FA330、十六烷基三甲基溴化铵（CTAB）、YG-202 对配置地层水的配伍性是效果较好的，其中 HDF-1 对于五个试验区地层水的配伍效果最优，然而十六烷基三甲基溴化铵（CTAB）由于为阳离子起泡剂，在地层中吸附量会较大，因此不再做研究。以下重点对 HDF-1，PO-FA330，YG-202 三种起泡剂耐盐性进行评价，分析不同起泡剂受金属离子质量浓度的影响，从中进一步筛选出适合主力油层的起泡剂。

2）耐盐性评价

根据水质分析可知，五个试验区地层水均具有较高的矿化度，且 Na^+ 和 Ca^{2+} 质量浓度较高，因此泡沫驱时必定受到矿化度和相关离子的影响。针对五个试验区不同的流体矿化度，对优选出的起泡剂进行耐 Na^+ 和 Ca^{2+} 性能评价，进一步确定适应储层的起泡剂体系。

（1）NaCl 对起泡剂性能的影响。

实验方法：Waring Blender 法，转速为 3 000 r/min，搅拌 1.5 min。基液：100 mL 不同 NaCl 浓度的起泡剂溶液，起泡剂浓度由起泡剂浓度优选实验确定。实验结果如图 3-1～图 3-3 所示。

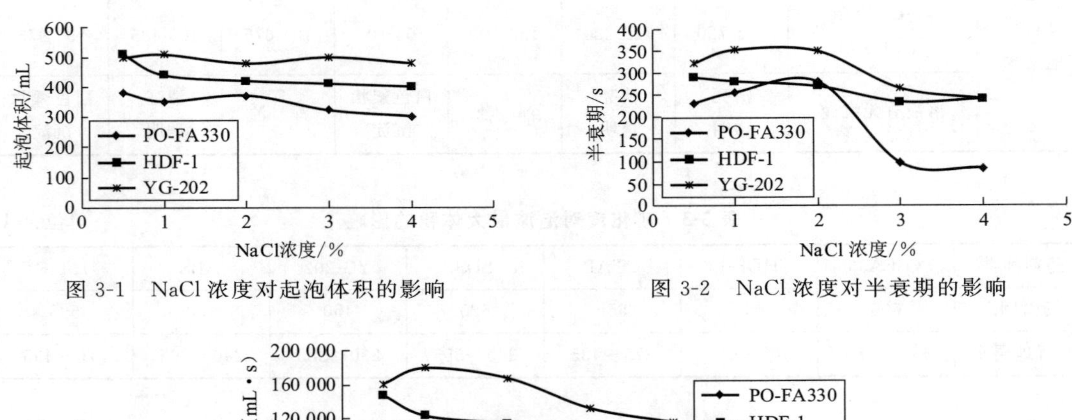

图 3-1　NaCl 浓度对起泡体积的影响

图 3-2　NaCl 浓度对半衰期的影响

图 3-3　NaCl 浓度对泡沫综合值的影响

由实验结果可以看出，在 NaCl 浓度超过 3%时，三种起泡剂起泡性能均比较稳定，没有出现比较大的波动。其中，HDF-1 和 YG-202 起泡体积大于 PO-FA330；但是对比半衰期，HDF-1 和 YG-202 在稳定性方面较其他几种起泡剂优势明显，PO-FA330 则变化起伏较大；泡沫综合值变化与半衰期类似。相比较而言，HDF-1 和 YG-202 起泡剂较好。

（2）$CaCl_2$ 对起泡剂性能的影响。

实验方法：Waring Blender 法，转速为 3 000 r/min，搅拌 1.5 min。基液：100 mL 不同 $CaCl_2$ 质量浓度的起泡剂溶液。实验结果如图 3-4～图 3-6 所示。

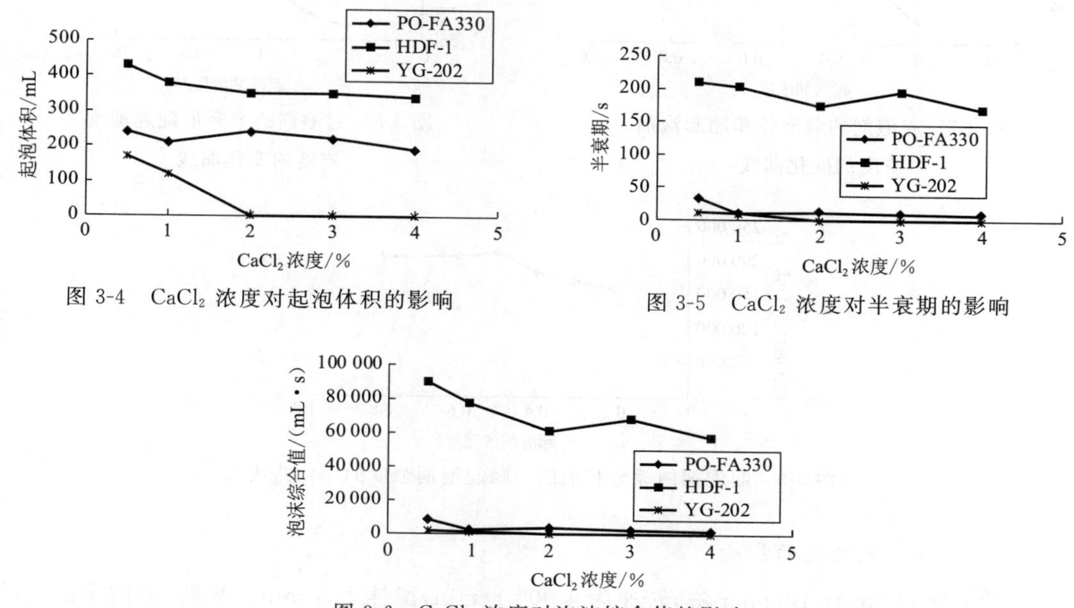

图 3-4　$CaCl_2$ 浓度对起泡体积的影响

图 3-5　$CaCl_2$ 浓度对半衰期的影响

图 3-6　$CaCl_2$ 浓度对泡沫综合值的影响

由实验结果可以看出：$CaCl_2$ 对 PO-FA330，HDF-1 和 YG-202 的起泡性能影响较大，随着 $CaCl_2$ 浓度的增加，其起泡体积和半衰期都明显减小，YG-202 在 $CaCl_2$ 浓度为 2%时几乎就失去了起泡能力。$CaCl_2$ 在浓度为 1%时，YG-202 就几乎不存在半衰期了。综合对比，只有 HDF-1 起泡剂在抗盐性评价中得到较好的表现，舍弃其他起泡剂，只对 HDF-1 的起泡性能进行进一步的评价。

由上述分析可知，HDF-1 对于五个试验区地层水的配伍效果与耐盐性最优，因此以下将选择 HDF-1 作为起泡剂，并对其受温度、浓度等因素的影响进行分析。

3）起泡剂浓度对起泡性能的影响

起泡剂浓度是影响起泡体积和半衰期的重要因素，也是进行后续评价、实验的基础。在确定起泡剂浓度时既要考虑泡沫的性能，也要考虑经济性。通过测量不同浓度下起泡剂的起泡体积和半衰期，计算不同浓度下的综合起泡能力，并以此作为主要评价参数，确定后续实验中起泡剂的使用浓度。

实验方法：Waring Blender 法，转速为 4 000 r/min，搅拌 1.5 min。基液：100 mL 不同浓度的起泡剂溶液。实验结果如图 3-7～图 3-9 所示。

由实验结果可以看出，起泡体积和半衰期并非随着起泡剂浓度的增加而一直增大，当起泡剂浓度增加到一定值时，起泡体积增加幅度减小或呈现下降趋势，半衰期逐渐趋于稳定或增幅减小；综合起泡能力则可以更为明显地看到这种趋势。结合综合起泡能力随浓度的变化曲线，确定在后续评价实验中选用 0.5%的起泡剂浓度。

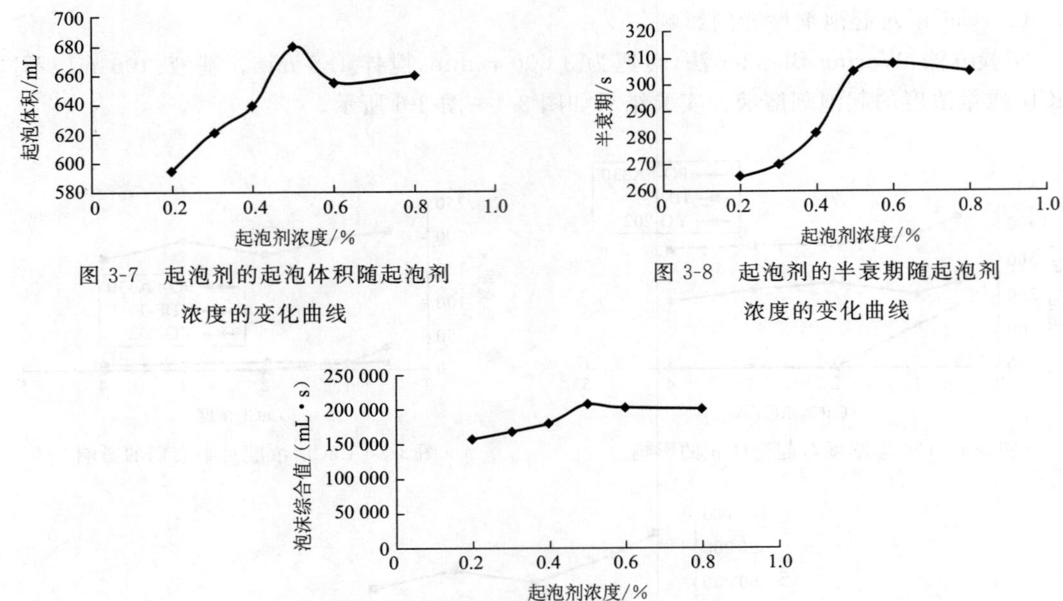

图 3-7　起泡剂的起泡体积随起泡剂浓度的变化曲线

图 3-8　起泡剂的半衰期随起泡剂浓度的变化曲线

图 3-9　起泡剂的综合起泡能力随起泡剂浓度的变化曲线

4）温度对起泡性能的影响

实验方法：Waring Blender 法，转速为 4 000 r/min，搅拌 1.5 min。基液：蒸馏水配制的 100 mL 起泡剂溶液，起泡剂浓度为 0.5%。实验结果如图 3-10～图 3-12 所示。

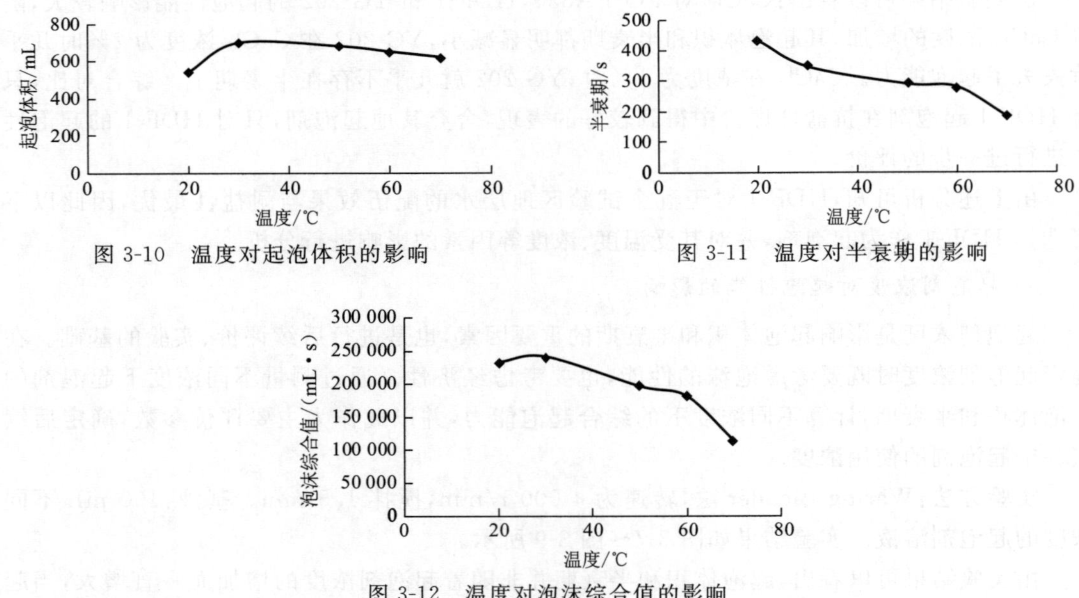

图 3-10　温度对起泡体积的影响

图 3-11　温度对半衰期的影响

图 3-12　温度对泡沫综合值的影响

由图 3-10 可以看出，随着温度的升高，起泡剂溶液的起泡体积先是增加，达到某定值后又呈下降趋势。由图 3-11 可以看出，随着温度的升高，起泡剂的半衰期随着温度的升高呈现单一下降趋势。综合温度对起泡体积和半衰期的影响，起泡剂的综合起泡能力还是随着温度的升高而降低的，如图 3-12 所示。30 ℃时，HDF-1 起泡剂起泡体积大、半衰期长、泡沫综合值也比较大，说明泡沫液在 30 ℃的温度条件下起泡性能好，泡沫具有较好的稳定性，利于泡沫驱提高采收率。30～60 ℃时，HDF-1 起泡剂泡沫综合值虽然下降，但整体起泡和稳泡能力仍较高。超过 60 ℃时，HDF-1 起泡剂的起泡能力继续小幅度降低，但稳定性严重下降，因此需要添加相应的稳泡剂，以提高 HDF-1 在高温下的半衰期。以下将对稳泡剂进行筛选，并对 HDF-1 起泡剂在添加稳泡剂条件下的起泡和稳泡能力进行分析。

2. 稳泡剂筛选

泡沫的稳定性主要取决于气泡之间液体的液相黏度，泡沫稳定剂的加入会使泡沫的稳定性得到较大提高，因此稳泡剂筛选至关重要。由于泡沫稳定剂可按照作用方式分为非增黏性稳泡剂和增黏性稳泡剂两类，因此下面将对两类稳泡剂分别进行筛选分析。

根据上述实验初选结果，采用 0.5%HDF-1 作为起泡剂，配制相应泡沫液筛选稳泡剂。

1）非增黏性稳泡剂

非增黏性稳泡剂如表 3-6 所示，用 Waring Blender 搅拌法对添加了非增黏性稳泡剂的起泡剂溶液搅拌起泡之后，通过测定泡沫的析液半衰期来评价几种稳泡剂的稳泡效果，发现稳泡作用均不明显。实验结果如表 3-7 和表 3-8 所示。

表 3-6　非增黏性稳泡剂

试剂名称	纯　度	产　地
三乙醇胺	分析纯	奉贤光明化工厂
十二醇	分析纯	天津化试二厂
十二烷基乙醇胺	分析纯	天津顶福化工厂

表 3-7　稳泡剂对泡沫体积的影响　单位：mL

试剂名称 \ 稳泡剂浓度/%	0	0.025	0.05	0.10	0.15
三乙醇胺	680	680	670	665	670
十二烷基乙醇胺	680	672	670	672	666
十二醇	680	680	680	680	680

表 3-8　稳泡剂对半衰期的影响　单位：s

试剂名称 \ 稳泡剂浓度/%	0	0.025	0.05	0.10	0.15
三乙醇胺	305	312	310	305	305
十二烷基乙醇胺	305	305	305	305	305
十二醇	305	305	305	305	305

从表 3-7 和表 3-8 数据可看出，非增黏性稳泡剂几乎不影响起泡剂的起泡性能，但对所起泡沫也没有明显的稳定作用。所以这类稳泡剂不适合 HDF-1 起泡剂，不再探讨。下面主要对增黏性稳泡剂的作用效果进行评价，以确定其适用性。

2）增黏性稳泡剂

将羧甲基纤维素钠（CMC）、部分水解聚丙烯酰胺（HPAM）、聚合物（PS-3）、黄原胶（HYJ-4）四种聚合物，在不同浓度溶液中加入 0.5%的 HDF-1，溶解均匀后，在常温下用 Waring Blender 法搅拌起泡，记录起泡体积和泡沫析液半衰期。实验结果如图 3-13～图 3-15 所示。

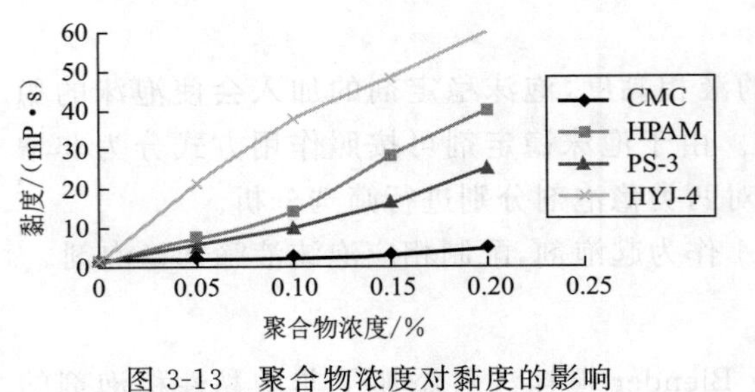

图 3-13　聚合物浓度对黏度的影响

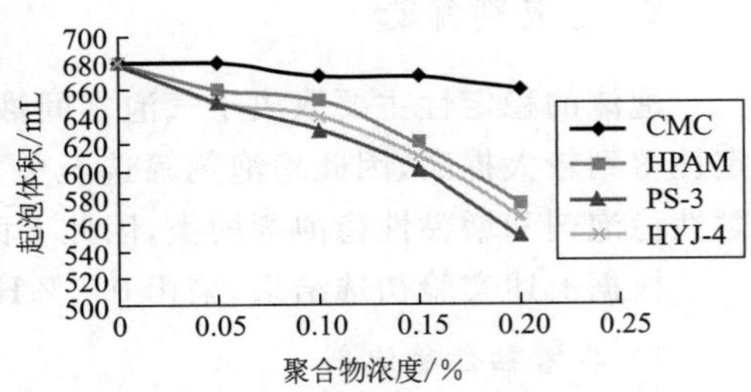

图 3-14　聚合物浓度对起泡体积的影响

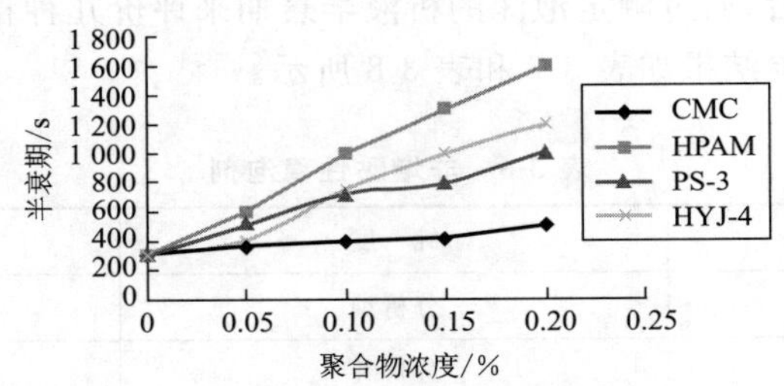

图 3-15　聚合物浓度对半衰期的影响

从图 3-13 可以看出，随浓度的增大，聚合物的黏度均有不同程度的增加；CMC 随浓度的增大，黏度增加很少，而另外几种聚合物的增黏性都还比较好。从图 3-14 可以看出，CMC 对起泡性的影响较另外几种聚合物的影响要小一些。从图 3-15 可以看出，除 CMC 外，其余三种聚合物的稳泡效果均比较明显，特别是 HPAM 和 HYJ-4，在浓度为 0.2%时，可使泡沫半衰期延长到 1 000 s 以上；而 CMC 在浓度达 0.2%时，才使泡沫半衰期延长超过 200 s，说明 CMC 不适宜用作 HDF-1 体系的稳泡剂。

分析上述实验结果认为，由于聚合物的稳泡效果非常明显，所以考虑用聚合物来作为稳泡剂。聚合物黄原胶的稳泡性很好，抗盐性也不错，在矿化度达到 7.15×10^{4} mg/L 时黏度才降低 20%，但因为它易受微生物侵蚀，而且价格比较昂贵，所以不再深入探讨黄原胶的应用。因此最初优选最优稳泡剂为 HPAM 和 PS-3。综合考虑经济因素以及上述实验中聚合物浓度对起泡体积和半衰期的影响，因此选择聚合物浓度为 0.15%。下面就对另外两种聚合物（浓度 0.15%）继续研究稳泡剂筛选。

3）抗盐性评价

大部分聚合物在淡水溶液中增黏性能均较优良，但一般在盐水溶液中其黏度损失大，且抗剪切性差，所以，为满足在地层矿化度和温度条件下的稳泡作用，就需要对增黏性稳泡剂进行抗盐性评价。

（1）$CaCl_2$ 对稳泡剂黏度的影响。

在浓度为 0.15％的聚合物溶液中加入不同量 $CaCl_2$，在常温下用布氏黏度计测定不同 $CaCl_2$ 质量浓度下聚合物溶液黏度。实验结果如图3-16 所示。

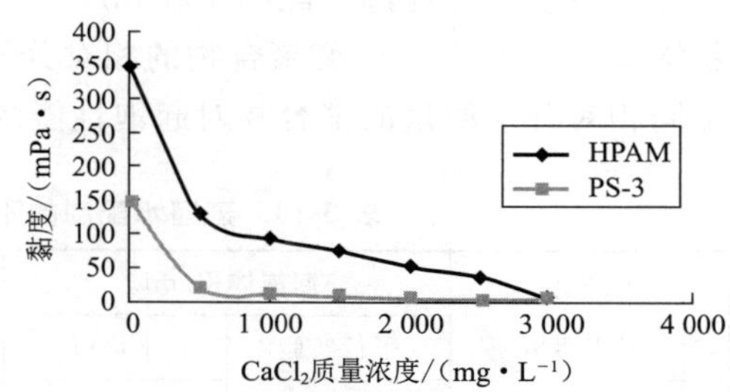

图 3-16　$CaCl_2$ 质量浓度对聚合物黏度的影响

由图 3-16 可以看出，PS-3 聚合物对钙敏感，即使在 $CaCl_2$ 质量浓度为 500 mg/L 时，黏度就已降低到很小值，由于地层条件限制，不适合作驱油用稳泡剂。HPAM 聚合物黏度随 $CaCl_2$ 质量浓度增大有一定程度降低，特别是在 $CaCl_2$ 质量浓度达 1 500 mg/L 以上时，黏度降低明显，但相对而言仍比 PS-3 聚合物要好。所以经比较可选定 HPAM 聚合物作为体系增黏稳泡剂。下面将继续探讨矿化度对 HPAM 聚合物黏度的影响。

（2）矿化度对稳泡剂黏度的影响。

实验用矿化水成分如表 3-9 所示，实验用聚合物浓度均为 0.15％，测定结果如图 3-17 所示。

表 3-9　实验用矿化水成分表

成　分	NaCl 浓度/％	$CaCl_2$浓度/％	总矿化度/（10^4 mg・L^{-1}）
K1	2	0.05	2.05
K2	4	0.10	4.10
K3	5	0.15	5.15
K4	6	0.20	6.20
K5	7	0.25	7.25
K6	10	0.30	10.30

在前面抗钙实验中，当 $CaCl_2$ 质量浓度达 1 500 mg/L 以上时，HPAM 聚合物黏度下降较大，但在高矿化度水中，其黏度反而降低很少，如图 3-17 所示，矿化度增加对 HPAM 聚合物黏度的影响变化趋势是先减小后逐渐趋于平缓，说明 HPAM 抗盐性效果很好。

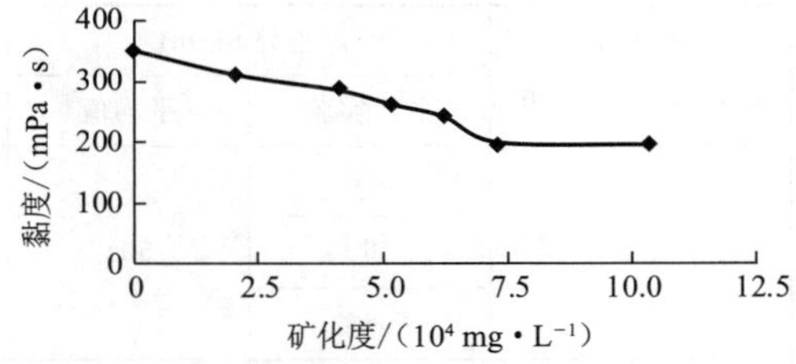

图 3-17　矿化度对 HPAM 黏度的影响

因此在矿化度低于 50 000 mg/L 的 WYB 油田 YM 注水区、XZC 油田 W214 注水区、GGY 油田 T114 井区、DB 油田 4930 示范区，原起泡剂浓度 0.5％和聚合物浓度 0.15％可以满足矿场需求。对于矿化度较大的 YN 油田 SH 东区 1 号和 2 号注水站可以增加聚合物浓度至 0.2％，以提高高矿化度下的稳泡性能。

4）聚合物相对分子质量对起泡剂性能的影响

不同相对分子质量聚合物对起泡剂性能影响不同，而且成本不同，因此需要对聚合物相对分子质量进行优选。配制 100 mL 一定浓度的泡沫溶液，其中起泡剂浓度为 0.5%，聚合物浓度为 0.15%。改变聚合物的相对分子质量，测其最大起泡体积和半衰期，考察相同浓度不同相对分子质量的聚合物对起泡性能的影响，实验结果如表 3-10 和表 3-11 所示。

表 3-10　蒸馏水配制的不同相对分子质量聚合物的起泡性能

聚合物相对分子质量/万	起泡体积/mL		半衰期/s		泡沫综合值/(mL・s)	
	平行实验	平均值	平行实验	平均值	平行实验	平均值
300	585	584	535	539	312 975	314 759
	585		540		315 900	
	583		541		315 403	
500	545	541	592	591	322 640	320 095
	545		587		319 915	
	534		595		317 730	
1 000	525	522	622	626	326 550	326 973
	520		631		328 120	
	522		625		326 250	
1 400	511	509	653	651	333 683	331 359
	512		658		336 896	
	505		642		324 210	
1 600	390	390	16 800	16 786	6 552 000	6 546 263
	393		16 705		6 565 065	
	387		16 852		6 521 724	

表 3-11　模拟地层水配制的不同相对分子质量聚合物的起泡性能

聚合物相对分子质量/万	起泡体积/mL		半衰期/s		泡沫综合值/(mL・s)	
	平行实验	平均值	平行实验	平均值	平行实验	平均值
300	570	568	432	431	246 240	244 476
	565		431		243 515	
	568		429		243 672	
500	558	556	453	452	252 774	251 131
	560		452		253 120	
	550		450		247 500	

续表

聚合物相对分子质量/万	起泡体积/mL		半衰期/s		泡沫综合值/(mL·s)	
	平行实验	平均值	平行实验	平均值	平行实验	平均值
1 000	530	532	560	565	296 800	300 570
	530		570		302 100	
	535		566		302 810	
1 400	513	502	615	613	315 495	307 726
	495		617		305 415	
	498		606		301 788	
1 600	550	548	512	510	281 600	279 650
	550		508		279 400	
	545		510		277 950	

从表 3-10 可以看出，聚合物相对分子质量越大，起泡体积越小，半衰期越长，主要是因为相同浓度下，不同相对分子质量的聚合物形成的溶液黏度不同，相对分子质量大的聚合物更能有效地增加溶液的黏度。而增加起泡剂溶液的黏度有利于增加泡沫的稳定性，表现为半衰期增大，相应的起泡体积变小，原因在于，起泡过程实际上就是外力克服起泡体系的黏滞阻力而做功的过程，随着液相黏度的增加，起泡所克服的黏滞阻力增大，在一定的剪切速率和剪切时间下，即在外力做功不变的情况下，形成的泡沫体积减小。

从表 3-11 可以看出，模拟地层水配制的溶液起泡性能不如蒸馏水。总体而言，聚合物相对分子质量越大，起泡剂溶液的泡沫综合值越大；1 400 万相对分子质量和 1 600 万相对分子质量的聚合物分别加入后，泡沫综合值相近，但前者的泡沫综合值在蒸馏水中仅次于后者，在地层水中高于后者。考虑到 1 400 万相对分子质量聚合物价格低于 1 600 万相对分子质量聚合物，因此根据不同相对分子质量的聚合物效果分析结果，建议选用 1 400 万相对分子质量的聚合物作为稳泡剂。

3. 界面张力评价

实验仪器为 JZ-200A 自动界面张力仪，如图 3-18 所示。

实验材料为蒸馏水，注入水，地层水配置 100 mL 浓度为 0.5%的 PO-FA330、HDF-1、十六烷基三甲基溴化铵、YG-202、十二烷基硫酸钠(SDS)、十二烷基苯磺酸钠(ABS)和 HY-6 试验区原油。

图 3-18　JZ-200A 自动界面张力仪

试验测得试验区原油-蒸馏水界面张力为 8.57 mN/m，仅仅加入起泡剂后油水界面张力即均有不同程度下降(表 3-12)。起泡剂本身是表面活性剂，能较大幅度地降低油水界面张力，具有一定的洗油能力。不同表面活性剂降低界面张力效果不同，主要与自身分子结构有关，地层水配制的 HDF-1 起泡剂溶液降低界面张力的能力比用蒸馏水配制的强。调研发现，阴离子表面活性剂中，HDF-1 对钙镁离子不但不敏感，反而生成的钙镁盐也是良好的表面活性剂，在高矿化度水溶液中仍能大幅度地降低油水界面张力。

表 3-12　不加稳泡剂试验区原油-泡沫液界面张力

序　号	起泡剂	蒸馏水配制界面张力/($mN \cdot m^{-1}$)	地层水配制界面张力/($mN \cdot m^{-1}$)
1	PO-FA330	0.98	0.97
2	HDF-1	1.36	0.83
3	十六烷基三甲基溴化铵	0.88	0.69
4	十二烷基硫酸钠	2.11	5.09
5	YG-202	0.87	3.07
6	十二烷基苯磺酸钠	1.41	1.49
7	HY-6	0.89	0.88

注：试验区原油-蒸馏水界面张力为 8.57 mN/m；试验区原油-地层水界面张力为 9.50 mN/m。

泡沫液中加入稳定剂后试验区原油-泡沫液界面张力测试结果如表 3-13 所示。

表 3-13　加入稳泡剂后原油-泡沫液界面张力

序　号	起泡剂	蒸馏水配制界面张力/($mN \cdot m^{-1}$)	地层水配制界面张力/($mN \cdot m^{-1}$)
1	PO-FA330	3.51	1.39
2	HDF-1	0.85	0.84
3	十六烷基三甲基溴化铵	0.92	0.71
4	十二烷基硫酸钠	2.35	2.99
5	YG-202	1.17	3.92
6	十二烷基苯磺酸钠	1.34	0.76
7	HY-6	1.56	0.81

注：试验区原油-蒸馏水＋聚合物界面张力为 18.95 mN/m；试验区原油-地层水＋聚合物界面张力为 22.88 mN/m。

从表 3-13 可以看出，不同起泡剂溶液受矿化度的影响不尽相同，矿化度增加，HDF-1 起泡剂的油水界面张力降低，有利于提高驱油效果，且实验过程中发现，HDF-1 的配伍性最好。通过对比表 3-12 和表 3-13 可以看出，加入稳定剂后，原油-蒸馏水界面张力由原来的 8.57 mN/m 上升到 18.95 mN/m，原油-地层水界面张力由原来的 9.50 mN/m 上升到 22.88 mN/m，即加入稳定剂后，油水界面张力均增加；用蒸馏水配制的泡沫液除十二烷基苯磺酸钠和 HDF-1 的油水界面张力略有下降外，其余均有不同程度的增加，其中，PO-FA330 增加最明显。加入地层水，油水界面张力变化有升有降，不尽相同。总体而言，对于用注入水和地层水配制的 HDF-1 起泡剂溶液来说，加入聚合物对界面张力的影响不大。

4. 泡沫剂体系筛选小结

通过前期室内对起泡剂筛选(包括耐盐性评价、配伍性评价、浓度优化)、稳泡剂筛选(包括对三乙醇胺、十二醇、十二烷基乙醇胺三种非增黏性稳泡剂和羧甲基纤维素钠(CMC)、部分水解聚丙烯酰胺(HPAM)、聚合物(PS-3)、黄原胶(HYJ-4)四种增黏性稳泡剂进行耐盐性评价、聚合物相对分子质量评价)、界面张力评价、泡沫静态实验,从 42 种起泡剂和 3 种增黏性稳泡剂中筛选得到,空气泡沫所用起泡剂为 HDF-1 体系,稳泡剂为 HPAM。根据 HDF-1 的耐盐性评价、HPAM 的耐盐性和矿化度敏感性室内实验分析可知,以下泡沫体系配方可以满足试验区储层流体物性的要求,因此五个试验区可统一采用 0.5% HDF-1 + 0.15% HPAM,对于 YN 油田 SH 试验区可以适当增加 HPAM 用量,采用 0.5% HDF-1 + 0.2% HPAM。

3.2.2　空气泡沫驱影响因素分析与注入参数优化

泡沫的低密度与高弹性能显著降低流体的流度,防止空气在高渗水层中的气窜突破。研究空气泡沫的封堵能力及其影响因素对矿场应用具有重要意义。国内外的研究认为影响泡沫封堵能力的因素有多种,除泡沫剂的稳定性外,泡沫剂的气液比、泡沫剂的浓度、地层渗透率、含油饱和度都是影响泡沫体系封堵强度的重要因素。以下将利用填砂管模型对泡沫液注入量、段塞大小、注入轮次、气液比、渗透率等因素逐一进行驱替实验研究[184-188]。

实验条件:① 实验温度 30 ℃;② 实验用水矿化度 40 000 mg/L;③ 实验采用试验区脱水脱气原油;④ 泡沫剂样浓度 0.5% HDF-1 + 0.15% HPAM;⑤ 实验用气均为干燥空气;⑥ 采用填砂管进行实验。

实验步骤:① 将填砂管接入流程;② 饱和水;③ 饱和油;④ 以一定注入速度水驱;⑤ 水驱至一定含水率时,泡沫剂与空气交替注入岩心;⑥ 记录两端压差,计算阻力因子。

在研究中,以阻力因子 RF 作为泡沫在岩心中封堵强度的度量。阻力因子 RF 定义如下:

$$RF = \frac{\Delta p_{\mathrm{f}}}{\Delta p_{\mathrm{b}}}$$

式中　Δp_{f}——注入泡沫时岩心模型两端压力差,MPa;

Δp_{b}——相同流量下水驱时岩心模型两端压力差,MPa。

1. 泡沫液总注入量对空气泡沫驱阻力因子的影响

在进行空气泡沫驱时需交替注入泡沫液和空气以在岩心管中形成泡沫。泡沫驱交替段塞总注入量太小,由于地层的漏失和吸附,将很难形成泡沫;总注入段塞太大,会造成浪费,经济上造成损失。因此,研究段塞总注入量对空气泡沫驱替效果的影响非常必要。

实验中用 3 个填砂模型优化泡沫注入量,分别注入 0.3 PV,0.6 PV,0.9 PV。填砂岩心水驱后注入泡沫液段塞,再注入水 0.3 PV 至水驱压力基本保持稳定。实验方案如表 3-14 所示。记录水驱压力、注泡沫压力,计算阻力因子,绘制成曲线,如图 3-19 所示。

表 3-14 泡沫段塞注入方案

岩心号	渗透率/($10^{-3}\ \mu m^2$)	孔隙体积/mL	泡沫注入量/PV	后续水驱体积/PV
TS-1	50	76.8	0.3	0.3
TS-2	58	79	0.6	0.3
TS-3	46	73	0.9	0.3

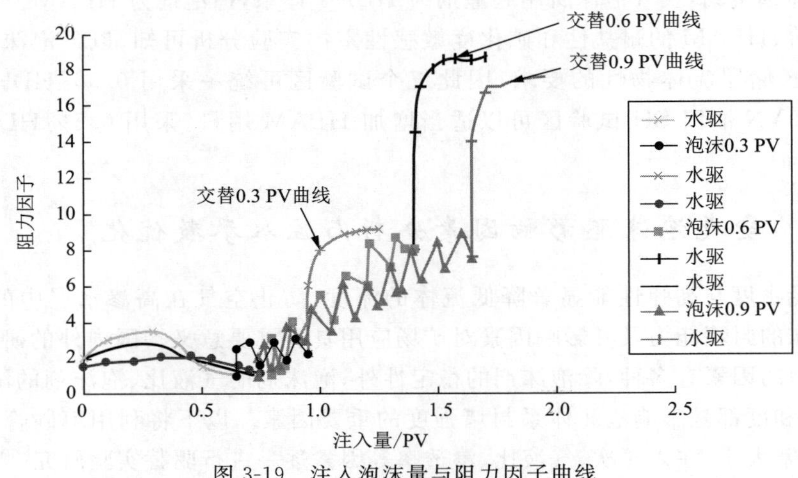

图 3-19 注入泡沫量与阻力因子曲线

从图 3-19 可知，在注入泡沫体积 0.6 PV 时，水驱阻力最大，阻力因子最高，封堵效果明显；注入泡沫量 0.3 PV，起泡量较少，水驱阻力较小；注入泡沫量 0.9 PV，水驱阻力没有注入泡沫量 0.6 PV 时大，可能是因为泡沫中表面活性剂成分吸附在岩石表面，形成润滑通道，造成水驱阻力减小，而且实验中，在岩心出口端流出泡沫液流体，造成泡沫液的浪费。因此，矿场最佳注入泡沫体积为主要窜流通道的 0.6 PV，矿场实施过程中应考虑到压力状态、地层封闭性、窜流通道方向性，可相应向下调整注入量。

2. 泡沫段塞大小对空气泡沫驱阻力因子的影响

交替段塞大小是指泡沫液和空气交替注入时，每次交替注入泡沫液和空气的量的孔隙体积。一般小段塞多轮次注入时，气液接触面大，接触充分，容易起泡。因此有必要研究注入轮次对泡沫驱阻力因子的影响。

由泡沫段塞注入量影响性研究确定注入泡沫体积为 0.6 PV。变化注入段塞的交替次数，实验中选取 3 个填砂岩心分别交替 3 次、6 次、9 次。水驱至岩心出口端含水率 98%，转注泡沫液 0.6 PV，再水驱 0.3 PV 至压力基本稳定。记录起泡后泡沫封堵效果。实验方案如表 3-15 所示。记录水驱压力、泡沫驱压力，绘制成曲线，如图 3-20 所示。

由图 3-20 可以看出，在相同泡沫液注入量 0.6 PV 下，段塞交替次数越大，泡沫体系起泡效果越好，阻力因子越大。小段塞、多轮次交替可以使气液充分接触，产生的泡沫较多，对岩心大孔道的封堵能力和驱替能力明显增强，水驱压力提高，采收率增加。因此推荐现场注入时，在设备与地层允许的条件下，尽量用小段塞、多轮次快速交替注入泡沫液，切实起到泡沫调驱的作用。

表 3-15　交替段塞大小注入方案

岩心号	渗透率/(10^{-3} μm²)	交替次数	注入方案	后续水驱体积
TS-4	56	3	泡沫液 0.05 PV＋空气 0.15 PV	0.3 PV
TS-2	58	6	泡沫液 0.025 PV＋空气 0.075 PV	0.3 PV
TS-5	40	9	泡沫液 0.0167 PV＋空气 0.05 PV	0.3 PV

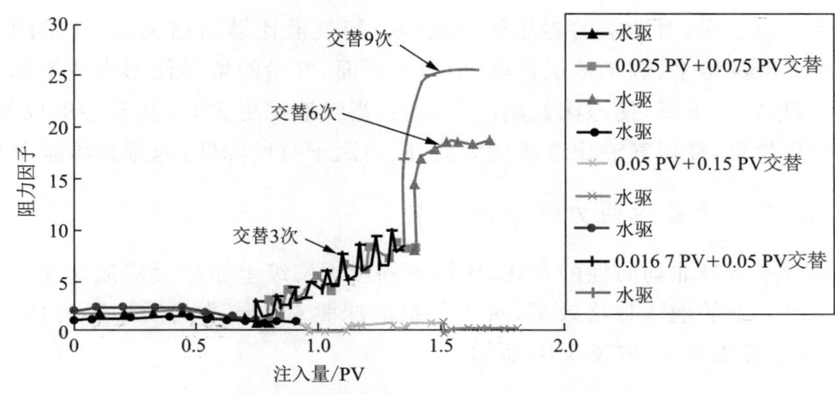

图 3-20　泡沫液交替注入阻力因子曲线

3. 注入轮次对空气泡沫驱阻力因子的影响

从前述实验中可以看出，当交替段塞越小时，驱替效果越好，即注入轮次越多越好；但考虑操作简便与现场施工时机器运转要求，注入轮次又不能太多。因此室内室验时选择进行交替 6 次。

4. 气液比对空气泡沫驱阻力因子的影响

气液比是注泡沫开采技术的一个重要参数，气液比过小，泡沫剂不能有效地起泡，调驱效果差；气液比过大，一方面不经济，另一方面泡沫不稳定。通过研究气液比对泡沫封堵能力的影响，可以优选出最佳气液比，使泡沫体系的封堵能力最强。

选取 1∶1，2∶1，3∶1，4∶1 四种气液比进行泡沫封堵实验，以研究不同气液比条件下泡沫对地层封堵能力的影响，注入速度为 0.4 mL/min。具体实验方案如表 3-16 所示。

表 3-16　不同气液比下泡沫封堵实验方案

岩心号	渗透率/(10^{-3} μm²)	原始含油饱和度/%	注入方式	交替段塞大小/PV	气液比
YA1	50	41.7	泡沫剂、空气交替	0.1	1∶1
YA2	46	43.21	泡沫剂、空气交替	0.1	2∶1
YA3	48	43.68	泡沫剂、空气交替	0.1	3∶1
YA4	52	42.22	泡沫剂、空气交替	0.1	4∶1

通过空气泡沫封堵能力实验测得不同气液比下的注入泡沫压差，进而得出阻力因子，实验结果如图 3-21 所示。

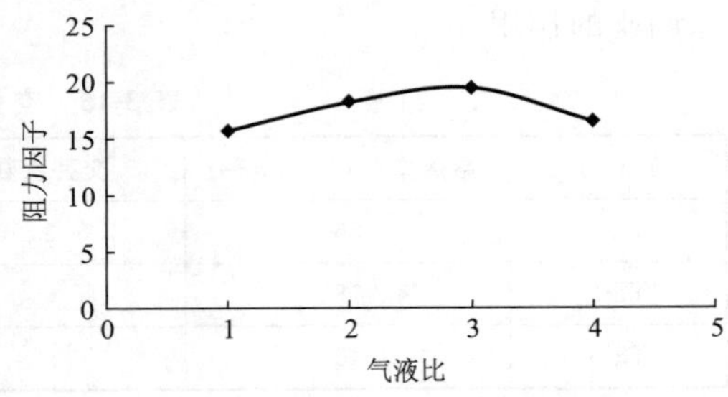

图 3-21　气液比与阻力因子关系曲线

从图 3-21 可以看出，四种气液比条件下，随着泡沫的注入，泡沫对岩心的封堵能力均增强，气液比 2∶1～3∶1 时，泡沫封堵能力较强，实验中采用气液比 3∶1。分析认为，随着气液比的增大，注入孔隙中的气体较多，孔隙中产生的泡沫也较多，对地层的封堵能力增强。当气液比继续增大时，气量的增加，一方面使孔隙中生成泡沫增多，利于地层封堵；但另一方面，气量的增多使形成的泡沫剂膜变薄，强度降低，泡沫稳定性下降，使泡沫封堵能力减弱，当气液比更大时，甚至会形成气窜。综合两个方面的作用效果，使得气液比继续增大后，阻力因子有所降低，泡沫封堵能力开始下降。

5. 不同渗透率级差对阻力因子的影响

由于储层岩石本身非均质性的存在，使得不同渗透率级差储层段窜流情况不同，因此研究不同渗透率级差下的泡沫封堵效果，对于了解泡沫驱对不同非均质性影响具有重要的实用价值，实验方案如表 3-17 和表 3-18 所示。

表 3-17　不同渗透率级差的岩心管实验数据表

组　数	填砂管 1 渗透率 /(10^{-3} μm^2)	填砂管 2 渗透率 /(10^{-3} μm^2)	渗透率级差	填砂管 1 孔隙体积/mL	填砂管 2 孔隙体积/mL
第 1 组	48.5	142.4	3.08	32	31
第 2 组	45.4	713.0	16.23	30	37
第 3 组	51.6	1 861.9	37.08	32	44

表 3-18　不同渗透率级差对采收率与封堵效果的影响

组　数	填砂管 1 水驱采收率 /%	填砂管 2 水驱采收率 /%	总水驱采收率 /%	填砂管 1 注入泡沫后水驱采收率 /%	填砂管 2 注入泡沫后水驱采收率 /%	总注入凝胶后水驱采收率 /%	采收率增幅 /%
第 1 组	65.56	57.98	63.65	80.73	73.67	77.53	13.88
第 2 组	7.26	63.82	53.75	76.55	86.72	82.69	28.94
第 3 组	4.17	69.68	47.95	68.42	87.22	83.32	35.37

随着渗透率级差的增大，空气泡沫的调堵效果变好。渗透率级差由 3.08 增加到 37.08 时，采收率增幅由 13.88%增加到了 35.37%。

6. 空气泡沫驱注入时机对驱替效果的影响

实验采用长方体裂缝性岩心，在 30 ℃的实验条件下将裂缝性岩心 4.5 cm × 4.5 cm × 30 cm（图 3-22，裂缝渗透率测定平均为 $230\times10^{-3}\ \mu m^2$，基质渗透率平均为 $5\times10^{-3}\ \mu m^2$，总孔隙度平均为 11.4%，裂缝孔隙度平均为 1.0%）饱和煤油，之后用标准盐水进行水驱。实验设定的水驱时机分别为含油饱和度达到 0，10%，20%，30%，40%，50%，60%；实验注入速度为 0.4 mL/min，气液比为 3∶1，总注入量为 0.3 PV，泡沫注入方式为交替注入轮次。实验结果如图 3-23 所示。

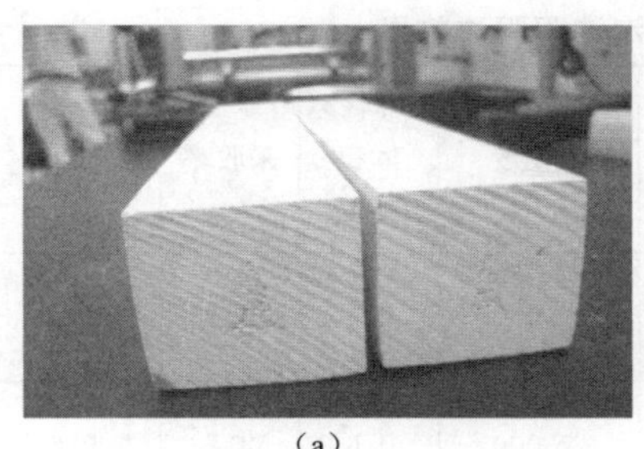
(a)

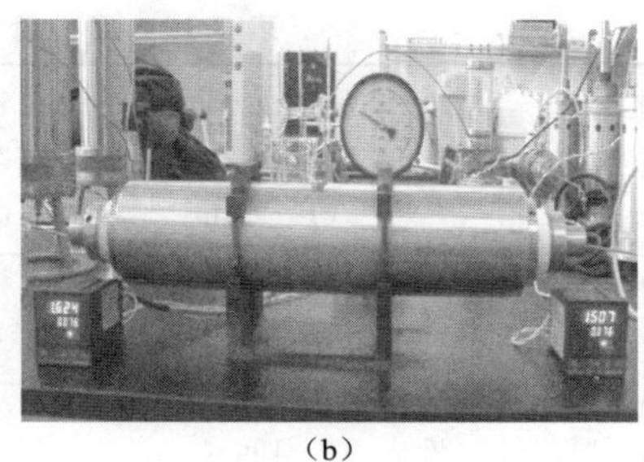
(b)

图 3-22　方形裂缝性岩心(a)和裂缝性岩心驱替装置(b)图

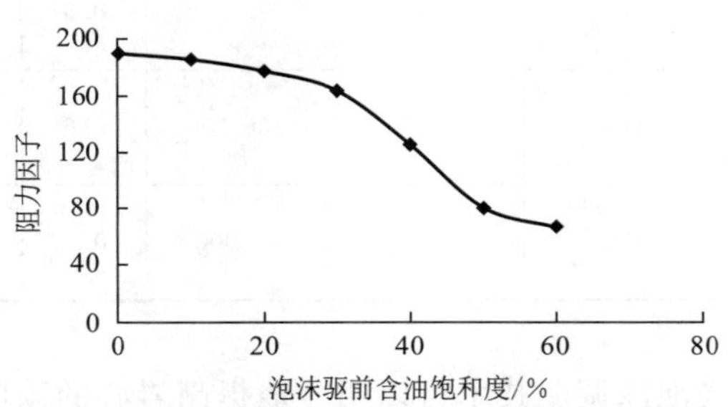

图 3-23　注入时机对泡沫阻力因子的影响

由图 3-23 可知，不同的注入时机（含油饱和度）对泡沫阻力因子具有较大影响。这是由于泡沫具有遇油消泡的特性，随着岩心含油饱和度的增大，泡沫体系的阻力因子不断降低，但即使在含油饱和度为 60%的高含油情况下，阻力因子也达到 70，说明泡沫调驱剂的耐油性较好。从实验结果可以看出，泡沫驱尽可能在低含油的情况下使用，这不仅能提高泡沫驱油效果，同时也能延长泡沫驱有效期。

上述实验说明，空气泡沫驱可以有效提高主力油层开发效果，封堵高渗通道，提高整体水驱波及效果。影响因素分析和参数优化结果表明，最佳注入泡沫体积为 0.6 PV，此时封堵效果最为明显；段塞交替次数越多泡沫体系起泡效果越好；考虑操作简便，室内室验时选择进行交替 6 次；最优气体与泡沫液体积比即气液比为 3∶1；低含油时即含水率较高时空气泡沫驱效果较好。

3.2.3 空气泡沫调驱在主力油层的应用性分析

根据上述实验优化结果，现针对空气泡沫驱在主力油层天然岩心进行应用性研究，以证明其作用效果的有效性，并为投入产出比评价提供数据基础。

采用双管实验，渗透率级差为11～13，根据五个试验区地层流体特征配置地层水，以及前述所得五个试验区的泡沫注入优化结果，进行空气泡沫驱油实验。在岩心饱和油水驱至不再出油时，注入空气泡沫，继续进行水驱，记录相应结果。实验注入压力变化和采收率变化如表3-19所示。

表3-19 填砂管空气泡沫驱驱油效果

试验区	所在层位	孔隙度/%	高渗管渗透率/(10^{-3} μm^2)	低渗管渗透率/(10^{-3} μm^2)	配置地层水矿化度/(mg·L^{-1})	泡沫注入体积/PV	水驱采收率/%	泡沫驱阻力因子	泡沫驱提高采收率/%
WYB油田YM注水区	东部长2	24	213	18	50 000	0.6	47.83	7.3	10.35
XZC油田W214注水区	西部长2	26	196	16	25 000	0.6	52.73	9.6	13.78
GGY油田T114井区	东部长6	27	187	14	50 000	0.6	43.81	8.1	11.83
YN油田SH1，SH2注水站	西部长6	26	198	10	100 000	0.6	49.37	6.9	15.93
DB油田4930示范区	延9	31	392	37	25 000	0.6	55.95	7.2	12.15

由上述实验可知，空气泡沫调驱技术可以明显地提高岩心的采收率，在五个试验区均具有较好的适应性。室内填砂管动态驱油封堵实验中阻力因子达到7以上，原油采收率提高幅度达到10%以上，其中YN油田SH试验区采收率室内提高幅度最高，为16%左右。

3.3 注水井自适应凝胶调驱技术优化与评价

自适应凝胶调驱技术作为水井调驱的另一种方法，可以提高水井的注水开发效果。本章在研究确定适应主力油层的最佳调堵工艺体系配方基础上，对水井用调驱技术进行多因素影响分析，研究调驱体系的调驱效果，确定自适应凝胶调驱技术在主力油层具有较好的应用可行性，最后对油水井调堵技术进行了相应的经济评价，为自适应凝胶调驱技术在现场注入井高效治理奠定理论基础。

3.3.1 自适应凝胶配方与静态性能评价

为保证自适应凝胶调驱技术在主力油层具有较好的适应性和应用可行性，将根据不同试验区地质特征和流体物性(重点为地层温度和地层水成分及矿化度),对水井用自适应凝胶调驱技术进行相应的调驱体系配方研究和工艺参数优化研究,以得到分别适合五个注水试验区的不同凝胶体系。

1. 凝胶络合元素选取和实验方案

目前较常用的凝胶主要有无机凝胶和有机凝胶。有机凝胶价格较贵,无机凝胶价格便宜且发展较为成熟,对于该区主力油层低渗储层凝胶调堵,使用弱凝胶调堵即可满足调堵要求。因此实验选用价格便宜的无机凝胶进行调堵。无机凝胶目前又主要分为铬凝胶、铝凝胶和硅酸凝胶等。已知铬凝胶相对铝凝胶、硅酸凝胶稳定性好,应用较为普遍。为了分析不同凝胶的成胶规律,室内通过实验研究了质量浓度为 50 mg/L 的常用铬凝胶、铝凝胶和硅酸凝胶的成胶特点,交联体系 pH 值为 7,交联反应温度为 20 ℃,模拟地层水矿化度为 40 000 mg/L。

由成胶规律可知(图 3-24),质量浓度 50 mg/L 的铬凝胶成胶强度相对铝凝胶和硅酸凝胶要高,铝凝胶成胶时间相对较短。综合认为,铬凝胶性能最好,其初始黏度低,在 2～5 d 凝胶黏度迅速上升达到 35 000 mPa・s,达到了易注入地层、封堵强度较高的指标,适合主力油层进行水井调驱现场试验。

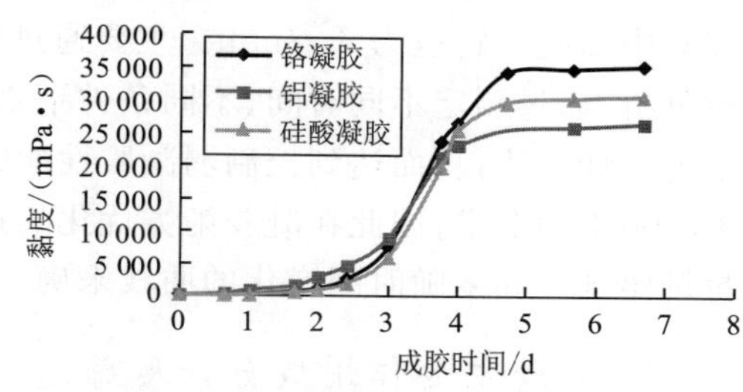

图 3-24　不同凝胶成胶规律对比

铬凝胶是目前油藏调驱最为常用的凝胶配方,最终可选用铬凝胶进行调驱。铬凝胶是通过铬络合离子与交联剂形成二维网状结构,最终进一步聚合形成三维网状结构,其中铬络合离子室内可通过无机铬离子与乙酸钠反应形成,因此铬凝胶交联剂主要成分可选用三氯化铬与乙酸钠进行交联。

对于凝胶配方研究,首先通过对凝胶交联剂无机铬和聚合物浓度进行优选,初步确定凝胶所用浓度;然后通过结合五个试验区地层水 pH 值、矿化度及储层温度等实际特征,对初步确定的凝胶有效成分浓度进行影响因素分析和调整;根据各因素对凝胶强度的影响,逐渐选出各试验区条件所适用的凝胶配方浓度;当各影响因素对凝胶影响研究分析完成后,五个试验区的凝胶配方即可确定。

1) 实验仪器及药品

实验仪器:美国博力飞旋转黏度计、磁力搅拌器、强力电动搅拌器、电热恒温箱、电子天平、烧杯、量筒、移液管、玻璃棒等。

实验药品:聚丙烯酰胺(PM-1)、交联剂 HD-1、硫脲、正丁醇、氯化钠、氯化钙、氯化镁等。

2) 实验方法

(1) 模拟地层水的配制。

针对该区主力油层五个试验区地层水矿化度的指标,分别模拟 20 000,30 000,40 000,50 000,80 000 和 100 000 mg/L 五种矿化度地层水进行实验。

(2) 聚合物主剂的配制。

在弱凝胶体系中使用的水溶性聚合物主要有丙烯酰胺类聚合物和生物聚合物。由于丙烯酰胺类聚合物来源广、价格便宜、易溶解等特点，其应用范围远远超过生物聚合物，所以在实验中亦采用聚丙烯酰胺类高分子化合物作为主剂。在实验中选用聚丙烯酰胺类高分子化合物 PM-1，其相对分子质量为 1 400 万。

(3) 弱凝胶调驱体系的配制。

弱凝胶调驱体系的配制过程是聚合物溶液、交联剂和助剂的混合过程。由于聚合物母液的浓度大，黏度高，交联剂或助剂在其内的扩散或分散十分困难，加料的顺序也是非常重要的。所以在实验中所用的加料顺序为：先是水，然后是交联剂，再次是助剂，最后是聚合物母液。这种加料顺序不仅有利于三者的混合均匀，而且还可防止高浓度聚合物母液与高浓度交联剂接触而快速发生交联反应，导致凝胶溶液的不均匀。

3) 实验评价方法

实验采用博力飞旋转黏度计来测量弱凝胶从配制到成胶整个过程中黏度的变化情况，实验中黏度计转速为 6 r/min。主要通过对不同条件下体系黏度与成胶时间的变化情况进行分析，通过测定不同时间、不同条件下部分水解聚丙烯酰胺胶凝体系的黏度变化，确定体系的较佳配比，从而达到控制弱凝胶性能的目的。弱凝胶的初凝时间应当足够长，才能满足现场施工的要求，因此在凝胶配方优化的过程中采用初凝时间作为成胶时间，主要是通过测量调驱剂的黏度随时间变化的曲线来确定。

2. 凝胶主要作用成分浓度筛选

1) 交联剂 HD-1 质量浓度对凝胶性能的影响

交联剂质量浓度(以交联剂主要作用元素 Cr^{3+} 质量浓度计)设为 25，50，75，100，125，150 和 200 mg/L，PM-1 质量浓度为 3 000 mg/L，交联体系 pH 值为 7，交联反应温度为 20 ℃，模拟地层水矿化度为 40 000 mg/L，考察交联剂用量对凝胶性能的影响，实验结果如图 3-25 所示。

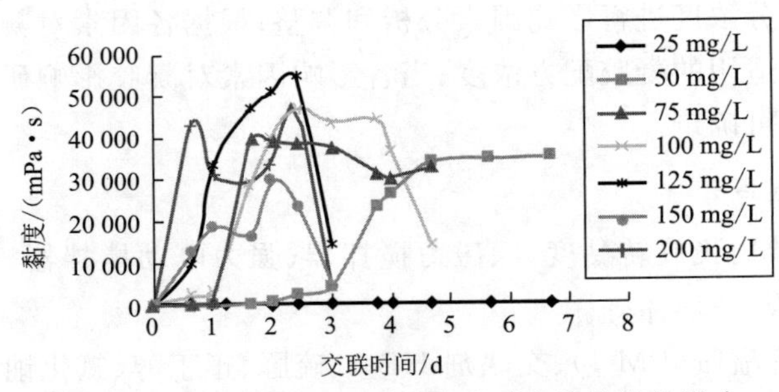

图 3-25 交联剂 HD-1 质量浓度对成胶性能的影响

由图 3-25 可以看出，在 PM-1 质量浓度一定时，随着交联剂质量浓度的增加，体系的成胶速度加快。当交联剂的质量浓度增加到一定程度后，形成的凝胶的稳定性变差，其原因可能是交联剂的质量浓度过大，PM-1 与交联剂之间发生过度交联而引起的凝胶脱水收缩。当 PM-1 质量浓度为 3 000 mg/L 时，延迟交联剂适宜的质量浓度为 50～75 mg/L。交联剂的用量直接影响到凝胶的宏观和微观结构以及凝胶性能。交联剂的用量太少，可与 PM-1 分子交联反应的中心离子质量浓度小，使形成的凝胶强度很小；交联剂的用量为 75 mg/L 时，与一定量的 PM-1 分子交联的反应程度已达到最大；用量大于 75 mg/L 时，由于交联剂质量浓度太高易产生过交联，交联体系局部脱水收缩，破坏凝胶网络结构的连续性，因此凝胶体系的强度随着交联剂质量浓度的增大而变差，凝胶强度也下降。

2）聚合物 PM-1 质量浓度对凝胶性能的影响

根据上述交联剂质量浓度优化实验可知，最优交联剂 HD-1 质量浓度（以交联剂中主要作用元素质量浓度计）为 50 mg/L，交联体系 pH 值为 7，PM-1 质量浓度分别为 2 000，2 500，3 000，3 500，4 000 和 4 500 mg/L，交联反应温度为 20 ℃，模拟地层水矿化度为 40 000 mg/L，考察 PM-1 质量浓度对弱凝胶调剖体系成胶性能的影响，实验结果如图 3-26 所示。

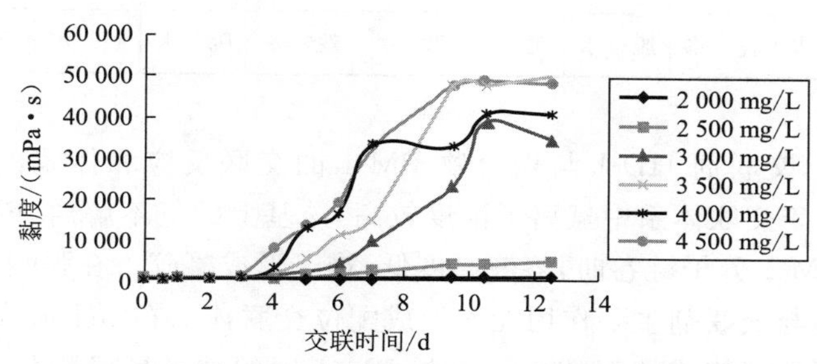

图 3-26　PM-1 质量浓度对成胶性能的影响

由图 3-26 可知，随着 PM-1 质量浓度的增大，凝胶体系的成胶时间缩短，强度增大。根据赵福麟等人提出的交联剂与 PM-1 交联反应的反应速率方程可知，PM-1 质量浓度的增加，体系中反应基团—COO^- 质量浓度增大，交联剂与聚合物的反应速率与聚合物中的—COO^- 质量浓度成正比，因此，聚合物质量浓度的增加必然会导致交联反应的速率加快，体系成胶时间变短。

当 PM-1 质量浓度为 2 000～2 500 mg/L 时，凝胶强度较弱，体系中虽然交联剂质量浓度足够高，即构成了网络结构的结点，但构成网状结构的线性大分子（即 PM-1）质量浓度较低，所以不能形成很好的凝胶网状结构；PM-1 的用量大于 2 500 mg/L 时，能形成强度较大的凝胶，凝胶强度随 PM-1 用量的增加而增大，但 PM-1 用量过大时，调剖体系的初始黏度较大，操作较困难，且生产成本提高。调剖交联体系适宜的 PM-1 质量浓度为 3 000～4 000 mg/L。

PM-1 凝胶过程是以凝聚体的扩散为控制反应的扩散反应过程，聚集体边缘部分易与交联剂主要元素接触而交联。在一定质量浓度范围内，PM-1 质量浓度越高，交联剂质量浓度越大，成胶越迅速，且成胶后的黏度越大。这是由于其质量浓度增大，溶液中的羧酸根质量浓度增加，与交联剂释放的主要元素有效碰撞的概率增加，络合反应速度加快，成胶时间缩短。PM-1 的用量越大，形成的凝胶网状结构就越致密，凝胶强度越大。

3）pH 值对凝胶性能的影响

上述交联剂 HD-1 交联 PM-1 过程中有 H^+ 参与，体系的 pH 值大小对成胶过程有影响。使用上述交联剂质量浓度为 50 mg/L（以交联剂主要作用元素质量浓度计），PM-1 质量浓度为 3 000 mg/L，调整交联体系 pH 值分别为 3，5，7，9 和 11，交联反应温度 20 ℃，考察体系 pH 值对凝胶性能的影响，实验结果如表 3-20 所示。

表 3-20　pH 值对凝胶性能的影响

pH 值	凝胶体系黏度/(mPa·s)											
	0	1 d	2 d	3 d	4 d	5 d	6 d	8 d	10 d	15 d	20 d	30 d
3	9	13	12	13	17	16	14	11	9	10	8	9
5	10	27	44	50	608	1 387	4 161	5 374	8 762	8 976	8 653	9 187
7	8	18	36	457	2 685	5 786	10 120	11 870	9 387	12 320	11 800	12 030
9	11	32	198	3 980	6 735	9 153	11 243	9 776	10 600	10 764	10 375	10 870
11	9	脱　水	脱　水	脱　水	脱　水	脱　水	脱　水	脱　水	脱　水	脱　水	脱　水	脱　水

由表 3-20 可知，交联剂 HD-1 与聚合物 PM-1 的交联反应和体系的 pH 值关系较大。当 pH 值较低时，由于交联体系中氢离子浓度较高，羧基上的氢不解离，PM-1 分子链侧基电性斥力大大降低，PM-1 分子链卷曲，溶液黏度低，难于形成凝胶。在强酸性条件下，PM-1 中的羧基不电离，不易与交联剂主要作用元素形成配位交联体。在 pH 值为 5～7 的酸性条件下，交联剂主要作用元素构成的双核离子可与 PM-1 中的羧基形成配位体，体系可以成胶。交联剂主要作用元素在 pH 值为 5～7 的条件下活性好，凝胶性能好，成胶时间短，凝胶强度高。当 pH 值较高时，溶液中的大量氢氧根离子有利于聚合物分子羧基水解，与交联剂主要作用元素络合的概率增大；同时，也有利于交联剂中主要作用元素的释放。但是，如果 pH 值太高（大于 9），则会使其交联过度，迅速脱水，生成蓝色絮凝状物质，黏度低于聚合物的黏度。根据地层水水质分析结果，地层水 pH 值普遍在 5～7 之间，因此，采用日常油田注入水进行凝胶配置，凝胶受 pH 值影响较小。

由上述研究可知，初步得到交联反应温度为 20 ℃、地层水矿化度为 40 000 mg/L 条件下，凝胶体系在 pH 值为 5～7 时，模拟延迟交联剂适宜的质量浓度为 50～75 mg/L、调驱交联体系适宜的 PM-1 质量浓度为 3 000～4 000 mg/L 时凝胶效果较好。

3. 凝胶体系配方的调整

在优选得到的凝胶有效作用成分基础上，根据不同试验区储层特点和流体物性，重点考虑地层水矿化度和地层温度，保证凝胶在高温和高矿化度下的抗剪切特性，以下将对初步得到的凝胶体系配方进行调整，以适应不同试验区的储层要求。

1）矿化度对凝胶性能的影响

确定交联剂质量浓度为 50 mg/L（以交联剂主要作用元素质量浓度计），PM-1 质量浓度为 3 000 mg/L。参照该区主力油层五个试验区地层水的矿化度 20 000～100 000 mg/L 范围，分别配制不同矿化度的人工盐水，矿化度分别为 20 000，30 000，40 000，50 000，80 000 和 100 000 mg/L，调节调驱体系 pH 值为 7，反应温度为 20 ℃，用旋转黏度计测定黏度，考察矿化度对体系成胶性能的影响,实验结果如图 3-27 所示。

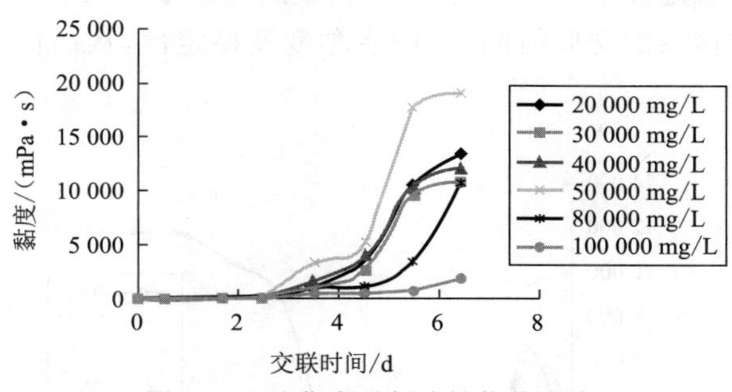

图 3-27　矿化度对凝胶性能的影响

由图 3-27 可知,用矿化度为 20 000～50 000 mg/L 模拟地层水配制的交联体系的成胶性能很好;而用矿化度 80 000～100 000 mg/L 模拟地层水配置的交联体系成胶性能没有达到预期要求。究其原因,当矿化度过高时,由于电解质压缩双电层使得聚合物分子链过度卷曲,聚合物分子所占的流体力学体积非常小,聚合物分子之间进行交联反应后形成的结构相对更为致密,结构空间狭小,所能包裹的水量有限,体系中自由水含量较多,因而形成的凝胶黏度下降。

改变在矿化度 80 000～100 000 mg/L 条件下 PM-1 质量浓度为 3 500 mg/L,其他实验条件不变,考察体系成胶性能,实验结果如图 3-28 所示。由图 3-28 可知,在高矿化度(80 000 和 100 000 mg/L)条件下,PM-1 质量浓度增加至 3 500 mg/L 后,凝胶体系成胶性能与之前相比有较大提高,达到了预期要求。这是因为 PM-1 的用量越大,形成的凝胶网状结构就越致密,凝胶强度越大。

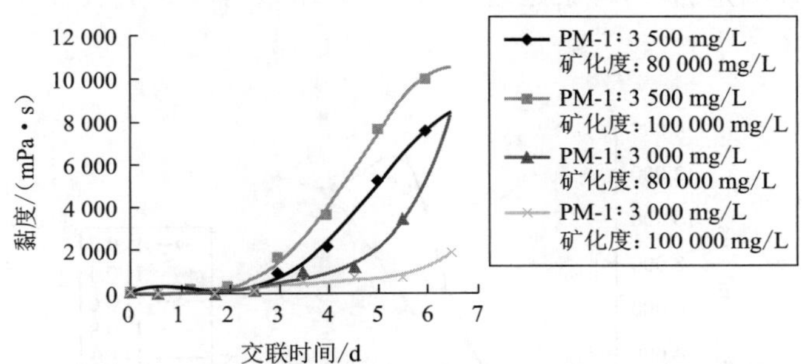

图 3-28　高矿化度条件下两种质量浓度 PM-1 成胶性能对比

2) 温度对凝胶性能的影响

交联剂质量浓度为 50 mg/L(以交联剂主要作用元素质量浓度计),PM-1 质量浓度为 3 000 mg/L,模拟地层水矿化度为 40 000 mg/L,调节调剖体系 pH 值为 7,反应温度为 20 ℃,用旋转黏度计测定黏度,考察温度对体系成胶性能影响,实验结果如图 3-29 所示。

由图 3-29 可知,随着温度增加,体系成胶速度加快,成胶时间不易控制,30 ℃以后的成胶速度已不能满足现场施工的要求。另外,在高温下,凝胶体系黏度及稳定性都有一定的下降。这是因为聚合物易发生热氧化而降解。同时，聚合物会迅速水解，易与金属离子作用而生成沉淀，导致体系的稳定性下降。因此，需要在凝胶体系中加入一定量的延缓剂并且适当改变聚合物，调节凝胶体系的交联时间、成胶后黏度及稳定性，从而优选出适合地层的凝胶体系配方。

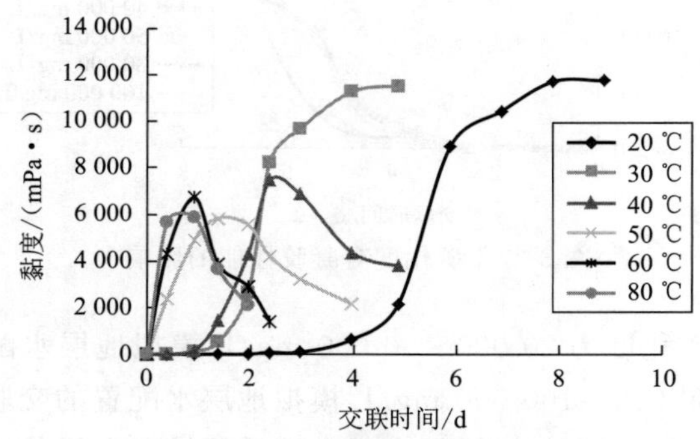

图 3-29　温度对凝胶性能的影响

3）凝胶体系不同温度下延缓剂的优选

由上述实验可知，温度对凝胶体系影响很大，会大大加快交联速度。为延缓交联剂与聚合物交联速度，在交联剂中引入少量多元羧酸根(ST-1)作为交联延缓剂。外加的多元羧酸根与交联剂中的配位体竞争，使有效的交联离子的释放时间大大延后。

(1) 30 ℃条件下不同延缓剂加量对凝胶性能的影响。

交联剂质量浓度为 50 mg/L(以交联剂主要作用元素质量浓度计)，PM-1 质量浓度为 3 000 mg/L，模拟地层水矿化度为 40 000 mg/L，调节调剖体系 pH 值为 7，反应温度为 30 ℃，用旋转黏度计测定黏度，考察延缓剂 ST-1 的用量对体系成胶性能的影响，实验结果如图 3-30 所示。

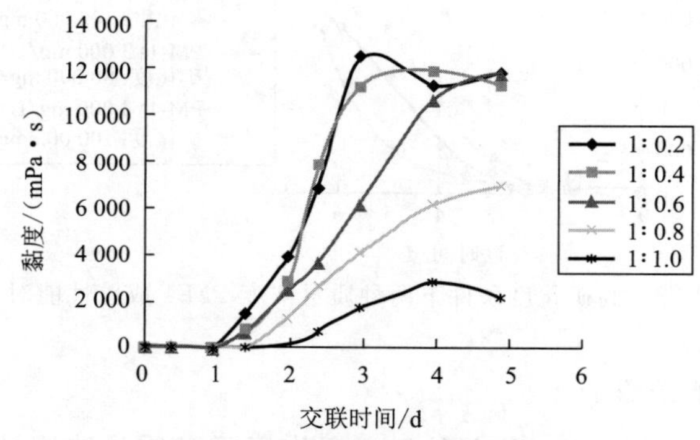

图 3-30　30 ℃条件下不同延缓剂加量对凝胶性能的影响

由图 3-30 可知，30 ℃条件下综合凝胶体系交联时间和凝胶强度，当交联剂作用离子与延缓剂物质的量配比为 1∶0.6 时，凝胶体系性能达到最佳。

(2) 40 ℃条件下不同延缓剂加量对凝胶性能的影响。

交联剂质量浓度为 50 mg/L(以交联剂主要作用元素质量浓度计),PM-1 质量浓度为 3 500 mg/L,模拟地层水矿化度为 40 000 mg/L,调节调驱体系 pH 值为 7,反应温度为 40 ℃,用旋转黏度计测定黏度,考察延缓剂的用量对体系成胶性能的影响,实验结果如图 3-31 所示。

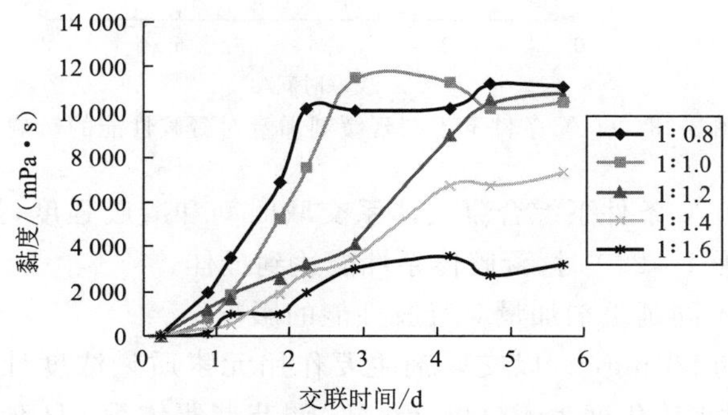

图 3-31　40 ℃条件下不同延缓剂加量对凝胶性能的影响

由图 3-31 可知,40 ℃条件下综合凝胶体系交联时间和凝胶强度,当交联剂作用离子与延缓剂物质的量配比为 1∶1.2 时,凝胶体系性能达到最佳。

(3) 50 ℃条件下不同延缓剂加量对凝胶性能的影响。

交联剂质量浓度为 50 mg/L(以交联剂主要作用元素质量浓度计),PM-1 质量浓度为 4 000 mg/L,模拟地层水矿化度为 40 000 mg/L,调节调驱体系 pH 值为 7,反应温度为 50 ℃,用旋转黏度计测定黏度,考察延缓剂的用量对体系成胶性能的影响,实验结果如图 3-32 所示。

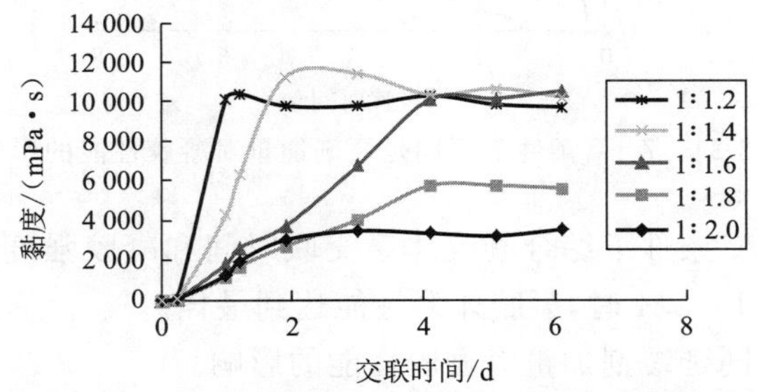

图 3-32　50 ℃条件下不同延缓剂加量对凝胶性能的影响

由图 3-32 可知,50 ℃条件下综合凝胶体系交联时间和凝胶强度,当交联剂作用离子与延缓剂物质的量配比为 1∶1.6 时,凝胶体系性能达到最佳。

(4) 60 ℃条件下不同延缓剂加量对凝胶性能的影响。

交联剂质量浓度为 50 mg/L(以交联剂主要作用元素质量浓度计),PM-1 质量浓度为 4 000 mg/L,模拟地层水矿化度为 40 000 mg/L,调节调驱体系 pH 值为 7,反应温度为 60 ℃,用旋转黏度计测定黏度,考察延缓剂用量对体系成胶性能的影响,实验结果如图 3-33 所示。

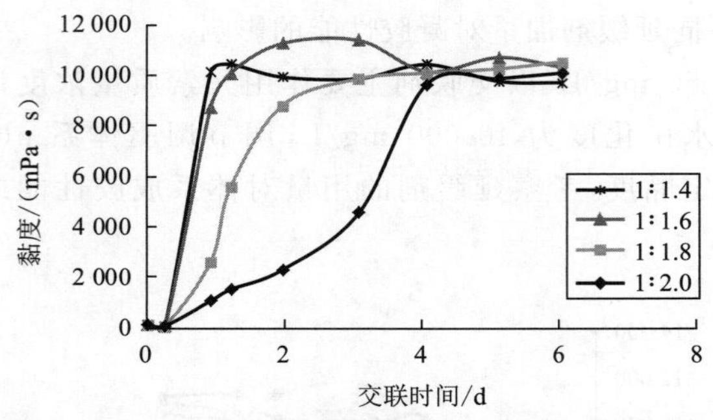

图 3-33　60 ℃条件下不同延缓剂加量对凝胶性能的影响

由图 3-33 可知，60 ℃条件下综合凝胶体系交联时间和凝胶强度，当交联剂作用离子与延缓剂物质的量配比为 1∶2.0 时，凝胶体系性能达到最佳。

(5) 70 ℃条件下不同延缓剂加量对凝胶性能的影响。

交联剂质量浓度为 50 mg/L(以交联剂主要作用元素质量浓度计)，PM-1 质量浓度为 4 500 mg/L，模拟地层水矿化度为 40 000 mg/L，调节调驱体系 pH 值为 7，反应温度为 70 ℃，用旋转黏度计测定黏度，考察延缓剂的加量对体系成胶性能的影响，实验结果如图 3-34 所示。

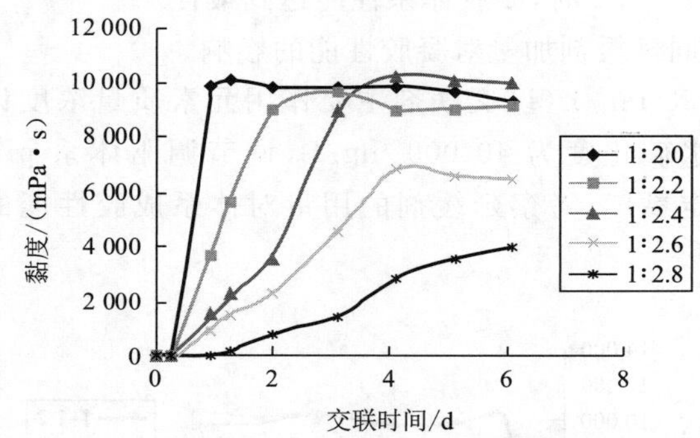

图 3-34　70 ℃条件下不同延缓剂加量对凝胶性能的影响

由图 3-34 可知，70 ℃条件下综合凝胶体系交联时间和凝胶强度，当交联剂作用离子与延缓剂物质的量配比为 1∶2.4 时，凝胶体系性能达到最佳。

(6) 80 ℃条件下不同延缓剂加量对凝胶性能的影响。

交联剂质量浓度为 50 mg/L(以交联剂主要作用元素质量浓度计)，PM-1 质量浓度为 4 500 mg/L，模拟地层水矿化度为 40 000 mg/L，调节调驱体系 pH 值为 7，反应温度为 80 ℃，用旋转黏度计测定黏度，考察延缓剂的用量对体系成胶性能的影响，实验结果如图 3-35 所示。

由图 3-35 可知，80 ℃条件下综合凝胶体系交联时间和凝胶强度，当交联剂作用离子与延缓剂物质的量配比为 1∶2.6 时，凝胶体系性能达到最佳。

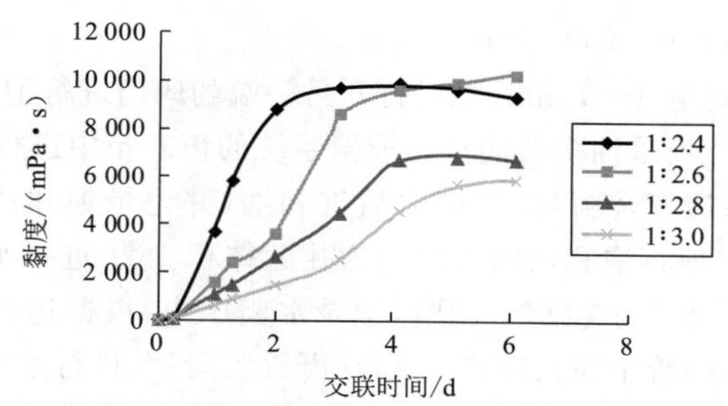

图 3-35　80 ℃条件下不同延缓剂加量对凝胶性能的影响

交联剂中延缓剂量过少，交联速度很快，凝胶稳定性差，随时间延长出现脱水现象，不能起到很好的延迟交联的作用；交联剂中延缓剂量过多，成胶时间长或不能成胶。综合成胶时间和凝胶强度因素确定了不同温度下交联剂与延缓剂的最佳物质的量比。

4. 弱凝胶体系适用配方

总结上述实验规律，对于该区主力油层五个试验区不同储层温度和矿化度特点，其适用配方分别如表 3-21 所示。

表 3-21　该区主力油层五个试验区适用凝胶配方

试验区	地层温度/℃	地层水矿化度/(mg·L^{-1})	凝胶配方
WYB 油田 YM 注水区(东部长 2)	33.88	47 189	PM-1 3 500 mg/L＋HD-1(以主要元素计)50 mg/L＋延缓剂 1.2(物质的量比，HD-1∶延缓剂 ST-1＝1∶1.2)
XZC 油田 W214 注水区(西部长 2)	41.2	24 855	PM-1 3 500 mg/L＋HD-1(以主要元素计)50 mg/L＋延缓剂 1.2(物质的量比，HD-1∶ST-1＝1∶1.2)
GGY 油田 T114 井区(东部长 6)	24.6～27.5	48 956	PM-1 3 000 mg/L＋HD-1(以主要元素计)50 mg/L＋延缓剂 0.6(物质的量比，HD-1∶ST-1＝1∶0.6)
YN 油田 SH 1，SH 2 注水站(西部长 6)	45～50	96 100～99 400	PM-1 4 000 mg/L＋HD-1(以主要元素计)50 mg/L＋延缓剂 1.6(物质的量比，HD-1∶ST-1＝1∶1.6)
DB 油田 4930 示范区(延 9)	55.46	14 200～31 050	PM-1 4 000 mg/L＋HD-1(以主要元素计)50 mg/L＋延缓剂 2.0(物质的量比，HD-1∶ST-1＝1∶2.0)

3.3.2　自适应凝胶调驱主要影响因素分析与注入工艺参数优化

实验仪器：填砂管(ϕ25 mm×30 cm)、真空泵、波场采油多功能动态模拟系统、纯水机、量筒、烧杯、移液管、玻璃棒等。

实验药品：蒸馏水、原油、$CaCl_2$、NaCl、$MgCl_2$、交联剂 HD-1、聚合物 PM-1(相对分子质量 1 400 万)等。

实验步骤：

(1) 在填砂管内填砂，针对所需的渗透率不同，采用不同质量比的砂子。本实验主要采用填砂管渗透率范围为(100～200)$\times 10^{-3}\ \mu m^2$。

(2) 采用真空泵抽真空 3～5 min,之后打开另一端的阀门进行饱和水。

(3) 将填砂管放入波场采油多功能动态模拟系统的恒温箱中进行实验,如图 3-36 所示。① 测试填砂管的水相渗透率,测得渗透率之后饱和油,并记录饱和油的体积。因为残余水的体积比较少,所以近似地将饱和油的体积视为孔隙体积。② 进行水驱实验。记录所得水驱油的体积,并计算得到水驱采收率。同时,记录水驱压力,根据达西公式算得水驱稳定后的水相渗透率。③ 在填砂管中注入凝胶。④ 在凝胶胶凝后,进行水驱实验。记录所得水驱油的体积,并计算注入凝胶后的水驱采收率,从而得到采收率的增幅。同时,记录水驱压力,算得注凝胶水驱稳定后的水相渗透率。

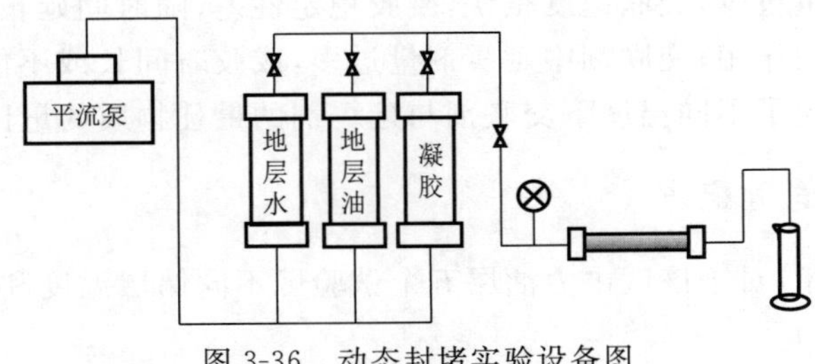

图 3-36 动态封堵实验设备图

1. 凝胶注入量对采收率与封堵效果的影响

以 0.5 mL/min 的注入速度在不同填砂管前端分别注入 0.1,0.2,0.3,0.4 PV 的弱凝胶,待胶凝后,进行水驱(表 3-22)。观察记录注入凝胶后的水驱增油量,计算采收率增幅以及封堵率,评价弱凝胶的调堵效果。

表 3-22 注入凝胶体积的研究实验方案及基础数据

组 数	渗透率/($10^{-3}\ \mu m^2$)	孔隙体积/mL	注入凝胶体积/PV
第 1 组	124.8	31	0.1
第 2 组	134.1	32	0.2
第 3 组	159.2	31	0.3
第 4 组	103.9	32	0.4

如图 3-37 和表 3-23 所示,在凝胶注入量为 0.1～0.3 PV 时,随凝胶注入量增加,采收率增幅不断增加;最终凝胶注入量大于 0.3 PV 后,采收率增幅基本稳定为定值。

如图 3-38 所示,在凝胶注入量为 0.1～0.3 PV 的范围内,随着凝胶注入体积的增加,封堵率逐渐变大,最终凝胶注入量大于 0.3 PV 之后,封堵率基本为定值。凝胶注入量较低时,凝胶的封堵面积较小,导致注水容易发生绕流,使得胶凝后,水波及的体积较小,并且依然存在大孔道未被封堵,导致水驱压力不高,封堵效果不好,采收率增幅较小。凝胶量达到一定的程度后,大孔道基本被封堵,而使得封堵效果较好,采收率增幅较高,但都稳定在了一个定值。

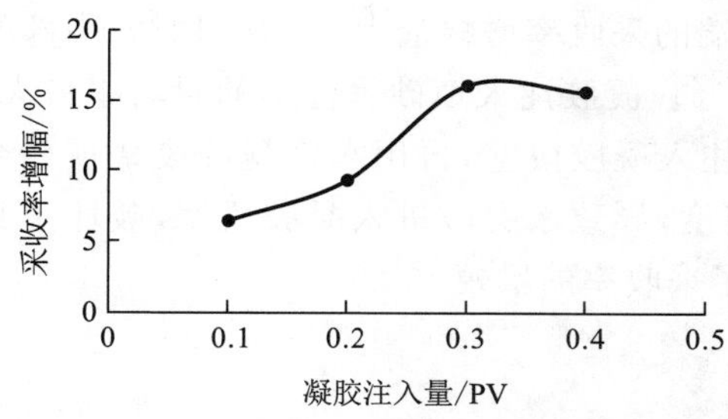

图 3-37　采收率增幅与凝胶注入量的关系曲线图

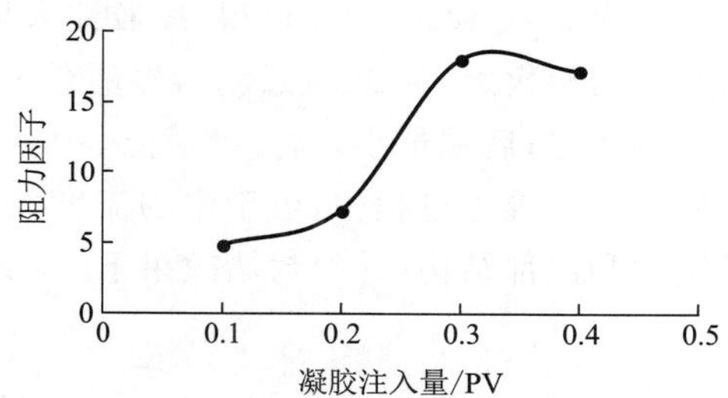

图 3-38　阻力因子与凝胶注入量的关系曲线图

表 3-23　注入凝胶体积研究实验结果数据

组　数	水驱采收率/%	注入凝胶后水驱采收率/%	采收率增幅/%	水驱后的渗透率/(10^{-3} μm²)	注入凝胶后水驱后的渗透率/(10^{-3} μm²)	封堵率/%
第 1 组	48.39	54.84	6.45	56.6	29.5	47.98
第 2 组	65.63	75.00	9.38	63.7	8.8	86.25
第 3 组	58.06	74.19	16.13	54.5	3.3	93.99
第 4 组	46.88	62.50	15.63	42.8	2.5	94.20

2. 凝胶注入位置对采收率与封堵效果的影响

保持 0.5 mL/min 注入 0.3 PV 的弱凝胶，对不同组的填砂管，注入凝胶位置不同(表 3-24)。分别从填砂管前端、中部、后端注入凝胶，胶凝后进行水驱。观察记录注入凝胶后的水驱增油量，计算采收率增幅以及封堵率，评价弱凝胶在不同封堵位置对采收率以及封堵效果的影响，实验结果如表 3-25 所示。

表 3-24　注入凝胶位置的研究实验方案及基础数据

组　数	渗透率/(10^{-3} μm²)	孔隙体积/mL	凝胶注入位置
第 1 组	159.2	31	前　端
第 2 组	188.7	34	中　部
第 3 组	171.0	31	后　端

表 3-25　注入凝胶位置的研究实验结果数据

组　数	水驱采收率/%	注入凝胶后水驱采收率/%	采收率增幅/%	水驱后的渗透率/(10^{-3} μm²)	注入凝胶后水驱后的渗透率/(10^{-3} μm²)	封堵率/%
第 1 组	58.06	74.19	16.13	54.5	3.3	93.99
第 2 组	67.65	82.35	14.71	62.3	6.7	89.23
第 3 组	70.97	74.19	3.23	70.7	16.1	77.22

从表 3-24 和表 3-25 可得，凝胶注入填砂管前端的采收率增幅最大，为 16.13%；中部的采收率增幅次之，为 14.71%；后端的最少，为 3.23%。凝胶注入填砂管前端的封堵率最大；中部的次之；后端最小。将凝胶注入中后部时，先注入凝胶段塞，再用水将凝胶段塞顶替至中后部。在推进过程中，由于水的流度大于凝胶流度，导致水突破进入凝胶段塞，破坏了其稳定性和内部结构，导致封堵效果下降，从而影响了采收率的增幅。

3. 凝胶注入速率对采收率与封堵效果的影响

分别以 0.5，1.0 和 2.0 mL/min 的注入速度从填砂管前端注入 0.3 PV 的弱凝胶，胶凝后进行水驱(表 3-26)。观察记录注入凝胶后的水驱增油量，计算采收率增幅、封堵率，评价弱凝胶的调堵效果(表 3-27)。

表 3-26　凝胶注入速度的研究实验方案及基础数据

组　数	渗透率/(10^{-3} μm^2)	孔隙体积/mL	凝胶注入速度/($mL \cdot min^{-1}$)
第 1 组	159.2	31	0.5
第 2 组	134.2	30	1.0
第 3 组	161.9	30	2.0

表 3-27　凝胶注入速度的研究实验结果数据

组　数	水驱采收率/%	注入凝胶后水驱采收率/%	采收率增幅/%	注入凝胶前水驱渗透率/(10^{-3} μm^2)	注入凝胶后水驱后的渗透率/(10^{-3} μm^2)	封堵率/%
第 1 组	58.06	74.19	16.13	54.5	3.3	93.99
第 2 组	63.33	76.67	13.33	54.8	3.7	93.34
第 3 组	62.00	88.67	16.67	73.8	2.7	96.39

从表 3-27 中可得出，不同的注入速度条件下，采收率增幅都较高，效果较好，但是增幅基本相同，都在 15%左右。不同的注入速度条件下，封堵率虽然有所不同，但都达到了 90%以上，封堵效果较好。随着注入速度的变化，封堵率的变化并没有一定的规律性。注入凝胶时，由于凝胶黏度很小，与地层水黏度相差不大。当以不同注入速度注入时，凝胶不会只进入填砂管的大孔道，均会进入不同直径喉道，产生同样的封堵和驱替效果，从而不会使采收率发生较大变化。

4. 不同渗透率对采收率与封堵效果的影响

以 0.5 mL/min 的注入速度在三种不同渗透率的填砂管内分别注入 0.3 PV 的弱凝胶，胶凝后进行水驱(表 3-28)。观察记录注入凝胶后的水驱增油量，计算采收率增幅、封堵率，评价弱凝胶的调堵效果(表 3-29)。

表 3-28　不同渗透率的填砂管的调堵研究的实验方案及基础数据

组　数	渗透率/($10^{-3}\ \mu m^2$)	孔隙体积/mL
第 1 组	159.2	31
第 2 组	2 290.3	37
第 3 组	7 000.1	43

表 3-29　不同渗透率的填砂管的调堵研究的实验结果数据

组　数	水驱采收率/%	注入凝胶后水驱采收率/%	采收率增幅/%	水驱后的渗透率/($10^{-3}\ \mu m^2$)	注入凝胶后水驱后的渗透率/($10^{-3}\ \mu m^2$)	封堵率/%
第 1 组	58.06	74.19	16.13	54.5	3.3	93.99
第 2 组	67.05	83.78	16.73	154.4	12.4	91.97
第 3 组	72.09	88.37	16.28	331.2	46.7	85.89

从表 3-29 中可得，不同渗透率条件下，采收率增幅都在 15%以上，效果较好，不同渗透率对采收率增幅影响较小。随着渗透率的增大，相同凝胶注入量不同组的封堵率越来越小。不同渗透率模型的孔隙结构不同，随着渗透率的增大，孔隙体积和喉道直径也会相应变大。在相同凝胶强度下，随着孔隙体积和喉道直径的增大，凝胶对孔隙和喉道的堵塞能力下降，从而使凝胶的封堵效果随着渗透率的增大而减小。

5. 不同渗透率级差对采收率与封堵效果的影响

采用双填砂管模型进行实验。保持从填砂管前端以 0.5 mL/min 的速度注入 0.3 PV 的弱凝胶，胶凝后进行水驱(表 3-30)。观察记录注入凝胶后的水驱增油量，计算采收率增幅，评价弱凝胶的调堵效果，实验结果如表 3-31 所示。

表 3-30　不同渗透率级差研究基础数据

组　数	填砂管 1 渗透率/($10^{-3}\ \mu m^2$)	填砂管 2 渗透率/($10^{-3}\ \mu m^2$)	渗透率级差	填砂管 1 孔隙体积/mL	填砂管 2 孔隙体积/mL
第 1 组	196.8	220.1	1.11	32	32
第 2 组	121.8	1 992.6	16.35	30	36
第 3 组	120.4	12 022.6	99.82	31	44

从表 3-31 中可得，随着渗透率级差的增大，弱凝胶的调堵效果变好。渗透率级差由 1.11 增加到 99.82 时，采收率增幅由 15.63%增加到了 53.33%。渗透率级差越大，高渗区更易形成水窜，低渗区剩余油更难驱出。所以随着渗透率级差的增大，低渗区滞留的剩余油也随之增加。在进行调堵措施以后，弱凝胶对高渗区域形成有效的封堵，使水窜现象得到控制，低渗区剩余油被驱出，而渗透率级差较大的低渗区因剩余油较多，所以被驱出的油就较

多。总体来看，弱凝胶对不同渗透率级差的储层均具有良好的调堵效果。

表 3-31　不同渗透率级差实验结果数据

组　数	填砂管 1 水驱采收率 /%	填砂管 2 水驱采收率 /%	总水驱采收率 /%	填砂管 1 注入凝胶后水驱采收率 /%	填砂管 2 注入凝胶后水驱采收率 /%	总注入凝胶后水驱采收率 /%	采收率增幅 /%
第 1 组	71.88	59.38	65.63	84.38	78.13	81.25	15.63
第 2 组	6.67	77.78	45.45	93.33	94.44	93.94	48.48
第 3 组	3.23	68.18	41.33	93.55	95.45	94.67	53.33

通过实验可得，凝胶注入量、注入位置对采收率和封堵率均有较大影响；凝胶注入方式对采收率有一定影响，但不同注入方式均具有较好的封堵效果；随着渗透率的增加，凝胶封堵效果有一定下降，但也能达到80%以上，渗透率对采收率影响不明显；渗透率级差对采收率影响非常明显，随着渗透率级差的增大，注入凝胶对采收率的增幅不断增加。

3.3.3　注水井自适应凝胶深部调驱优化结果

针对该区主力油层五个试验区不同储层温度和矿化度特点，通过优化调整交联剂、聚合物和外加剂质量浓度得到了适合五个试验区的凝胶堵剂体系配方。

通过凝胶调驱主要影响因素与注入工艺参数优化研究可知，当凝胶注入量为 0.3 PV，注入位置在填砂管入口端时，凝胶具有良好的封堵效果，对采收率增幅也较大。

3.4　注水井深部调驱技术投入产出比评价

经过上述技术研究，得到了水井调控技术最佳工艺注入方式和注入参数。下面将结合室内模拟提高采收率效果，进行相应的投入产出比评价，以分析该技术在裂缝性特低渗油藏不同试验区的适应性。投入产出比分析中产品价格通过调研，采用目前产品平均价格。

1）空气泡沫调驱投入产出比

空气泡沫调驱无气源成本，因此成本主要为泡沫剂成本、人员成本、机器运行成本和日常生产耽搁成本。假设 HDF-1 成本为 8 000 元/t，HPAM（1 400 万相对分子质量）为 8 500 元/t，人员成本为 3 000 元/月，以 4 人计，机器运行成本为 3 万元，日常生产耽搁成本按照注入时无法开井生产计，按照原油销售价 3 000 元/t 计算，裂缝性特低渗油藏五个试验区井距、采油增加、投入、产出等参数计算如表 3-32 所示。

从投入产出比分析可知，空气泡沫驱投入产出比整体较高，投入产出比均在 1∶1.5 以下，其中 GGY 试验区空气泡沫调驱投入产出比最低，约为 1∶2.71。综合分析得出，空气泡沫调驱技术均可以较好地应用于五个试验区。

表 3-32　空气泡沫驱投入产出比

试验区	WYB	XZC	GGY	YN	DB
水井单井控制面积/m²	200 000	42 000	75 000	250 000	360 000
井网类型	菱形反七点法	反七点法	五点法	五点法	菱形反九点法
地层厚度/m	7	17	15	27	7.63
泡沫注入量/PV	0.6	0.6	0.6	0.6	0.6
泡沫液注入量/m³	16 653	11 835	9 104	68 607	40 975
空气注入量/m³	49 959	35 504	27 312	205 821	122 926
HDF-1 注入量/t	83	59	46	343	205
HPAM 注入量/t	25	18	14	137	61
材料成本/元	878 446	624 273	480 239	3 910 599	2 161 452
注入天数/d	40	40	40	40	60
运行成本/元	30 000	30 000	30 000	30 000	30 000
人员成本/元	16 000	16 000	16 000	16 000	24 000
产量/(t·d⁻¹)	0.2	1.98	0.3	1.5	5.5
生产耽搁成本/元	6 000	59 400	9 000	45 000	165 000
产量增幅/t(按 360 d 计)	476.71	589.34	483.11	2 504.09	1 924.56
成本/元	930 446	729 673	535 239	4 001 599	2 380 452
产出/元	1 430 136	1 768 029	1 449 317	7 512 264	5 773 680
投入产出比	1∶1.54	1∶2.42	1∶2.71	1∶1.88	1∶2.43

2）自适应凝胶调驱投入产出比

凝胶调驱技术成本主要为原料成本、人员成本、机器运行成本和日常生产耽搁成本。假设 PM-1 为 8 500 元/t，交联剂 20 000 元/t，延缓剂 14 000 元/t，人员成本为 3 000 元/月，以 4 人计，机器运行成本为 3 万元，日常生产耽搁成本按照注入时无法开井生产计，按照原油销售价 3 000 元/t 计算，五个试验区井距、采油增加、投入、产出等参数计算如表 3-33 所示。

表 3-33　凝胶调驱投入产出比

试验区	WYB	XZC	GGY	YN	DB
注水井单井控制面积/m²	200 000	42 000	75 000	250 000	360 000
井网类型	菱形反七点法	反七点法	五点法	五点法	菱形反九点法
地层厚度/m	7	17	15	27	7.63
凝胶注入量/PV	0.3	0.3	0.3	0.3	0.3
凝胶实际注入量/m³	33 306	23 669	18 208	137 214	81 951
PM-1 注入量/t	11.66	8.28	5.46	54.89	32.78

续表

试验区	WYB	XZC	GGY	YN	DB
交联剂注入量/t	0.33	0.24	0.18	1.37	0.82
延缓剂注入量/t	0.40	0.28	0.11	2.20	1.64
材料成本/元	111 342	79 126	51 602	524 706	317 969
注入天数/d	40	40	40	40	60
运行成本/元	30 000	30 000	30 000	30 000	30 000
人员成本/元	16 000	16 000	16 000	16 000	24 000
产量/(t·d^{-1})	0.2	1.98	0.3	1.5	5.5
生产耽搁成本/元	6 000	59 400	9 000	45 000	165 000
采收率增加/%	16.1	16.1	16.1	16.1	16.1
产量增幅/t(按 360 d 计)	285.55	688.56	285.55	1 427.76	2 550.24
成本/元	163 342	184 526	106 602	615 706	536 969
产出/元	856 656	2 065 694	856 656	4 283 280	7 650 720
投入产出比	1∶5.24	1∶11.19	1∶8.04	1∶6.96	1∶14.25

从投入产出比分析可知,整体应用自适应双向调驱技术投入产出比较低,原因为应用自适应双向调驱技术使油藏封堵能力增强,提高采收率幅度增大,其中 DB 区块调驱投入产出比最低,约为 1∶14.25,其次为 XZC,WYB 投入产出比最高。与空气泡沫调驱技术相比,自适应双向调驱技术投入产出比偏低,主要是由于自适应凝胶调驱提高采收率程度一般较高,且作用周期一般要长于空气泡沫调驱。

综合分析表明,五个试验区可以采用自适应凝胶调驱技术和空气泡沫调驱技术。考虑到水井泡沫调驱措施在各试验区提高采收率效果相近,由于 GGY(东部长 6)温度最低,可优先选用;WYB 和 XZC(长 2)油层温度和矿化度较低,可其次选用;YN 和 DB 注水区温度、含油饱和度较高,再次之选用。考虑到水井凝胶调驱措施在高渗、渗透率级差较大、窜流高含水的储层效果较好,因此建议首先选取 YN(西部长 6)应用,其次为 XZC,GGY 和 WYB,由于 DB 注水区整体含水率较低且底水油藏封堵难度大,可再次之选用。

第 4 章　裂缝性特低渗油藏生产井有效封堵关键技术

除水井调驱外，油井堵水技术对于改善注采井间原油开发效果和注水效果亦可以起到非常重要的作用。由于生产井与注水井面临的问题不同，水井主要面临水窜、注入压力低的问题，而油井除水窜外，还面临大通道连通井底、部分井壁由于高能气体压裂技术发生亏空等问题。因此，需要同时对裂缝性特低渗油藏生产井进行窜流通道封堵，以改善生产井生产状况。根据第二章介绍的提高采收率关键技术适应性分析，得到油井可以采用泡沫水泥体系进行堵水。

首先在分析泡沫水泥堵水机理的基础上，针对泡沫水泥特点，通过调整确定最佳堵水工艺体系配方，实验中根据应用水泥的不同，研发了两种泡沫水泥体系——G 级水泥堵水体系和泡沫水泥堵水体系，前者主要用于封堵大孔道和大裂缝等优势窜流通道，后者主要用于渗透性井壁改造；之后在研发泡沫水泥体系配方的基础上，通过动态堵水实验分析堵水体系的封堵效果；然后对现场应用泡沫水泥体系注意事项进行了说明，介绍了泡沫水泥现场注入工艺；最后对油井封堵技术进行了相应的经济评价，以确定泡沫水泥体系在不同试验区的良好适用性。

4.1　泡沫水泥堵水机理与注入工艺分析

4.1.1　泡沫水泥堵水机理

要实现对“大肚子井”进行井壁再造，对部分油井附近渗透率较大的老缝进行可渗透性封堵，同时要求既能有效封堵水相，又不影响油相在其中的渗透能力，需要可渗透性堵剂应具有一定的渗透性，且稳定性较好，抗冲刷能力较强等特点。目前，能够达到可渗透性封堵的工艺技术主要是三相泡沫封堵技术，但是由于其液膜强度过低、半衰期短、渗透性不稳定等缺点，不能满足该区主力油层油井可渗透性封堵的需要。而泡沫水泥体系能够在一定程度上弥补三相泡沫封堵技术的缺陷，成功解决裂缝可渗透性封堵以及可渗透性井壁再造问题。

泡沫水泥是一种超低密度水泥，由固相、液相和气相组成，是具有高度分散性的多相体系。与常规水泥相比,泡沫水泥具有密度低、强度高、渗透率低、无游离液、体系稳定和防气窜等特点。由于混入了大量气体,具有较好的黏弹性、膨胀性和充填性。综合各种文献资料,泡沫水泥封堵技术在低渗油田具有较好的适应性。此外,泡沫水泥封堵的选井条件主要有:① 存在近井地带大孔道或者大裂缝的井;② 含水率高的油井;③ 采液强度不高、不宜出砂或出砂量少的地层。

目前泡沫水泥封堵技术在国外已进行了大规模应用,高渗层和低渗层大孔道均可用来封堵,且堵水增油效果明显。国内泡沫水泥已在胜利油田等进行了应用,堵水效果较好,原油采出程度增加,说明泡沫水泥封堵技术是完全可以应用于主力油层油井的。

4.1.2 泡沫水泥现场注入工艺分析

在了解泡沫水泥作用原理的基础上,对泡沫水泥浆现场注入工艺进行分析,明确泡沫水泥浆现场注入过程及方法,从而确定泡沫水泥封堵现场应用的可行性。

应用于油井堵水的泡沫水泥浆目前有以下三种制备工艺:第一种是将起泡剂溶入水中,然后和水泥浆一起搅拌。该方法需要的起泡剂量大,成本较高,现场搅拌装置形成的泡沫大小不一,体系不稳定,半衰期短,不能满足施工需要。第二种方法是将各种材料在搅拌池混合均匀后,通过改进的搅拌桨高速搅拌形成泡沫流体。现场实施存在两个问题:一是搅拌桨转速低不能形成均匀的泡沫流体;二是需要对现有的搅拌桨进行改造。第三种是通过制氮车制氮,将起泡剂水溶液、起泡气体和水泥浆通过特制的起泡管后形成均匀的泡沫流体。和前两种起泡工艺比较,压缩空气起泡设备比高速搅拌机稍复杂一点,但压缩空气起泡,一方面起泡效率较高,将起泡剂溶液完全吹制成泡沫,通过起泡筒后其泡径均匀;另一方面,可以将泡沫直接吹入搅拌好的水泥浆中,减少了中间环节,更好地防止了中间环节导致的泡沫破灭。此外,该方法是边搅拌水泥浆边起泡,需要多少泡沫就发多少,不存在过剩和中间环节的问题。

参考胜利油田泡沫水泥堵水技术现场应用的情况,由于油井堵水所用泡沫水泥是在高压下使用,考虑到泡沫水泥的可压缩性,因此不宜在常压下制备泡沫水泥浆,泡沫水泥浆的制备需要在密闭系统中进行,只能采用压缩气体起泡的方法进行施工。考虑到油井防爆的要求,可以采用高压氮气来代替压缩空气。

泡沫水泥固井施工工艺与常规油井注水泥固井相似,只是在井口水泥浆管线上接泡沫发生器。泡沫发生器连接液氮气车,泡沫的产生是采用氮气车为气源,起泡剂用计量泵打入泡沫发生器中与氮气混合起泡后形成泡沫,然后泡沫被打入静态混合器与水泥浆混合均匀,最后被注入井口。在泡沫水泥浆注入完毕后挤顶替液,关井候凝 24 h 后进行开井生产。

通过对泡沫水泥现场注入工艺进行分析,确定该区油田油井进行泡沫水泥封堵是可行的,根据泡沫水泥浆现场注入过程可知,重点需要对适应该区油田油井的泡沫水泥体系配方进行优化筛选,以加强堵剂的可渗透性封堵能力。以下将结合泡沫水泥特点和该区主力油层特征,进行泡沫水泥配方研制和性能指标测定。

4.2 泡沫水泥体系研制与性能评价

泡沫固化调堵剂由特制起泡剂和固化剂组成。首先起泡剂水溶液与气体混合起泡后得到泡沫；然后加入固化剂，混合后形成均匀含有大量泡沫的、流动性良好的浆体。泡沫浆体稳定性良好，体系所含泡沫不会坍塌，从而能够保持泡沫体积不变。该泡沫浆体中气泡壁所含的起泡剂能与固化剂发生化学反应而固化，最终形成多孔的泡沫状固体材料，而且形成的泡沫状多孔固体的体积仍然能够保持固化前的体积。由于起泡剂与固化剂固化反应时能够使部分气泡连通形成开放性的孔结构，从而使该泡沫固体具有渗透性，同时，通过调节泡沫与固化液的比例，可以实现固化体系的渗透率和强度的调节。

在明确双向调堵技术的适应性和作用机理的基础上，下面将对油井用泡沫水泥堵水技术进行相应的堵剂体系配方和性能研究，以保证该技术在主力油层应用的可行性。

4.2.1　起泡体系配方优选

根据调研可知，用于油井封堵大孔道的泡沫水泥体系主要由起泡体系、水泥灰、水（通常是地层水）及各种外加剂复配而成，并保证泡沫水泥的封堵强度和注入过程中的安全。

考虑到起泡体系要和地层以及水泥浆注入条件保持一定的配伍性，还要保证泡沫体系在混合注入过程中的稳定性，所以需要对起泡剂和稳泡剂体系进行优选。

1. 起泡剂优选

泡沫水泥体系中所用的起泡剂首先应从地层水的配伍性进行考虑并加以选择。与地层水混合搅拌后产生的泡沫体系能够保证一定的起泡体积，并且在固化前能够保持一定的稳定性，即保证足够的半衰期，之后还要考虑成本等一系列因素。

(1) 实验设备和药品：电子天平、高速搅拌器、优普纯水机、量筒、烧杯、秒表、药匙、玻璃棒，以及非离子表面活性剂 AES、石油磺酸盐 S、阳离子型起泡剂 1227、两性离子起泡剂 BS212、G 级水泥、蒸馏水、NaCl、$CaCl_2$、$MgCl_2$ 等。

(2) 实验步骤：① 实验准备。a. 称量适量蒸馏水、NaCl、$CaCl_2$、$MgCl_2$ 制备成地层水后备用；b. 量取注入水、起泡剂（根据不同浓度计算取得）制备成起泡液后备用。② 泡沫性能参数测定。a. 将起泡液高速搅拌(7 000 r/min)3 min 后导入量筒内测量起泡体积；b. 泡沫体系倒入量筒中，记录其半衰期；c. 将泡沫体系分别与 G 级水泥进行充分混合，记录实验现象。

(3) 实验结果及分析。

① 起泡体积。

从图 4-1 可以得出结论，四种起泡剂的曲线趋势基本一致，起泡剂浓度较低时，起泡体积随浓度的变化较快，当浓度高于 0.5%时，随着起泡剂浓度的提高，其变化趋势逐渐趋于平稳。其原因是随着起泡剂浓度的增加，用于起泡后支撑液膜的水分逐渐变少，因此其起泡体积逐渐趋于平稳。此外，还可以看到非离子表面活性剂 AES、阳离子型起泡剂 1227 具有较好的起泡能力，其效果远好于石油磺酸盐 S 和两性离子起泡剂 BS212。

② 半衰期。

根据表 4-1 可以得知，以非离子表面活性剂 AES 和石油磺酸盐 S 作为起泡剂的泡沫体系的半衰期远高于以阳离子型起泡剂 1227 和两性离子起泡剂 BS212。

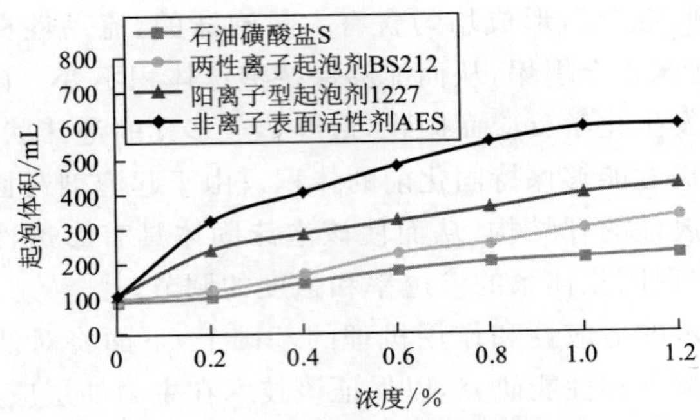

图 4-1　不同起泡剂起泡体积对比图

表 4-1　不同起泡剂的半衰期

起泡剂	非离子表面活性剂 AES	石油磺酸盐 S	阳离子型起泡剂 1227	两性离子起泡剂 BS212
半衰期/min	5.5	4.7	4.3	4.1

注：起泡剂浓度均为 0.5%。

③ 配伍性。

根据表 4-2 可以得知，G 级水泥与非离子表面活性剂 AES 的配伍性最好；G 级水泥的成分与离子型起泡剂会发生程度不同的絮凝或沉淀反应。

表 4-2　不同起泡剂与 G 级水泥配伍性实验现象记录表

起泡剂	非离子表面活性剂 AES	石油磺酸盐 S	阳离子型起泡剂 1227	两性离子起泡剂 BS212
实验现象	泡沫稳定，到固化时体积衰减小于 5%	消　泡	泡沫稳定，到固化时体积衰减 70%	泡沫稳定，到固化时体积衰减 65%

注：起泡剂浓度均为 0.5%。

综合以上泡沫性能参数评价实验结果，认为浓度为 0.5%的非离子表面活性剂 AES 作为泡沫水泥的起泡剂能满足要求。

2. 稳泡剂优选

根据起泡体系优选实验得到的非离子表面活性剂 AES 半衰期为 5.5 min，完全不能满足现场应用要求，因此，需要进行稳泡剂的优选实验。

(1) 实验设备和药品：电子天平、高速搅拌器、优普纯水机、量筒、烧杯、秒表、药匙、玻璃棒，以及非离子表面活性剂 AES、HPAM、三乙醇胺、十二烷基苯磺酸钠、CMC、蒸馏水、NaCl、$CaCl_2$、$MgCl_2$ 等。

(2) 实验步骤：① 实验准备。a. 量取蒸馏水 1 000 mL，称重 NaCl，$CaCl_2$，$MgCl_2$ 各 15.17，26.27，0.257 5 g，制备成地层水后备用；b. 量取注入水（300 g）、起泡剂（0.5%）、稳泡剂制备成起泡液后备用。② 泡沫性能参数测定。a. 将起泡液高速搅拌（7 000 r/min）3 min 后倒入量筒内测量起泡体积，记录实验数据；b. 泡沫体系倒入量筒后记录其半衰期。

(3) 实验结果及分析。

① 起泡体积。

根据图 4-2 可以得知,不同浓度的稳泡剂对相同浓度 AES 的起泡体积影响不大,三乙醇胺能够在一定程度上促进 AES 起泡,是由于三乙醇胺与 AES 有较好的配伍性,能够迅速分散在液膜上,从而加固了液膜的强度;而 CMC 和 HPAM 只能维持原有液膜强度,不能进一步增加其强度,导致起泡体积基本上与未加入稳泡剂的情况下的起泡体积相差不大。

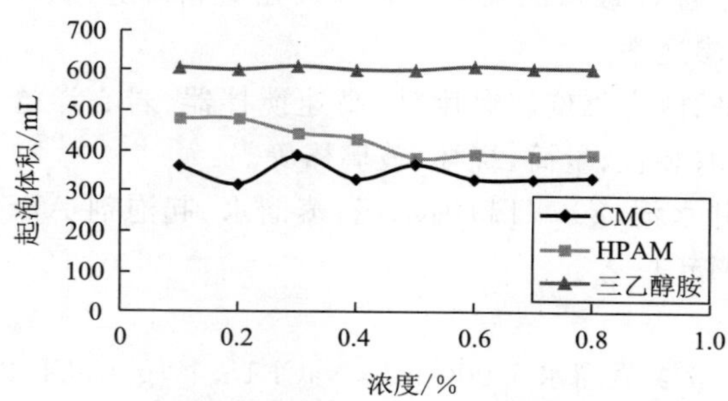

图 4-2　起泡体积随不同稳泡剂浓度变化曲线图

② 半衰期。

根据图 4-3 可知,随着浓度的增加,三种起泡剂都能够一定程度地延长泡沫体系的半衰期,其中以 CMC 的效果最好。根据要求,半衰期达到 30 min 左右就能满足需要,综合考虑,选用浓度为 0.3%的 CMC 作为稳泡剂。CMC 本身除了可作为稳泡剂外,还可以用来降低泡沫水泥浆注入过程中的滤失,作为一种降滤失剂加入。

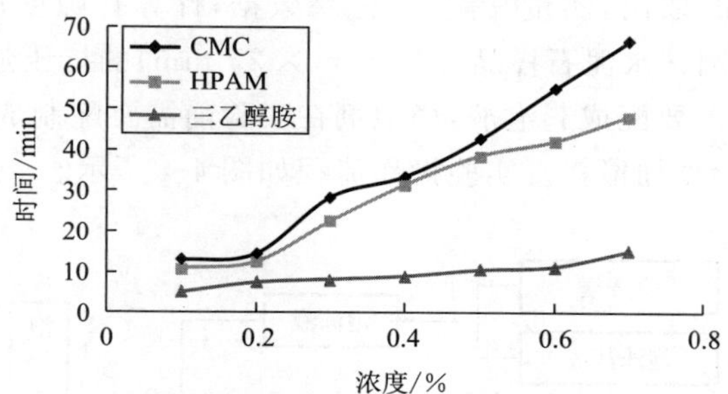

图 4-3　半衰期随不同稳泡剂浓度变化曲线图

4.2.2　不同水灰比下泡沫水泥体系性能评价

水灰比是影响泡沫水泥体系性能的重要因素,不同水灰比下泡沫水泥体系性能对封堵工艺参数设计及矿场应用至关重要。本小节在起泡体系配方优选基础上,结合矿场实际要求,对不同水灰比下泡沫水泥的密度、黏度、渗透性及强度等进行室内评价。

1. 实验原理与步骤

鉴于可渗透性"井壁再造"与大孔道可渗透性封堵对堵剂粒径要求的不同，并考虑堵剂成本问题，分别对两种水泥进行了评价，即普通G级油井水泥(粒径为40 μm左右)，用于对"大肚子井"改造，其渗透性、强度等方面的性能能够达到可渗透性"井壁再造"的目的；800目超细水泥(粒径在15 μm左右)，用于对近井地带渗透率较大的大孔道、大裂缝进行可渗透性封堵，该水泥浆相比普通G级水泥浆较容易进入孔道和裂缝，从而既能够有效封堵水相，又能够保持一定的油相渗透率。

实验设备：电子天平、博力飞旋转黏度计、高速搅拌器、岩心渗透率测定装置、强度试验机、优普纯水机、岩心钻取装置、量筒、烧杯、玻璃棒等。

实验药品：G级油井水泥、800目超细水泥、蒸馏水、起泡剂AES(0.5%)、稳泡剂CMC(0.3%)、NaCl、$CaCl_2$、$MgCl_2$等。

实验步骤如下：

(1) 实验准备。① 量取蒸馏水1 000 mL，NaCl 15.17 g，$CaCl_2$ 26.27 g，$MgCl_2$ 0.257 5 g制备成地层水后备用；② 量取注入水300 g、起泡剂1.5 g、稳泡剂0.45 g，G级水泥(或800目超细水泥)按照不同的水灰比计算取得。

(2) 泡沫G级水泥和800目超细水泥性能参数测定。① 用密度计测量水泥浆的密度；② 用旋转黏度计测量不同转速下水泥浆的黏度；③ 待水泥浆经养护3 d后固化形成水泥石，钻取标准尺寸样品，分别为ϕ25 mm×80 mm和ϕ25 mm×25 mm；④ 将水泥石样品(ϕ25 mm×80 mm)放入烘干箱中干燥，测量其尺寸、干重；⑤ 将水泥石样品(ϕ25 mm×80 mm)放入岩心夹持器中，运用岩心流动装置测定水泥石的渗透率相关数据；⑥ 将水泥石样品(ϕ25 mm×80 mm)取出，测量其湿重，记录数据，计算孔隙度；⑦ 运用强度试验机以2 mm/min的位移速度测试水泥石样品(ϕ25 mm×25 mm)的抗压强度。

实验中起泡剂实验前要配成起泡液，稳泡剂在实验前需要配制成稳泡液体系，之后融合形成泡沫基液，便于实验添加搅拌。实验操作流程如图4-4所示。

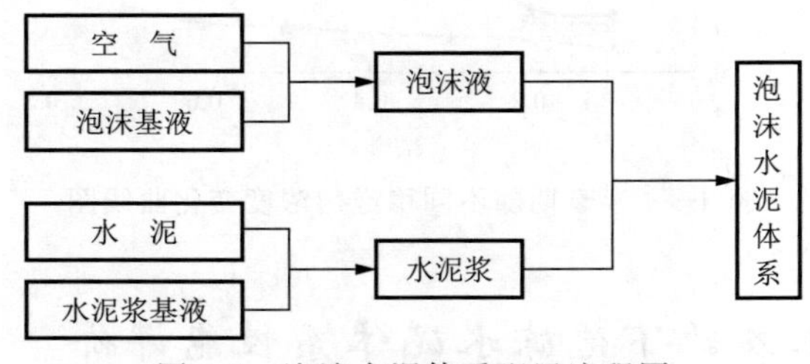

图4-4　泡沫水泥体系配置流程图

2. 实验结果及分析

1) 密度

根据图4-5可知，泡沫水泥浆体系的密度随着水灰比的增加而降低，原因在于随着水灰比的增加，密度较小的水在体系中所占的比例逐渐增大，而密度较大的水泥颗粒所占的比例逐渐减小；但随着水灰比的增加，泡沫水泥浆的密度逐渐趋于平稳，原因在于随着密度较大的水泥颗粒在泡沫水泥体系中比例的降低，对整体密度的影响逐渐变小；泡沫 G 级水泥浆的密度最低值早于泡沫超细水泥浆的密度最低值的出现，是由于超细水泥的颗粒很小，能够与更多的水分子结合，从而表现出能够吸附更多的水。

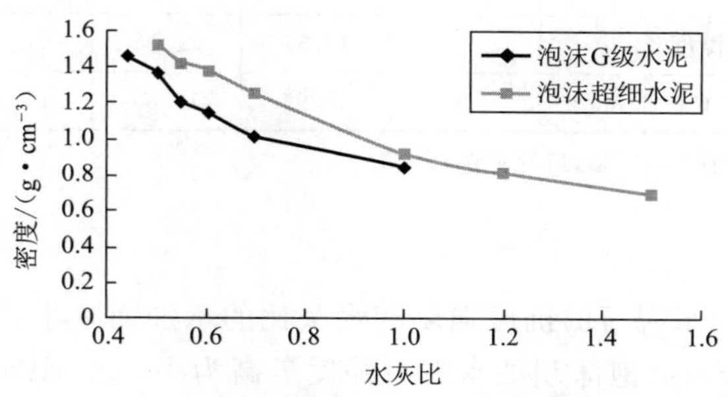

图 4-5　泡沫水泥浆密度随水灰比变化曲线图

2）黏度

根据图 4-6 可知，泡沫 G 级水泥浆和泡沫超细水泥浆的黏度性能基本一致，即低转速下黏度较高，随着转速的增加，高速旋转导致泡沫水泥浆体系中的液膜开始被搅拌敲打破碎并逐渐摩擦生成更多的小泡沫，从而导致黏度急剧下降至一定值后，逐渐趋于平稳，当转速高于50 r/min 左右后，黏度会逐渐稳定在一个固定的值。泡沫 G 级水泥浆在水灰比为 0.5～0.55 之间黏度发生跃变，泡沫 800 目超细水泥浆在水灰比为 0.6～0.7 之间发生跃变。

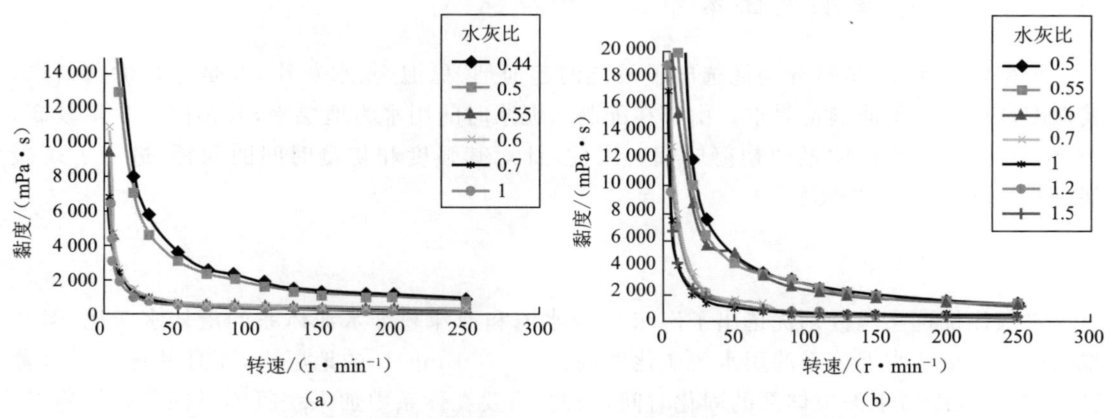

图 4-6　泡沫 G 级水泥浆(a)和泡沫超细水泥浆(b)黏度变化曲线

3）孔隙度和渗透率

根据表 4-3 数据可知，孔隙度和渗透率均随着水灰比的增加而增大。该区油田岩层平均渗透率在(0.3～10) × 10^{-3} μm^2 之间，进行封堵后，大裂缝大孔道内渗透率以及再造井壁渗透率应保持与岩层渗透率一致。因此，对泡沫 G 级水泥浆而言，水灰比大于 0.44 即可满足实验要求；对泡沫800目超细水泥浆而言，水灰比大于0.5即可满足实验要求。

表4-3 泡沫水泥孔隙度和渗透率

水灰比		0.44	0.50	0.55	0.60	0.70	1.00
泡沫G级水泥	孔隙度/%	16.17	20.01	23.20	30.32	29.60	—
	渗透率/(10^{-3} μm²)	14.42	16.98	23.33	27.25	48.35	—
泡沫超细水泥	孔隙度/%	—	17.37	21.16	21.75	24.19	—
	渗透率/(10^{-3} μm²)	—	15.97	16.88	17.55	28.46	—

注：水灰比大于1时，水泥石强度不够，后续实验无法进行。

4）抗压强度

据表4-4数据可知，水泥石的抗压强度随水灰比的增加而减小，对于泡沫G级水泥石，其强度最高为7.95 MPa；而泡沫超细水泥石强度最高为10.26 MPa。因此，为了保证泡沫水泥浆固结后的强度，水灰比应越低越好。

表4-4 泡沫水泥石抗压强度数据表

水灰比	0.44	0.50	0.55	0.60	0.70	1.00
泡沫G级水泥石抗压强度/MPa	7.95	4.13	3.95	2.54	1.60	—
泡沫超细水泥石抗压强度/MPa	—	10.26	6.88	6.30	1.39	—

注：水灰比大于1时，水泥石强度不够，后续实验无法进行。

4.2.3 泡沫水泥体系外加剂的优选

根据以上实验，虽然分别优选出了最佳的起泡剂、稳泡剂、水灰比，但是综合优选结果，其强度性能依然不能满足要求。由于在配制水泥浆时的用水为地层水，其钙离子含量较高，严重影响了泡沫水泥体系的初凝时间。因此，针对其强度和初凝时间的问题，进行了缓凝剂、增强剂的浓度优选实验。

1. 缓凝剂优选

水灰比优选实验分别优选出了泡沫G级水泥和泡沫超细水泥体系的最佳水灰比，但是现场应用的泡沫水泥体系的用水为矿化度高达80 000 mg/L的地层水，而且其钙离子含量极高，会大大缩短水泥浆体系的固化时间，因此，需要在体系中加入缓凝剂以保证现场施工。根据国内外资料显示，PT和ST-1是油田上常用的缓凝剂。因此，需要对缓凝剂的浓度进行优选。

实验步骤同稳泡剂优选实验步骤。与之不同的是，在实验准备部分量取注入水300 g、起泡剂1.5 g、稳泡剂0.45 g，G级水泥、缓凝剂按照不同的浓度计算取得。

初凝时间结果如图4-7所示。

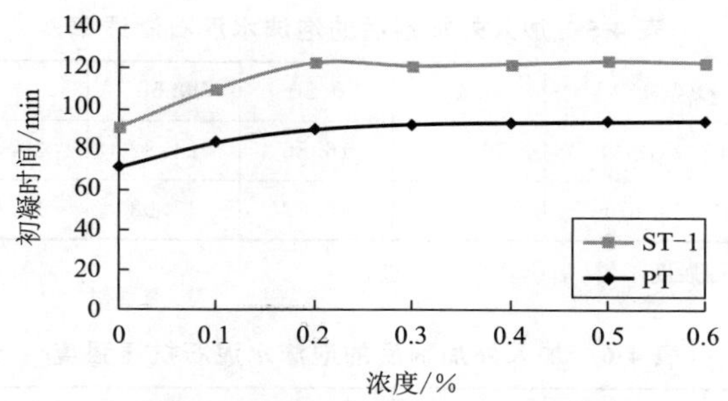

图 4-7 初凝时间随缓凝剂浓度变化曲线图

由图 4-7 可知：加入 PT 和 ST-1 后，随其浓度的增加，初凝时间快速增加，但当浓度达到一定值后开始变化缓慢；当其浓度均为 0.2%时，初凝时间达到最好。

2. 增强剂优选

根据以上实验，优选出了最佳的起泡剂、稳泡剂、水灰比、缓凝剂，但是综合优选结果，其强度性能依然不能满足要求，因此，针对强度问题，进行了增强剂的浓度优选实验。综合各种资料可知，木纤维具有韧性强、强度高、疏水等特性，可作为增强剂加入水泥体系。

实验步骤同不同水灰比下泡沫水泥体系性能评价实验步骤，与之不同的是，在实验准备部分量取注入水 300 g、起泡剂 1.5 g、稳泡剂 0.45 g，G 级水泥、缓凝剂、木纤维按照不同的浓度计算取得。

泡沫水泥石抗压强度测试结果如图 4-8 所示。

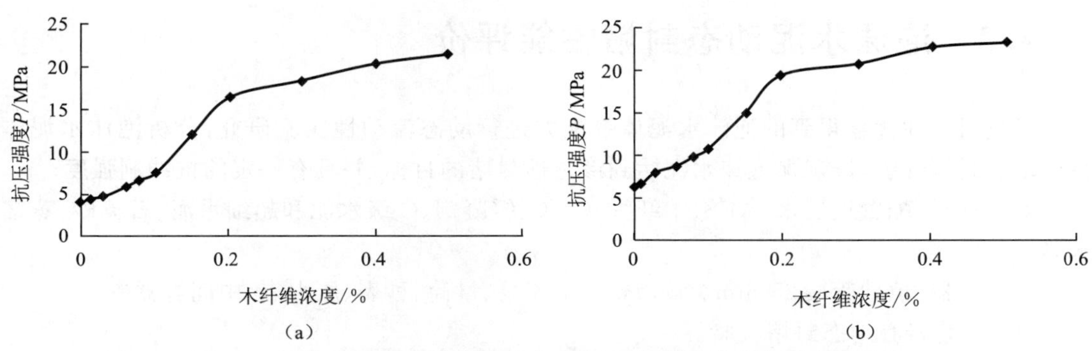

图 4-8 泡沫 G 级水泥石(a)和泡沫超细水泥石(b)抗压强度变化曲线

据图 4-8 数据可知：泡沫水泥石的抗压强度随木纤维浓度的增加而逐渐增大，在木纤维浓度小于 0.1%时，两种水泥石的抗压强度上升缓慢；木纤维浓度在 0.1%～0.2%之间，两种水泥石的抗压强度均呈迅速上升趋势；木纤维浓度大于 0.2%时，两种水泥石的抗压强度均呈缓慢上升趋势。因此，木纤维的浓度大于 0.2%时均可满足要求。

在优化出的外加剂(木纤维和 PT)浓度和原有优化出的泡沫水泥配方基础上加入最优浓度外加剂，测量不同水灰比下泡沫水泥渗透性和抗压强度指标发生的变化(表 4-5 和表 4-6)。

表 4-5　加入外加剂后的泡沫水泥石渗透率

水灰比	0.44	0.50	0.55	0.60	0.70	1.00
泡沫G级水泥石渗透率/(10^{-3} μm^2)	15.31	16.86	24.82	29.43	48.38	—
泡沫超细水泥石渗透率/(10^{-3} μm^2)	—	16.82	17.03	17.63	28.19	—

注:水灰比大于1时,水泥石强度不够,后续实验无法进行。

表 4-6　加入外加剂后的泡沫水泥石抗压强度

水灰比	0.44	0.50	0.55	0.60	0.70	1.00
泡沫G级水泥石抗压强度/MPa	21.30	19.37	18.51	18.27	17.96	—
泡沫超细水泥石抗压强度/MPa	—	22.58	20.15	19.37	18.93	—

注:水灰比大于1时,水泥石强度不够,后续实验无法进行。

对比加入外加剂后的泡沫水泥石渗透率和岩石抗压强度,发现泡沫水泥的渗透性变化不大;水泥石的抗压强度明显增加,泡沫G级水泥石、超细水泥石最高抗压强度分别为21.30 MPa和22.58 MPa,可以在一定程度上克服地应力闭合带来的影响。

通过上述研究,优化得到的泡沫水泥配方具有较好的性能,确定G级泡沫水泥配方为0.5%AES+0.3%CMC+G级水泥浆体系(水灰比范围为0.43～0.55)+0.2%缓凝剂PT+(不小于0.2%)木纤维,泡沫超细水泥配方为0.5%AES+0.3%CMC+泡沫超细水泥浆体系(水灰比范围为0.55～0.6)+0.2%缓凝剂PT+(不小于0.2%)木纤维。

下面将对得到的配方进行动态封堵性能评价,以分析该技术在现场实施的可行性。

4.3　泡沫水泥动态封堵性能评价

通过对上述优化得到的泡沫水泥体系配方进行动态流动性实验研究,分析泡沫水泥体系的动态封堵性能,以确保泡沫水泥达到渗透性封堵的目标,并具有一定的抗冲刷强度。

实验材料:配置地层水、AES、木纤维、CMC、缓凝剂、G级水泥和超细水泥、石英砂、蒸馏水等。

实验仪器:填砂管(ϕ25 mm×50 cm)、平流泵、量筒、秒表、压力表、中间容器等。

(1) 单管岩心动态封堵实验。

① 将填砂管接入单管驱替流程;② 饱和水,测定孔隙体积、水驱稳定压力和渗透率;③ 饱和油后进行水驱,直至不再出油为止;④ 按照泡沫水泥配方配置泡沫水泥浆,为防止管线堵塞,选择在填砂管出口端将砂取出填入泡沫水泥浆0.1 PV,而不是将泡沫水泥浆驱替进入填砂管,水泥浆候凝36 h后放入烘箱老化24 h,取出冷却;⑤ 重新以相同水驱速度进行水驱,测定渗透率和突破压力。

(2) 双管岩心动态封堵实验。

① 将两根渗透率不同的填砂管接入驱替流程;② 饱和水,分别测定孔隙体积、水驱稳定压力和渗透率;③ 饱和油后进行水驱,直至不再出油为止;④ 按照泡沫水泥配方配置泡沫水泥浆,为防止管线堵塞,选择在填砂管出口端将原充填石英砂取出,填入泡沫水泥浆0.1 PV,

而不是将泡沫水泥浆驱替进入填砂管，水泥浆候凝 36 h 后放入烘箱老化 24 h，取出冷却；⑤重新以相同水驱速度进行水驱，测定渗透率和突破压力。

4.3.1　单管动态封堵性能评价

由实验结果(表 4-7 和表 4-8)可见，泡沫水泥体系具有很强的封堵能力，泡沫超细水泥在实验岩心中的封堵效率均在 89%以上，提高采收率约 9%以上；泡沫 G 级水泥封堵效率均在 86%以上，提高采收率约 6%以上。泡沫 G 级水泥封堵前后岩心中的压力变化结果列于表 4-9，由表中数据可以看出，在未注堵剂之前岩心的注水压力只有 0.017 MPa，当堵剂段塞在岩心中固化后，注入压力持续升至突破压力(4.1～5.8 MPa)，段塞下游各点压力接近为 0；当段塞被突破后，注入端压力下降，下游各点的压力与原始注水压力相比开始升高。例如，封堵段塞突破后连续注水 3 PV 时(表 4-9)，入口端注入压力为 3.58 MPa，在距入口端 40 cm 处的压力为 0.91 MPa，与堵水之前相应位置处的压力有较大幅度增大。随着后续注水量的增大，压力分布逐渐趋于均匀，各点的压力值逐渐稳定。由此可见固化泡沫堵水剂封堵段塞被突破后仍具有较强的封堵调剖能力以及封堵的稳定性。

表 4-7　泡沫 G 级水泥体系在单管岩心中的封堵性能评价

岩心号	孔隙度/%	堵前渗透率/(10^{-3} μm²)	堵后渗透率/(10^{-3} μm²)	堵塞率/%	突破压力/MPa	封堵前采收率/%	封堵后采收率/%	采收率提高幅度/%
1	47.2	52.7	6.37	87.9	4.1	50.4	57.1	6.7
2	45.8	31.5	3.84	87.8	4.9	54.2	61.3	7.1
3	41.4	15.3	2.1	86.3	5.8	47.9	53.8	5.9

表 4-8　泡沫超细水泥体系在单管岩心中的封堵性能评价

岩心号	孔隙度/%	堵前渗透率/(10^{-3} μm²)	堵后渗透率/(10^{-3} μm²)	堵塞率/%	突破压力/MPa	封堵前采收率/%	封堵后采收率/%	采收率提高幅度/%
1	48.3	59.6	5.23	91.2	4.7	57.3	67.1	9.8
2	42.3	29.62	3.04	89.7	5.2	52.4	62.5	10.1
3	36.8	16.2	1.7	89.5	6.3	41.7	50.9	9.2

表 4-9　泡沫水泥体系在单管岩心中封堵前后压力变化

距进口位置/cm	压力/MPa				
	堵　前	突破前	突破后注水 1 PV	突破后注水 2 PV	突破后注水 3 PV
0	0.017	4.7	4.04	3.65	3.58
20	0.017	0	2.83	1.29	1.251
40	0.016	0	0.71	0.87	0.91

4.3.2 双管动态封堵性能评价

从双管并联实验结果(表 4-10 和表 4-11)可以看出,高渗岩心渗透率下降幅度较低渗岩心渗透率大,表明堵剂优先进入高渗透层,封堵高含水孔道,层间矛盾得到改善。

表 4-10 泡沫超细水泥体系在双管岩心中的封堵性能评价

岩心号	孔隙度/%	堵前水相渗透率/(10^{-3} μm^2)	堵后水相渗透率/(10^{-3} μm^2)	堵塞率/%
1	54.2	342.32	49.50	85.54
2	41.9	59.13	35.92	39.25

表 4-11 泡沫 G 级水泥体系在双管岩心中的封堵性能评价

岩心号	孔隙度/%	堵前水相渗透率/(10^{-3} μm^2)	堵后水相渗透率/(10^{-3} μm^2)	堵塞率/%
1	43.1	247.63	42.73	82.74
2	35.4	34.65	19.69	43.17

4.4 生产井有效堵水技术投入产出比评价

经过上述技术分析,得到了最佳的工艺注入方式和注入参数,下面将结合室内模拟提高采收率实验效果,进行相应的投入产出比评价,以分析该技术在主力油层不同试验区的适应性。投入产出比分析中产品与原材料价格通过调研,采用目前产品平均价格。

油井泡沫水泥堵水技术成本主要为原料成本、人员成本、机器运行成本和日常生产耽搁成本。假设 G 级水泥为 600 元/t,超细水泥为 2 000 元/t,AES 为 8 000 元/t,CMC 为 24 000 元/t,硼酸为 7 300 元/t,木纤维为 2 500 元/t,HPAM 为 8 500 元/t,人员成本为 3 000 元/月,以 4 人计,机器运行成本为 3 万元,日常生产耽搁成本按照注入时无法开井生产计,按照原油销售价 3 000 元/t 计算,五个试验区井距、采油增加、投入、产出等参数计算如表 4-12 所示。

从投入产出比分析可知,泡沫水泥封堵技术投入产出比普遍较高,尤其是 WYB 投入产出比大于 1,主要是由于泡沫水泥投入产出比计算是以井网最小单元中所有油井均进行堵水计算,且忽略了由于堵水而降低的后期水处理成本。如果综合考虑后期水处理成本降低和油井井壁改造等效果,泡沫水泥封堵技术投入产出比数值应进一步降低,可以较好地应用于主力油层。

综合分析认为,泡沫水泥堵水技术具有一定的应用价值,考虑泡沫水泥体系的堵水和降低后续水处理量等效果,建议 XZC 和 GGY 两个试验区采用泡沫超细水泥油井封堵技术进行堵水,WYB 可进行超细水泥先导性试验,DB 和 YN 采用泡沫 G 级水泥封堵技术进行堵水。考虑泡沫水泥体系油井大孔道封堵作用和各试验区注水区含水率、裂缝发育情况,可优先应用于裂缝发育多、含水率较高的 YN(西部长 6)进行试验;其次为 XZC,DB;GGY 和 WYB 再次之。

表 4-12　泡沫水泥投入产出比

试验区		WYB	XZC	GGY	YN	DB
注水井单井控制面积/m^2		200 000	42 000	75 000	250 000	360 000
井网类型		菱形反七点法	反七点法	五点法	五点法	菱形反九点
地层厚度/m		7	17	15	27	7.63
泡沫水泥单井注入量/m^3		40	40	40	40	40
AES 注入量/t		1.2	1.2	0.8	0.8	1.6
水泥注入量/m^3		132	132	88	88	176
木纤维注入量/t		0.48	0.48	0.32	0.32	0.64
缓凝剂注入量/t		0.96	0.96	0.64	0.64	1.28
CMC 注入量/t		0.72	0.72	0.48	0.48	0.96
材料成本/元	G 级水泥	279 120	279 120	186 080	186 080	372 160
	超细水泥	833 520	833 520	555 680	555 680	1 111 360
注入天数/d		2	2	2	2	2
运行成本/元		30 000	30 000	30 000	30 000	30 000
人员成本/元		800	800	800	800	800
产量/($t \cdot d^{-1}$)		0.2	1.98	0.3	1.5	5.5
生产耽搁成本/元		1 200	11 880	1 800	9 000	33 000
采收率增加/%	G 级水泥	6	6	6	6	6
	超细水泥	9	9	9	9	9
产量增幅/t（按 200 d 计）	G 级水泥	86.4	142.56	86.4	192	528
	超细水泥	261.6	689.04	261.6	348	792
成本/元	G 级水泥	311 120	321 800	218 680	225 880	435 960
	超细水泥	865 520	876 200	588 280	595 480	1 175 160
产出/元	G 级水泥	259 200	427 680	259 200	576 000	1 584 000
	超细水泥	784 800	2 067 120	784 800	1 044 000	2 376 000
投入产出比	G 级水泥	1∶0.83	1∶1.33	1∶1.19	1∶2.55	1∶3.63
	超细水泥	1∶0.91	1∶2.36	1∶1.33	1∶1.75	1∶2.02

第5章　裂缝性特低渗油藏高效驱油关键技术

除进行问题油水井的治理与改造外,正常生产井增产与储层高效驱油亦是提高裂缝性特低渗油藏开发效果的一个重要方面。其中,水驱、气驱、表面活性剂驱便是提高裂缝性特低渗油藏采收率最主要的高效驱油技术,分别通过增加储层原油波及系数和波及区洗油效率达到油井增产的目的。由于表面活性剂驱将由研究院进行单独研究,此处不再作为分析对象。由于长期利用天然能量开发,裂缝性特低渗油藏面临着地层能量亏空、产量下降的问题,基于本课题研究背景和储层特征,裂缝性特低渗油藏进行水驱开发可以弥补地层能量,增加死油区原油的动用程度和开发效果,通过该类油藏注水开发效果室内实验研究,分析水驱提高油层开发效果的潜力;单纯气驱可以进入细或超细孔喉,但由于低流度容易引起气窜,通过单纯气驱包括空气驱和氮气驱提高采收率效果分析和工艺参数研究,将使综合气驱技术驱油效果达到最优;在注气参数影响性分析基础上,进一步改变气驱注入方式,研究空气与水交替驱、氮气与水交替驱的效果,达到改善单纯气驱状况与进一步提高原油开发效果的目的。最后,开展高效驱油技术投入产出比分析,得到不同试验区所适用的高效驱油技术。

本章研究内容包括:首先,分析各高效驱油技术在裂缝性特低渗油藏的作用机理;然后,利用人造岩心和填砂管模型等对水驱、气驱、水气交替驱分别开展相应的注入工艺理论研究,确定最佳驱油动态参数;最后,利用天然岩心对复合气驱技术在裂缝性特低渗油藏的应用效果进行实验模拟,并进行相应的经济评价。

5.1　裂缝性特低渗油藏水驱开发分析

实验选取人造岩心与该区主力油层裂缝性特低渗油藏五个试验区天然岩心进行水驱提高采收率效果分析,以评价注水开发的潜力。

1) 岩心水驱实验准备

(1) 岩心准备。

实验用岩心为人造岩心与现场获取的五个试验区天然岩心。首先将获取的天然岩心钻切成室内实验标准岩心(ϕ2.5 cm);实验前要先将岩心放在洗油仪中进行岩心清洗约2 d,之后将岩心取出放入恒温箱内 80 ℃烘干 12 h,使其充分干燥;把岩心放入岩心夹持器,使岩心居中,两边加上岩心堵头,拧紧堵头;在岩心夹持器的一端安装真空表,另一端接上真空泵;打开真空泵,抽真空 4～6 h,然后对岩心饱和地层水并测量岩心水相渗透率和孔隙体积。

(2) 饱和油。

将岩心装入岩心夹持器(ϕ25 mm × 10 cm),在实验温度下饱和煤油,饱和时间大于 4 h、含油饱和度大于 70%;计算饱和油体积、含油饱和度及束缚水饱和度;在模拟地层温度(室内采用 60 ℃)的条件下对饱和岩心进行老化,老化时间为 8 h。

(3) 水驱替阶段。

采用各试验区模拟水进行定流量(0.1 mL/min)驱油,驱替环压 10 MPa,出口压力为大气压,至采出液含水率达到 98%结束,计算水驱采收率。

2) 人造岩心水驱实验结果

分别选择不同渗透率(基质渗透率为 $5.72\times10^{-3}\ \mu m^2$ 和 $15.31\times10^{-3}\ \mu m^2$)的人造岩心进行水驱油实验(表 5-1),记录原油采出程度,实验结果如图 5-1 和图 5-2 所示。

表 5-1　实验岩心参数表

岩心编号	孔隙度/%	气测渗透率/($10^{-3}\ \mu m^2$)	水测渗透率/($10^{-3}\ \mu m^2$)
WF-1	13.85	29	5.72
WF-2	15.52	57	15.31

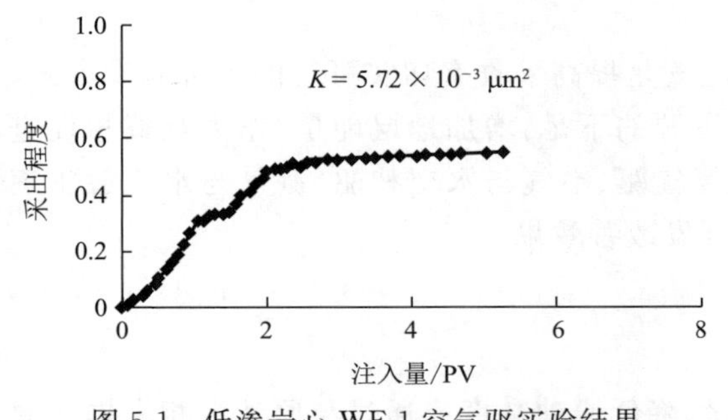

图 5-1　低渗岩心 WF-1 空气驱实验结果

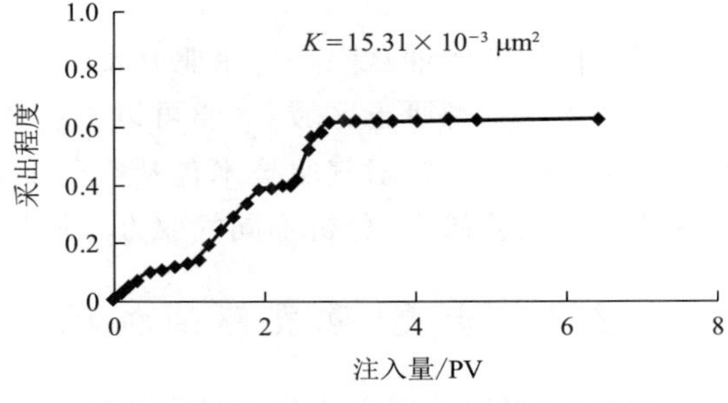

图 5-2　低渗岩心 WF-2 空气驱实验结果

随水驱注入量增加,室内低渗、特低渗岩心原油采出程度先逐渐增加后趋于不变;见水前原油采出程度先快速增加,水驱前缘突破后含水率迅速上升,产出原油大幅度降低,采出程度变化幅度亦逐渐降低。人造岩心 WF-1 室内水驱采出程度为 55.1%,见水时原油采出程度为 33.4%;岩心 WF-2 室内水驱采出程度为 62.7%,见水时原油采出程度为 40.1%。由于实验过程中天然岩心基质渗透率低,因此饱和原油过程中初始含油饱和度偏低,而水驱过程中,驱替水相优先进入大孔隙驱替原油,因此最终水驱采收率数值偏高。

3) 天然岩心水驱实验结果

分别对五个试验区天然岩心进行水驱,记录原油采出程度,最终得到的实验结果如表 5-2 所示。

表 5-2 天然岩心单独水驱效果

试验区	所在层位	孔隙度/%	水驱渗透率/(10^{-3} μm²)	单纯水驱采收率/%
WYB 油田 YM 注水区	东部长 2	15.44	0.43	53.29
XZC 油田 W214 注水区	西部长 2	12.90	0.32	52.95
GGY 油田 T114 井区	东部长 6	11.83	0.05	45.00
YN 油田 SH1 和 SH2 注水站	西部长 6	11.58	0.08	50.14
DB 油田 4930 示范区	延 9	18.84	22.80	52.22

由实验结果可知，水驱可以提高天然岩心的原油采出程度，当然不同试验区天然岩心水驱采出程度不同。GGY 油田 T114 井区和 YN 油田 SH 东区岩心渗透率最低，室内采出程度为 45%～50%；WYB 油田 YM 注水区和 XZC 油田 W214 注水区岩心渗透率其次，室内采出程度为 52.9%～53.3%；DB 油田 4930 示范区岩心渗透率最高，室内采出程度约为 52.2%。

由于实验过程中，天然岩心基质渗透率低或特低，因此饱和原油过程中实际饱和原油首先进入内部微裂缝、溶蚀裂缝或大孔隙中，而小孔隙和微孔隙由于毛管压力高，原油难以进入，所以饱和油过程中初始含油饱和度普遍偏低；水驱过程中，驱替水相优先进入大孔隙驱替原油，因此最终水驱采收率普遍偏高。

5.2 裂缝性特低渗油藏气驱技术

裂缝性特低渗油藏除进行水驱开发以外，注气是提高采收率切实可行的一种开发方式，尤其是对于水资源匮乏区域，气驱可以弥补水资源的不足，增加地层能量，作为驱替相促进原油开发。以下将针对气驱技术包括空气驱、氮气驱、空气与水交替驱、氮气与水交替驱逐一进行注入工艺研究，分析不同气驱方式原油开发改善效果。

5.2.1 空气、氮气驱油机理

N_2 驱的驱油机理主要是通过增加地层能量、降低原油黏度或通过与原油混相来提高原油采收率，通常包括以下几种类型：多次接触混相驱（包括作为 CO_2、富气或其他注入剂的混相驱的后缘注入和气水交替注入混相驱），多次接触非混相驱或近混相驱，循环注气保持地层压力，重力驱，氮气泡沫驱等。

轻质油藏注空气是使氧气与剩余油在低温条件下（接近或高于油藏温度）自然发生氧化，主要靠反应所产生的烟道气（CO_2 和 CO 等）形成烟道气驱，达到提高采收率的目的。因此，把空气注入油藏时，同时发生两种现象：驱油和油的氧化。空气并不直接起驱油作用，起驱油作用的是在油层内生成的 CO 和 CO_2 以及由 N_2 和蒸发的轻烃组分等组成的烟道气。反应程度与原油特性、岩石和流体特性、温度和压力有关。从本质上讲，注空气驱是间接的注烟道气驱，它综合了多种驱油机理。低渗油藏注空气开发的驱油机理包括以下几个方面：① 高压注空气提高或保持油藏压力。② 原油低温氧化消耗掉氧气，形成氮气驱。

③ 氧化反应产生热量，可以降低原油黏度，使原油体积膨胀；产生的 CO_2 溶解于原油，降低原油黏度。④ 油藏压力适合的条件下，空气与原油低温氧化产生的烟道气可与原油形成混相或近混相驱。⑤ 对于厚油藏或倾斜油藏，在油藏顶部注空气能够产生重力驱替作用。由于该区主力油层埋深都较浅，空气氧化方式主要为低温氧化(图 5-3)。

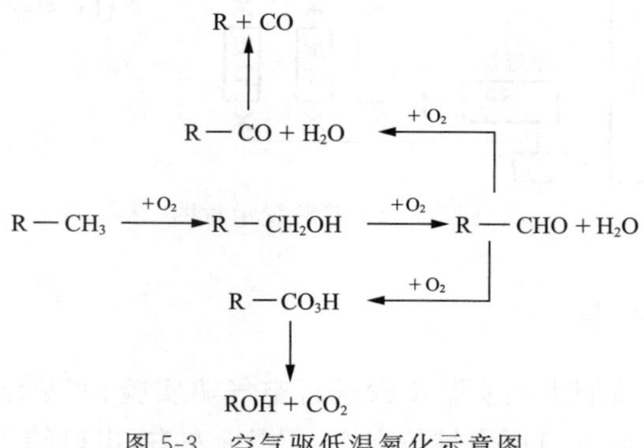

图 5-3　空气驱低温氧化示意图

5.2.2　气驱效果分析

以下室内实验利用人造岩心对气驱效果进行研究，明确空气驱、氮气驱对提高采收率、含水率、注入压力等开发指标的影响。

实验仪器：驱替实验装置、回压阀、手摇泵、压力表、N_2 瓶、空气瓶等，如图 5-4 和图 5-5 所示。

实验药品：蒸馏水、NaCl、$CaCl_2$、$MgCl_2$、煤油、N_2、空气等。

通过文献调研并参考实验室气驱实验方法，按照如下步骤进行气驱实验：① 配置矿化度为 40 000 mg/L 的地层水，所含成分比例为 NaCl ∶ $CaCl_2$ ∶ $MgCl_2$ = 70% ∶ 12% ∶ 18%，将岩心装入岩心夹持器，调试装置；② 饱和地层水，记录岩心渗透率；③ 对岩心饱和油，测定形成的束缚水体积；④ 正式进行气驱，测定原油产出与压力变化，并用排水法记录气体在大气压下的流量；⑤ 当气驱至不再出油时停止，进行水驱，水驱一定时间后停止实验。

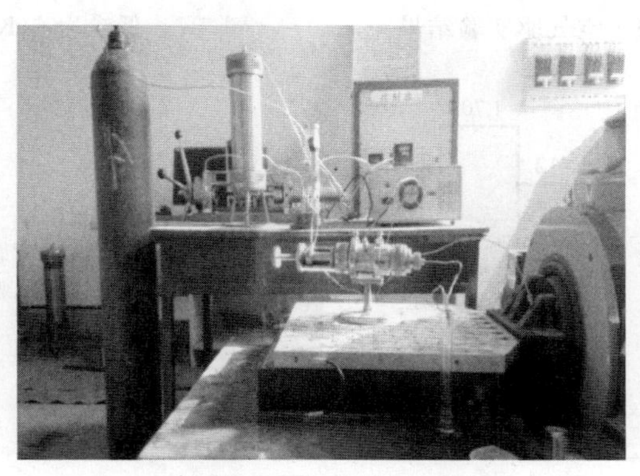

图 5-4　实验装置图

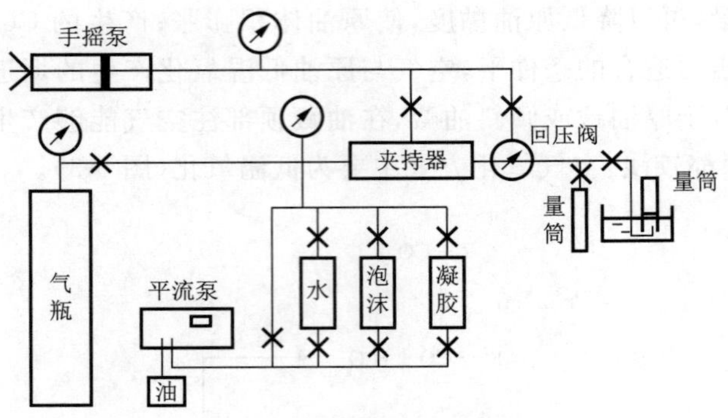

图 5-5　实验装置示意图

1. 空气驱油效果分析

实验使用人造岩心,按照上述实验步骤进行空气驱实验,实验结果如表 5-3、图 5-6～图 5-8 所示。正常气驱时岩心入口压力维持在 1.0 MPa 左右,出口端压力保持为大气压。

表 5-3　实验岩心参数表

岩心编号	孔隙度/%	气测渗透率/(10^{-3} μm^2)	水测渗透率/(10^{-3} μm^2)
KQQ-1	15.04	28	6.06
KQQ-2	15.94	53	15.53

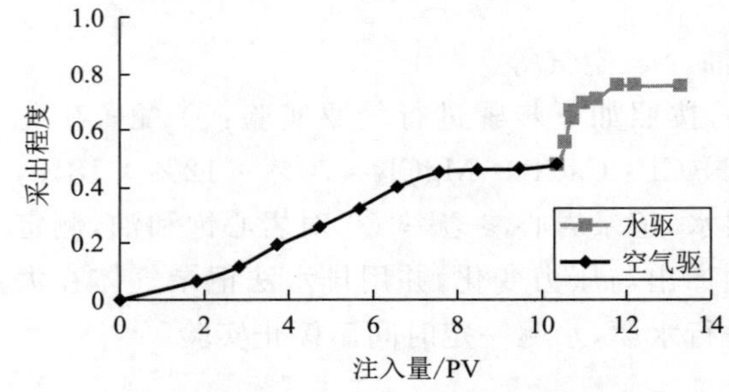

图 5-6　低渗岩心 KQQ-1 空气驱实验结果

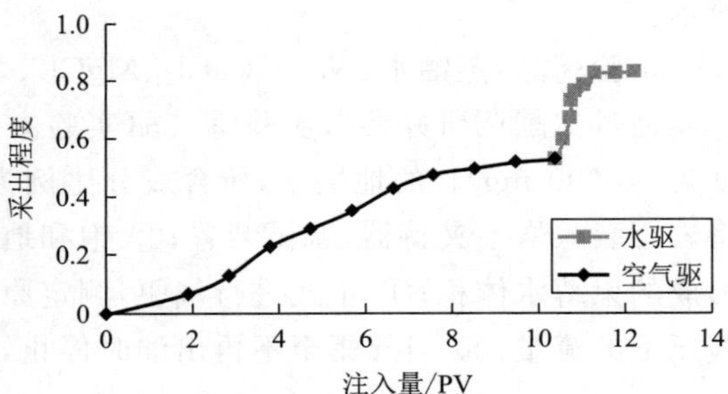

图 5-7　低渗岩心 KQQ-2 空气驱实验结果

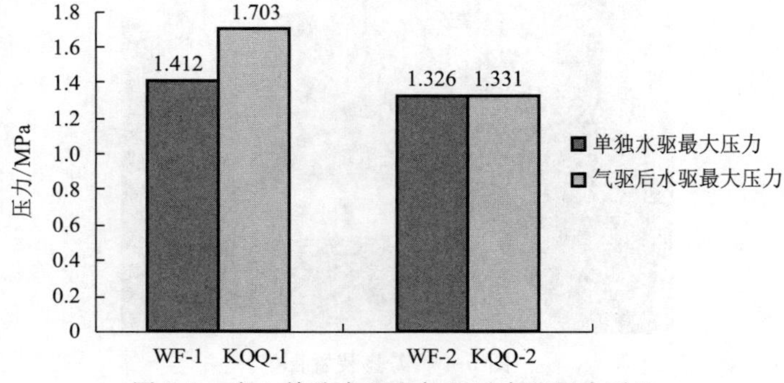

图 5-8　岩心单独水驱和气驱后水驱压力对比

1）采出程度变化

由低渗岩心空气驱实验结果可知，随着空气驱注入量的增加，原油采出程度先逐渐增加，后逐渐趋于稳定，岩心 KQQ-1（渗透率为 $6.06\times10^{-3}\ \mu m^2$）采出程度为 47.5%，岩心 KQQ-2（渗透率为 $15.53\times10^{-3}\ \mu m^2$）采出程度为 53.2%。与水驱相比，由于气驱流度低，容易引起气窜，因此低渗岩心空气驱采出程度整体较低。当然，对于水资源匮乏区域，空气驱仍具有较高的应用潜力。

2）气驱后水驱压力与单独水驱压力对比

岩心 WF-1 水驱时最大压力达到 1.412 MPa，岩心 KQQ-1 气驱后再次水驱时，最大水驱压力达到 1.703 MPa；岩心 WF-2 水驱时最大压力达到 1.326 MPa，岩心 KQQ-2 气驱后再次水驱时，水驱最大压力达到 1.331 MPa。由此可知，岩心气驱后水驱压力明显增大，气驱后进行水驱形成了一定的贾敏效应，使水驱阻力增加，因此，现场应用时面临着注气难度大的问题；但水驱阻力的提高同时可以促使液流发生转向，提高水驱波及系数，从而促进原油采收率的提高。

室内实验研究结果表明，空气驱可以通过进入细孔喉、产生气锁等提高原油采出程度，提高后续水驱压力，但是整体空气驱采出程度不太理想，且存在严重气窜的问题，还需要通过对注入参数进行影响因素研究，了解各因素对气驱效果的影响规律，从而有助于提高空气驱的开发效果。

2. 氮气驱油效果分析

实验使用人造岩心，按照上述实验步骤进行氮气驱实验，实验结果如表 5-4、图 5-9～图 5-11 所示。正常气驱时岩心入口压力维持在 1.0 MPa 左右，出口端压力保持为大气压。

表 5-4　实验岩心参数表

岩心编号	孔隙度/%	气测渗透率/($10^{-3}\ \mu m^2$)	水测渗透率/($10^{-3}\ \mu m^2$)
NQQ-1	17.10	29	6.56
NQQ-2	16.33	59	17.53

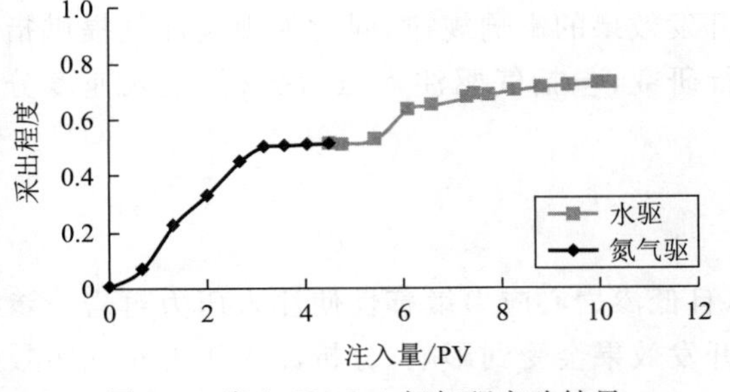

图 5-9　岩心 NQQ-1 氮气驱实验结果

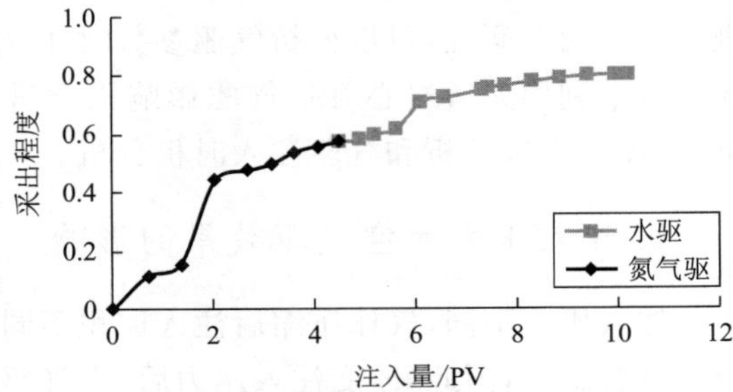

图 5-10　岩心 NQQ-2 氮气驱实验结果

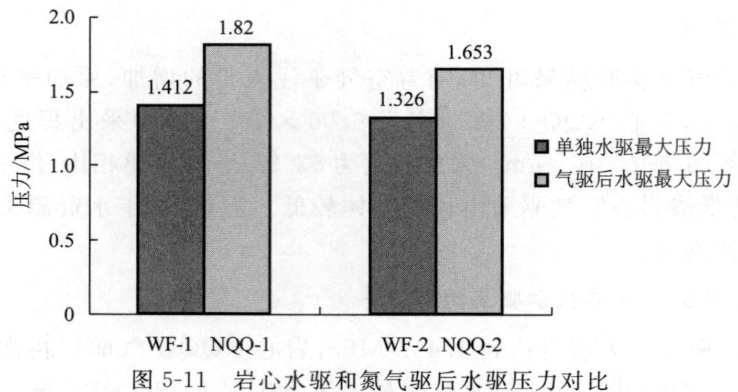

图 5-11 岩心水驱和氮气驱后水驱压力对比

1）采出程度变化

由低渗岩心氮气驱实验结果可知，随着氮气注入量的增加，原油采出程度先逐渐增加，后逐渐趋于稳定，岩心 NQQ-1（渗透率为 $6.56\times10^{-3}\ \mu m^2$）采出程度为 51.4%，岩心 NQQ-2（渗透率为 $17.53\times10^{-3}\ \mu m^2$）采出程度为 57.3%。与水驱相比，由于气驱流度低，容易引起气窜，因此低渗岩心氮气驱采出程度整体较低。

2）氮气驱后水驱压力与单独水驱压力对比

岩心 WF-1 水驱时最大压力达到 1.412 MPa，岩心 NQQ-1 氮气驱后再次水驱时，最大水驱压力达到 1.82 MPa；岩心 WF-2 水驱时最大压力达到 1.326 MPa，岩心 NQQ-2 氮气驱后再次水驱时，水驱最大压力达到 1.653 MPa。由此可知，岩心氮气驱后水驱压力明显增大，氮气驱后进行水驱形成了一定的贾敏效应，使水驱阻力增加，因此，现场应用时面临着注气难度大的问题。

室内实验研究结果表明，氮气驱可以提高原油采出程度，提高后续水驱压力，但是整体氮气驱仍不太理想，还需要进行注入参数影响性研究，探讨氮气驱开发规律；另外，氮气驱亦存在很快气窜的问题，还需要采取其他措施来降低气体窜进。

5.2.3 空气驱油影响因素

上述实验研究表明，空气驱可以一定程度上提高原油采出程度，因此通过对空气驱参数进行影响因素研究，可以分析气驱参数对注气开发效果的影响规律，同时为现场注气提供指导。以下利用人造岩心对空气驱影响因素进行研究，包括气驱注入压力分析、注入速度分析、气体注入量分析和气驱注入时机分析。

1. 注入压力对空气驱效果的影响

注入压力不同，气体压缩后注入体积不同，且低渗岩心应力敏感性使注入压力对岩心渗透率具有影响，因此，改变注入压力后，空气驱开发效果会受到影响，分析注入压力对气驱效果十分必要。通过改变气驱注入端压力，调节回压阀压力，保持两端压差不变，从而实现气驱注入压力对空气驱效果的影响分析。实验中注入端压力分别改变 1.0，1.5，2.0 和 2.5 MPa（表 5-5），两端压差维持在 1.0 MPa 左右。

表 5-5　实验岩心参数表

岩心编号	孔隙度/%	气测渗透率/(10^{-3} μm²)	水测渗透率/(10^{-3} μm²)	空气驱注入端压力/MPa
KQQ-3	15.37	28	5.84	1.0
KQQ-4	14.17	29	6.71	1.5
KQQ-5	14.89	29	6.13	2.0
KQQ-6	15.06	30	6.93	2.5

由图 5-12 可知，随注入端压力增加，气驱采出程度先增加后迅速减小，最大时达到 53.1%，因此空气驱最佳注入压力为 2.0 MPa。究其原因为，当空气驱注入压力较小时，气相渗透率相对较低，气体无法深入更多孔喉进行驱替；当注入压力过高时，气相流速相对加快，很容易形成气窜，因此气驱采出程度再次下降。

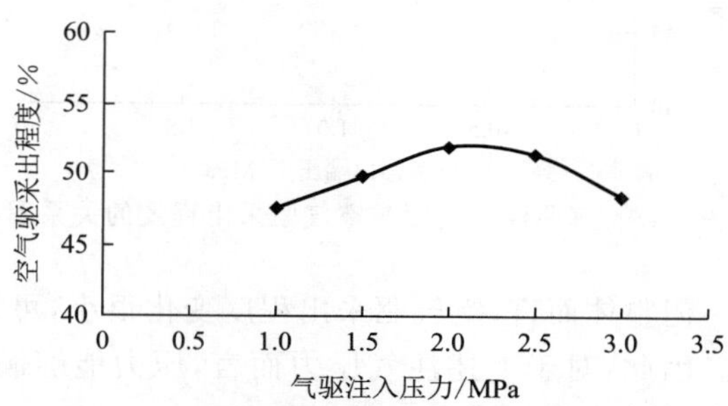

图 5-12　气驱注入压力与空气驱采出程度的关系图

当然，由于室内模拟实验条件下围压较低，压缩后空气流动性较强，因此室内空气驱过程中气窜较为严重；然而实际地层中，由于围压和上覆岩层压力远远大于室内围压，因此空气在地层中压缩较强，空气流动性和气窜状况将会降低，所以矿场应用过程中，空气驱可以较好地起到驱替微细孔喉中原油的作用，从而提高主力油层原油采收率。对于注气压力，注气压力过低时，气注不进，注气压力过高时，又可能会引起气窜导致效果的迅速下降，因此现场应用时建议只要注气压力满足地层吸气能力即可。

2. 注入速度对空气驱效果的影响

根据岩石速敏性和气驱时的非达西渗流，气驱采收率会受到影响。根据注入压力分析，选择注入端压力为 2.0 MPa，开展空气驱注入速度影响性分析，通过改变出口端回压阀压力分别为 0，0.5，1.0 和 1.5 MPa（表 5-6）控制气体流量，实验结果如图 5-13 所示。

由图 5-13 可知，随出口端压力增加，空气驱采出程度先基本不变，当出口端压力为 1.0 MPa 时达到最大，之后逐渐减小。分析认为，当空气驱注入速度较大时，气相流速相对加快，很容易形成气窜；当气驱流速减小后，气窜减小，从而使得气体可深入更多孔喉进行驱替，因此气驱采出程度略有增加；当注入流速继续降低时，驱替气体无法形成有效驱替动力，

表 5-6　实验岩心参数表

岩心编号	孔隙度/%	气测渗透率 /(10^{-3} μm^2)	水测渗透率 /(10^{-3} μm^2)	空气驱出口端压力 /MPa	大气压下出口气体流速 /(mL·min^{-1})	注入压力下气体流速 /(mL·min^{-1})
KQQ-7	14.73	30	6.29	0	381.83	18.95
KQQ-8	13.78	28	7.64	0.5	253.65	11.96
KQQ-9	14.30	29	6.76	1.0	207.61	10.25
KQQ-10	13.29	28	6.16	1.5	116.44	5.73

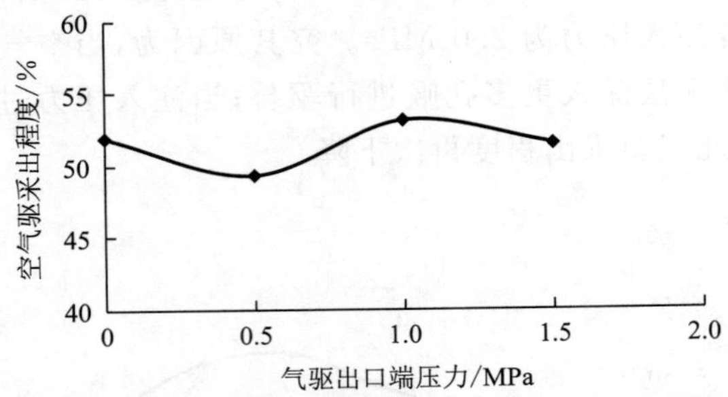

图 5-13　气驱注入速度与空气驱采出程度的关系图

因此气驱采出程度下降。但整体而言，空气驱采出程度变化很小，可以认为注气速度即气驱压差对效果影响不明显。因此，对于上述注气压力而言，压力能够满足地层吸气即可，因为此时较低速度的注气不会对采出程度造成太大干扰。

3. 注入量对空气驱效果的影响

除气驱注入压力和注入速度外，气驱注入量不同，气驱采出程度亦不同。结合上述实验结果，气驱注入压力和出口端压力分别选择 2.0 和 1.0 MPa。KQQ-9 岩心一直注入空气至不再出油为止，原油采出程度与空气注入量变化规律如图 5-14 所示。

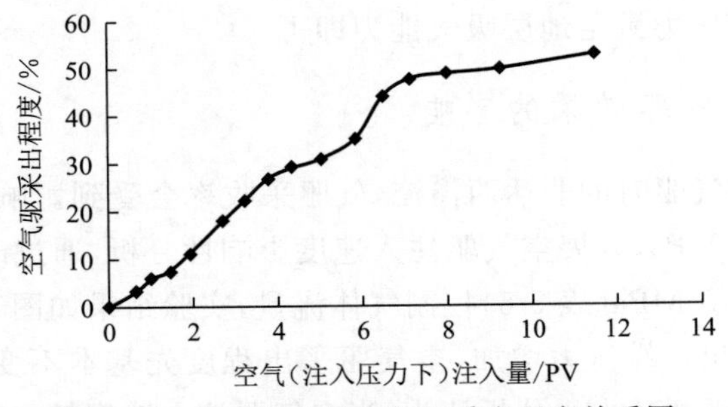

图 5-14　空气注入量与气驱采出程度关系图

在不同注入量的气驱过程中，分别驱替不同孔喉中的原油。开始气体进入原油最容易被驱替出的驱替通道，将原油驱替出，原油在向前推进过程中，同时发生原油在较小孔喉的重新聚集或捕集；当整体上该优势通道原油被驱替完后，气体进入次优势通道、更次优势通道等等，直至气驱失去效果。由实验结果可知，实验中随空气驱空气注入量的增加，气体首先进入较大孔喉并驱替其中原油，然后再进入细孔喉并驱替其中原油，表现为随气体注入PV数增加，空气驱原油采出程度逐渐增加，最终采收率约为53.1%。

实验中同时发现，由于空气流度较低，因此气驱前缘很快便发生突破，导致气窜。气体突破前，采出程度上升较快，约为35.4%；气窜导致突破瞬间，原油采出程度迅速上升，采出程度由35.4%增至48.1%；而气体突破后，采出程度增幅变缓，由48.1%逐渐增加至53.1%。整体而言，低渗油藏空气驱采收率仍然不高。

经过文献调研可知，目前现场注气量一般为0.1～0.2 PV，具体注入量可根据储层吸气能力和气窜状况进行上下浮动。

在分析空气驱注入压力、注入速度和注入量对原油采出程度影响的基础上，进行注气时机影响性研究，分析不同初始含油饱和度条件下注空气应用的效果。

4. 注入时机对空气驱效果的影响

由上述实验可知，空气驱最佳注入压力为2.0 MPa，最佳注入速度约为10 mL/min，空气驱采出程度随注入量先增加后趋于不变。为了进一步分析不同含水率情况下的空气驱效果，进行了空气驱注入时机影响规律分析，分别选择饱和油后气驱、刚见水时气驱、见水20 min(含水率约90%)时气驱、水驱至不出油(即含水率为99.8%)时气驱，至不再出油为止，之后进行再次水驱，至不再出油时为止(表5-7)。

表5-7　注入时机对空气驱效果的影响

注气时机	岩心号	孔隙度/%	气驱渗透率/($10^{-3}\ \mu m^2$)	水驱渗透率/($10^{-3}\ \mu m^2$)	气驱初始含水饱和度/%	水驱采收率/%	气驱采收率/%	后续水驱采收率/%	总采收率/%
饱和油后气驱	KQQ-9	14.30	29	6.76	26.76	—	53.1	20.6	73.7
刚见水时气驱	KQQ-11	12.55	27	6.61	53.93	37.1	18.7	15.1	70.9
含水率90%时气驱	KQQ-12	13.43	28	6.93	62.43	48.7	9.6	12.4	70.7
水驱至不出油时气驱	KQQ-13	13.17	28	6.85	71.80	61.5	4.1	5.7	71.3

由表5-7中结果可知，在不同注入时机即不同初始含水饱和度时进行空气驱采出程度不同。含水饱和度较低时空气驱采出程度较高，达到53.1%，随空气驱时初始含水饱和度增加，空气驱采出程度逐渐降低，但室内模拟实验效果仍然达到4.1%以上。为了说明空气驱和后续水驱的整体开发效果，进行了空气驱与水驱总采出程度与气驱初始含水饱和度关系

分析。由图 5-15 可知，随注空气含水饱和度的增加，空气驱与水驱总采出程度先降低后增加，其中饱和油后进行空气驱＋水驱采出程度最高，达到 73.7%。分析认为随含水饱和度增加，驱替气相会经由水相窜流通道优先发生气窜，因此含水率越高，注空气效果越差，但水相饱和度继续增加，在驱替部位占据优势地位，后续气驱时气锁程度逐渐增加，整体驱替综合阻力增大，使得驱替流体进入微细孔喉进行驱替，因此空气驱与水驱总采出程度相应再次增加。

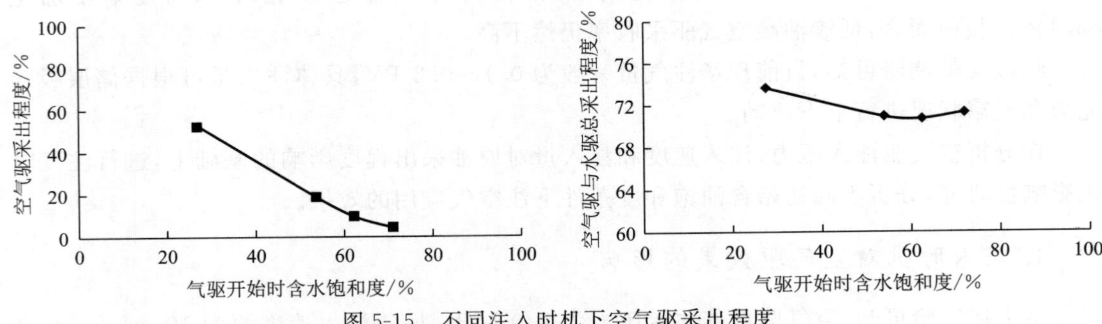

图 5-15　不同注入时机下空气驱采出程度

综合分析，在开发早期即含水率较低时进行空气驱效果最佳，因此根据现场实际，在现场应用空气驱时可以选择在含水率较低时应用，以提高该阶段气驱经济效益。

5.2.4　氮气驱油影响因素

氮气驱油效果实验表明，氮气驱可以用于提高水资源匮乏区的原油采出程度，通过对氮气驱注入参数进行影响规律研究，可以为提高氮气驱现场应用效果提供指导。氮气驱注入工艺影响因素研究，包括对氮气驱注入压力分析、注入速度分析、总注入量分析和氮气驱注入时机分析，进而得到氮气驱注入因素对气驱效果的影响。

1. 注入压力对氮气驱效果的影响

同室内空气驱实验，通过改变氮气驱注入端压力，调节回压阀压力保持两端压差 1.0 MPa 不变，从而实现注入压力对氮气驱效果的影响规律研究。实验中注入端压力分别选择为 1.0,1.5,2.0 和 2.5 MPa(表 5-8)，实验结果如图 5-16 所示。

表 5-8　实验岩心参数表

岩心编号	孔隙度/%	气测渗透率/(10^{-3} μm^2)	水测渗透率/(10^{-3} μm^2)	氮气驱注入端压力/MPa
NQQ-3	19.61	30	4.15	1.0
NQQ-4	20.25	30	4.43	1.5
NQQ-5	18.52	28	3.79	2.0
NQQ-6	18.95	28	3.94	2.5

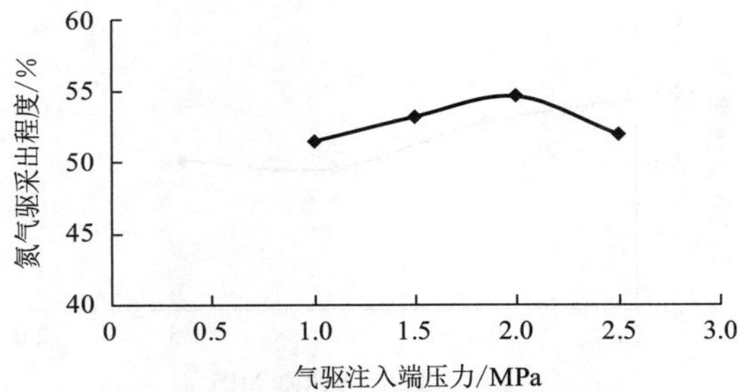

图 5-16　气驱注入压力与氮气驱采出程度的关系图

由图 5-16 可知，随注入端压力增加，室内氮气驱采出程度先增加后减小，最大时达到 54.51%，此时氮气驱最佳注入压力为 2.0 MPa。究其原因为，当氮气驱注入压力较小时，气相渗透率相对较低，气体无法深入更多孔喉进行驱替；当注入压力过高时，气相流速相对加快，很容易形成气窜，因此气驱采出程度再次下降。

当然，由于室内模拟实验条件下围压较低，压缩后氮气流动性较强，因此室内氮气驱过程中气窜较为严重；然而实际地层中，由于围压和上覆岩层压力远远大于室内围压，因此氮气在地层中压缩较强，氮气流动性和气窜状况将会降低，所以矿场应用过程中，氮气驱可以较好地起到驱替微细孔喉中原油的作用，从而提高主力油层原油采收率。现场注气压力过低时，气注不进，注气压力过高时，又可能会引起气窜导致效果的迅速下降，因此现场应用时建议只要注气压力满足地层吸气能力即可。

2. 注入速度对氮气驱效果的影响

同空气驱，在注入压力分析基础上进行氮气驱注入速度分析，通过改变氮气驱出口端压力（调节回压阀压力）即可控制气体流量。实验中注入端压力为 2.0 MPa，改变出口端压力分别为 0，0.5，1.0 和 1.5 MPa（表 5-9），实验结果如图 5-17 所示。

表 5-9　实验岩心参数表

岩心编号	孔隙度/%	气测渗透率/(10^{-3} μm^2)	水测渗透率/(10^{-3} μm^2)	氮气驱出口端压力/MPa	大气压下出口气体流速/(mL·min^{-1})	注入压力下气体流速/(mL·min^{-1})
NQQ-7	19.72	29	4.04	0	101.34	5.02
NQQ-8	18.79	28	3.53	0.5	82.81	4.09
NQQ-9	17.94	27	3.17	1.0	67.76	3.41
NQQ-10	20.03	30	4.18	1.5	50.23	2.56

由图 5-17 可知，随出口端压力增加，氮气驱采出程度先降低，当出口端压力为 1.0 MPa 时达到最小，当然此时氮气驱采出程度仍达到 49.7%，之后氮气驱采出程度又略有升高。对于该实验中氮气驱出口端压力为 0、注入速度为 5.0 mL/min 时采出程度最佳；但整体而言，

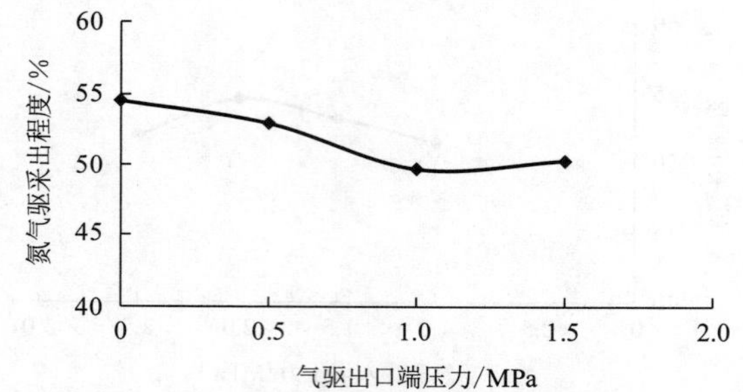

图 5-17　气驱注入速度与氮气驱增加采出程度的关系图

氮气驱采出程度变化很小，可以认为注气速度即气驱压差对效果影响不明显。因此，对于上述注气压力而言，压力能够满足地层吸气即可，因为此时较低速度的注气不会对采出程度造成太大干扰。

3. 注入量对氮气驱效果的影响

通过上述实验可知，氮气驱最佳注入压力和出口端压力分别为 2.0 MPa 和 0 MPa。同空气驱，考虑到现场应用实际与成本要求，需要对氮气驱注入量进行影响性分析。NQQ-9 岩心氮气驱中，一直注入氮气至不再出油为止。

如图 5-18 所示，随着氮气注入量不断增加，原油采出程度逐渐增加。分析认为实验中随氮气注入量的增加，气体首先进入较大孔喉并驱替其中的原油，然后再进入细孔喉并驱替其中的原油，表现为随气体注入 PV 数增加，空气驱原油采出程度逐渐增加，由实验结果可知，最终采收率约为 54.51%。

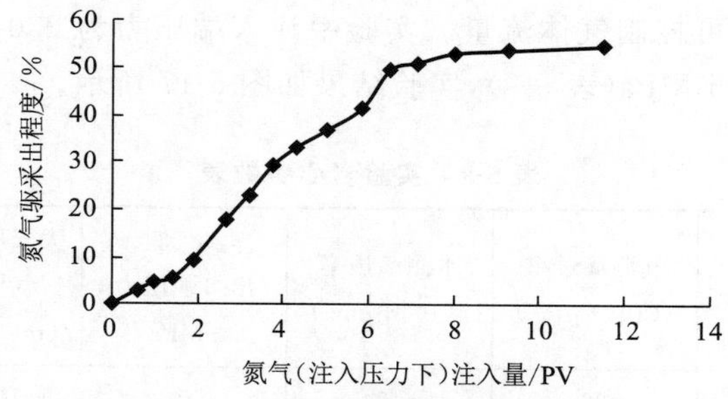

图 5-18　氮气注入量与氮气驱增加采出程度的关系图

实验中发现，由于氮气流度较低，因此气驱前缘很快便发生突破，导致气窜。气体突破前，采出程度上升较快，约为 36.72%；气窜导致突破瞬间，原油采出程度迅速上升，采出程度由 36.72% 增至 49.50%；而气体突破后，采出程度增幅变缓，由 49.50% 逐渐增加至 54.51%。整体而言，低渗油藏氮气驱采收率仍然不高。

经过文献调研可知，目前现场注气量一般为 0.1～0.2 PV，具体注入量可根据储层吸气能力和气窜状况进行上下浮动。

在分析氮气驱注入压力、注入速度和注入量对原油采出程度影响的基础上，进行注气时机影响性研究，分析不同初始含油饱和度条件下注氮气应用的效果。

4. 注入时机对氮气驱效果的影响

同空气驱，在上述氮气驱实验研究基础上，进行氮气驱注入时机分析（表 5-10 和图 5-19），分别选择饱和油后氮气驱（含水率为 0）、刚刚见水时氮气驱（含水率为 0）、见水 10 min 后氮气驱（含水率为 76.0%）、见水 20 min 后氮气驱（含水率为 93.5%）和水驱至不再出油时氮气驱（含水率为 98%），其他氮气驱注入条件相同，结束后进行再次水驱，至不再出油时结束。由于为轻质原油低渗岩心一维驱替，因此根据水驱规律，在见水后采出液含水率会急剧升高，因此在后几组中含水率均较高。

表 5-10　注入时机分析实验岩心参数表

注气时机	岩心编号	孔隙度/%	气测渗透率/(10^{-3} μm^2)	水测渗透率/(10^{-3} μm^2)	气驱初含水饱和度/%	水驱采收率/%	气驱采收率/%	后续水驱采收率/%	总采收率/%
饱和油后	NQQ-7	19.72	29	3.86	26.76	—	54.51	19.55	74.06
刚刚见水时	NQQ-11	20.31	30	4.13	50.75	32.76	21.45	15.96	70.17
见水10 min后	NQQ-12	18.63	28	3.15	57.29	41.69	14.54	12.79	69.02
见水20 min后	NQQ-13	19.74	29	3.56	61.97	48.07	9.31	10.68	68.06
水驱至不再出油时	NQQ-14	20.16	30	4.02	70.20	59.31	5.37	6.25	70.93

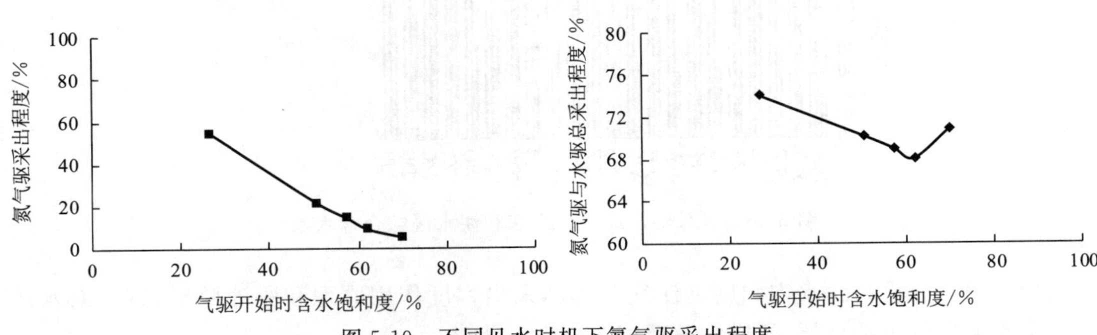

图 5-19　不同见水时机下氮气驱采出程度

由表 5-10 中结果可知，在不同注入时机即不同初始含水饱和度时进行氮气驱采出程度不同。含水饱和度较低时氮气驱采出程度较高，达到 54.51%，随氮气驱时初始含水饱和度增加，氮气驱采出程度逐渐降低，但室内模拟实验效果仍然达到 5.4%以上。为了说明氮气驱和后续水驱的整体开发效果，进行了氮气驱与水驱总采出程度与气驱初始含水饱和度关系分析，由图 5-19 可知，随注氮气时含水饱和度的增加，氮气驱与水驱总采出程度先降低后增加，其中饱和油后进行氮气驱＋水驱采出程度最高，达到 74.06%。分析认为随含水饱和度增加，驱替气相会经由水相窜流通道优先发生气窜，因此含水率越高，注氮气效果逐渐变差，但水相饱和度继续增加，在驱替部位占据优势地位，后续气驱时气锁程度逐渐增加，整体驱替综合阻力增大，使得驱替流体进入微细孔喉进行驱替，因此，氮气驱与水驱总采出程度相应再次增加。

综合分析，在开发早期即含水率较低时进行氮气驱效果最佳，因此根据现场实际，在现场应用氮气驱时可以选择在含水率较低时应用，以提高该阶段气驱经济效益。

5.3 裂缝性特低渗油藏水驱后气驱技术

由裂缝性特低渗油藏气驱技术研究可知，虽然气驱在含水率较低时驱油效果较好，但是在高含水期仍具有一定的提高原油采出程度的效果。另外，截至 2013 年 6 月底，该油田各采油厂均已采取了注水开发，在部分区块由于水窜或初始含水饱和度高等，出现了区块整体呈现高含水或部分单井周围呈现高含水现象(图 5-20)，目前大量采油厂已进入开发高含水期或特高含水期；其中，QHB，ZC，ZB，PL，YW，HS，ZZ，QPC，WYB，XSW，ZL，XZC，JB 等 13 个采油厂综合含水率已高达 60%及以上，采油厂整体已进入开发高含水期；QHB，ZB，ZC，CK，PL，WJC，ZZ，QPC，XQ，XSW，YN，XZC，DB，JB 等 14 个采油厂的注水区综合含水率已高达 90%及以上，进入特高含水期。对于高含水区块的开发，注气可以深入微细孔喉，驱替部分死油区的原油，因此，水驱后气驱尤其是高含水期气驱具有一定的研究意义和应用价值。

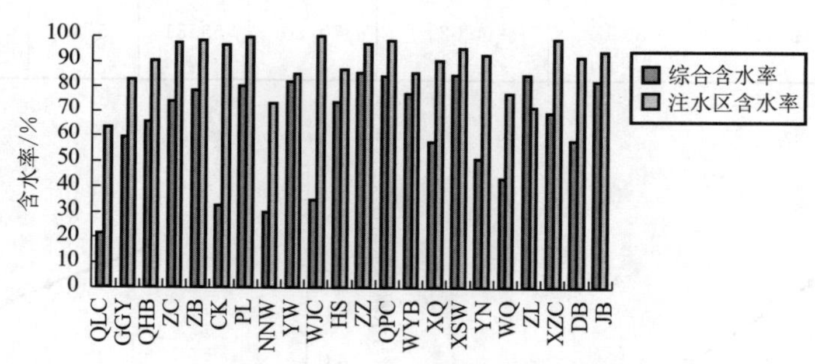

图 5-20　各采油厂综合含水率和注水区综合含水率

为了深入分析高含水饱和度下注气驱提高采出程度作用原理和驱油效果，以下对水驱后气驱效果进行单独分析，研究水驱后气驱开发规律。

5.3.1 水驱后气驱效果分析

由于目前油田主力油层试验区已多进行注水开发，与饱和油后直接气驱相比，室内实验进行水驱后气驱更加贴近现场实际。因此，研究水驱后气驱效果，不仅可以弥补多数气驱实验中单纯研究原始储层气驱与现实生产相脱离的缺陷，更可以了解此时气驱对主力油层原油采出程度的提高幅度，对油田开发具有必要性和实用价值。

以下室内实验利用人造岩心对水驱后气驱效果进行研究，明确空气驱、氮气驱对提高采收率、含水率、注入压力等开发指标的影响。

实验仪器：驱替实验装置、回压阀、手摇泵、压力表、N_2 瓶、空气瓶等。

实验药品：蒸馏水、NaCl、$CaCl_2$、$MgCl_2$、煤油、N_2、空气等。

通过文献调研并参考实验室气驱实验方法，按照如下步骤进行水驱后气驱实验：① 配置矿化度为 40 000 mg/L 的地层水，所含成分比例为 NaCl ∶ $CaCl_2$ ∶ $MgCl_2$=70% ∶ 12% ∶ 18%，将岩心装入岩心夹持器，调试装置；② 饱和地层水，记录岩心渗透率；③ 对岩心饱和油，测定形成的束缚水体积；④ 正式进行水驱，记录油水产出状况与压力变化；⑤ 水驱至不再出油后停止，改为气驱，测定油水产出状况与压力变化，并用排水法记录气体在大气压下的流量；⑥ 当气驱至不再出油时停止，再次进行水驱，水驱一定时间后停止实验。

1. 水驱后空气驱油效果分析

实验使用人造岩心，按照上述实验步骤进行水驱后空气驱实验，实验结果如图 5-21～图 5-23 所示。正常水驱后气驱时岩心入口压力维持在 1.0 MPa 左右，出口端压力保持为大气压（表 5-11）。

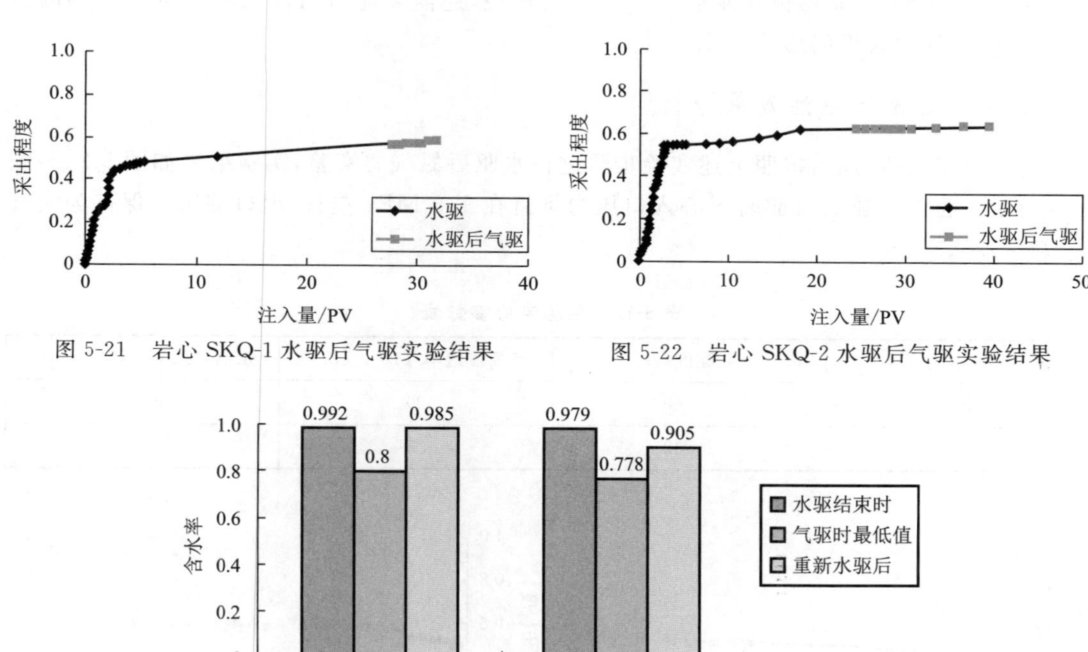

图 5-21　岩心 SKQ-1 水驱后气驱实验结果

图 5-22　岩心 SKQ-2 水驱后气驱实验结果

图 5-23　岩心水驱后气驱含水率变化

表 5-11　实验岩心参数表

岩心编号	孔隙度/%	气测渗透率/(10^{-3} μm^2)	水测渗透率/(10^{-3} μm^2)
SKQ-1	14.21	28	6.06
SKQ-2	13.68	30	5.46

1）采收率变化

由水驱后气驱实验结果可知，原油采收率有明显增加，说明水驱后气驱通过进入更小的孔喉，将部分死油驱替出。两岩心采收率分别增加 1.3%和 2.1%。

2）含水率变化

1# 岩心水驱结束时含水率达到 99.2%，当水驱后气驱，含水率下降至 80.0%，后又逐渐上升至 98.5%；2# 岩心水驱结束时含水率达到 97.9%，当水驱后气驱，含水率下降至 77.8%，后又逐渐上升至 90.5%。水驱后气驱由于形成气锁，且气体渗透率大于液相渗透率，因此产水明显减少；但重新水驱后气锁影响逐渐减小，且重新形成水相优势通道，因此含水率重新上升。

室内实验研究结果表明，水驱后空气驱可以通过进入细孔喉、产生气锁等提高原油采出程度，降低含水率，但是整体水驱后空气驱不太理想，还需要通过对注入参数进行影响因素研究，分析对气驱效果的影响规律。

2. 水驱后氮气驱油效果分析

实验使用人造岩心，按照上述实验步骤进行水驱后氮气驱实验，实验结果如图 5-24～图 5-26 所示。正常水驱后气驱时岩心入口压力维持在 1.0 MPa 左右，出口端压力保持为大气压(表 5-12)。

表 5-12　实验岩心参数表

岩心编号	孔隙度/%	气测渗透率/(10^{-3} μm^2)	水测渗透率/(10^{-3} μm^2)
SNQ-1	15.40	29	6.56
SNQ-2	16.32	28	4.86

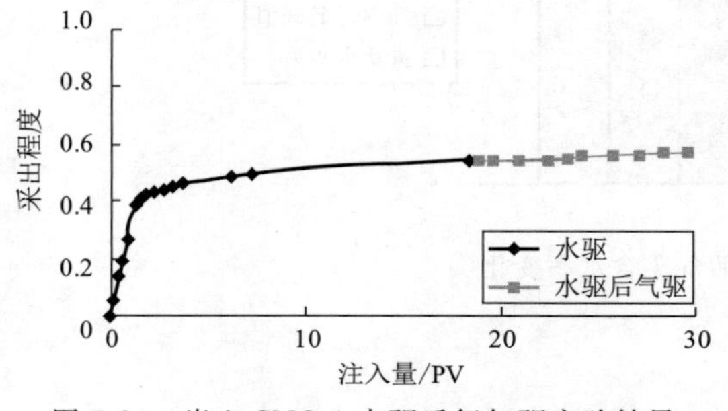

图 5-24　岩心 SNQ-1 水驱后氮气驱实验结果

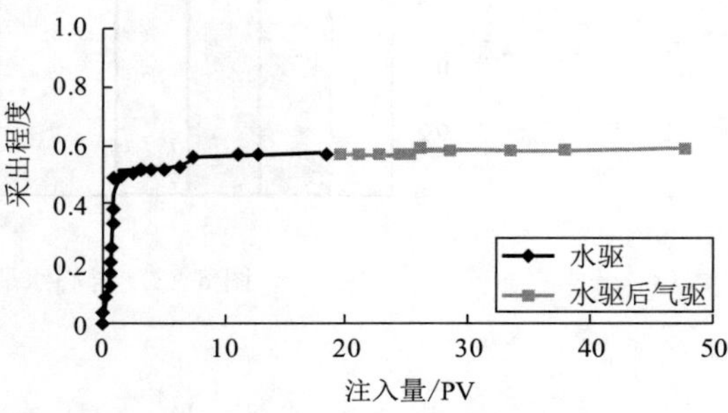

图 5-25　岩心 SNQ-2 水驱后氮气驱实验结果

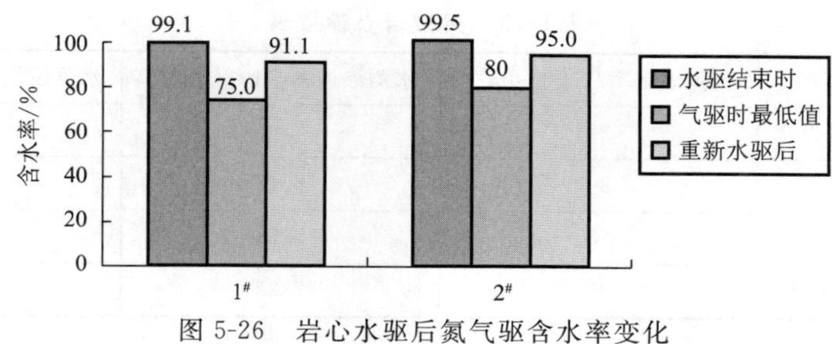

图 5-26 岩心水驱后氮气驱含水率变化

1）采出程度变化

由水驱后气驱实验结果可知，原油采收率有明显增加，说明水驱后氮气驱通过进入更小的孔喉，将部分死油驱替出。两岩心水驱采出程度分别为 54.19%和 57.35%，水驱后氮气驱分别提高采收率 3.33%和 9.2%。

2）含水率变化

1# 岩心水驱结束时含水率达到 99.1%，当水驱后气驱，含水率下降至 75.0%，后又逐渐上升至 91.1%；2# 岩心水驱结束时含水率达到 99.5%，当水驱后气驱，含水率下降至 80.0%，后又逐渐上升至 95.0%。水驱后氮气驱由于形成气锁，且气体渗透率大于液相渗透率，因此产水明显减少；但重新水驱后气锁影响逐渐减小，且重新形成水相优势通道，因此含水率重新上升。

室内实验研究结果表明，水驱后氮气驱可以提高原油采出程度、降低含水率，但是整体水驱后氮气驱亦不太理想，还需要通过对注入参数影响性进行研究；另外，水驱后氮气驱存在很快气窜的问题，还需要采取其他措施来降低气体窜进。

5.3.2 水驱后空气驱油影响因素

上述实验研究表明，水驱后气驱可以一定程度上提高原油采出程度，因此通过对水驱后气驱参数进行影响因素研究，可以分析气驱参数对水驱后气驱效果的影响规律，同时为现场注气提供指导。以下利用天然岩心对水驱后气驱影响因素进行研究，包括水驱后气驱注入压力分析、注入速度分析、气体注入量分析和水驱后气驱注入时机分析。

1. 注入压力对水驱后气驱效果的影响

注入压力不同，气体压缩后注入体积不同，且低渗岩心应力敏感性使注入压力对岩心渗透率具有影响，因此，改变注气压力后，水驱后气驱效果会受到影响，分析注入压力对水驱后气驱效果十分必要。通过改变水驱后气驱注入端压力，调节回压阀压力，保持两端压差不变，从而实现气驱注入压力对水驱后气驱效果的影响分析。实验中注入端压力分别改变为 1.0，1.5，2.0 和 2.5 MPa，两端压差维持在 1.0 MPa 左右（表 5-13）。实验结果如图 5-27 所示。

表 5-13　实验岩心参数表

岩心编号	孔隙度/%	气测渗透率/(10^{-3} μm^2)	水测渗透率/(10^{-3} μm^2)	水驱后气驱注入端压力/MPa
SKQ-3	14.32	29	6.06	1.0
SKQ-4	13.69	30	5.46	1.5
SKQ-5	13.50	28	5.78	2.0
SKQ-6	15.65	29	7.33	2.5

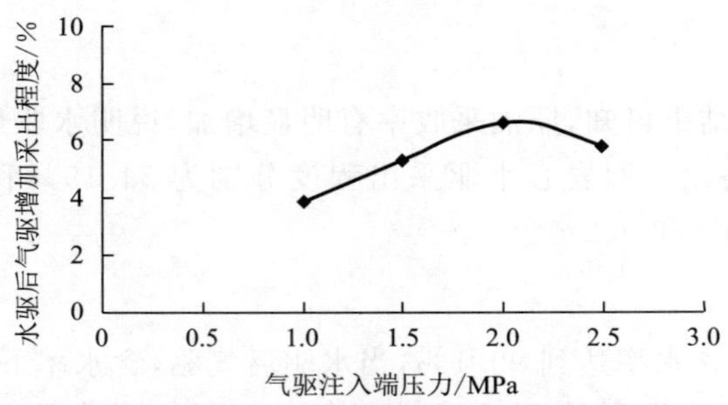

图 5-27　气驱注入压力与水驱后气驱增加采出程度的关系图

由图 5-27 可知，随注入端压力增加，水驱后气驱采出程度先增加后减小，最大时增加 6.72%。究其原因为，当水驱后气驱注入压力较小时，气相渗透率相对较低，气体无法深入更多孔喉进行驱替；当注入压力过高时，气相流速相对加快，很容易形成气窜，因此气驱采出程度再次下降。对于现场注气压力，注气压力过低时，气注不进，注气压力过高时，又可能会引起气窜导致效果的迅速下降，因此现场应用时建议只要注气压力满足地层吸气能力即可。

2. 注入速度对水驱后气驱效果的影响

根据岩石速敏性和气驱时的非达西渗流，气驱采收率会受到影响。在最佳水驱后气驱注入压力基础上，开展水驱后气驱注入速度影响性分析，通过改变出口端回压阀压力分别为 0，0.5，1.0 和 1.5 MPa（表 5-14）控制气体流量，实验结果如图 5-28 所示。

表 5-14　实验岩心参数表

岩心编号	孔隙度/%	气测渗透率/(10^{-3} μm^2)	水测渗透率/(10^{-3} μm^2)	水驱后气驱出口端压力/MPa	大气压下出口气体流速/(mL·min^{-1})	注入压力下气体流速/(mL·min^{-1})
SKQ-7	13.94	28	6.39	0	382.79	18.95
SKQ-8	14.21	30	7.51	0.5	252.54	12.00
SKQ-9	14.15	29	6.21	1.0	206.90	10.24
SKQ-10	13.66	27	5.64	1.5	115.51	5.72

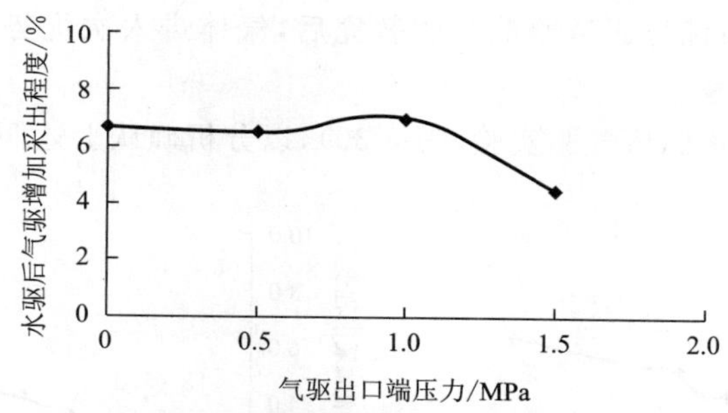

图 5-28　气驱注入速度与水驱后气驱增加采出程度的关系图

由图 5-28 可知，随出口端压力增加，水驱后气驱采出程度先基本不变，当出口端压力达到一定值时达到最大，之后又逐渐减小。分析认为，当水驱后气驱注入速度较大时，气相流速相对加快，很容易形成气窜；当气驱流速减小后，气窜减小，从而使得气体可深入更多孔喉进行驱替，因此气驱采出程度略有增加；当注入流速继续降低时，驱替气体无法形成有效驱替动力，因此气驱采出程度下降。但整体而言，空气驱采出程度变化很小，可以认为注气速度即气驱压差对效果影响不明显。因此，对于上述注气压力而言，压力在能够满足地层吸气即可，因为此时较低速度的注气不会对采出程度造成太大干扰。

3. 注入量对水驱后气驱效果的影响

除气驱注入压力和注入速度外，气驱注入量不同，水驱后气驱采出程度亦不同。结合上述实验结果，采用最优的气驱注入压力和出口端压力。SKQ-9 岩心水驱后气驱中，一直注入空气至不再出油为止，原油增加采出程度与空气注入量变化规律如图 5-29 所示。

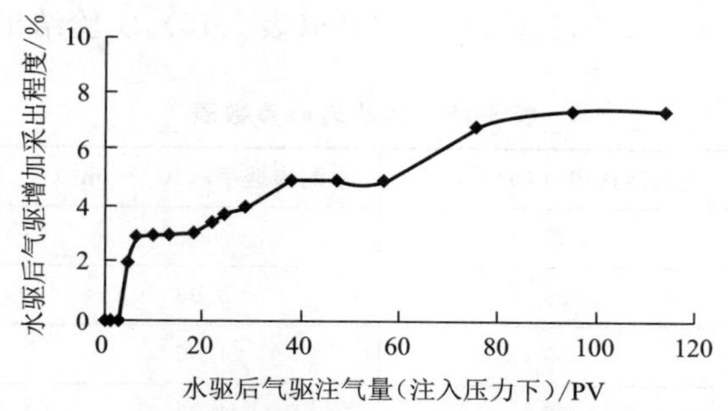

图 5-29　空气注入量与水驱后气驱增加采出程度的关系图

由实验结果可知，实验中随水驱后气驱空气注入量增加，开始主要为产水，随气体进入死油区，气驱开始发挥作用，逐渐提高原油采出程度；另外，由图 5-29 可知水驱后气驱过程中，气驱采出程度呈现阶梯式增加，即注入 6，25，38，75 PV 时分别出现区域最佳值，分别提高采出程度 2.9%，3.9%，4.9%，6.8%。这反映了在现场应用气驱时可以根据现场成本要求和实际工况要求，制定不同的空气驱注入量方案。关于气驱采出程度的阶段性增加，分析认为，在不同注入量的气驱过程中，分别驱替不同孔喉中的原油。最开始气体首先进入原油最容易被驱替出的驱替通道，将原油驱替出，原油在向前推进过程中，同时在较小孔喉重新聚集或捕集；当整体上该优势通道原油被驱替完后，气体进入次优势通道、更次优势通道等等，直至气驱失去效果。

下面进行另外几组水驱后气驱实验(图 5-30)，以分析确认上述假设的可靠性。

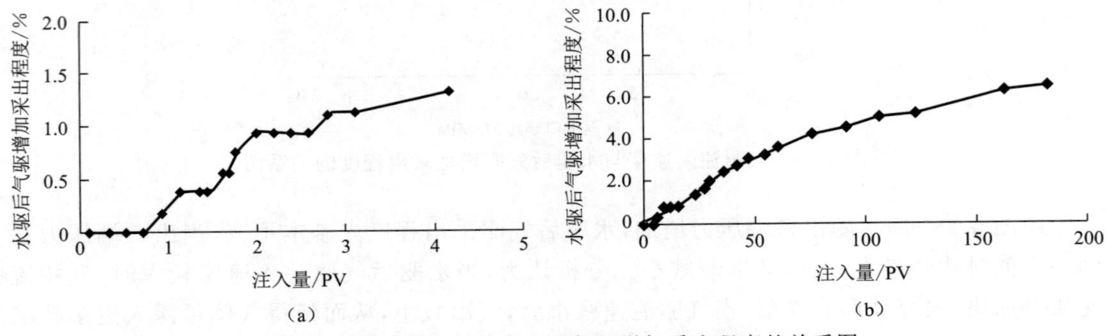

图 5-30 空气注入量与水驱后气驱增加采出程度的关系图

5.3.3 水驱后氮气驱油影响因素

对水驱后氮气驱参数进行影响因素研究，包括氮气驱注入压力分析、注入速度分析、总注入量分析和水驱后氮气驱注入时机分析，得到氮气驱注入因素对气驱效果的影响。

1. 注入压力对水驱后氮气驱效果的影响

同水驱后空气驱，研究注入压力对水驱后氮气驱效果的影响。改变氮气驱注入端压力，调节回压阀压力保持两端压差 1.0 MPa 不变，从而实现气驱注入压力影响性分析。实验中注入端压力分别选择为 1.0，1.5，2.0 和 2.5 MPa(表 5-15)，实验结果如图 5-31 所示。

表 5-15 实验岩心参数表

岩心编号	孔隙度/%	气测渗透率/(10^{-3} μm^2)	水测渗透率/(10^{-3} μm^2)	水驱后气驱注入端压力/MPa
SNQ-3	21.24	27	4.4	1.0
SNQ-4	21.96	30	3.98	1.5
SNQ-5	21.41	29	4.06	2.0
SNQ-6	18.49	28	4.82	2.5

由图 5-31 可知，随注入端压力增加，水驱后氮气驱采出程度先增加后减小，最大时达到 10.37%，因此水驱后气驱存在一个最佳的注入压力。究其原因为，当水驱后氮气驱注入压力较小时，气相渗透率相对较低，气体无法深入更多孔喉进行驱替；当注入压力过高时，气相流速相对加快，很容易形成气窜，因此气驱采出程度再次下降。对于现场注气压力，注气压力过低时，气注不进，注气压力过高时，又可能会引起气窜导致效果的迅速下降，因此现场应用时建议只要注气压力满足地层吸气能力即可。

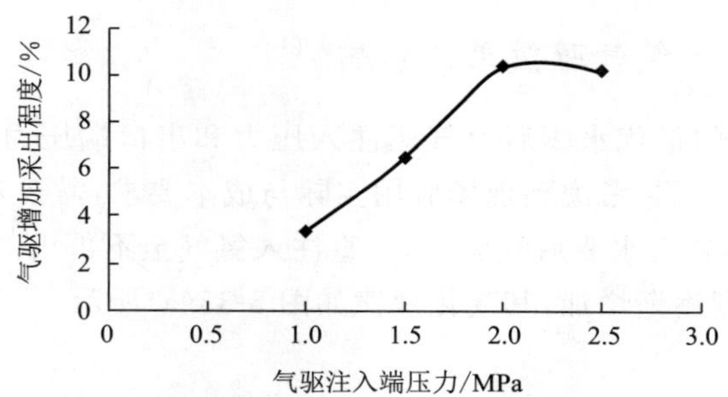

图 5-31 气驱注入压力与水驱后气驱增加采出程度的关系图

2. 注入速度对水驱后氮气驱效果的影响

同水驱后空气驱，在注入压力分析基础上进行水驱后氮气驱注入速度分析，通过改变水驱后氮气驱出口端压力(调节回压阀压力)即可控制气体流量。实验中采用上述最优注气压力，改变出口端压力分别为 0,0.5,1.0 和 1.5 MPa(表 5-16)，实验结果如图 5-32 所示。

表 5-16 实验岩心参数表

岩心编号	孔隙度/%	气测渗透率/(10^{-3} μm^2)	水测渗透率/(10^{-3} μm^2)	水驱后气驱出口端压力/MPa	大气压下出口气体流速/($mL \cdot min^{-1}$)	注入压力下气体流速/($mL \cdot min^{-1}$)
SNQ-7	21.40	29	3.97	0	101.25	5.01
SNQ-8	20.13	28	4.42	0.5	82.79	4.10
SNQ-9	21.17	30	4.11	1.0	67.89	3.36
SNQ-10	19.36	28	4.62	1.5	50.13	2.48

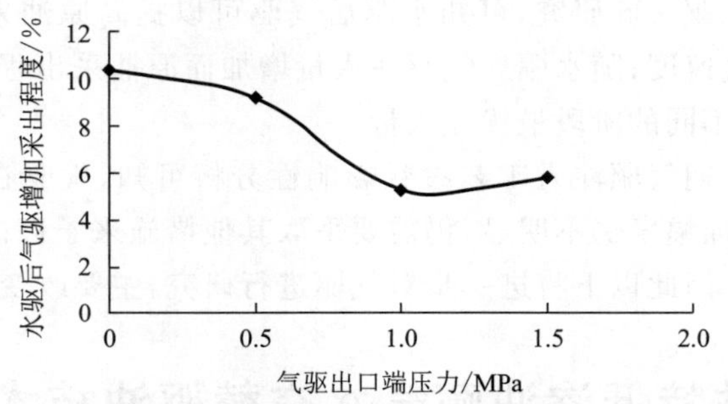

图 5-32 气驱注入速度与水驱后气驱增加采出程度的关系图

由图 5-32 可知，随出口端压力增加，水驱后氮气驱采出程度先略微减小，当出口端压力达到一定值时达到最小，之后又略有升高；但整体而言，氮气驱采出程度变化很小，可以认为注气速度即气驱压差对效果影响不明显。因此，对于上述注气压力而言，压力能够满足地层吸气即可，因为此时较低速度的注气不会对采出程度造成太大干扰。

3. 注入量对水驱后氮气驱效果的影响

采用上述实验得到的最优水驱后氮气驱注入压力和出口端压力，进行水驱后氮气驱注入量分析。同水驱后空气驱，考虑到现场应用实际与成本要求，需要对水驱后气驱注入量进行影响性分析。SNQ-9 岩心水驱后气驱中，一直注入氮气至不再出油为止，随着氮气注入量不断增加，原油采出程度逐渐增加，其变化规律如图 5-33(a)所示。

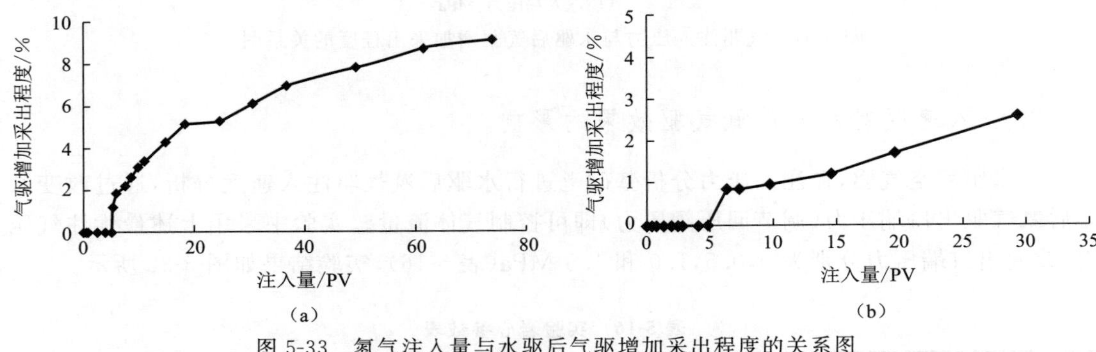

图 5-33　氮气注入量与水驱后气驱增加采出程度的关系图

由实验结果可知，实验中随水驱后气驱氮气注入量增加，开始主要为产水，随气体进入死油区，气驱开始发挥作用，逐渐提高原油采出程度；另外，由图 5-33(a)可知水驱后气驱过程中，气驱采出程度亦呈现阶梯式增加，不过此时仅为两段式上升，即注入 20 PV 时出现阶段最佳值，20～25 PV 处采出程度几乎不变，当继续注气时采出程度继续增加。这反映了在现场应用气驱时可以根据现场成本要求和实际工况要求制定不同的氮气驱注入方案。

为分析确认上述假设的可靠性，进行另外一组水驱后气驱实验(图 5-33b)，实验发现在氮气注入体积为 4～15 PV 处和 14～30 PV 处，采出程度同样为两段阶梯式增加。

通过上述水驱后气驱实验研究，可知水驱后气驱可以提高原油采收率。水驱存在一定的最优注气压力和注气速度；随水驱后气驱注入量增加而原油采出程度呈阶梯性增加，根据现场注入要求，亦存在不同的阶段最优注入量。

经过气驱及高含水期气驱注入工艺参数影响性分析可知，气驱在一定程度上使原油采出程度有所增加，但增加幅度仍不明显，仍需要采取其他措施来予以改善；另外，气窜问题亦没有得到很好的改善。因此以下将进一步对气驱进行研究，主要改变气驱注入方式。

5.4　裂缝性特低渗油藏气水交替驱油技术

经过气驱参数影响性分析可知，气驱可以一定程度上增加原油采出程度，但仍需继续改进。通过调研可知，相对于气驱，采用气水交注方式，上述问题可以得到一定改善，因此下面将开展空气、水交注研究和氮气、水交注研究，分析其驱替效果，室内交注驱替将以气驱研究结果为基础进行研究。

5.4.1　气水交注驱油机理

气水交替(WAG)注入方式由两项传统的水驱和气驱提高原油采收率技术组成,是二次采油和三次采油中颇具潜力的一种方法。WAG 注入方式中由于存在水段塞,降低了气的相对渗透率,从而降低它的流动性,控制了气体指进,可减缓气体过早气窜;同时,由于存在气段塞,降低了水油流度比,增加了水驱波及体积系数。在注气驱采油中,WAG 技术不但提高了气驱中的体积波及系数,还改善了高流度气体在流经低流度油藏流体时的流动效率。

5.4.2　气水交注驱油效果分析

通过气水交注效果分析,实验验证气水交注相对单独气驱的改进程度。实验选取空气或氮气,利用人造岩心和填砂管模型,结合气驱实验分析结果,与水交替注入。实验仪器、药品同气驱实验;实验步骤同气驱,不同点为气驱为直接饱和原油后进行气驱,气水交注为直接或水驱一段时间后进行几轮次气水交注。

1. 空气、水交注驱油技术研究

实验结合空气驱实验研究结果,进行空气、水交注驱油实验研究。实验选取空气驱注入压力为 2.0 MPa,出口压力为 1.0 MPa,实验在岩心饱和完油后进行空气驱,每轮次注入 3 min,每轮次注入水 20 min,共注入 8 轮次后改为水驱。实验岩心参数如表 5-17 所示。

表 5-17　实验岩心参数表

岩心编号	孔隙度/%	气测渗透率/(10^{-3} μm^2)	水测渗透率/(10^{-3} μm^2)
KQJ-1	13.51	29	6.75

1) 空气、水交注采出程度变化

由实验结果(图 5-34)可知,空气、水交替注入可以有效地提高原油采收率;相对于水驱,空气、水交注驱替可提高原油采收率 10%～15%。分析认为,通过多轮次的注入气体,增加了各阶段气体对后续水驱的影响,并由于前期水驱影响略有降低水窜过程,从而有力地提高原油开采效果。

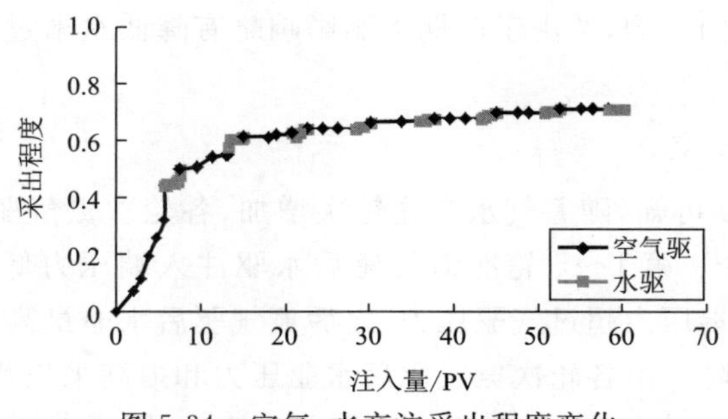

图 5-34　空气、水交注采出程度变化

2）空气、水交注压力变化

由图 5-35 和图 5-36 可知，随着气水交注轮次增加，各轮次空气驱后水驱压力整体先逐渐上升，之后又逐渐下降。第 1 轮次空气驱后水驱注入端压力低于气驱压力，但从第 2 轮次空气驱后水驱注入端压力已开始逐渐超过气驱压力，且从此轮次开始，空气驱后水驱注入端最高压力变化较小，在第 6 轮次时达到最大，从第 7 轮次开始，空气驱后水驱注入端压力开始下降，说明气驱后水驱效果下降。

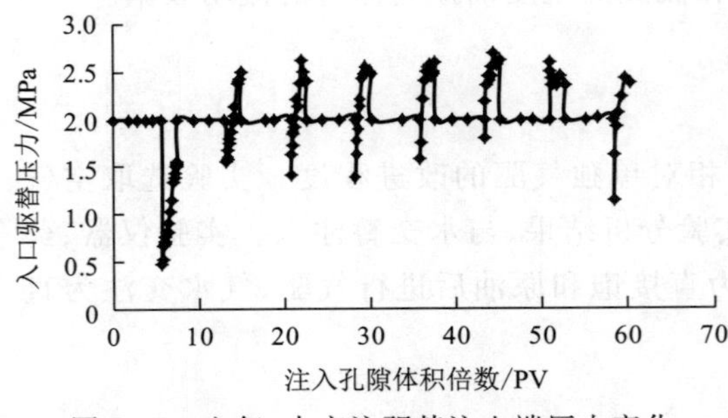

图 5-35　空气、水交注驱替注入端压力变化

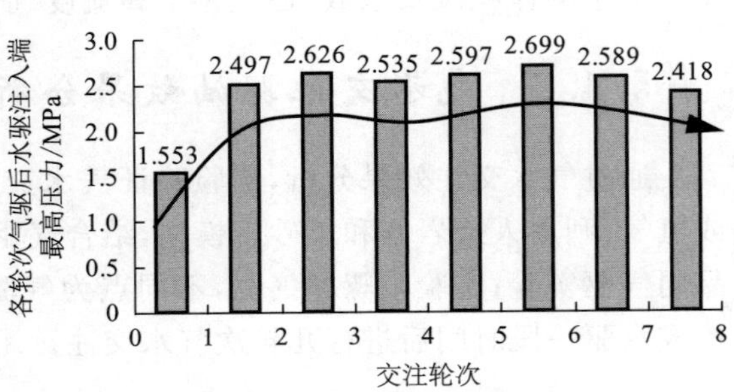

图 5-36　各轮次空气驱后水驱注入端最高压力变化

2. 氮气、水交注驱油技术研究

实验结合氮气驱分析实验结果，进行氮气、水交注驱油实验研究。实验选取氮气驱注入压力为 2.0 MPa，出口压力为 0 MPa，实验在岩心饱和完油后进行氮气驱，根据氮气注入流速，选择每轮次注入氮气 2 min 20 s，每轮次注入水 20 s，气体注入压力条件下气水比为 1∶1，共注入 8 轮次，之后改为水驱。实验岩心参数如表 5-18 所示。

表 5-18　实验岩心参数表

岩心编号	孔隙度/%	气测渗透率/(10^{-3} μm^2)	水测渗透率/(10^{-3} μm^2)
NQJ-1	14.41	30	5.04

1）氮气、水交注采收率变化

由实验结果(图 5-37)可知，氮气、水交替注入可以有效地提高原油采收率；相对于水驱，氮气、水交注驱替可提高原油采收率 8%～19%。分析认为，通过多轮次的气体注入，增加了各阶段气体对后续水驱的影响，并由于前期水驱影响略有降低水窜过程，从而有力地提高原油开采效果。

2）氮气、水交注压力变化

由图 5-38 和图 5-39 可知，随着气水交注轮次增加，各轮次氮气驱后水驱压力整体先逐渐上升，之后又逐渐下降。第 1～5 轮次氮气驱后水驱注入端压力低于气驱压力，但从第 6 轮次氮气驱后水驱注入端压力超过气驱压力，之后氮气驱后水驱最高压力均低于气驱压力，说明气驱后水驱效果下降。由各轮次氮气驱后水驱压力和提高采出程度可知，氮气、水交注 6 轮次最佳，因此以下实验中氮气、水交注初步采用 6 轮次；同时对比空气、水驱交注可以得到，可能是部分氮气发生混相原因，空气、水驱交注对后续水驱压力增幅要大于氮气、水驱交注。

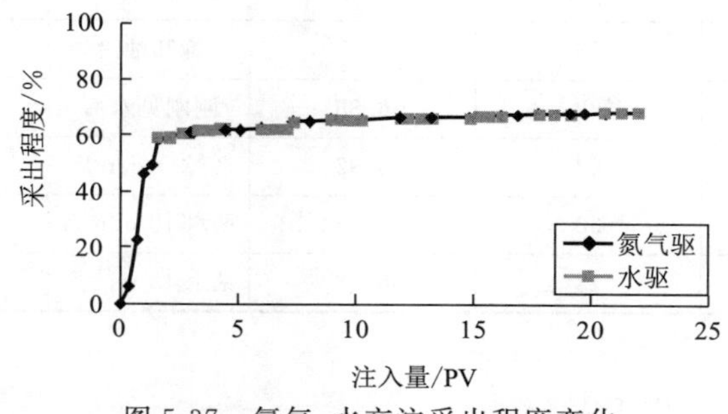

图 5-37　氮气、水交注采出程度变化

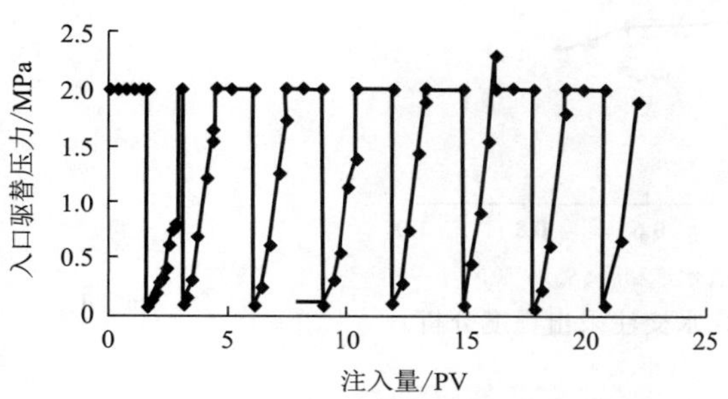

图 5-38　氮气、水交注驱替注入端压力变化

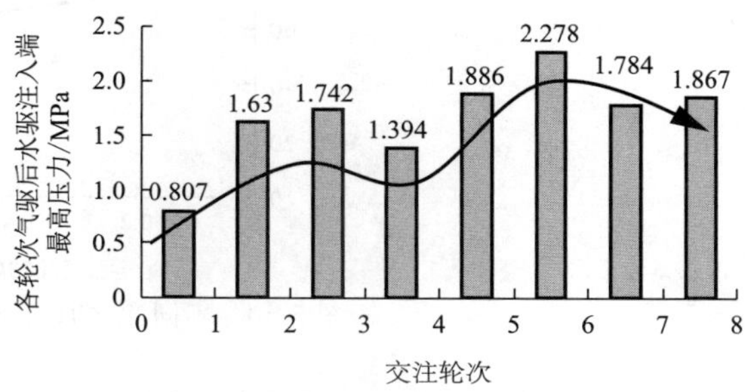

图 5-39　各轮次氮气驱后水驱注入端最高压力变化

5.4.3　空气、水交注驱油影响因素

通过上述实验可知，气水交注可以明显提高原油采出程度，为使气水交注驱替效果达到最佳，现对气水交注进行影响因素分析。气驱过程中注入压力与注入速度采用气驱中的优化结果，因此，气水交注影响因素分析包括对气驱在该注入压力和注入速度下的各轮次水气段塞注入量分析、气水交注轮次分析、注入时机分析，以得到该因素对气水交注效果的影响规律。

1. 注入时机对气水交注效果的影响

首先对气水交注注入时机进行分析，不同注入时机下，剩余油饱和度的不同会导致气水交注效果的不同。实验分别在饱和油后、水驱刚见水后、水驱见水 5 min 后（含水率约为 55%）、水驱见水 10 min 后（含水率约为 80%）、水驱见水 15 min 后（含水率约为 90%）进行气水交注，分别气水交注 8 轮次，每轮次注气段塞和水驱段塞各约 0.2 PV。注入时机、实验岩心参数和实验结果如表 5-19 和图 5-40 所示。

由图 5-40 可知，不同注入时机下气水交注采出程度不同，随着水驱过程延长，后续气水交注作用效果逐渐变差，即在饱和油后直接气水交注效果最佳；对于油藏而言，直接应用气水交注要优于水驱一段时间后再进行气水交注。

表 5-19 实验岩心参数表

岩心编号	孔隙度/%	气测渗透率/(10^{-3} μm^2)	水测渗透率/(10^{-3} μm^2)	气水交注时机		
				时 机	含水率/%	交注时 S_w/%
KQJ-1	13.51	29	6.75	饱和油后	0	22.75
KQJ-2	14.23	29	6.85	刚刚见水后	0	45.84
KQJ-3	13.16	27	5.92	见水 5 min 后	55.46	63.68
KQJ-4	13.96	30	7.02	见水 10 min 后	79.64	69.57
KQJ-5	14.76	28	6.38	见水 15 min 后	91.35	75.23

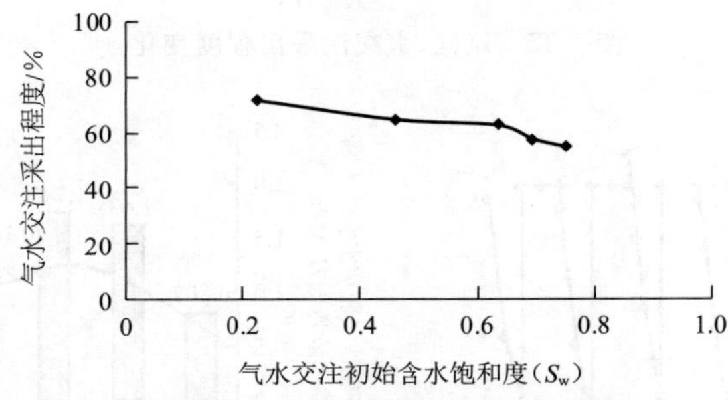

图 5-40 不同注水时机下气水交注采出程度分析

2. 注入轮次对气水交注效果的影响

由 KQJ-1 实验可知，随着注入轮次增加，采出程度逐渐增加，但各轮次采出程度增加不同。实验通过对比饱和油后直接气水交注、见水后气水交注和见水 15 min 后气水交注三组实验来分析不同注入轮次对原油采出程度的影响。

由图 5-41 可知，随着气水交注轮次增加，采出程度增幅越来越小。在 3 个轮次时，采出程度增幅变化不大，从降低成本与简化操作角度出发，实验空气、水交注最佳轮次为 3 轮次；但考虑在后期气水交注中采出程度各又略微增加，结合前期分析的空气、水交注注入端压力变化，在第 6 轮次时出现压力变化转折，因此室内实验进行空气、水交注轮次为 6 轮次，以更好地对比各参数变化下的采出程度。

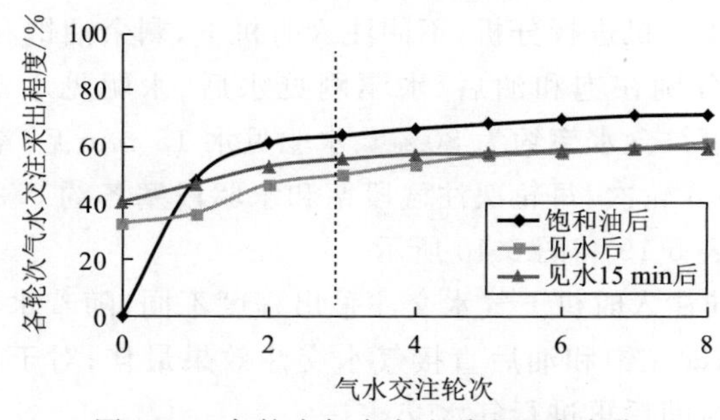

图 5-41 各轮次气水交注采出程度变化

3. 注气段塞大小对气水交注效果的影响

在前期实验分析基础上，采用填砂管模型对气水交注气段塞大小影响规律进行研究，选择在岩心饱和油后进行气水交注。当气驱中气体流量一定时，气驱段塞大小可以用气驱时间来间接表示，水驱段塞为 0.2 PV，气驱段塞时间为 10，20，31，41，51 s，各气水交注 6 轮次。实验岩心参数和不同时间下的气体段塞大小如表 5-20 所示。

表 5-20　实验岩心参数

岩心编号	孔隙度/%	气测渗透率/(10^{-3} μm^2)	水测渗透率/(10^{-3} μm^2)	气水交注		
				时　机	气体段塞时间/s	注入压力下气体段塞大小/PV
KQJ-6	18.65	27	26.23	饱和油后	10	0.05
KQJ-7	17.15	29	26.72	饱和油后	20	0.10
KQJ-8	18.95	28	26.57	饱和油后	31	0.15
KQJ-9	17.87	28	26.94	饱和油后	41	0.2
KQJ-10	19.21	30	27.03	饱和油后	51	0.25

由图 5-42 可知，随气水交注气体段塞增加，气水交注采出程度先增加后减小，在气体段塞为 0.15 PV 时，气水交注采出程度达到最佳。分析认为，当气体段塞逐渐增大时，由于气驱逐渐发挥作用，因此气水交注采出程度增加；当气体段塞继续增大时，气体注入能力增加，但也会导致更易气窜，因此气水交注采出程度又逐渐下降。

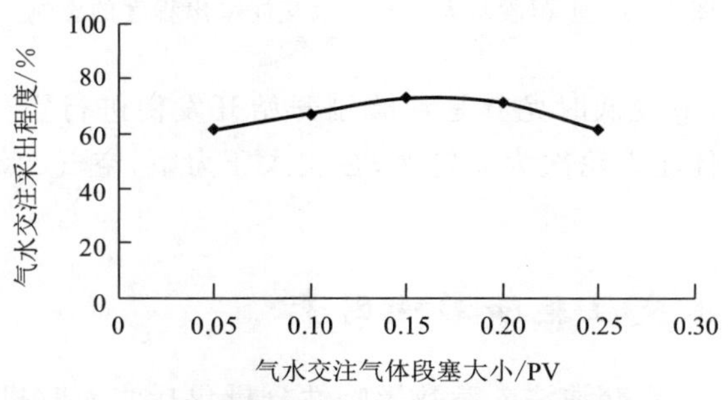

图 5-42　气体段塞大小对气水交注采出程度的影响

4. 注水段塞大小对气水交注效果的影响

实验在前期分析基础上，采用填砂管模型对气水交注水驱段塞大小影响规律进行研究，选择在岩心饱和油后进行气水交注。当水相流量一定时，水驱段塞大小可以用水驱时间来间接表示，气驱段塞为 0.15 PV，水驱段塞为 3 min 30 s，7 min，10 min 30 s，14 min，17 min 30 s，21 min，气水交注 6 轮次。实验岩心参数和不同时间下的水驱段塞大小如表 5-21 所示。

表 5-21 实验岩心参数

岩心编号	孔隙度/%	气测渗透率/(10^{-3} μm^2)	水测渗透率/(10^{-3} μm^2)	气水交注		
				时 机	水驱段塞时间	水驱段塞大小/PV
KQJ-11	18.30	61	27.10	饱和油后	3 min 30 s	0.05
KQJ-12	17.26	53	25.86	饱和油后	7 min	0.1
KQJ-13	19.67	56	26.42	饱和油后	10 min 30 s	0.15
KQJ-14	19.25	64	28.12	饱和油后	14 min	0.2
KQJ-15	17.95	52	24.84	饱和油后	17 min 30 s	0.25
KQJ-16	18.09	69	29.95	饱和油后	21 min	0.3

由图 5-43 可知，随气水交注水驱段塞增加，气水交注采出程度先增加后减小，在水驱段塞为 0.2 PV 时，气水交注采出程度达到最佳，室内空气、水交注原油采出程度达到 70%以上。

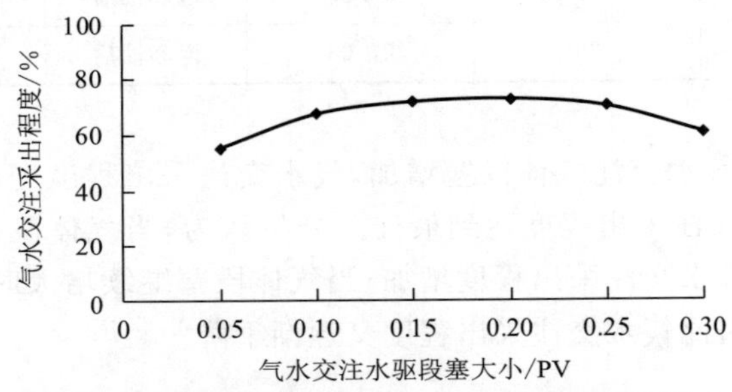

图 5-43 水驱段塞大小对气水交注采出程度的影响

总结上述可知，含水率较低时尤其是油藏刚开始开发便进行空气水交注，此时进行空气、水交注效果最好，最佳注入轮次为 3 轮次；在注入压力下，空气、水交注最佳空气段塞为 0.15 PV，最佳气水比 3∶4。

5.4.4 氮气、水交注驱油影响因素

同空气、水交注，氮气、水交注注入参数影响性分析包括注入时机分析、注入轮次分析、各轮次气段塞注入量分析和水段塞注入量分析，以使氮气、水交注驱替效果达到最佳。

1. 注入时机对气水交注效果的影响

首先对氮气、水交注注入时机影响规律进行研究，不同注入时机下剩余油饱和度的不同会导致气水交注效果的不同。实验分别在饱和油后、水驱刚刚见水后、水驱见水 5 min 后（含水率约为 65%）、水驱见水 10 min 后（含水率约为 85%）、水驱见水 15 min 后（含水率约为 95%）进行气水交注，分别气水交注 8 轮次，每轮次注气段塞和水驱段塞各约 0.2 PV。注入时机实验岩心参数和实验结果如表 5-22 和图 5-44 所示。

表 5-22　实验岩心参数表

岩心编号	孔隙度/%	气测渗透率 /(10^{-3} μm²)	水测渗透率 /(10^{-3} μm²)	气水交注时机		
				时　机	含水率/%	交注时 S_w/%
NQJ-1	14.41	30	5.04	饱和油后	0	21.93
NQJ-2	15.71	29	5.18	刚刚见水	0	42.75
NQJ-3	15.23	30	3.91	见水 5 min	64.2	59.48
NQJ-4	14.97	28	3.75	见水 10 min	85.4	64.27
NQJ-5	15.64	29	4.58	见水 15 min	95.9	73.45

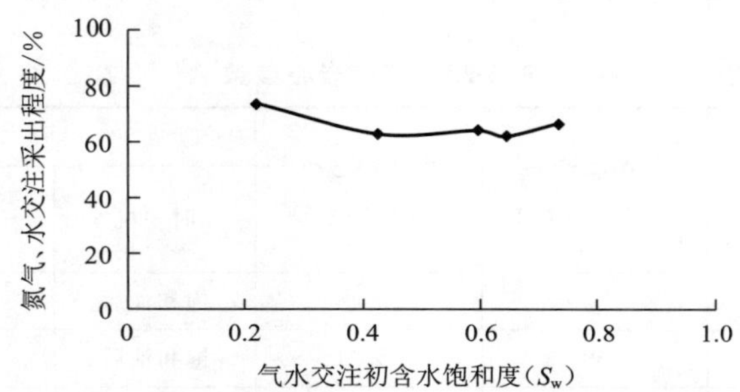

图 5-44　不同注水时机下氮气、水交注采出程度分析

由图 5-44 可知，不同注入时机下氮气、水交注采出程度不同，随着气水交注前水驱过程延长即含水饱和度增加，后续气水交注作用效果逐渐变差，即在饱和油后直接氮气、水交注效果最佳；对于油藏而言，直接应用氮气、水交注要优于水驱一段时间后再进行氮气、水交注。

2. 注入轮次对气水交注效果的影响

由 NQJ-1 实验可知，随着注入轮次增加，采出程度逐渐增加，但各轮次采出程度增加不同。实验通过固定氮气和水总注入量，改变氮气和水各轮次注入量，对比不同注入轮次对氮气、水交注的驱油效果。

由图 5-45 可知，随着气水交注轮次增加，采出程度增幅越来越小。固定总注入量，3 个轮次和 6 个轮次时，采出程度增幅相同，2 个轮次注入时采出程度最低。从降低成本与简化操作角度出发，氮气、水交注现场可采用最佳轮次为 3 轮次。

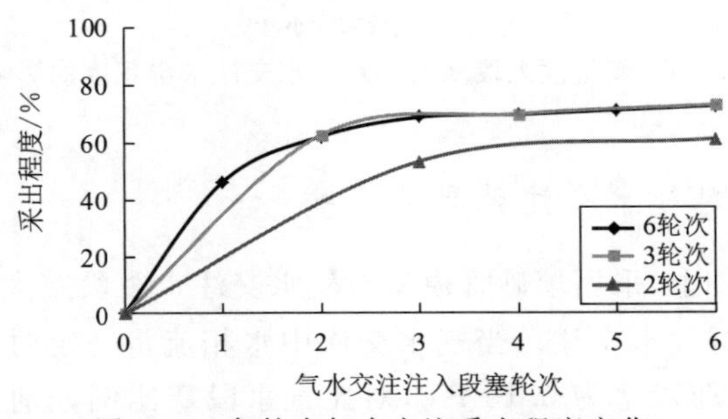

图 5-45　各轮次气水交注采出程度变化

考虑在后期氮气水交注中采出程度各又略微增加，结合前期氮气、水交注效果分析中注入端压力变化，发现在第 6 轮次时最大水驱注入压力发生转折，因此室内实验进行氮气、水交注轮次为 6 轮次，以更好地对比各参数变化下的采出程度。

3. 注气段塞大小对气水交注效果的影响

实验在前期分析基础上，采用填砂管模型对氮气、水交注气段塞大小影响规律进行研究，选择在岩心饱和油后进行氮气、水交注。固定水驱段塞为 0.2 PV，当水气交注中气驱流量一定时，气驱段塞大小可以用气驱时间来间接表示，选择氮气、水交注段塞比例为 1：2，1：1，3：2 和 2：1，因此气驱段塞为 29 s，1 min 3 s，1 min 28 s，2 min 5 s，各气水交注 6 轮次。实验岩心参数和不同时间下的气体段塞大小，如表 5-23 所示。

表 5-23　实验岩心参数

岩心编号	孔隙度/%	气测渗透率/(10^{-3} μm^2)	水测渗透率/(10^{-3} μm^2)	气水交注		
				时　机	气段塞时间	注入压力下气段塞大小/PV
NQJ-6	19.68	62	25.44	饱和油后	29 s	0.07
NQJ-7	19.87	69	26.21	饱和油后	1 min 3 s	0.15
NQJ-8	19.67	67	25.98	饱和油后	1 min 28 s	0.20
NQJ-9	19.46	58	24.35	饱和油后	2 min 5 s	0.30

由图 5-46 可知，随气水交注气体段塞增加，氮气、水交注采出程度先增加后减小，在气体段塞注入时间为 1 min 15 s，即氮气注入段塞大小为 0.15 PV 时，气水交注采出程度达到最佳(接近 80%)。

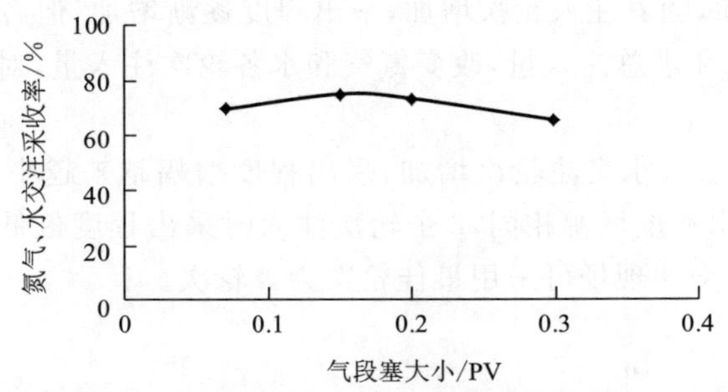

图 5-46　氮气注入段塞大小对气水交注采出程度的影响

4. 注水段塞大小对气水交注效果的影响

实验在前期分析基础上，采用填砂管模型对气水交注水驱段塞大小影响规律进行研究，选择在岩心饱和油后进行气水交注。当气水交注中水相流量一定时，水驱段塞大小可以用水驱时间来间接表示，气驱段塞为 0.15 PV，对比气水段塞比例分别为 1：2，2：3，1：1 和

2∶1 下的原油采出程度，因此水驱段塞为 0.3，0.23，0.15 和 0.08 PV，各气水交注 6 轮次。实验岩心参数和不同时间下的水驱段塞大小如表 5-24 所示。

表 5-24　实验岩心参数

岩心编号	孔隙度/%	气测渗透率 /(10^{-3} μm^2)	水测渗透率 /(10^{-3} μm^2)	气水交注		
				时　机	水驱段塞时间	水驱段塞大小 /PV
NQJ-10	18.48	59	23.99	饱和油后	2 min 6 s	0.30
NQJ-11	19.21	50	25.45	饱和油后	1 min 37 s	0.23
NQJ-12	19.34	59	24.63	饱和油后	1 min 3 s	0.15
NQJ-13	18.71	62	25.71	饱和油后	34 s	0.08

由图 5-47 可知，随气水交注水驱段塞增加，气水交注采出程度逐渐减小，在水驱段塞为 34 s 即 0.08 PV 时，气水交注采出程度达到最佳，达到 73.57%。

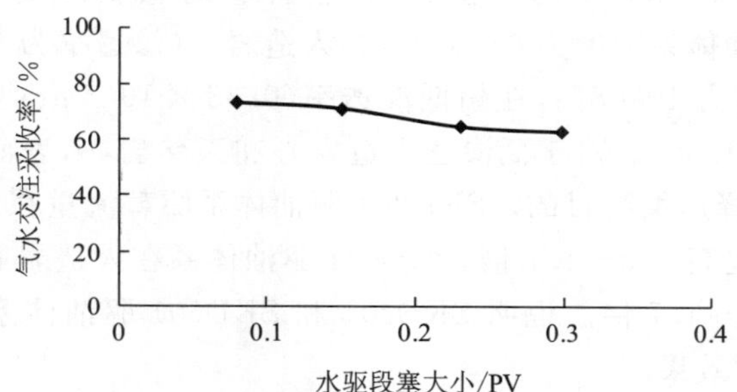

图 5-47　水驱段塞大小对气水交注采出程度的影响

总结上述可知，含水率较低时尤其是油藏刚开始开发便进行氮气水交注，此时进行氮气、水交注效果最好，最佳注入轮次为 3 轮次，最佳水驱段塞大小为 0.08 PV，注入压力下气水比 2∶1。

经过气水交注驱油效果分析和影响因素分析，原油采收率相对气驱有了明显增加，含水率下降，水驱压力逐渐上升，但整体改善驱替效果幅度仍不明显，气窜问题亦没有得到根本解决，仍需要采取其他措施来予以改善。通过调研可知，采用在气驱中注入泡沫液，在储层形成泡沫体系，可以形成一定强度的封堵，延缓气体的窜进，提高水驱波及效果，因此将对泡沫驱技术进行研究。由于注空气相对氮气成本低很多，因此采用空气泡沫技术进行驱替研究，注气参数以前期研究结果为基础。

5.5　裂缝性特低渗油藏高效驱油技术应用性分析与相关建议

根据上述实验优化结果，现针对空气驱、氮气驱、空气与水交替驱、氮气与水交替驱在主力油层天然岩心进行应用性研究，以证明其作用效果的有效性，并为投入产出比评价提供数据。

5.5.1 裂缝性特低渗油藏高效驱油技术应用性分析

1. 裂缝性特低渗油藏水驱应用性分析

上述水驱开发分析实验研究表明，水驱技术可以很好地提高该区主力油层原油采收率。例如CK采油厂注水区采出程度已达到14%，且已超过该采油厂非注水区采出程度8%。总之，注水对于该油田具有非常好的应用潜力。

目前，由于该油田仍有大量区块进行天然能量开发，水驱区域可采储量尚未达到可采储量的1/2，因此水驱开发仍需要进一步进行推广，以提高油田整体开发效果。

2. 主力油层表面活性剂驱应用性分析

结合延长油田高效表面活性剂研制与提高原油采收率评价实验，SKD201驱油体系浓度为0.3%时，在人造岩心（渗透率为 $10\times10^{-3}\ \mu m^2$）动态驱油实验中采收率增加值为10.4%，在超低渗透率（$0.33\times10^{-3}\ \mu m^2$）天然岩心动态驱油实验中采收率增加值为10.65%。SKD601驱油体系浓度为0.3%时，在人造岩心（渗透率为 $10\times10^{-3}\ \mu m^2$）动态驱油实验中采收率增加值为10.08%，在超低渗透率（$0.33\times10^{-3}\ \mu m^2$）天然岩心动态驱油实验中采收率增加值为11.6%。对于低渗透人造岩心和天然岩心，表面活性剂驱驱替流量明显增加，达到了较好的降压增注目的。SKD201驱油体系驱替流量在人造岩心中提高1.2～2.0倍，在天然岩心中提高1.3～1.7倍；SKD601驱油体系在人造岩心中提高1.1～1.7倍，在天然岩心中提高1.4～1.7倍。说明SKD201和SKD601驱油体系在不同油藏均具有较好的适用性与增油增注效果。

3. 主力油层气驱应用性分析

1）空气驱应用性分析

根据空气驱优化结果，对五个试验区天然岩心进行空气驱实验研究，天然岩心空气驱驱替效果如表5-25所示。

表 5-25 天然岩心空气驱效果

试验区	所在层位	孔隙度/%	水驱渗透率/($10^{-3}\ \mu m^2$)	空气驱采出程度/%
WYB油田YM注水区	东部长2	14.35	0.46	45.97
XZC油田W214注水区	西部长2	13.79	0.51	47.66
GGY油田T114井区	东部长6	10.16	0.04	51.91
YN油田SH1和SH2注水站	西部长6	11.93	0.09	48.21
DB油田4930示范区	延9	25.46	22.80	41.23

由实验可知，空气驱可以提高主力油层天然能量开发区域的采收率，室内天然岩心饱和油后气驱采出程度为 41.23%～51.91%。实验中亦可以发现，原油主要聚集于岩石层理中，岩石基质中可驱动原油较少；在气驱过程中，由于基质较密、渗透率特低，驱替压力较高，更易导致窜流，因此在天然岩心中的采收率比人造岩心普遍低；由五个试验区天然岩心物性的差异可知采收率受岩心本身物性的影响变化较大。

2）氮气驱应用性分析

根据氮气驱优化结果，对五个试验区天然岩心进行氮气驱实验研究，天然岩心氮气驱驱替效果如表 5-26 所示。

表 5-26　天然岩心氮气驱效果

试验区	所在层位	孔隙度/%	水驱渗透率/(10^{-3} μm^2)	氮气驱采出程度/%
WYB 油田 YM 注水区	东部长 2	14.35	0.46	51.52
XZC 油田 W214 注水区	西部长 2	13.79	0.51	55.75
GGY 油田 T114 井区	东部长 6	10.16	0.04	46.17
YN 油田 SH1 和 SH2 注水站	西部长 6	11.93	0.09	49.03
DB 油田 4930 示范区	延 9	25.46	22.80	53.18

由实验可知，氮气驱可以提高主力油层天然能量开发区域的采收率，室内天然岩心饱和油后气驱采出程度为 46.17%～55.75%。实验中可发现，同天然岩心空气驱，在氮气驱过程中，由于基质较密、渗透率特低，驱替压力较高，更易导致窜流，因此在天然岩心中的采收率普遍比人造岩心低；由五个试验区天然岩心物性的差异可知采收率受岩心本身物性的影响变化较大。

3）水驱后空气驱应用性分析

根据水驱后空气驱优化结果，对五个试验区天然岩心进行水驱后空气驱实验研究，实验对比了天然岩心单独水驱和水驱后空气驱的驱替效果(表 5-27)。

表 5-27　天然岩心水驱后空气驱效果

试验区	所在层位	孔隙度/%	水驱渗透率/(10^{-3} μm^2)	水驱后气驱再水驱总采收率/%	提高采收率/%
WYB 油田 YM 注水区	东部长 2	14.35	0.46	56.47	3.18
XZC 油田 W214 注水区	西部长 2	13.79	0.51	58.18	5.23
GGY 油田 T114 井区	东部长 6	10.16	0.04	67.81	22.81
YN 油田 SH1 和 SH2 注水站	西部长 6	11.93	0.09	59.74	9.60
DB 油田 4930 示范区	延 9	25.46	22.80	53.33	1.11

对比表 5-2 和表 5-27 可知，水驱后空气驱可以提高主力油层天然岩心的采收率，提高了

1.1%～22.81%。实验中亦可以发现，原油主要聚集于岩石层理中，岩石基质中的可驱动原油较少；在气驱过程中，由于基质较密、渗透率特低，驱替压力较高，更易导致窜流，因此在天然岩心中的采收率普遍比人造岩心低；采收率受岩心本身物性的影响较大。

4）水驱后氮气驱应用性分析

根据水驱后氮气驱研究结果，对五个试验区天然岩心进行水驱后氮气驱实验研究，实验对比了天然岩心单独水驱和水驱后氮气驱的驱替效果（表 5-28）。

表 5-28　天然岩心水驱后氮气驱效果

试验区	所在层位	孔隙度/%	水驱渗透率/($10^{-3}\mu m^2$)	水驱后气驱再水驱总采收率/%	提高采收率/%
WYB 油田 YM 注水区	东部长 2	14.35	0.46	56.36	3.07
XZC 油田 W214 注水区	西部长 2	13.79	0.51	57.95	5.00
GGY 油田 T114 井区	东部长 6	10.16	0.04	52.19	7.19
YN 油田 SH1 和 SH2 注水站	西部长 6	11.93	0.09	56.89	6.75
DB 油田 4930 示范区	延 9	25.46	22.80	61.72	9.50

对比表 5-2 和表 5-28 可知，水驱后氮气驱可以提高主力油层的原油采收率，提高了 3.07%～9.5%；另外，可发现水驱后氮气驱采收率提高程度相对于水驱后空气驱变化要稳定。

5）空气与水交替驱应用性分析

根据空气、水交替驱研究结果，对五个试验区天然岩心进行空气、水交替驱实验研究，实验对比了天然岩心单独水驱和空气、水交替驱的驱替效果（表 5-29）。

表 5-29　天然岩心空气、水交替驱驱油效果

试验区	所在层位	孔隙度/%	水驱渗透率/($10^{-3}\mu m^2$)	气水交注总采收率/%	相对水驱提高采收率/%
WYB 油田 YM 注水区	东部长 2	14.35	0.46	60.24	6.95
XZC 油田 W214 注水区	西部长 2	13.79	0.51	61.94	8.99
GGY 油田 T114 井区	东部长 6	10.16	0.04	68.13	23.13
YN 油田 SH1 和 SH2 注水站	西部长 6	11.93	0.09	67.56	17.42
DB 油田 4930 示范区	延 9	25.46	22.80	62.59	10.37

对比表 5-2 和表 5-29 可知，空气与水交替驱效果要优于空气驱，相对于单纯水驱主力油层天然岩心的采收率提高了 6.95%～23.13%。

6）氮气与水交替驱应用性分析

根据氮气、水交替驱研究结果，对五个试验区天然岩心进行氮气、水交替驱实验研究，实验对比了天然岩心单独水驱和氮气、水交替驱的驱替效果（表 5-30）。

表 5-30　天然岩心氮气、水交替驱驱油效果

试验区	所在层位	孔隙度/%	水驱渗透率/($10^{-3}\ \mu m^2$)	气水交注总采收率/%	相对水驱提高采收率/%
WYB 油田 YM 注水区	东部长 2	14.35	0.46	62.83	9.54
XZC 油田 W214 注水区	西部长 2	13.79	0.51	62.73	9.78
GGY 油田 T114 井区	东部长 6	10.16	0.04	57.81	12.81
YN 油田 SH1 和 SH2 注水站	西部长 6	11.93	0.09	60.37	10.23
DB 油田 4930 示范区	延 9	25.46	22.80	63.95	11.73

由实验可知，氮气与水交替驱效果要优于单独氮气驱，相对于单纯水驱可以提高主力油层的原油采收率，提高了 9.5%～12.8%；由于氮气相对于空气更易发生混相，氮气与水交替驱采收率提高幅度比空气与水交替驱稳定。

由上述实验可知，主力油层直接气驱、水驱后气驱和气水交注等技术可以明显地提高岩心的采收率，气水交注要优于水驱后气驱和单纯水驱。然而，气驱存在着提高原油采出程度不稳定、容易引起气窜等问题，要求进行气驱应用时充分结合矿场实际，以最大地提高现场开发效果。

4. 主力油层高效驱油技术应用性对比

根据上述提高采收率实验结果，得到各高效驱油关键技术提高采收率结果，如表 5-31 所示。由表 5-31 可得不同试验区所适宜的高效驱油关键技术，如表 5-32 所示。

由主力油层水驱、表面活性剂驱、气驱应用性实验分析，可知水驱可以提高该区主力油层采出程度，可以继续推广注水试验，扩大注水规模；表面活性剂驱(SKD201 和 SKD601 驱油体系)可以较好地应用于主力油层，该技术提高采收率效果明显、稳定，且对不同油层具有较好的适用性，因此可以在各试验区进行注表面活性剂开发；气驱技术在一定程度上可以提高原油采出程度，但对不同试验区效果差异较大，或高于或低于表面活性剂驱提高采出率数值，而且气驱存在一定气体窜进问题，因此现场应用时需针对性选择气驱技术进行应用。

表 5-31　各高效驱油关键技术提高采收率结果

<table>
<tr><th rowspan="2">试验区</th><th rowspan="2">水驱总采收率/%</th><th colspan="2">气驱总采收率/%</th><th rowspan="2">表面活性剂驱提高采收率/%</th><th colspan="2">水驱后气驱提高采收率/%</th><th colspan="2">气水交注提高采收率/%</th></tr>
<tr><th>空气</th><th>氮气</th><th>空气</th><th>氮气</th><th>空气</th><th>氮气</th></tr>
<tr><td>WYB 油田 YM 注水区</td><td>53.29</td><td>45.97</td><td>51.52</td><td rowspan="4">10.65～11.6</td><td>3.18</td><td>3.07</td><td>6.95</td><td>9.54</td></tr>
<tr><td>XZC 油田 W214 注水区</td><td>52.95</td><td>47.66</td><td>55.75</td><td>5.23</td><td>5.00</td><td>8.99</td><td>9.78</td></tr>
<tr><td>GGY 油田 T114 注水区</td><td>45.00</td><td>51.91</td><td>46.17</td><td>22.81</td><td>7.19</td><td>23.13</td><td>12.81</td></tr>
<tr><td>YN 油田 SH1 和 SH2 注水站</td><td>50.14</td><td>48.21</td><td>49.03</td><td>9.60</td><td>6.75</td><td>17.42</td><td>10.23</td></tr>
<tr><td>DB 油田 4930 示范区</td><td>52.22</td><td>41.23</td><td>53.18</td><td>10.4～10.08</td><td>1.11</td><td>9.50</td><td>10.37</td><td>11.73</td></tr>
</table>

表 5-32 由提高采收率结果得到的不同试验区所适宜的高效驱油关键技术

试验区	根据采收率得到的高效驱油关键技术		
	适合注水天然能量开发区域	不适合注水天然能量开发区域	注水区域
WYB 油田 YM 注水区	扩大水驱	氮气驱	表面活性剂驱
XZC 油田 W214 注水区	扩大水驱	氮气驱	表面活性剂驱
GGY 油田 T114 注水区	扩大水驱	空气驱	表面活性剂驱、水驱后空气驱、空气与水交注
YN 油田 SH1 和 SH2 注水站	扩大水驱	氮气驱	表面活性剂驱、空气与水交注
DB 油田 4930 示范区	扩大水驱	氮气驱	表面活性剂驱、空气或氮气与水交注

上述应用性分析是以提高原油开发效果为基础，未考虑应用工艺成本与材料成本，以下将对各高效驱油技术进行投入产出比分析，以确定各技术在不同试验区的应用潜力。

5.5.2 裂缝性特低渗油藏高效驱油技术投入产出比评价

经过上述高效驱油技术研究与应用性分析，得到了各驱油技术提高采收率的效果，下面将进行各技术投入产出比评价，以分析该技术在主力油层不同试验区的适应性。由于水驱技术已应用且被证实有较好效果，此处不再进行水驱投入产出比分析，而仅仅考虑气驱、水驱后气驱、气水交注和表面活性剂驱。投入产出比分析中的产品价格按照目前产品平均市场价格。

1）空气驱投入产出比

空气驱本身气源无成本，因此成本主要为人员成本、机器运行成本和日常生产耽搁成本。假设人员成本为 3 000 元/(月·人)，以 4 人计，机器运行成本为 3 万元，日常生产耽搁成本按照注入时无法开井生产计，空气注入时间按照 45 d 计，空气驱提高采收率幅度按照天然岩心室内实验结果计(天然能量采收率按 5%计)，原油销售价按照 3 000 元/t 计算。五个试验区井距、采油增加、投入、产出等参数如表 5-33 所示。

表 5-33 空气驱投入产出比

试验区	WYB	XZC	GGY	YN	DB
注水井单井控制面积/m^2	200 000	42 000	75 000	250 000	360 000
井网类型	菱形反七点法	反七点法	五点法	五点法	菱形反九点法
地层厚度/m	7	17	15	27	7.63
注入量/PV	0.45	0.45	0.45	0.45	0.45
注入量/m^3	49 959	35 504	27 312	205 821	122 926

续表

试验区	WYB	XZC	GGY	YN	DB
材料成本/元	0	0	0	0	0
注入天数/d	45	45	45	45	45
运行成本/元	30 000	30 000	30 000	30 000	30 000
人员成本/元	18 000	18 000	18 000	18 000	18 000
产量/$(t \cdot d^{-1})$	0.2	1.98	0.3	1.5	5.5
生产耽搁成本/元	6 000	59 400	9 000	45 000	165 000
采收率增幅/%	40.97	42.66	46.91	43.21	36.23
产量增幅/t(按 100 d 计)	49.164	506.800 8	56.292	259.26	1 594.12
成本/元	54 000	107 400	57 000	93 000	213 000
产出/元	147 492	1 520 402.4	168 876	777 780	4 782 360
投入产出比	1∶2.73	1∶14.16	1∶2.96	1∶8.36	1∶22.45

2）氮气驱投入产出比

氮气驱气源需要成本，因此成本主要为氮气成本、人员成本、机器运行成本和日常生产耽搁成本。假设氮气成本为 1 050 元/m^3（因为为液氮，计算时需折算），人员成本为 3 000 元/(月·人)，以 4 人计，机器运行成本为 3 万元，日常生产耽搁成本按照注入时无法开井生产计，氮气注入时间按照 45 d 计，原油销售价按照 3 000 元/t 计算。五个试验区井距、采油增加、投入、产出等参数如表 5-34 所示。

表 5-34　氮气驱投入产出比

试验区	WYB	XZC	GGY	YN	DB
水井单井控制面积/m^2	200 000	42 000	75 000	250 000	360 000
井网类型	菱形反七点法	反七点法	五点法	五点法	菱形反九点法
地层厚度/m	7	17	15	27	7.63
注入量/PV	0.45	0.45	0.45	0.45	0.45
注入量/m^3	186	228	132	2 035	1 242
材料成本/元	195 338	239 672	138 387	2 137 143	1 304 129
注入天数/d	45	45	45	45	45
运行成本/元	30 000	30 000	30 000	30 000	30 000
人员成本/元	18 000	18 000	18 000	18 000	18 000
产量/$(t \cdot d^{-1})$	0.2	1.98	0.3	1.5	5.5
生产耽搁成本/元	6 000	59 400	9 000	45 000	165 000
采收率增幅/%	46.52	50.75	41.17	44.03	48.18

续表

试验区	WYB	XZC	GGY	YN	DB
产量增幅/t(按 100 d 计)	55.824	602.91	49.404	264.18	2 119.92
成本/元	249 338	347 072	195 387	2 230 143	1 517 129
产出/元	167 472	1 808 730	148 212	792 540	6 359 760
投入产出比	1∶0.67	1∶5.21	1∶0.76	1∶0.36	1∶4.19

3）水驱后空气驱投入产出比

空气驱本身气源无成本，因此成本主要为人员成本、机器运行成本和日常生产耽搁成本。假设人员成本为 3 000 元/(月・人)，以 4 人计，机器运行成本为 3 万元，日常生产耽搁成本按照注入时无法开井生产计，空气注入时间按照 45 d 计，原油销售价按照 3 000 元/t 计算。五个试验区井距、采油增加、投入、产出等参数如表 5-35 所示。

表 5-35　水驱后空气驱投入产出比

试验区	WYB	XZC	GGY	YN	DB
注水井单井控制面积/m^2	200 000	42 000	75 000	250 000	360 000
井网类型	菱形反七点法	反七点法	五点法	五点法	菱形反九点法
地层厚度/m	7	17	15	27	7.63
注入量/PV	0.45	0.45	0.45	0.45	0.45
注入量/m^3	49 959	35 504	27 312	205 821	122 926
材料成本/元	0	0	0	0	0
注入天数/d	45	45	45	45	45
运行成本/元	30 000	30 000	30 000	30 000	30 000
人员成本/元	18 000	18 000	18 000	18 000	18 000
产量/($t \cdot d^{-1}$)	0.2	1.98	0.3	1.5	5.5
生产耽搁成本/元	6 000	59 400	9 000	45 000	165 000
产量增幅/t(按 100 d 计)	3.816	62.132 4	27.372	57.6	48.84
成本/元	54 000	107 400	57 000	93 000	213 000
产出/元	11 448	186 397.2	82 116	172 800	146 520
投入产出比	1∶0.21	1∶1.74	1∶1.44	1∶1.86	1∶0.69

4）水驱后氮气驱投入产出比

氮气驱气源需要成本，因此成本主要为氮气成本、人员成本、机器运行成本和日常生产耽搁成本。假设氮气成本为 1 050 元/m^3(因为为液氮，计算时需折算)，人员成本为 3 000 元/(月・人)，以 4 人计，机器运行成本为 3 万元，日常生产耽搁成本按照注入时无法开井生产计，氮气注入时间按照 45 d 计，原油销售价按照 3 000 元/t 计算。五个试验区井距、采油增加、投入、产出等参数如表 5-36 所示。

表 5-36　水驱后氮气驱投入产出比

试验区	WYB	XZC	GGY	YN	DB
水井单井控制面积/m^2	200 000	42 000	75 000	250 000	360 000
井网类型	菱形反七点法	反七点法	五点法	五点法	菱形反九点法
地层厚度/m	7	17	15	27	7.63
注入量/PV	0.45	0.45	0.45	0.45	0.45
注入量/m^3	186	228	132	2 035	1 242
材料成本/元	195 338	239 672	138 387	2 137 143	1 304 129
注入天数/d	45	45	45	45	45
运行成本/元	30 000	30 000	30 000	30 000	30 000
人员成本/元	18 000	18 000	18 000	18 000	18 000
产量/($t \cdot d^{-1}$)	0.2	1.98	0.3	1.5	5.5
生产耽搁成本/元	6 000	59 400	9 000	45 000	165 000
产量增幅/t 按(100 d 计)	3.816	62.132 4	27.372	57.6	48.84
成本/元	249 338	347 072	195 387	2 230 143	1 517 129
产出/元	11 448	186 397.2	82 116	172 800	146 520
投入产出比	1∶0.05	1∶0.54	1∶0.42	1∶0.08	1∶0.10

5）空气、水驱交注投入产出比

空气与水交替驱本身气源无成本，因此成本主要为人员成本、机器运行成本和日常生产耽搁成本。假设人员成本为 3 000 元/(月・人)，以 4 人计，机器运行成本为 3 万元，日常生产耽搁成本按照注入时无法开井生产计，空气注入时间按照 45 d 计，原油销售价按照 3 000 元/t 计算，五个试验区井距、采油增加、投入、产出等参数如表 5-37 所示。

表 5-37　空气与水驱交替驱投入产出比

试验区	WYB	XZC	GGY	YN	DB
水井单井控制面积/m^2	200 000	42 000	75 000	250 000	360 000
井网类型	菱形反七点法	反七点法	五点法	五点法	菱形反九点法
地层厚度/m	7	17	15	27	7.63
注入量/PV	0.45	0.45	0.45	0.45	0.45
注入量/m^3	49 959	35 504	27 312	205 821	122 926
材料成本/元	0	0	0	0	0
注入天数/d	45	45	45	45	45
运行成本/元	30 000	30 000	30 000	30 000	30 000

续表

试验区	WYB	XZC	GGY	YN	DB
人员成本/元	18 000	18 000	18 000	18 000	18 000
产量/(t·d^{-1})	0.2	1.98	0.3	1.5	5.5
生产耽搁成本/元	6 000	59 400	9 000	45 000	165 000
产量增幅/t(按 100 d 计)	8.34	106.801 2	27.756	104.52	456.28
成本/元	54 000	107 400	57 000	93 000	213 000
产出/元	25 020	320 403.6	83 268	313 560	1 368 840
投入产出比	1∶0.46	1∶2.98	1∶1.46	1∶3.37	1∶6.43

6）氮气、水驱交注投入产出比

氮气与水交替驱气源需要成本，因此成本主要为氮气成本、人员成本、机器运行成本和日常生产耽搁成本。假设氮气成本为 1 050 元/m^3(因为为液氮，计算时需折算)，人员成本为 3 000 元/(月·人)，以 4 人计，机器运行成本为 3 万元，日常生产耽搁成本按照注入时无法开井生产计，氮气注入时间按照 45 d 计，原油销售价按照 3 000 元/t 计算。五个试验区井距、采油增加、投入、产出等参数如表 5-38 所示。

表 5-38　氮气与水驱交替驱投入产出比

试验区	WYB	XZC	GGY	YN	DB
水井单井控制面积/m^2	200 000	42 000	75 000	250 000	360 000
井网类型	菱形反七点法	反七点法	五点法	五点法	菱形反九点法
地层厚度/m	7	17	15	27	7.63
注入量/PV	0.45	0.45	0.45	0.45	0.45
注入量/m^3	186	228	132	2 035	1 242
材料成本/元	195 338	239 672	138 387	2 137 143	1 304 129
注入天数/d	45	45	45	45	45
运行成本/元	30 000	30 000	30 000	30 000	30 000
人员成本/元	18 000	18 000	18 000	18 000	18 000
产量/(t·d^{-1})	0.2	1.98	0.3	1.5	5.5
生产耽搁成本/元	6 000	59 400	9 000	45 000	165 000
产量增幅/t(按 100 d 计)	11.448	116.186 4	15.372	61.38	516.12
成本/元	249 338	347 072	195 387	2 230 143	1 517 129
产出/元	34 344	348 559.2	46 116	184 140	1 548 360
投入产出比	1∶0.14	1∶1.00	1∶0.24	1∶0.08	1∶1.02

7）*表面活性剂驱投入产出比*

表面活性驱可以通过地面联合站、注水站或井口拌注、滴注等形式进行注入，无须额外的驱替泵等设备及相关运行机器成本，人员成本和日常生产耽搁成本可忽略，因此成本主要为表面活性剂药剂成本。假设表面活性剂成本为 10 000 元/t，表面活性剂浓度为 0.3%，表面活性剂驱有效期按 300 d 计算，原油销售价按照 3 000 元/t 计算。五个试验区井距、采油增加、投入、产出等参数如表 5-39 所示。

表 5-39　表面活性剂驱投入产出比

试验区	WYB	XZC	GGY	YN	DB
水井单井控制面积/m^2	200 000	42 000	75 000	250 000	360 000
井网类型	菱形反七点法	反七点法	五点法	五点法	菱形反九点法
地层厚度/m	7	17	15	27	7.63
表面活性剂注入量/PV	0.2	0.2	0.2	0.2	0.2
表面活性剂段塞注入量/m^3	22 204	15 779	12 139	91 476	54 634
表面活性剂注入量/t	73.27	52.07	40.06	301.87	180.29
材料成本/元	732 732.00	520 720.20	400 578.75	3 018 708.00	1 802 917.12
注入天数/d	—	—	—	—	—
运行成本/元	0	0	0	0	0
人员成本/元	0	0	0	0	0
产量/($t\cdot d^{-1}$)	0.2	1.98	0.3	1.5	5.5
生产耽搁成本/元	0	0	0	0	0
采收率增加/%	11.6	11.6	11.6	11.6	10.4
产量增幅/t(按 300 d 计)	41.76	413.424	41.76	208.8	1 372.8
成本/元	732 732	520 720.2	400 578.75	3 018 708	1 802 917.116
产出/元	125 280	1 240 272	125 280	626 400	4 118 400
投入产出比	1∶0.17	1∶2.38	1∶0.31	1∶0.21	1∶2.28

从投入产出比分析（表 5-40）可知，水驱后气驱、气水交注技术、表面活性剂投入产出比整体较高，主要是因为其提高采收率数值是与水驱效果进行对比，因此提高采收率幅度数值相对于气驱明显偏小，另外由于水驱后气驱和气水交注技术中气体窜进严重、注氮气和表面活性剂技术药品成本较高，因此在注水区应用各高效驱油技术时，需要考虑成本和原油产出。气驱技术虽然提高采收率幅度非常有限，相对水驱后气驱、气水交注和表面活性剂驱技术，气驱投入产出比数值明显偏低，原因为气驱技术投入产出评价是与天然能量开发效果进行对比，总体而言，气驱技术对于水资源匮乏区域油层开发仍具有一定的应用潜力。

表 5-40 投入产出比汇总

复合气驱技术	WYB	XZC	GGY	YN	DB
空气驱	1∶2.73	1∶14.16	1∶2.96	1∶8.36	1∶22.45
氮气驱	1∶0.67	1∶5.21	1∶0.76	1∶0.36	1∶4.19
水驱后空气驱	1∶0.21	1∶1.74	1∶1.44	1∶1.86	1∶0.69
水驱后氮气驱	1∶0.05	1∶0.54	1∶0.42	1∶0.08	1∶0.10
空气、水交注	1∶0.46	1∶2.98	1∶1.46	1∶3.37	1∶6.43
氮气、水交注	1∶0.14	1∶1.00	1∶0.24	1∶0.08	1∶1.02
表面活性剂驱	1∶0.17	1∶2.38	1∶0.31	1∶0.21	1∶2.28

天然能量开发区域进行空气驱时，由于空气驱无气源成本而投入产出比较低，整体小于1∶2.7，其中DB油田4930区域由于产油量较高而空气驱投入产出比数值最低，WYB和GGY试验区由于产油量较低而空气驱投入产出比数值较高。天然能量开发区域进行氮气驱时，由于氮气驱成本较高，因此五个试验区氮气驱投入产出比较高，仅XZC和DB试验区投入产出比小于1，其余三个试验区投入产出比均大于1。

对于水驱后空气驱，仅仅XZC，GGY，YN三个试验区水驱后空气驱投入产出比小于1，其他试验区进行水驱后空气驱投入产出比大于1，而水驱后氮气驱在五个试验区投入产出比均大于1。因此说明水驱后空气驱在五个试验区应用性较差。

对于空气、水交注技术，WYB投入产出比最高，仅DB和YN试验区投入产出比在1∶3以下，GGY和XZC试验区投入产出比介于1∶1～1∶3之间；氮气、水交注技术因为注入氮气增加了气源成本，投入产出比数值普遍偏高，基本在1∶1以上，因此氮气、水驱交注技术不建议进行应用，但是注氮气要比注空气安全许多。

对于表面活性剂驱技术，虽然该技术在各试验区提高采收率效果稳定，但由于表面活性剂药品成本较高，因此其投入产出比并不比空气驱技术低。由表5-40可知，仅XZC和DB试验区投入产出比低于1∶1，达到1∶2.2以下。因此，建议在XZC和DB试验区应用表面活性剂驱技术。

对比各高效驱油技术在不同试验区投入产出比数值大小，得到各试验区适宜的高效驱油关键技术。但考虑水驱、表面活性剂驱和气驱技术应用中的诸多问题，如表面活性剂驱提高采收率效果明显且已广泛应用于许多采油厂，气驱容易引起气窜，注空气会引起一定腐蚀和安全问题，因此综合考虑各高效驱油技术提高采收率效果和各技术应用条件(包括储层埋深、沉积微相、裂缝发育、原油黏度、含油饱和度、含水率等)，得到最终不同试验区所适宜的高效驱油关键技术，如表5-41和表5-42所示。各试验区建议扩大注水开发规模；表面活性剂驱技术优先在XZC和YN试验区应用，其次在DB和GGY应用，WYB再次之；对于气驱技术，空气驱技术可以优先在XZC，YN，DB等三个试验区的天然能量开发区域进行试验，氮气驱技术可以在XZC和DB试验区的天然能量开发区域进行先导试验，空气水交注技术建议仅在DB和YN试验区进行采用，氮气水交注技术不建议在试验区进行应用，由于水驱后气驱技术投入产出比明显偏高，且仅仅 XZC，GGY，YN 三个试验区水驱后空气驱投入产出比小于 1，因此仅仅 XZC，GGY，YN 三个试验区可进行水驱后空气驱先导性试验确定水驱后气驱效果，但整体不建议进行水驱后气驱技术应用。

表 5-41　由投入产出比结果得到的不同试验区所适宜的高效驱油关键技术

试验区	根据采收率得到的高效驱油关键技术		
	适合注水天然能量开发区域	不适合注水天然能量开发区域	注水区域
WYB 油田 YM 注水区	建议扩大水驱	不建议气驱	—
XZC 油田 W214 注水区	建议扩大水驱	空气驱(优先)、氮气驱	空气、水交注和表面活性剂驱(优先)，水驱后空气驱
GGY 油田 T114 注水区	建议扩大水驱	不建议气驱	空气、水交注(优先)，水驱后空气驱
YN 油田 SH1 和 SH2 注水站	建议扩大水驱	空气驱	空气、水交注(优先)，水驱后空气驱
DB 油田 4930 示范区	建议扩大水驱	空气驱(优先)、氮气驱	空气、水交注，表面活性剂驱

表 5-42　不同试验区所适宜的高效驱油关键技术

高效驱油技术		试验区				
		WYB	XZC	GGY	YN	DB
水　驱		√√√	√√√	√√√	√√√	√√√
表面活性剂驱		√	√√√	√√	√√√	√√
气　驱	空气驱		√		√	√
	氮气驱		√			√
	水驱后空气驱					
	水驱后氮气驱					
	空气、水交注		√	√		√√
	氮气、水交注					

5.5.3　裂缝性特低渗油藏高效驱油技术应用相关建议

1. 裂缝性特低渗油藏气驱与表面活性剂应用所面临的问题

1）裂缝性特低渗油藏气驱所面临的问题

通过主力油层气驱应用性分析和投入产出比评价，可知气驱和气水交注技术对于该区主力油层具有一定的适用性。虽然气源可以在室内注入天然岩心，然而注气技术在现场应用过程中，由于在高围压和上覆岩层压力下储层渗透性较差、岩石孔喉半径小、毛管力高等，因此注气面临着注气压力高，甚至“注不进”的问题。所以在现场气驱和气水交注技术应用前,需要对物性较差的近井地带进行预处理,以增加地层注气能力。

注空气地层的特点是地层温度高,石油活性强,其现场作业都见到明显增油效果。矿场经验表明,油藏埋藏越深,温度越高,实施条件越好;高压提高了混相能力,高温提高了氧的利用率。然而,对于该区主力油层空气驱和空气、水交替驱,由于储层埋藏较浅,油藏温度低,实际空气与原油发生低温氧化,因此在气窜情况下,产出气体中氧气浓度会偏高,所以会有一定的危险性;另外,产出液中的溶解氧亦会对生产管柱产生一定腐蚀。因此围绕空气驱和空气、水交替驱,相应的防爆、防腐蚀等措施需要进行充分考虑。由于氮气驱不存在上述氧气浓度问题,因此注氮气要比注空气安全许多。

对于主力油层气驱主要考虑两方面建议:一是增加地层注气能力,二是注空气的安全性分析。

2) 裂缝性特低渗油藏表面活性剂驱应用所面临的问题

由于主力油层为低渗、特低渗储层,储层孔喉小,泥质含量高,油层在进行表面活性剂驱时面临着吸附和滞留量大的问题;另外,表面活性剂驱药剂较高的价格也限制了表面活性剂驱技术的应用范围和规模[189-191]。因此,对于该区主力油层应用表面活性剂驱技术过程中,应采取措施降低表面活性剂的吸附、滞留量,提高表面活性剂驱作用效率,同时应尽可能研制与优选价格更加低廉的表面活性剂药剂。另外,由于该区主力油层 Ca^{2+},Mg^{2+} 等金属离子浓度高,矿化度高,表面活性剂驱研制过程中,还需考虑药剂与储层流体的配伍性,以降低表面活性剂在地层中发生沉淀的可能性,防止形成地层堵塞,以提高表面活性剂的应用效果。

2. 裂缝性特低渗油藏气驱与表面活性剂驱应用相关建议

1) 裂缝性特低渗油藏气驱相关建议

(1) 裂缝性特低渗油藏注气预处理。

为了增加油田低渗、特低渗储层注气能力,降低气水转换过程中的注气压力,需要在气驱前对近井带进行相应预处理。

对于储层物性较差、近井带人工或天然裂缝发育较少的注气井,注气前首先进行洗井,对井筒及近井带内的污垢、沉淀等进行充分清洗,以降低注气时对储层的堵塞;洗井完毕后对该井进行酸化处理,以增加近井带的气体渗流能力;酸化完毕后安装注气井口及管柱等,正式开始注气。对于储层物性较好、短时间内进行近井带压裂或酸化改造的井,可优先选择进行注气试验。

注气前,应关闭注水井进行降压或防喷降压,对地面注入管线进行放空后切换为注气管线,打开井口生产闸门和井口安全阀,使安全阀处于人工控制状态,之后再进行正式注气。

气水转换由注气改注水时,应打开防空闸门,对注气管线中气体进行泄压,并将井下高压气柱替换为高压水柱,之后再进行正式注水,注入中应添加缓蚀剂和黏土稳定剂,分别降低对注采管柱和储层的伤害。

为了提高气驱的效率,同时降低气窜程度,目前国内部分油藏采取了提前进行深部调驱或堵水的方式,增加气体流动阻力,同时封堵地层深部和油井近井带的高渗渗流通道。

(2) 裂缝性特低渗油藏气驱防爆防腐措施。

① 压缩机及其容量设计。

国外高压注气一般采用多级往复式压缩机或多级螺旋式压缩机与往复式压缩机结合，其优点是总体积小，成本较低。对于先导试验和大规模的实施来说，空气需求量有较大变化，因此气体压缩机容量早期设计非常关键，对于该区主力油层，由于储层渗透性差，启动压力高，因此气体压缩机应满足一定的注气压力要求。

② 系统工程与安全环境设计。

在整个注气过程中应严格进行管理和监测。例如，注入气体自动计量，产出气体应进行产出氧气浓度检测；注气井安装井口控制器，防止回流和过高压力；所有管子建议经钝化处理，以减轻内部生锈、腐蚀和结垢程度；气体压缩机采用特殊高温润滑剂，降低爆炸的危险；准备两台气体压缩机，留有余量，以保证注气量恒定等等。过程中一旦出现故障，还备有应急补救措施。

③ 防爆防腐措施。

实施注空气项目时需要考虑的安全和腐蚀问题主要有四项：第一，防止由于润滑剂或润滑剂沉积造成压缩机和管线内的爆炸。建议采用合成双酯润滑剂，定期清除管道内的润滑剂沉积，压缩机应有足够的级数，排气温度在 149 ℃以下，可防止爆炸的发生。第二，防止停注和重新启动后烃向井筒回流造成注入井内爆炸。国外油田注空气的开发试验过程中，一般是当压缩机的停机时间超过 30 min 时，就采用一套净化系统，向井内泵入氮气、水或 2% 的氯化钾水溶液，将剩余的空气推入地层，以阻止烃向井筒回流。其中氯化钾水溶液用于防止地层黏土遇淡水膨胀，与氮气相比，成本低，但在井筒条件下，氯化钾水与氧气的混合物反应会造成注气井的油管和套管严重腐蚀损坏，应在装涂料油管的注气井中使用。经过几个月的注气开采后，当近井筒的烃大部分已燃烧掉或被驱替时，方可停止使用洗井液系统。第三，防止由于氧气突破造成生产设施内爆炸。目前，主要是通过监测产出流体中的氧气而加以预防。如采用与现场自动化防控、警报系统相连的氧气探测器监测生产，测试设备中的氧气含量，产出气样定期送往实验室做分析等。第四，防止高压氧腐蚀注气井井下管柱。目前，建议注气井采用防腐套管和防腐油管(如涂料油管)，可采用封隔器隔离环空，并充填防腐剂，以防止油管被腐蚀。

2) 裂缝性特低渗油藏表面活性剂驱相关建议

对于适应该区主力油层的表面活性剂研制，在此不涉及，仅仅建议在优选与研制过程中充分控制表面活性剂的价格，得到一种性能优异、价格低廉的表面活性剂，以降低表面活性剂驱技术的投入产出比。

另外，为了提高在油层中驱替的表面活性剂的应用效率，需要降低表面活性剂的吸附、滞留量。目前，对于降低表面活性剂吸附、滞留量的方法主要有两种：一是化学法，通过提前注入盐水段塞、牺牲剂段塞(如木质素类表面活性剂、醇类表面活性剂)等进行预冲洗，使牺牲剂提前吸附在渗流通道表面，以增加后续表面活性剂主段塞的作用效果；二是物理法，目前已知可以通过低频谐振波采油技术复合表面活性剂驱，增加表面活性剂在渗流通道中的渗流速度和储层岩石的亲水性等，实现表面活性剂作用效率的提高，对于低频谐振波采油技术复合表面活性剂驱的机理研究与增加原油采收率幅度分析，将在第六章涉及。

在表面活性剂驱研制过程中，还需考虑药剂与储层流体的配伍性，以降低表面活性剂在地层中发生沉淀的可能性，防止形成地层堵塞，降低表面活性剂应用效果。

除了上述措施，目前部分油田为了提高表面活性剂驱效果，采取了提前调驱的措施，通过降低油水井间渗流速度，封堵大的裂缝或通道，以提高表面活性剂驱的波及系数，同时增加表面活性剂与死油区原油的接触时间，增加洗油效率。

第6章　裂缝性特低渗油藏低频谐振波-化学复合驱油关键技术

低频谐振波采油技术是一种物理法采油技术，利用声学物理场的传播来提高油藏原油产量。低频谐振波采油技术单独应用时提高采收率幅度有限，但其作用面积大，可以达到“一井施工、多井受效”的目的；而且，低频谐振波采油技术可增加流体在多孔介质中的渗流速度，对于化学调驱或驱油过程中降低药品损耗和流体注入摩阻、增加调驱深度等具有一定作用。将低频谐振波-化学复合驱油提高原油采收率技术复合应用，可以优势互补，进一步提高原油采收率。

裂缝性特低渗油藏低频谐振波-化学复合驱油关键技术包括低频谐振波复合空气泡沫驱关键技术、低频谐振波复合凝胶调驱关键技术、低频谐振波复合表面活性剂驱关键技术三方面的研究。低频谐振波-化学复合驱油关键技术研究，需要以复合气驱技术、自适应双向调驱技术、表面活性剂驱研究结果为基础，进行影响机理分析，研究复合驱油过程中的最佳低频谐振波参数。

首先，针对低频谐振波-化学复合驱油关键技术，分别开展低频谐振波提高原油采收率机理、低频谐振波对泡沫和泡沫驱影响机理、低频谐振波对凝胶和凝胶调驱影响机理、低频谐振波对表面活性剂静态洗油、乳化和动态驱油影响机理的理论研究，确定最佳低频谐振波参数，使复合驱油关键技术提高采收率效果达到最优，并确保低频谐振波-化学复合驱油关键技术在主力油层具有较好的应用可行性[192-197]，然后进行低频谐振波-化学复合驱油关键技术现场应用集成分析和相应的投入产出经济评价。

为更好地分析低频谐振波-化学复合驱油作用机理，首先对低频谐振波采油技术对裂缝性特低渗油藏天然岩心渗流和岩石物性、流体物性的影响机理进行分析，然后在此基础上分析低频谐振波对泡沫驱、凝胶驱、表面活性剂驱过程的影响。

6.1　低频谐振波主控因素和影响规律

以下将通过岩心驱替实验或流体静态性能评价实验，分析低频谐振波影响采油的主要因素和作用规律[198-203]，为低频谐振波如何影响化学驱油提供技术思路指导。

6.1.1 低频谐振波对水驱渗流规律的影响

低频谐振波对水驱渗流规律的影响包括低频谐振波对水驱采收率、储层岩石渗透率和储层岩石油水两相渗透率的影响。

1. 低频谐振波对水驱采收率的影响

使用砂岩岩心实验时，一块岩心选用几种频率(振动加速度一致)振动，每个频率下分别测出振动时的采收率。先用地层水作为束缚水，测出不振动条件下岩心的无水采收率和最终采收率，然后用模拟油驱替到只有束缚水，这时才能选用某个频率和振强，在振动条件下测定水驱无水采收率和最终采收率；换一个频率振动，再重复这个过程。按这种方法对三块岩心进行了测试，实验岩心的基本数据如表 6-1 所示。

表 6-1 实验岩心的基本数据

岩心号	岩样直径/cm	岩样长度/cm	渗透率/(10^{-3} μm^2)	孔隙度/%
T1	2.485	7.31	22.9	15.9
T2	2.52	7.09	3.25	16.7
T3	2.508	8.81	0.41	10.4

图 6-1 是一般低渗岩心的实验结果，图 6-2 是特低渗岩心的实验结果，图 6-3 是超低渗岩心的实验结果。由实验结果可以看出，一般情况下在保持水驱油速度、振幅等参数基本不

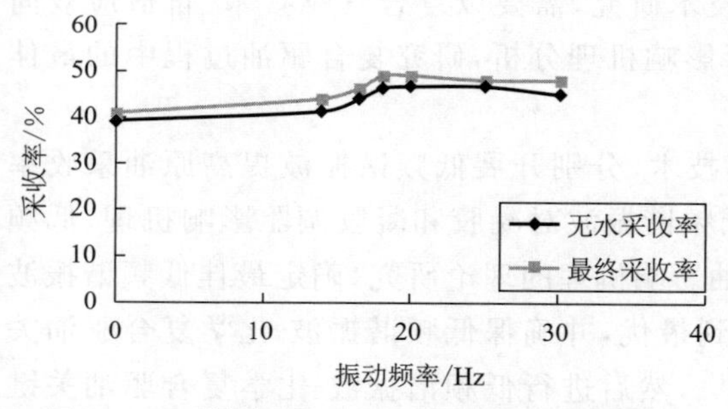

图 6-1 T1 低渗岩心采收率与振动频率的关系

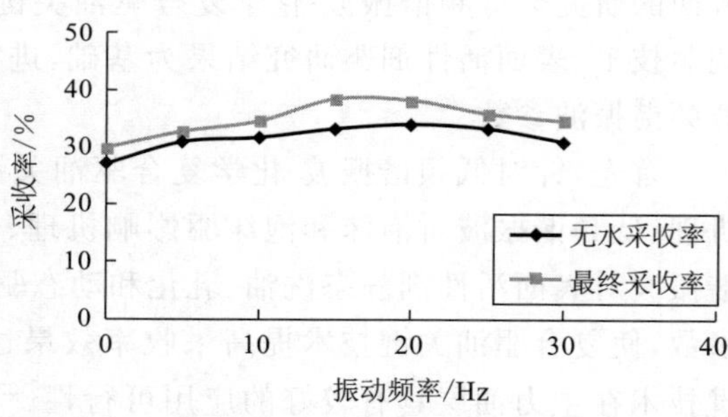

图 6-2 T2 特低渗岩心采收率与振动频率的关系

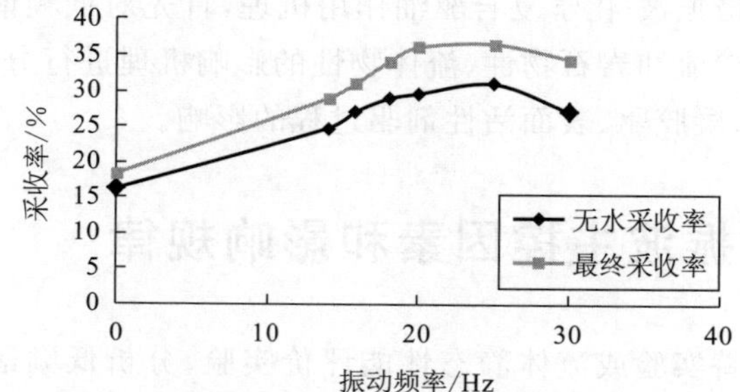

图 6-3 T3 超低渗岩心采收率与振动频率的关系

变的情况下，含束缚水的天然岩心在振动条件下，水驱的无水采收率和最终采收率比不振动条件下都要高一些。最终采收率提高最多的是特低渗岩心 T3，由 16.3%提高到了 31%；而且在振动频率为固定频率处采收率提高得最大，最终采收率最大可以提高 14.7%。

2. 低频谐振波对储层岩心渗流能力影响实验研究

本实验用达西方程计算出来的流体流量即渗透率（不考虑振动对流体两端压力差、原油黏度的影响）的变化，表示低频谐振波对储层岩心中流体渗流能力的影响。

1）实验装置与材料

实验装置如图 6-4 所示，主要由平流泵、中间容器、氮气瓶、岩心夹持器、振动台等部分构成。实验采用长 2、长 6 天然岩心和人造岩心，岩心基本参数如表 6-2 所示。

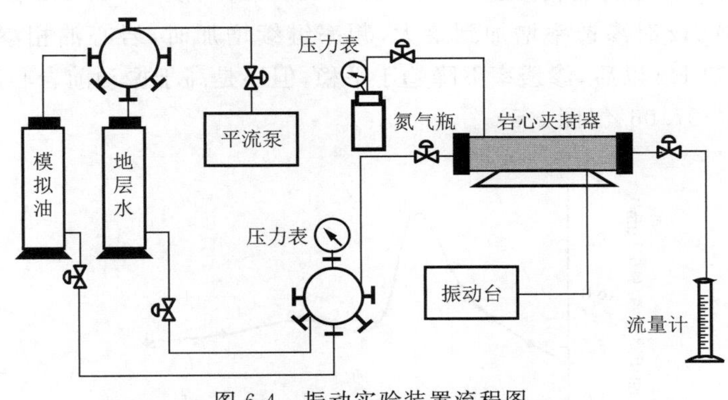

图 6-4　振动实验装置流程图

表 6-2　岩心基本参数

岩心号	长度/cm	直径/cm	孔隙体积/cm^3	总体积/cm^3	孔隙度/%	水测渗透率/($10^{-3}\ \mu m^2$)	固有频率/Hz
a1	5.040	2.50	2.86	24.25	11.79	8.27	18
a2	5.240	2.49	3.29	25.30	13.00	12.36	20
a3	4.824	2.51	2.49	19.65	12.65	15.65	22
a4	4.908	2.50	3.01	23.73	12.68	17.70	18
b1	4.969	2.50	3.44	24.00	14.36	31.77	22
b2	3.542	2.47	4.49	16.57	27.10	38.15	17
c1	5.192	2.52	7.30	25.89	28.20	51.03	19
c2	4.640	2.54	8.13	23.53	34.20	126.00	18

2）实验步骤

振动对岩心渗流能力影响实验步骤：① 将岩心进行洗涤、烘干、抽真空、饱和地层水（模拟油）操作，置于岩心夹持器中。② 在进行油驱水实验时中间容器装模拟油，进行水驱油实验时中间容器换成地层水。③ 打开氮气瓶给岩心夹持器中的岩心加适度的环压。④ 打开平流泵驱动，中间容器装模拟油对岩心进行饱和油，并建立束缚水饱和度，计算岩心的油相渗透率；然后一直油驱，加振动，计算振动条件下岩心油相渗透率，加振动后 30 min 测一组数据，然后停止振动，输入另一组参数，间隔约 15 min 后再打开振动仪器测另外一组数据。⑤ 以渗透率的变化为指标，进行实验数据的分析与处理。

3）实验结果与分析

本次实验主要考虑两个影响因素：振动的频率与振动加速度对岩心渗透率的影响。为了确保实验结果的广泛性与代表性，本次实验通过固定一个参数改变另外一个参数的方法分别对长 2、长 6 以及人造岩心进行实验。

(1) 岩心渗透率与振动频率的关系，固定振动加速度为 0.3 m/s^2，改变振动频率。

① 岩心 a1 未加振动时油相渗透率为 5.32×10^{-3} μm^2，从 5～20 Hz 岩心油相渗透率都在逐步增加，到 20 Hz 时渗透率增加到最大，频率继续增加时，岩心油相渗透率下降很大。频率继续增加到 30 Hz 以后，渗透率下降趋于平稳，但还是高于振动前岩心渗透率。岩心 a1 渗透率最大增加了 27.06%(图 6-5)。

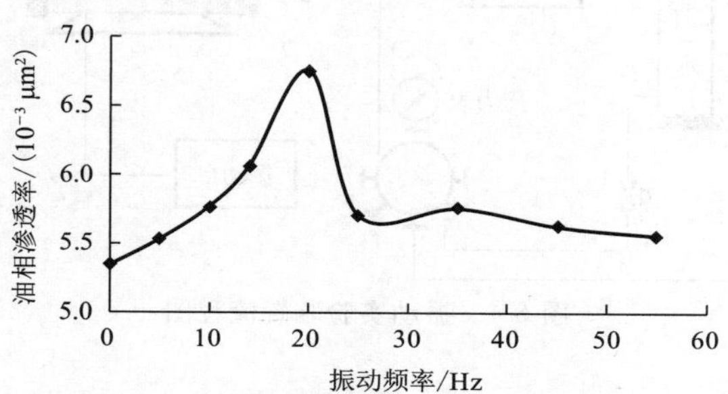

图 6-5　振动频率对岩心 a1 油相渗流能力的影响

② 岩心 a2 未加振动时的油相渗透率为 8.52×10^{-3} μm^2，油相渗透率在振动频率为 18 Hz 左右时达到了最大值，此时岩心渗透率增加了 7.39%，但随着振动频率的继续增加，岩心的渗透率呈波动变化(图 6-6)。

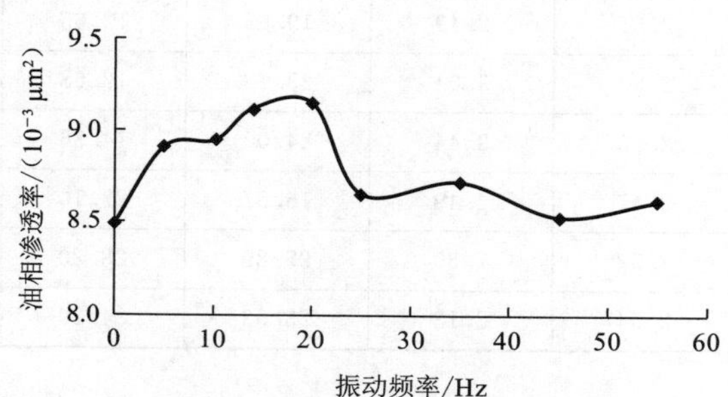

图 6-6　振动频率对岩心 a2 油相渗流能力的影响

③ 岩心 b1 未加振动时的油相渗透率为 21.50×10^{-3} μm^2，随着振动频率的增加，岩心的渗透率呈现出波动变化，在 20 Hz 左右达到最大值，但渗透率的变化并不十分明显，岩心

b1 渗透率最大增加了 4.37%(图 6-7)。

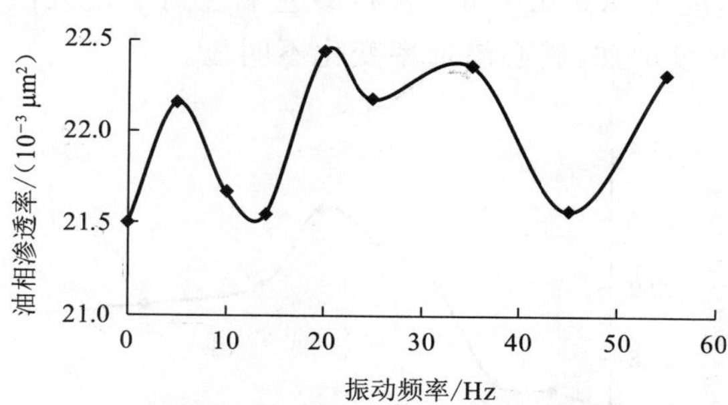

图 6-7　振动频率对岩心 b1 油相渗流能力的影响

④ 岩心 c1 未加振动时的油相渗透率为 37.15×10^{-3} μm^2，振动频率在 5～20 Hz 时，岩心的渗透率一直在增加，振动频率 20 Hz 时渗透率达到最大值，此岩心渗透率最大增加了 0.7%；振动频率继续增大，岩心的渗透率开始下降，最后低于岩心的初始渗透率(图 6-8)。通过以上实验可以得知，对岩心渗透率影响最大的频率范围为岩心固有频率附近的一个窄带；振动对低渗透岩心的作用比较明显，对中高渗、中高孔的岩心作用并不十分明显。

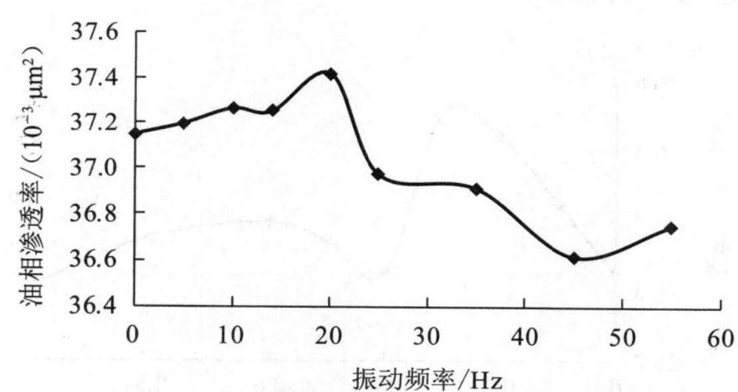

图 6-8　振动频率对岩心 c1 油相渗流能力的影响

(2) 岩心渗透率与振动加速度的关系，固定振动频率为 20 Hz，改变振动加速度。

① 岩心 a3 未加振动时的油相渗透率为 9.26×10^{-3} μm^2，随着振动加速度的增加，岩心渗透率也在增高，当加速度为 0.4 m/s^2 时，岩心渗透率达到了最大值，此时岩心渗透率增加了 5.93%(图 6-9)。

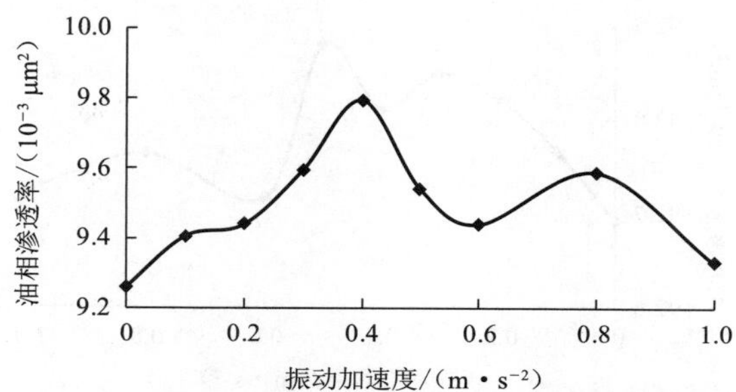

图 6-9　振动加速度对岩心 a3 油相渗流能力的影响

② 岩心 a4 未加振动时油相渗透率为 11.65 $\times 10^{-3}$ μm^2，实验结果如图 6-10 所示。由图可以看出，在振动加速度为 0.5 m/s^2 时，岩心渗透率达到了最大值，此时岩心渗透率增加了 5.00%；振动加速度继续增加，岩心渗透率变化不明显。

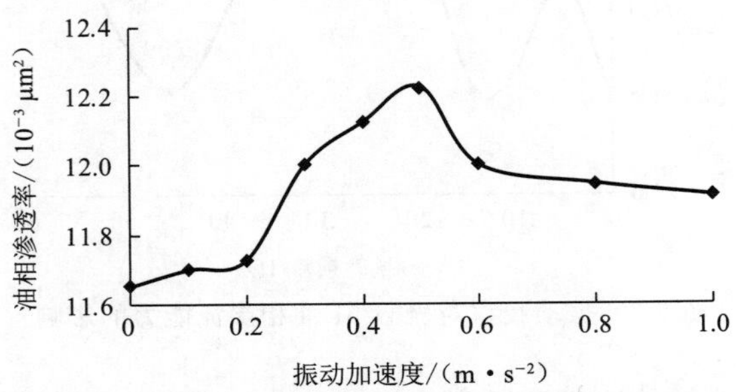

图 6-10 振动加速度对岩心 a4 油相渗流能力的影响

③ 岩心 b2 未加振动时油相渗透率为 26.32 $\times 10^{-3}$ μm^2，实验结果如图 6-11 所示。由图可以看出，当加速度在 0.1～0.3 m/s^2 范围内时，随着振动加速度的增加，岩心的渗透率也开始增大，加速度为 0.3 m/s^2 时渗透率达到最大值，此时岩心渗透率增加了 0.92%；加速度继续增大，岩心渗透率变化不明显。

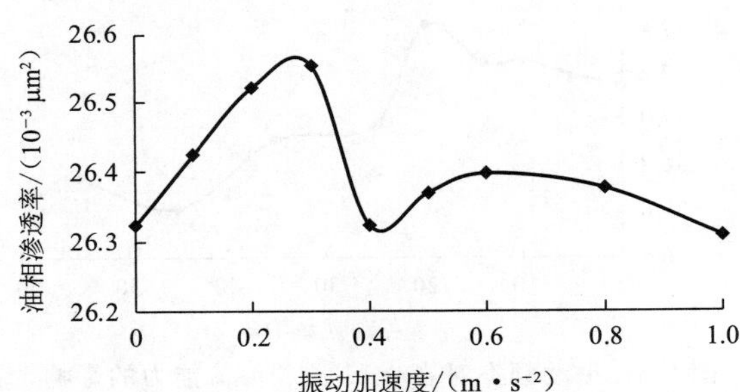

图 6-11 振动加速度对岩心 b2 油相渗流能力的影响

④ 岩心 c2 未加振动时油相渗透率为 92.69 $\times 10^{-3}$ μm^2，实验结果如图 6-12 所示。由图可以看出，当振动加速度为 0.5 m/s^2 时，岩心渗透率增加到了最大值，此时岩心渗透率增加了 0.21%。

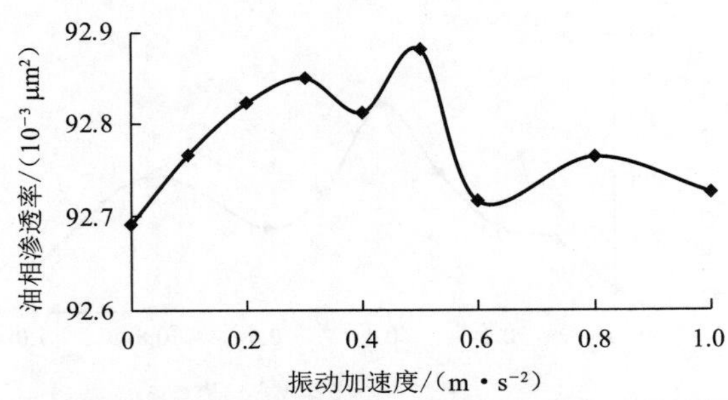

图 6-12 振动加速度对岩心 c2 油相渗流能力的影响

通过以上实验可以得知，低频谐振波的加速度与储层岩心中流体的渗流能力的变化有着密切的关系，加速度在 0～1.0 m/s^2 范围内都能增加岩心中流体的渗流能力，但并不是加速度越大效果越明显。实验表明，加速度在 0.3～0.5 m/s^2 范围内时效果最明显。

振动作用于岩心，由于位移振动将原来堵塞在喉道的颗粒流走而扩大孔道，增大了岩心中流体的渗流能力，同时振动产生的微裂缝也能增大岩心的渗透率。但由于微粒的运动也有可能堵塞喉道使渗透率降低。因此在现场试验中选取合适的振动频率与振动加速度是很有必要的。

3. 低频谐振波对储层岩心油水相渗曲线影响实验研究

1) 实验装置与材料

本实验采用图 6-4 所示的振动实验装置，为了模拟真实的地层情况，实验采用该油田天然岩心和人造岩心，岩心基本参数如表 6-3 所示。

表 6-3　岩心基本参数

岩心号	A-1	A-2	A-3	A-4
长度/cm	5.852	8.070	8.662	8.630
直径/cm	2.50	2.50	2.50	2.51
孔隙体积/cm^3	9.17	10.58	11.44	10.60
气测渗透率/(10^{-3} μm^2)	9.630	26.450	62.312	122.371
实验温度/℃	30	30	30	30
煤油黏度/(mPa・s)	1.27	1.27	1.27	1.27
地层水黏度/(mPa・s)	0.875	0.875	0.875	0.875
岩心固有频率/Hz	20	21	18	19
围压/MPa	3.0	3.0	3.0	3.0

2) 实验原理及流程

油水相对渗透率曲线通常由水驱油实验的结果计算得到，本实验采用非稳态法进行水驱油相对渗透率的测定。非稳态法首先将岩心饱和水，然后用油驱至束缚水，再用水驱油到残余油状态。水驱动过程中记录压差、油水相对渗透率及注入总量的关系。利用解析计算或数值方法获得相对渗透率曲线。

(1) 不存在波动的相渗实验。将建立好束缚水的岩心装在洁净的岩心夹持器内，加围压，确定合理的驱替速度。在恒速条件下进行驱替，在相同时间间隔内依次记录油水产出体积以及驱替压差。

(2) 低频波动下的相渗实验。将岩心夹持器置于振动台上，选取振动频率为 20 Hz，振动加速度为 0.3 m/s^2，开启振动后重新按步骤(1)进行实验。

3) 实验结果与分析

根据实验原理及步骤，对实验测得数据进行处理，可以得到岩心 A-1，A-2，A-3 和 A-4

振动前后的相对渗透率曲线，如图 6-13～图 6-16 所示。

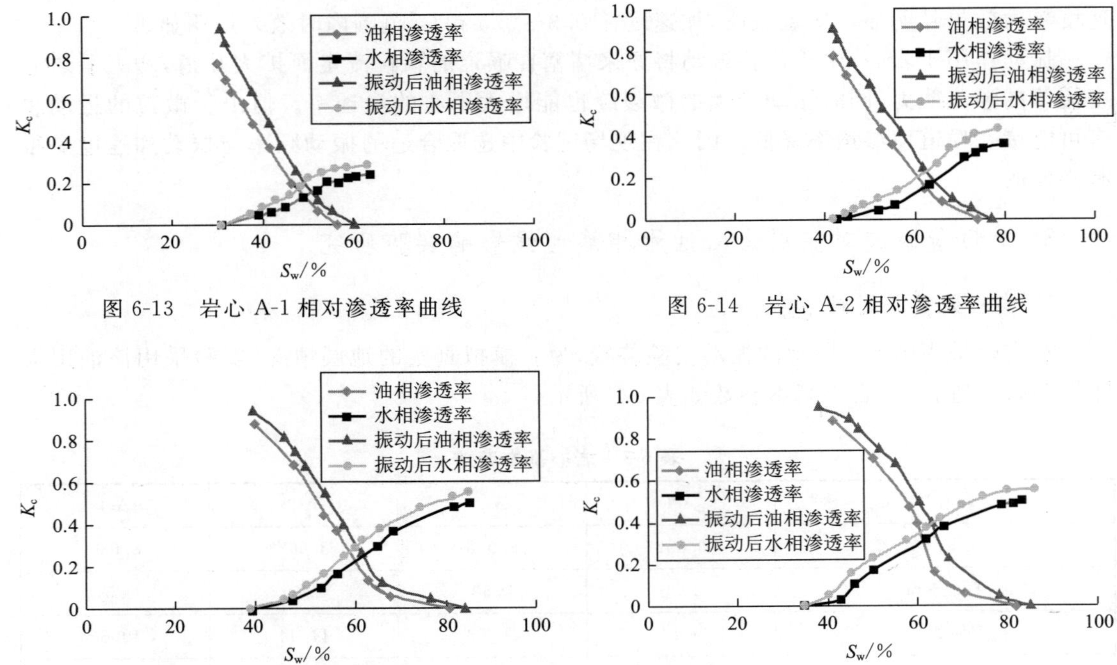

图 6-13　岩心 A-1 相对渗透率曲线

图 6-14　岩心 A-2 相对渗透率曲线

图 6-15　岩心 A-3 相对渗透率曲线

图 6-16　岩心 A-4 相对渗透率曲线

根据以上实验结果可以得到：① 对储层岩心施加低频波动作用后，岩心的相对渗透率曲线会发生变化，振动以后岩心的渗透率都有所增大。② 岩心振动后相对渗透率曲线明显上移，水驱油的见水时间都推迟了。其中水相渗透率曲线上移，表明振动条件下无水采收期延长；油相渗透率曲线右移，表明岩心的残余油饱和度降低，提高了最终采收率。③ 低频谐振波对中、低渗透率岩心的相对渗透率曲线都有影响，低频谐振波对低渗透率岩心的相渗曲线影响更加明显。

6.1.2　低频谐振波对储层岩石的影响

1. 低频谐振波对毛管压力曲线的影响

实验附加设备：GBY-1 型高压半渗透隔板仪。

实验方法：测量过程中，岩样中的湿相为地层水，驱替介质（非湿相）为氮气。用加压阀来控制氮气压力，随着驱替压力增大，非湿相将通过越来越小的喉道把越来越多的水从岩样中排出。待压力达到稳定时进行读数，记下压力值及相应的累计排水体积，一般一个压力点须稳定几十小时或几十天。测定毛管压力曲线的目的是研究振动对毛管压力的影响规律，因此采用等时对比方法，每一个压力点只需稳定 3 h。

振动前后毛管压力曲线的测定及分析：用固定频率为 18 Hz 的 3 块岩心，分别用 3 种频率、1 种振强测定振动前后的毛管压力，振动时间为 4 h。图 6-17～图 6-19 分别是 3 块岩心振动前后所测的毛管压力曲线。从图中可以看出，在一定的频率和振强下振动后饱和度中值压力和束缚水饱和度都有不同程度的下降。

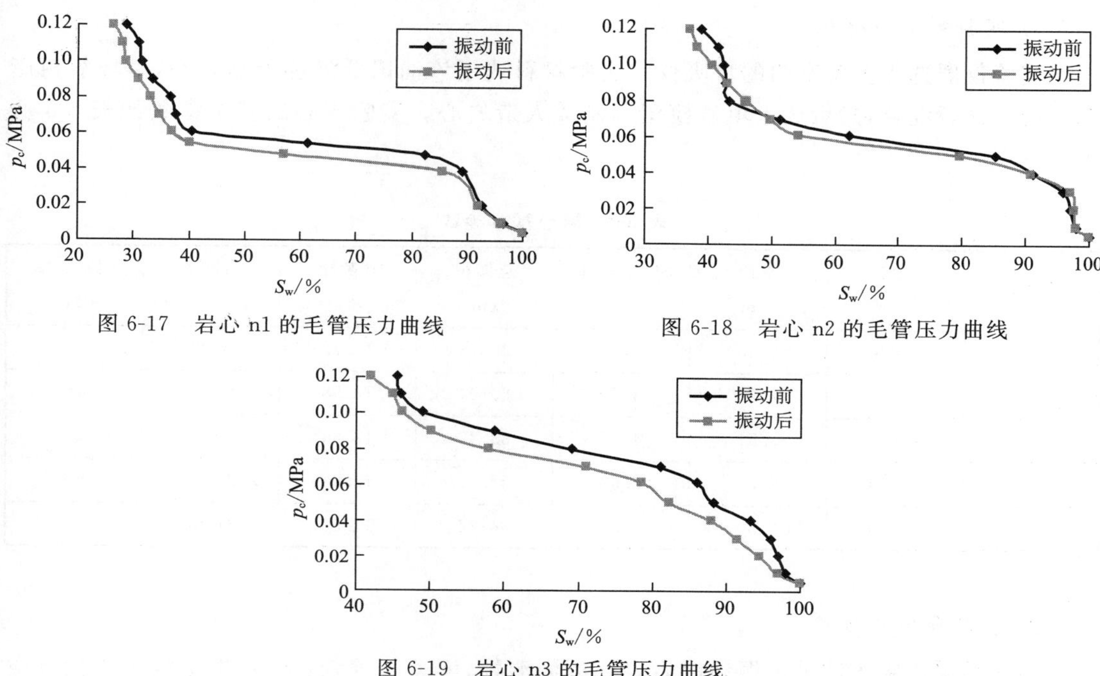

图 6-17　岩心 n1 的毛管压力曲线

图 6-18　岩心 n2 的毛管压力曲线

图 6-19　岩心 n3 的毛管压力曲线

饱和度中值压力是指在驱替毛管压力曲线上饱和度为 50%时相应的毛管压力值。饱和度中值压力值越小，表明储油岩石的孔渗性越好，产油能力越好。表 6-4 中的 3 块岩样振动后饱和度中值压力都有所减少，说明振动使得岩样的孔渗性变好，有利于产油能力的提高。最小湿相饱和度 S_{min} 表示在注入压力达到最高压力时，未被非湿相侵入的孔隙体积分数。S_{min} 实际上是反映岩石孔隙结构及渗透率的一个指标。岩石物性越好，S_{min} 值越低。本次实验是用地层水饱和岩样，用氮气驱替，这样润湿相是地层水，非润湿相为氮气，最小湿相饱和度就是束缚水饱和度。由表 6-4 可以看到振动使束缚水饱和度降低，进一步说明振动使岩样的孔渗性变好。

表 6-4　毛管压力曲线分析表

岩心号	振动频率 /Hz	振动强度 /(m·s^{-2})	振动时间 /h	饱和度中值压力 /MPa	束缚水饱和度 /%
n1	0	0	0	0.057	44.65
n1	30	0.1	4	0.048	42.68
n2	0	0	0	0.075	38.59
n2	20	0.1	4	0.069	36.17
n3	0	0	0	0.09	45.51
n3	10	0.1	4	0.11	42

2. 低频谐振波对岩心润湿性影响实验研究

1）实验装置与材料

实验仪器选用实验室内的自吸仪。实验材料选用该油田低渗透天然岩心，由环氧树脂与石英砂进行混合，然后放入填砂模型压制成人造岩心。实验岩心的基本参数如表 6-5 所示。

表 6-5　岩心基本参数

岩心号	长度 /cm	直径 /cm	孔隙体积 /cm^3	总体积 /cm^3	孔隙度 /%	渗透率 /(10^{-3} μm^2)	固有频率 /Hz
1	6.020	2.50	3.78	29.53	12.79	8.37	19
2	5.920	2.52	3.79	29.04	12.58	12.26	18
3	6.812	2.51	4.23	33.42	12.65	25.35	21
4	5.908	2.50	3.68	28.99	12.68	27.75	18
5	6.969	2.50	4.91	34.22	14.36	31.67	20

2）实验原理与步骤

本实验采用吸入法测定振动前后岩心的润湿性，实验步骤为：① 对烘干的岩心抽真空饱和地层水，然后放入装满模拟油的自吸仪中浸泡约 2 h，测出吸油排水的体积；② 将完成吸油排水实验的岩心放入岩心夹持器用模拟油驱替岩心中饱和的地层水，测出模拟油驱出的水的体积；③ 在完成油驱水实验后，将岩心放在装满水的自吸仪中浸泡约 2 h，测定吸水后排出油的体积；④ 在完成吸水排油的实验后，将岩心放入夹持器用地层水驱模拟油，测出水驱出油的体积。

吸水指数和吸油指数的计算式分别为：

$$I_w=\frac{V_{o1}}{V_{o1}+V_{o2}} \tag{6-1}$$

$$I_o=\frac{V_{w1}}{V_{w1}+V_{w2}} \tag{6-2}$$

式中　I_w——吸水指数；

I_o——吸油指数；

V_{o1}——吸水排油量，mL；

V_{o2}——水驱油量，mL；

V_{w1}——吸油排水量，mL；

V_{w2}——油驱水量，mL。

当岩心吸水指数约等于 1，吸油指数约等于 0 时，岩心表现为强亲水性；当吸水指数约等于 0，吸油指数约等于 1 时，岩心表现为强亲油性；当岩心的吸水指数和吸油指数相近时，岩心表现为中性。

3）实验结果与分析

（1）振动前岩心润湿性如表 6-6 所示。

表 6-6　振动前岩心润湿性特征

岩心编号	吸油排水量 /mL	油驱水量 /mL	吸水排油量 /mL	水驱油量 /mL	吸水指数 I_w	吸油指数 I_o	润湿性
1	0.15	0.90	0.05	0.05	0.05	0.14	弱亲油
2	0.30	2.40	0.15	0.70	0.18	0.11	中　性
3	0.30	2.60	0.10	0.20	0.33	0.10	中　性
4	0.10	2.45	0.30	6.70	0.04	0.04	中　性
5	0.20	6.75	3.88	1.02	0.79	0.03	弱亲水

（2）利用室内振动采油模拟系统给岩心一个低频谐振波动，测出振动后岩心的润湿特征，如表 6-7 所示。

表 6-7　振动后岩心润湿特征

岩心编号	吸油排水量 /mL	油驱水量 /mL	吸水排油量 /mL	水驱油量 /mL	吸水指数 I_w	吸油指数 I_o	润湿性
1	0.05	0.08	0.10	0.05	0.67	0.38	弱亲水
2	0.20	1.35	0.80	0.30	0.73	0.13	强亲水
3	0.50	0.85	1.70	1.50	0.53	0.37	弱亲水
4	0.50	2.23	0.40	0.25	0.62	0.18	弱亲水
5	0.30	1.45	5.00	1.80	0.74	0.17	强亲水

实验结果表明：

（1）低频波动对岩心润湿性影响的程度不同，可使岩心的亲水性加强，也可以使岩心的润湿性由中性向亲水转化。

（2）部分岩心在振动前后润湿性没有发生变化，但其吸水指数在振动后增大。这说明岩心在振动后更加亲水，使岩心的润湿性向有利于水驱的方向发展。在压力波动下，岩心孔隙表面对水更加亲和，有利于把岩心孔隙表面附着的微小油滴驱出，因而提高了原油采收率。

（3）岩心润湿性在振动前后变化的效果与振动频率有关，在其他振动参数不变的情况下，在岩心固有频率附近发生压力波动，能使岩心引起共振，从而达到最佳的实验效果。

6.1.3　低频谐振波对原油物性的影响

1）实验装置与药品

采用 GGY 油田脱气原油进行振动参数对原油黏度的影响性实验（图 6-20 和图 6-21）；

在常压、实验温度 25～27.5 ℃条件下进行，存在一定的温度波动。实验用黏度计为 NDJ-5S 旋转黏度计，在无振动条件下脱气原油黏度为 240 mPa・s，根据脱气原油黏度选择 2 号转子，测量最大黏度为 500 mPa・s，转速为 60 r/min。

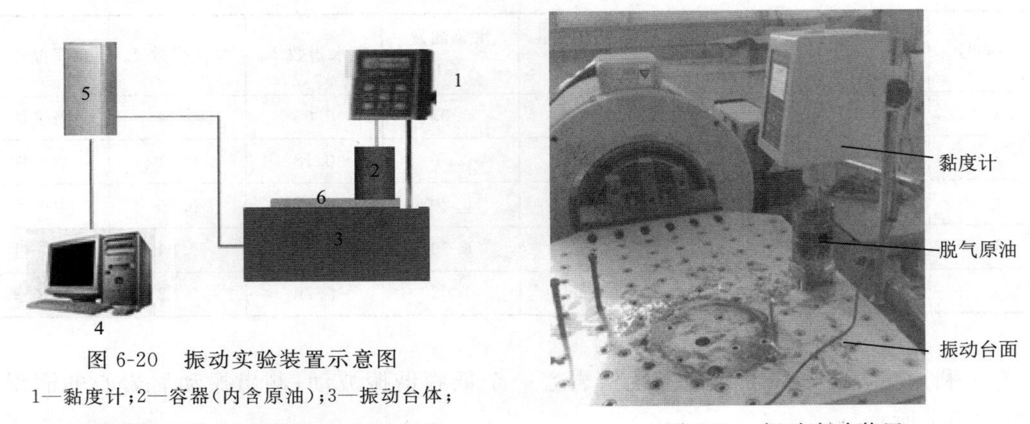

图 6-20　振动实验装置示意图

1—黏度计；2—容器（内含原油）；3—振动台体；4—参数控制系统；5—控制柜；6—振动台面

图 6-21　振动实验装置

2）实验内容

（1）振动时间对原油黏度的影响。

根据相关振动对原油驱替单管流动实验的筛选结果，初步采用基本参数：振动频率为 18 Hz，振动加速度为 0.04g（g＝9.8 m/s^2）。原油由于其固有频率并不为流动实验中的最优频率，即岩石固有频率，因此频率和加速度对原油黏度的影响将会另行探讨。

实验中将盛有脱气原油的容器固定在振动台上，在振动台侧面放置黏度计，需保证振动台面与黏度计不接触，对黏度测量不产生影响。黏度计转子按规定深度没入原油中。然后设定振动参数，开启振动台，同时打开黏度计，测量相应振动时间内的原油黏度变化。振动完毕，关闭振动台，记录振动结束瞬时的黏度稳定值与振动结束后 2 min 内原油黏度稳定值，实验数据如表 6-8 所示。在进行下一组振动时间影响性实验前，原油需要静置一段时间，待黏度恢复至初始水平。

表 6-8　振动时间对原油黏度的影响

振动时间/min	0.5	1	5	7	10	15	20	25	30
振动结束瞬时原油黏度/(mPa・s)	215	198	195	199	201	191	165	154	144
振动结束后 2 min 内原油黏度/(mPa・s)	240	231	230	231	232	225	193	184	174

由图 6-22 可知，通过增加振动时间的确可以降低该原油的黏度，开始原油黏度降低较慢，在振动 15～20 min 时原油黏度开始明显下降，之后原油黏度降低程度再次减缓。同时发现，振动停止后一定时间内仍小于初始黏度，说明振动具有一定的有效期，在地层驱替过程中能够延长水油流度比降低时间，提高措施作用效果。振动时间增加，振动停止后的黏度降低规律与振动结束前相同。

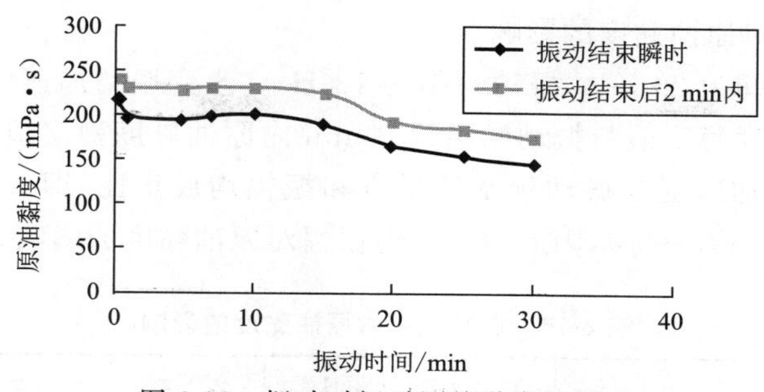

图 6-22　振动时间对原油黏度的影响

根据上述实验结果,以下对黏度影响实验中选择振动时间为 20 min。该时间可能与岩心流动性实验优化所得时间、矿场应用时间有所不同,一般考虑到开关仪器过于频繁会缩短仪器寿命,因此矿场应用时间要远长于室内优化时间。

(2) 振动频率对原油黏度的影响。

实验采用振动时间 20 min,振动加速度为 0.04g。改变振动频率,其他同上,记录振动结束瞬时的黏度稳定值与振动结束后 2 min 内原油黏度稳定值,具体实验数据如表 6-9 所示。

表 6-9　振动频率对原油黏度的影响

振动频率/Hz	5	9	15	18	20
振动结束瞬时原油黏度/(mPa·s)	245	234	171	165	120
振动结束后 2 min 内原油黏度/(mPa·s)	253	250	194	193	145

由图 6-23 可知,当振动频率较小时,原油黏度降低幅度较小,当达到一定值时黏度急剧降低,这可能是由于振动频率较低时,振动剪切力过小,不能起到充分降黏效果。当振动频率达到一定值时,振动剪切力足以克服原油整体的网络结构,达到急剧降低黏度的效果。当振动结束后,由于转子受周向摩擦和未稳定的原油波动共同影响,会暂时出现振动频率较低时原油黏度比初始黏度增加的现象。

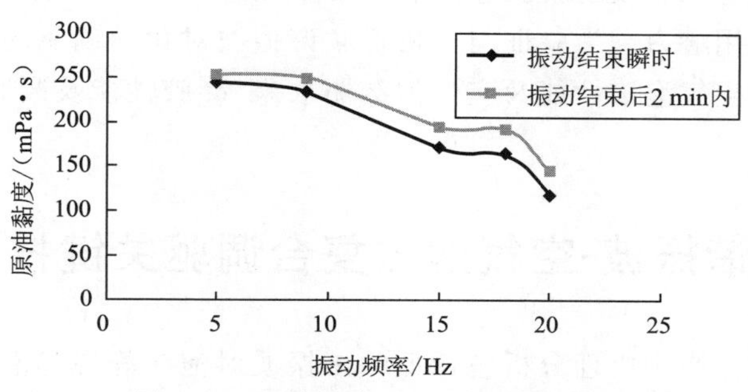

图 6-23　振动频率对原油黏度的影响

(3) 振动加速度对原油黏度的影响。

实验采用振动时间为 20 min,振动频率为 18 Hz。改变振动加速度,其他参数同上,记录振动结束瞬时的黏度稳定值与振动结束后 2 min 内原油黏度稳定值,具体实验数据如表 6-10 所示。由于振动加速度与振动频率的平方和振幅均成正比,即 $a=-w_n^2A\cos(w_nt+\varphi)=-(2\pi f)^2A\cos(2\pi ft+\varphi)$,因此需要考虑振幅对原油黏度的影响。

表 6-10　振动频率对原油黏度的影响

加速度	0.02g	0.04g	0.05g	0.06g	0.07g	0.08g
振动结束瞬时原油黏度/(mPa·s)	180	149	168	154	146	141
振动结束后 2 min 内原油黏度/(mPa·s)	213	185	201	186	181	175

由图 6-24 可知,随振动加速度增加,原油黏度先减小,然后趋于不变。由于该实验是在多次振动实验后进行,因此原油黏度已普遍降低,此处只是根据振动情况判断原油黏度受振动加速度影响下的大致变化趋势。在此条件下,发现振动加速度在 0.04g 以后基本不变,因此继续增加振幅,仅会增加能量输出消耗,并不能继续降黏。

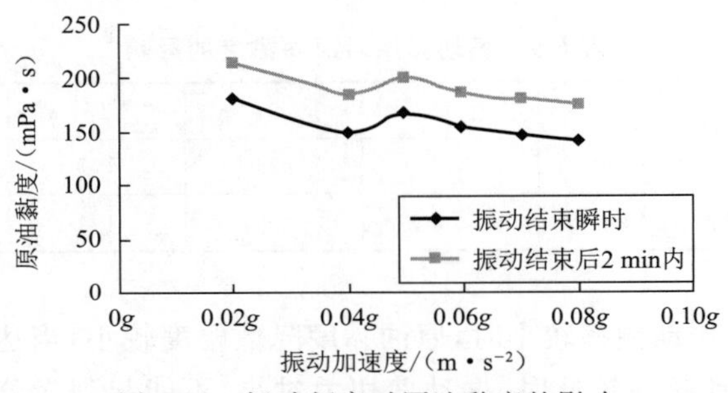

图 6-24　振动频率对原油黏度的影响

由低频谐振波主要控制因素和影响规律研究可知,低频谐振波可以增加水驱采收率,降低毛管压力,增加岩石水润湿性,提高油相渗透率,降低原油黏度等。低频谐振波的以上作用规律可以复合空气泡沫驱或凝胶驱过程中的驱替深度,增加调驱效果,因此低频谐振波化学复合驱具有一定应用潜力。为验证与分析低频谐振波对化学调驱的潜在促进作用,以下将开展低频谐振波对空气泡沫性能及空气泡沫驱效果、凝胶性能及凝胶驱效果的机理和影响规律研究。

6.2　低频谐振波-空气泡沫复合调驱关键技术

低频谐振波对泡沫影响机理分析包括低频谐振波对泡沫静态起泡、稳泡能力的影响研究和低频谐振波对泡沫动态封堵性能的影响研究,通过这两方面的研究为确定最优的振动复合泡沫驱技术的振动参数奠定基础[204-209]。

6.2.1　低频谐振波对泡沫静态性能影响

振动具有稳泡、延长泡沫半衰期、提高泡沫综合值的功效。下面通过具体的室内实验来研究低频谐振波对静态泡沫性能的影响，最终优选出最佳的振动频率和振动加速度，使得静态下泡沫的综合指数达到最大。

实验设备及材料：高速搅拌器一台、玻璃棒、大量筒、地层水、HDF-1 起泡剂、不同相对分子质量的聚丙烯酰胺(HPAM)。

实验方法：用 Waring Blender 法测泡沫在非振动条件下以及振动条件下(不同频率、不同加速度)的半衰期和泡沫综合值，以此来优化振动参数。

实验结果及分析：对泡沫静态性能的评价主要为泡沫起泡体积、半衰期和泡沫综合值(起泡体积和半衰期的乘积)。在前期筛选起泡剂体系 M 的基础上评价不同相对分子质量聚合物起泡剂在振动条件下对泡沫性能的影响。由于地层是非均质大孔道低渗油藏，选择 500 万和 1 000 万相对分子质量聚合物。

1) 振动频率对泡沫性能的影响

对 500 万和 1 000 万相对分子质量聚合物的 M 起泡剂体系在不同的振动频率下进行泡沫起泡为性能评价，其实验结果如图 6-25 和图 6-26 所示。

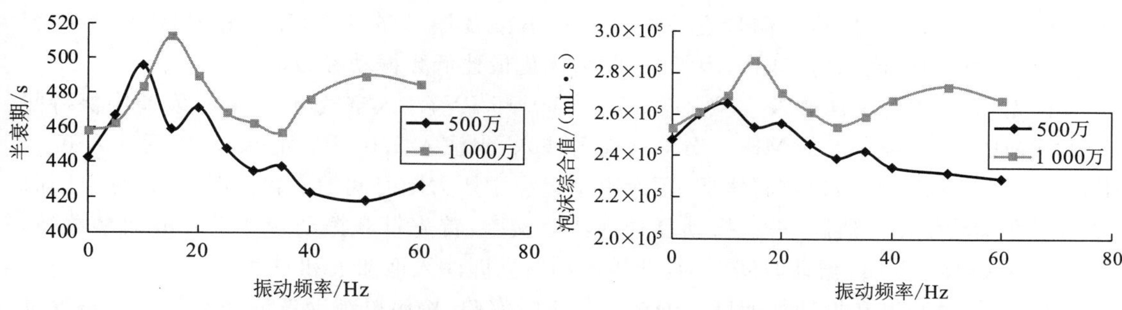

图 6-25　振动频率对泡沫半衰期的影响　　图 6-26　振动频率对泡沫综合值的影响

由图 6-25 和图 6-26 可以看出，振动频率影响泡沫的半衰期和综合值，对 500 万和 1 000 万相对分子质量聚合物而言，随着频率的增大，半衰期和泡沫综合值都是先增大后减小，随后有一定起伏，并且在某些频率范围内出现半衰期和综合值小于不振动条件下的半衰期和综合值。其中，1 000 万相对分子质量聚合物稳泡剂使液膜的黏度大于 500 万相对分子质量聚合物稳泡剂，液膜透气性减弱，增加了泡沫的稳定性，另外 1 000 万相对分子质量的聚合物比 500 万相对分子质量聚合物形成泡沫液膜黏度大，使得液膜均匀分布需要更高的频率。因而，在振动条件下稳泡性能最强所需要的频率为 10～15 Hz。

2) 振动加速度对泡沫性能的影响

在上述最优频率的基础上，考察不同振动加速度对 500 万和 1 000 万相对分子质量聚合物的 M 起泡剂起泡性能的影响，实验结果如图 6-27 和图 6-28 所示。

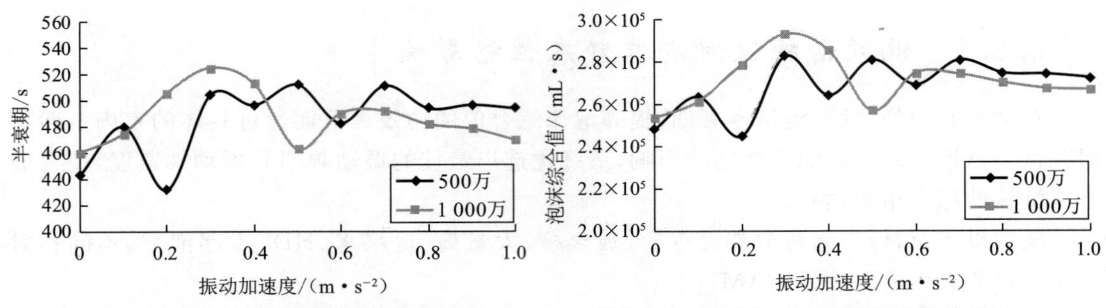

图 6-27　振动加速度对泡沫半衰期的影响　　　图 6-28　振动加速度对泡沫综合值的影响

由图 6-27 和图 6-28 可以看出，振动加速度影响泡沫的半衰期和综合值。随着加速度的增大，半衰期和泡沫综合值都出现先增大后减小的起伏趋势。综合实验结果，泡沫体系在振动加速度为 0.3 m/s² 时泡沫性能最佳。

6.2.2　低频谐振波对泡沫动态封堵性能影响

用填砂管做模拟岩心，进行水驱实验，等待驱替压力稳定后计算出流动压力 Δp_b，然后进行泡沫驱，当压力稳定后测得流动压力 Δp_f，用泡沫驱前后的压力变化来表示泡沫驱的封堵效果。阻力系数 K 定义为注入泡沫体系时岩心模型两端压力差与相同流量下水驱时岩心模型两端压力差的比值。测量在非振动条件下以及振动条件下(不同振动时间、不同频率、不同加速度)的泡沫封堵阻力因子，以此来优化最佳低频振动参数。

首先，进行单纯泡沫驱替实验：注入泡沫液 0.15 PV，注入空气 0.45 PV，实验中保持回压 1.0 MPa、注气压力 2.0 MPa。分 3 次交替注入，先注入 0.05 PV 泡沫液，然后注入 0.15 PV 空气；注入完毕后再次进行水驱，记录整个过程中压力随时间的变化情况，并计算不同时刻的阻力系数变化。然后，进行振动复合泡沫驱实验：首先打开振动台并设置振动参数(频率 18 Hz、振幅 0.04g、振动时间 1 h)，开始振动后立即注入泡沫液和空气。本实验主要包括振动时间、振动频率和振动加速度对泡沫驱的影响实验，按照单纯动态泡沫驱的实验步骤进行。实验结果如图 6-29～图 6-31 所示。

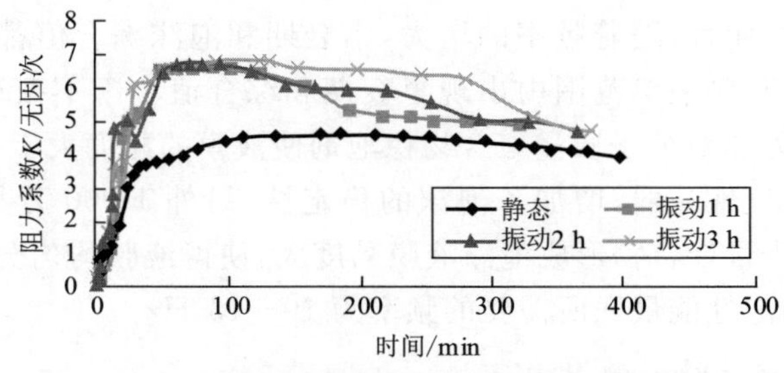

图 6-29　振动时间对泡沫动态封堵性能影响

1) 振动时间对泡沫动态封堵性能影响

振动泡沫动态驱替实验表明，泡沫驱阻力系数增加，振动以后泡沫驱封堵能力增强；

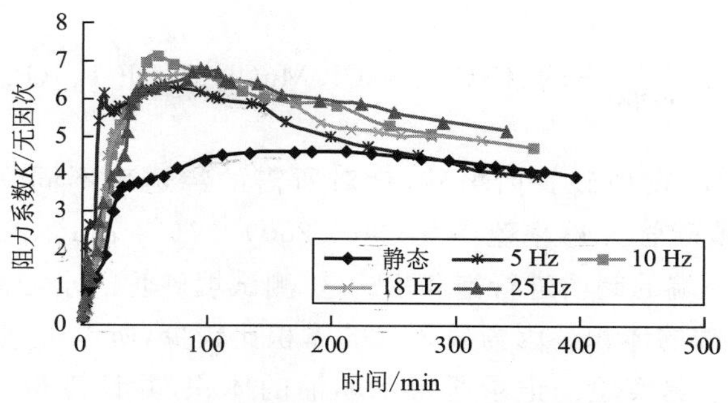

图 6-30　振动频率对泡沫动态封堵性能影响

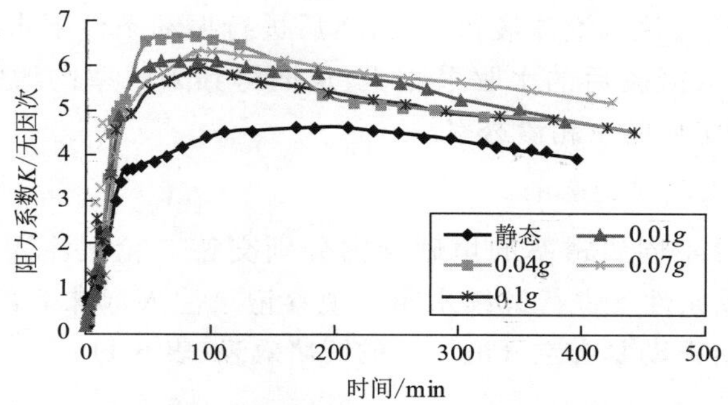

图 6-31　振动加速度对泡沫动态封堵性能影响

振动时间对阻力系数影响实验表明，振动时间对阻力系数最大值几乎没有影响，但是振动时间越长，阻力系数保持时间也越长。说明振动对泡沫具有很好的稳泡作用，矿场试验时在设备能力范围内可适当延长振动时间。

2）振动频率对泡沫动态封堵性能影响

不同的振动频率下阻力系数的变化不同，其中泡沫驱开始时 10 Hz 时阻力系数最大，说明此频率下的起泡效果要比其他频率好，随着振动时间延长，在较高加速度时泡沫阻力因子维持时间较长，然而泡沫阻力因子在 250～400 min 时逐渐趋于一致。说明频率过大或过低都不利于起泡。静态和动态泡沫评价实验表明，振动频率在岩石固有频率附近时整体封堵效果达到最优。

3）振动加速度对泡沫动态封堵性能影响

不同的振动加速度下阻力系数的变化也不相同，振动加速度为 0.04g 时阻力系数在泡沫驱开始时达到最大，要优于振动加速度为 0.01g 和 0.07g 时的阻力系数。说明振动加速度过大或者过小都不利于起泡，最佳振动加速度介于(0.01～0.07)g 之间。静态泡沫评价和动态泡沫评价实验表明，振动加速度在 0.04g 时效果达到最优。

6.2.3　低频谐振波-空气泡沫调驱复合技术提高采收率效果分析

通过填砂管实验研究分析低频谐振波复合空气泡沫驱提高采收率效果，为证明该技术的适用性和分析该技术在不同试验区的投入产出比奠定基础。

实验仪器：填砂管 ϕ25 mm × 30 cm、真空泵、低频波动采油实验系统、量筒、烧杯、移液管、玻璃棒等。

实验药品：蒸馏水、原油、煤油、$CaCl_2$、NaCl、$MgCl_2$、HDF-1、HPAM（相对分子质量为1 400万）等。

实验原理与步骤：① 在填砂管内填砂，针对所需的渗透率不同，采用不同质量比的砂子。本实验主要采用填砂管渗透率范围为$(30\sim200)\times10^{-3}\ \mu m^2$。② 采用真空泵抽真空3～5 min之后打开另一端的阀门进行饱和水。③ 测试填砂管的水相渗透率，测得渗透率之后饱和油，并记录饱和油的体积。因为残余水的体积比较少，所以近似地将饱和油的体积视为孔隙体积。④ 进行水驱实验。记录所得水驱油的体积，并计算得到水驱采收率。同时，记录水驱压力，根据达西公式算得水驱稳定后的水相渗透率。⑤ 在低频振动条件（10 Hz，0.04g）下在填砂管中交替注入泡沫液和空气，然后进行振动条件下水驱实验。记录所得水驱油的体积，并计算注入凝胶后的水驱采收率，从而得到采收率的增幅；同时，记录水驱压力，求出注凝胶水驱稳定后的水相渗透率。

1）不同渗透率对采收率的影响

振动条件下在3种不同渗透率的填砂管内分别交替3轮次注入泡沫剂和空气共0.6 PV，注入完毕后在振动条件下进行继续水驱。观察记录注入泡沫后的水驱增油量，计算采收率增幅、封堵率，评价振动复合空气泡沫驱的调堵效果（表6-11）。

表6-11　不同渗透率的填砂管振动复合空气泡沫驱实验结果

组　数	饱和水时渗透率/($10^{-3}\ \mu m^2$)	孔隙体积/mL	水驱采收率/%	注入泡沫后水驱采收率/%	采收率增幅/%
第1组	36	31	55.92	77.9	21.98
第2组	59	33	67.08	84.27	17.19
第3组	105	41	70.01	89.72	19.71

从表6-11中可以得到以下结论：随着渗透率的增大，振动复合空气泡沫驱对填砂管的封堵效果逐渐变好，振动复合空气泡沫驱提高采收率平均为19.63%，比单纯泡沫驱提高采收率1.3%～6.1%。

2）不同渗透率级差对采收率的影响

采用双填砂管模型进行实验。保持振动条件，从填砂管前端交替注入0.6 PV的空气与起泡剂后进行水驱。观察记录注入空气泡沫后的水驱增油量，计算采收率增幅，评价空气泡沫驱的调堵效果（表6-12和表6-13）。

表6-12　不同渗透率级差的岩心管实验数据表

组　数	填砂管1渗透率/($10^{-3}\ \mu m^2$)	填砂管2渗透率/($10^{-3}\ \mu m^2$)	渗透率级差	填砂管1孔隙体积/mL	填砂管2孔隙体积/mL
第1组	47.2	145.5	3.08	31	33
第2组	44.1	716.1	16.23	29	36
第3组	50.3	1 865.2	37.08	32	43

表 6-13　不同渗透率级差振动复合空气泡沫驱替效果

组　数	填砂管 1 水驱采收率/%	填砂管 2 水驱采收率/%	总水驱采收率/%	填砂管 1 空气泡沫驱后水驱采收率/%	填砂管 2 空气泡沫驱后水驱采收率/%	空气泡沫驱后总水驱采收率/%	采收率增幅/%
第 1 组	57.42	62.76	60.05	82.18	74.84	78.57	18.52
第 2 组	18.69	72.85	48.60	79.72	84.83	82.54	33.94
第 3 组	5.76	70.75	43.39	72.3	89.19	82.08	38.69

随着渗透率级差的增大，振动空气泡沫的调堵效果变好。渗透率级差由 3.08 增加到 37.08 时，采收率增幅由 18.52%增加到了 38.69%。注入空气泡沫后水驱采收率随着渗透率级差的增加而增加。采收率增幅相比单纯空气泡沫驱明显增大，增大 3.3%～5.0%。

6.2.4　低频谐振波-空气泡沫调驱复合技术对矿场试验的指导

低频谐振波复合空气泡沫驱协同作用效果实验研究表明，振动时间对泡沫调驱阻力系数最大值无影响，但振动时间越长阻力系数最大值稳定时间也越长；随振动频率或振动加速度增加，阻力系数最大值及最大值稳定时间均先增加后减小，振动复合泡沫驱存在一定的最优频率和最优振动加速度，可以增加泡沫起泡能力和在储层中的稳定性，从而影响原油采收率的提高。因此，矿场振动复合泡沫驱可在泡沫驱同时尽量延长低频振动时间，选取最优振动频率(在岩石固有频率附近)及加速度，以增加复合调驱效果。

以上研究证明，低频谐振波复合空气泡沫调驱可以提高空气泡沫的应用效果，提高原油采收率，可以较好地应用于主力油层。

6.3　低频谐振波-凝胶复合调驱关键技术

低频谐振波对凝胶调驱影响机理分析包括低频谐振波对凝胶本身成胶过程研究和低频谐振波对凝胶动态封堵性能的影响研究，通过这两方面的研究为确定最优的振动复合凝胶驱技术的振动参数奠定基础[42,210-212]。

6.3.1　低频谐振波对凝胶静态成胶规律影响

低频谐振波对凝胶成胶规律的影响分析对于确定振动复合凝胶调驱技术最优的振动参数奠定基础。根据凝胶本身成胶过程的不同，以下将分阶段研究振动对凝胶交联的影响。

1. 无振动条件下的凝胶成胶规律

通过测量无振动条件下的凝胶黏度，发现凝胶自然成胶过程可分为三个区域：Ⅰ区、Ⅱ区和Ⅲ区。凝胶内部交联网络的形成可抽象为前期的二维生长和后期的三维聚集生长直至生成稳定的凝胶基团。本实验用凝胶为用于封堵低渗透裂缝性油藏的凝胶，因此凝胶最终强度相对其他凝胶偏低，属于弱强度凝胶。鉴于凝胶三个区域的不同黏度特点，以下考虑不同凝胶成胶阶段振动对凝胶流变性的影响。

2. 不同成胶阶段低频振动对凝胶黏度的影响规律分析

1）诱导期低频振动对凝胶黏度的影响

对于该凝胶，24 h已经远远超过凝胶诱导期这一阶段的总时间即胶凝时间，由图6-32可知，长时间振动会使得凝胶交联成分无法有效聚合，凝胶彻底被破坏，导致最终无法成胶。诱导期实验测量中，由于实验环境温度的起伏变化和黏度测量上的误差，前后的黏度值和成胶时间有所差异，因此通过每次采用对照组测量来消除相应误差。初始振动9 h（小于胶凝时间）后，凝胶黏度上升趋势与静置凝胶黏度变化趋势相同，但前者黏度最开始略微高于静置凝胶黏度，后期黏度则低于静置的凝胶黏度，振动后黏度约为静置凝胶的85％。这说明在诱导期的混合接触和快速成胶期初期的接触交联至关重要。

对比图6-32～图6-34，振动时间越短，振动组与对照组曲线的差别越少。

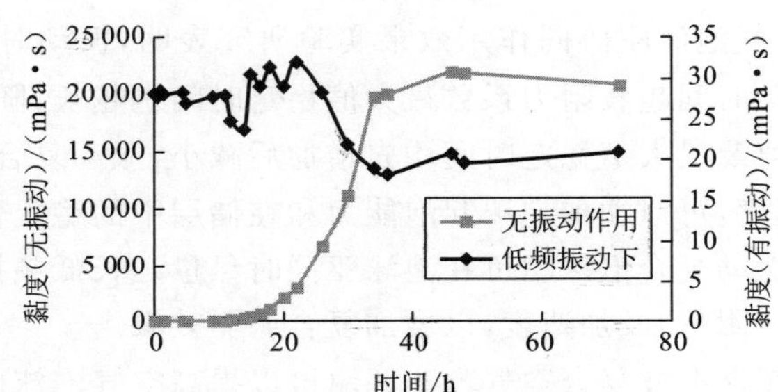

图6-32　Ⅰ区振动24 h成胶与自然成胶曲线对照图

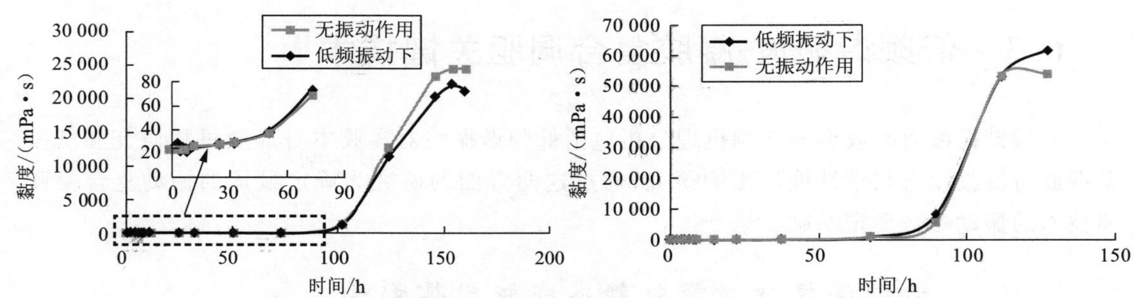

图6-33　Ⅰ区振动9 h成胶与自然成胶曲线对照图　图6-34　Ⅰ区振动3 h成胶与自然成胶曲线对照图

由于每组的成胶环境不同，这里定义振动对凝胶的振动影响率来进行比较，以略去成胶环境的影响，只研究振动这一因素的影响。

$$振动影响率=（振动组与对照组之差绝对值/对照组）\times 100\%$$

2）加速期低频振动对凝胶黏度的影响

在配置凝胶完毕后即开始凝胶黏度测量，保持诱导期的凝胶成胶环境相同，仅仅成胶加速期进行低频振动实验处理。在成胶加速期低频振动处理后的凝胶黏度变化曲线与自然成胶黏度变化曲线如图 6-35 所示。

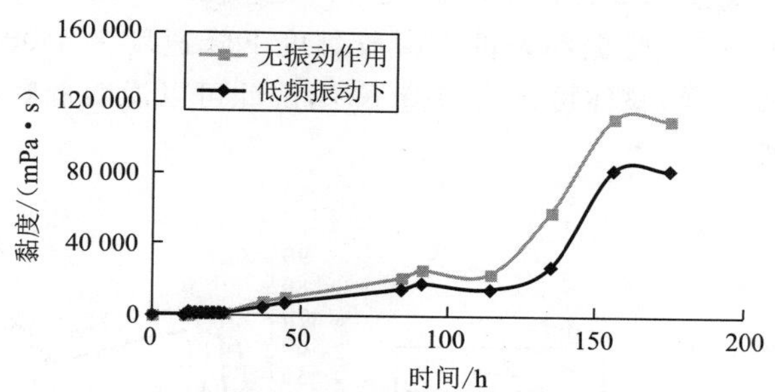

图 6-35　Ⅱ区振动 12 h 成胶曲线与自然成胶曲线对照图

由图 6-35 可知，凝胶在Ⅱ区快速成胶期经过一定时间振动后，在前半段成胶曲线中两者黏度差别不大，但是到了成胶后期，低频振动组的凝胶成胶速度开始变慢，并且最终成胶强度小于对照组。分析原因为，在成胶加速期，凝胶本身二维结构已经逐渐开始形成，并逐渐向三维网络结构发展，低频振动作用下凝胶二维结构交联会受到干扰，使得能够顺利交联形成三维网络的交联点数量降低，因此表现为凝胶大分子整体间的分子间作用力降低，最终使得成胶后凝胶黏度降低。

同时可以发现，低频振动处理下凝胶黏度变化与静置凝胶黏度变化规律相同，这反映了低频振动仅仅对凝胶三维网络结构形成的交联点数量造成影响，而未对凝胶成胶整体规律和过程造成干扰，即未出现凝胶成胶的迟滞性。

由实验可知，振动后凝胶黏度约为静置凝胶的 75%，相对成胶前振动处理的凝胶黏度变化，可知成胶加速期三维网络的有效形成对于凝胶最终强度的影响要大于诱导期。

由图 6-36 可以看出，影响因子绝对值随着振动时间的增长而增大，即振动对黏度的影响随着振动时间增长逐渐增大。

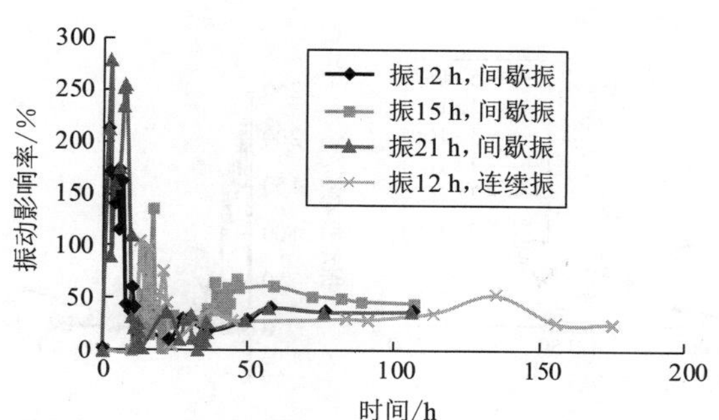

图 6-36　Ⅱ区不同振动时间下成胶曲线对比图

3）稳定期低频振动对凝胶黏度的影响

对于振动对凝胶黏度稳定期的影响性研究，实验在凝胶成胶后，将相同一份凝胶分成两份，一份进行低频振动处理，一份静置于空气中。在成胶后开始测量有无振动时的凝胶黏度变化。

由实验结果(图 6-37 和图 6-38)可知,振动条件下与对照组相比,已经成胶的凝胶黏度逐渐降低。在振动处理的 12 h 以内,凝胶黏度下降速度较为均衡,反映了振动时间与黏胶强度的下降为线性关系,在实验振动条件下凝胶黏度下降速度为 1 000(mPa·s)/h。当振动停止后凝胶黏度略微反弹,整体可认为保持不变,因此可以说明低频振动对成胶后期凝胶黏度影响具有不可逆性。

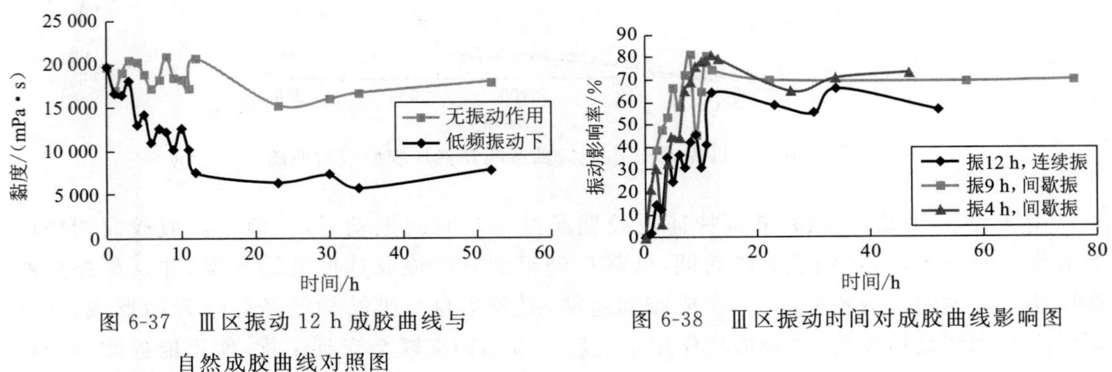

图 6-37 Ⅲ区振动 12 h 成胶曲线与自然成胶曲线对照图

图 6-38 Ⅲ区振动时间对成胶曲线影响图

由图 6-38 可以看出,振动 9 h 时振动对凝胶影响最大,12 h 要小于 4 h 和 9 h。

3. 低频谐振波参数对凝胶黏度影响规律

1) 振动频率对凝胶黏度影响规律

诱导期,振动频率越大,对凝胶的强度影响率越大,说明振动混合起主要作用;但由于成胶初期凝胶黏度较低,因此初始影响率数值较大(图 6-39)。

加速期,随振动频率增大,振动对凝胶的强度的影响率先增大后减小,振动频率在 18Hz 时影响率达到最高;但由于成胶初期凝胶黏度较低,因此初始影响率数值亦较大(图 6-40)。

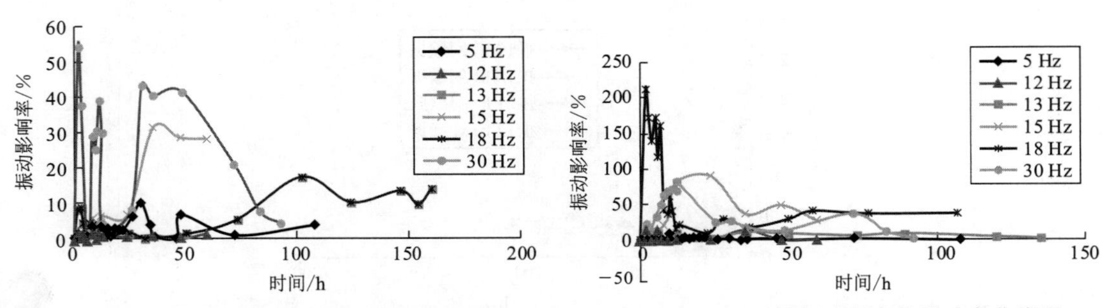

图 6-39 Ⅰ区不同振动频率的影响率曲线图

图 6-40 Ⅱ区不同振动频率的影响率曲线图

稳定期,振动对凝胶强度的影响存在一个临界振动频率,只有当振动频率超过该临界值时,振动才对凝胶强度产生影响。实验发现,该凝胶体系的临界振动频率为 13 Hz。随着振动频率的增大,振动对凝胶影响先增大后减小,振动频率在 15 Hz 时影响率达到最高(图 6-41)。

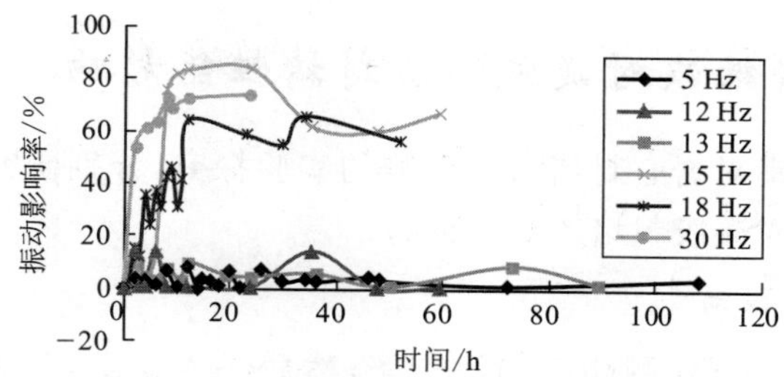

图 6-41　Ⅲ区不同振动频率对凝胶的影响

2）振动加速度对凝胶黏度影响规律

诱导期，随着振动加速度的增大，对凝胶影响先增大后减小，振动加速度在 0.07g 时影响率达到最高，如图 6-42 所示。

加速期，随着凝胶黏度的增加，黏度影响率最大的振动加速度发生移动（图 6-43），反映了凝胶快速成胶期的弹塑性变化。实验中成胶加速期前 10 h，振动加速度在 0.07g 时影响率最高；成胶加速期 10～25 h，振动加速度在 0.2g 时影响率最高；超过 25 h 后加速度变化对凝胶不再产生影响。

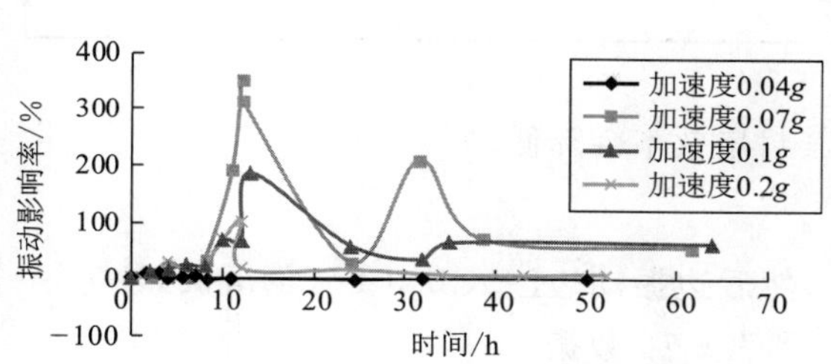

图 6-42　Ⅰ区不同振动加速度的影响率曲线图

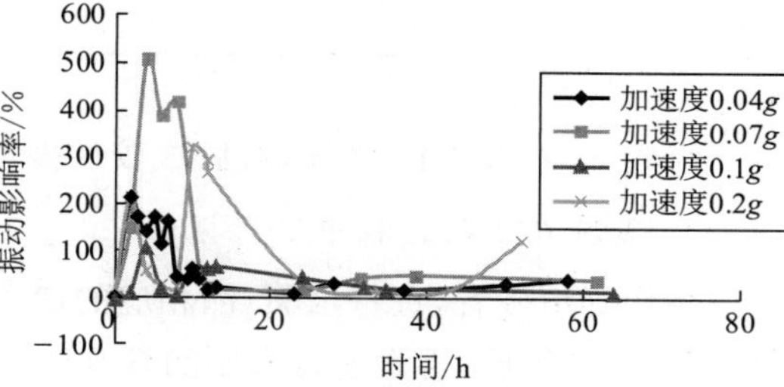

图 6-43　Ⅱ区不同振动加速度的影响率曲线图

稳定期，振动加速度对凝胶黏度的影响较为复杂（图 6-44），最大振动影响率虽然较为接近，但长时间振动后不同加速度作用下的振动影响率变化较大。加速度为（0.04～0.07）g 时，振动影响率变化较为稳定。加速度为 0.1g 和 0.2g 时，振动影响率分别在 10 h 和 15 h 时急剧减小。

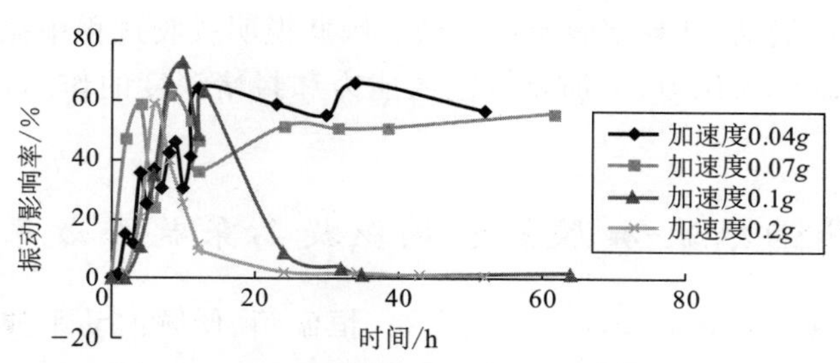

图 6-44　Ⅲ区不同振动加速度对凝胶的影响

6.3.2 低频谐振波对凝胶动态封堵性能影响

制作填砂管进行振动对岩心封堵效率影响的实验探究，分别研究成胶后进行振动和凝胶注入过程中进行振动对凝胶封堵效率的影响。

1）凝胶成胶后进行振动

制作好填砂管，进行水驱，测相应的渗透率；然后注入 0.3 PV 的凝胶，等待成胶 40 h 后，再次进行水驱测其渗透率，得到表 6-14 数据。在成胶后，凝胶强度保持稳定，此时进行振动，振动 12 h 后，结果如表 6-15 所示。

表 6-14 自然成胶凝胶封堵效率

注凝胶前渗透率/(10^{-3} μm^2)	成胶后渗透率/(10^{-3} μm^2)	封堵效率/%
129.282	3.854	97.02

表 6-15 成胶后振动 12 h 凝胶封堵效率

注凝胶前渗透率/(10^{-3} μm^2)	成胶后振动渗透率/(10^{-3} μm^2)	封堵效率/%
129.282	4.75	96.33

由表 6-14 和 6-15 可知，凝胶成胶后振动，其封堵效率会降低。

2）凝胶在注入过程中进行振动

制作好填砂管，进行水驱，测相应的渗透率；然后边振动边注入 0.3 PV 的凝胶，注完后等待成胶 40 h 后，再次进行水驱测其渗透率，得到表 6-16 数据。

表 6-16 注入过程中振动成胶后凝胶封堵效率

注凝胶前渗透率/(10^{-3} μm^2)	振动后成胶渗透率/(10^{-3} μm^2)	封堵效率/%
233.546	3.283	98.594

由表 6-14 和 6-16 可知，凝胶在注入过程中振动会增大其封堵效率，有利于凝胶的封堵作用；而在凝胶成胶后振动，其封堵效率会降低。因此说明成胶过程中振动虽然会降低最终黏度，但可以起到降低注入压力、增加凝胶注入能力和封堵深度的作用，最终提高凝胶调驱的效果。

6.3.3 低频谐振波-凝胶复合调驱提高采收率效果分析

实验仪器：填砂管 ϕ25 mm × 30 cm、真空泵、恒温箱、低频波动采油实验系统、量筒、烧杯、移液管、玻璃棒等。

实验药品：蒸馏水、原油、煤油、$CaCl_2$、NaCl、$MgCl_2$、交联剂、HPAM（相对分子质量为 1 400 万）等。

实验步骤：

(1) 在填砂管内填砂，针对所需的渗透率不同，采用不同质量比的砂子。本实验主要采用填砂管渗透率范围为(30～200)×10^{-3} μm^2。

(2) 采用真空泵抽真空 3～5 min，打开另一端的阀门进行饱和水。

(3) 测试填砂管的水相渗透率；测得渗透率之后饱和油，并记录饱和油的体积。因为残余水的体积比较少，所以近似地将饱和油的体积视为孔隙体积。

(4) 进行水驱实验。记录所得水驱油的体积，并计算得到水驱采收率；同时，记录水驱压力，根据达西公式算出水驱稳定后的水相渗透率。

(5) 在低频振动条件(18 Hz，0.07g)下在填砂管中注入凝胶，注入完毕将凝胶置于恒温箱中候凝成胶，36 h 后将填砂管取出进行水驱实验。记录所得水驱油的体积，并计算注入凝胶后水驱采收率，从而得到采收率的增幅；同时，记录水驱压力，计算注凝胶水驱稳定后的水相渗透率。

1) 不同渗透率复合采油效果影响

以 0.5 mL/min 的注入速度在振动条件下，向三种不同渗透率的填砂管内分别注入 0.3 PV 的弱凝胶，胶凝后进行水驱。观察记录注入凝胶后的水驱增油量，计算采收率增幅、封堵率，评价弱凝胶的调堵效果(表 6-17 和表 6-18)。

表 6-17　不同渗透率的填砂管的调堵研究的实验方案及基础数据

组　数	饱和水时渗透率/(10^{-3} μm^2)	孔隙体积/mL
第 1 组	35	27
第 2 组	68	35
第 3 组	120	42

表 6-18　不同渗透率的填砂管振动复合凝胶调驱实验结果

组　数	水驱采收率/%	注入凝胶后水驱采收率/%	采收率增幅/%	水驱后的渗透率/(10^{-3} μm^2)	注入凝胶后水驱后的渗透率/(10^{-3} μm^2)	封堵率/%
第 1 组	57.15	80.37	23.22	33	2.8	91.52
第 2 组	68.31	86.74	18.43	51	3.5	93.14
第 3 组	71.24	92.19	20.95	108	4.1	96.20

从表 6-17 和表 6-18 中可以得到以下结论：随着渗透率的增大，振动复合凝胶对填砂管的封堵效果逐渐变好，振动复合凝胶提高采收率平均为 20.9%，比单纯凝胶调驱提高采收率 4.4%。

2) 不同渗透率级差对采收率与封堵效果的影响

采用双填砂管模型进行实验。在振动条件下保持从填砂管前端以 0.5 mL/min 的速度注入 0.3 PV 的弱凝胶，胶凝后进行水驱。观察记录注入凝胶后的水驱增油量，计算采收率增幅，评价弱凝胶的调堵效果(表 6-19 和表 6-20)。

表 6-19　不同渗透率级差研究基础数据

组　数	填砂管 1 渗透率 /(10^{-3} μm²)	填砂管 2 渗透率 /(10^{-3} μm²)	渗透率级差	填砂管 1 孔隙体积 /mL	填砂管 2 孔隙体积 /mL
第 1 组	30.64	168.72	5.51	31	32
第 2 组	29.67	466.88	15.74	30	34
第 3 组	34.53	794.39	23.01	32	42

表 6-20　不同渗透率级差填砂管振动复合凝胶调驱实验结果

组　数	填砂管 1 水驱采收率 /%	填砂管 2 水驱采收率 /%	总水驱采收率 /%	填砂管 1 注入凝胶后水驱采收率 /%	填砂管 2 注入凝胶后水驱采收率 /%	总注入凝胶后水驱采收率 /%	采收率增幅 /%
第 1 组	42.74	58.54	50.77	85.36	79.63	82.45	31.68
第 2 组	16.64	69.17	44.55	89.33	92.67	90.64	46.09
第 3 组	8.96	63.64	39.98	85.99	93.74	89.96	49.98

从表 6-20 可以得到以下结论：随着渗透率级差的增大，振动复合弱凝胶的调堵效果变好。渗透率级差由 5.51 增加到 23.01 时，采收率增幅由 31.68%增加到了 49.98%。采收率增幅相比单纯凝胶调驱明显增加。

6.3.4　低频谐振波-凝胶复合调驱对矿场试验的指导

由低频振动下凝胶成胶规律可知，在诱导期长时间振动对于最终形成可用于地层封堵的凝胶是非常不利的，因此在矿场凝胶注入过程中，诱导期凝胶注入地层部位不宜受到过长时间的低频振动处理，但短期振动可以起到延迟交联、降低凝胶注入地层近井带阻力的作用；在加速期初期低频振动可以提高部分凝胶黏度，但也会降低凝胶黏度，这取决于振动混合和剪切稀释两方面作用的大小，后期低频振动处理的凝胶黏度要低于静置凝胶，因此矿场中通过低频振动参数优化和调节，来达到降低凝胶注入黏度和延迟凝胶交联的目的，以使得凝胶被后续顶替流体驱替进入深部地层，提高凝胶调驱的整体封堵效果；在稳定期对凝胶进行振动可以发现凝胶黏度随时间呈线性下降，因此矿场中应尽量避免在凝胶调驱工作区进行低频振动采油试验，或者在调驱成胶后的短时间内暂停低频波动采油，以使得凝胶的交联强度不会受到较大损害。

以上研究证明，低频谐振波复合凝胶调驱可以提高凝胶的应用效果，提高原油采收率，可以较好地应用于主力油层，但其作用机制较为复杂，还需进一步研究，有待发展成熟，可在技术比较成熟时进行复合应用。

6.4　低频谐振波-表面活性剂复合驱油关键技术

低频谐振波和表面活性剂都可以在一定程度上提高水驱油效率。低频谐振波提高采收率的主要机理是改变岩石润湿性、增加渗透率、使得油膜油滴脱落形成油流等。表面活性剂主要通过降低界面张力、乳化、改变润湿性、洗油等来使残余油流动，提高采收率。目前表面活性剂种类繁多，并且不同种类表面活性剂作用机理和效果都有区别。原油物性、地层水性质、地质参数等因素对表面活性剂性能也会产生影响。目前在波动与表面活性剂复合驱油效果方面已有一些实验研究，然而关于低频谐振波与化学驱油剂协同作用的微观机理方面的研究仍然较少。本部分以油田常用且效果较好的表面活性剂 APG 为研究对象，通过系列针对性室内实验，定量分析影响复合措施效果的因素[168-172]，明确复合作用内在机理，揭示低频谐振波对表面活性剂驱油效果的主控因素和影响规律。

6.4.1　低频谐振波对表面活性剂静态洗油和乳化性能的影响

通过低频谐振波振动条件下和静置条件下表面活性剂洗油和乳化能力的对比，分析低频谐振波对表面活性剂静态洗油和乳化性能的影响。

1. 低频谐振波对表面活性剂洗油性能的影响

1）实验原理和方法

（1）实验原理。

表面活性剂降低岩石的润湿性和界面张力，从而使得原油更容易从砂子表面脱落，增加了洗油效率。低频谐振波实验装置可以对油砂产生剪切力，与表面活性剂产生复配效应，加速了油从砂粒表面脱离，其洗油的过程如图 6-45 所示。振动的加入进一步降低了界面张力，并且振动加速度在砂粒和液体表面位移差，加上往复振动循环，使得砂粒上的油膜更容易破裂缩进。振动和表面活性剂使润湿性改变，可以使得砂粒由亲油变亲水或者是弱亲水变成强亲水，使得油膜更容易脱落。分离以后，油膜悬浮在上层，砂子沉降在下层，达到油砂分离的目的。

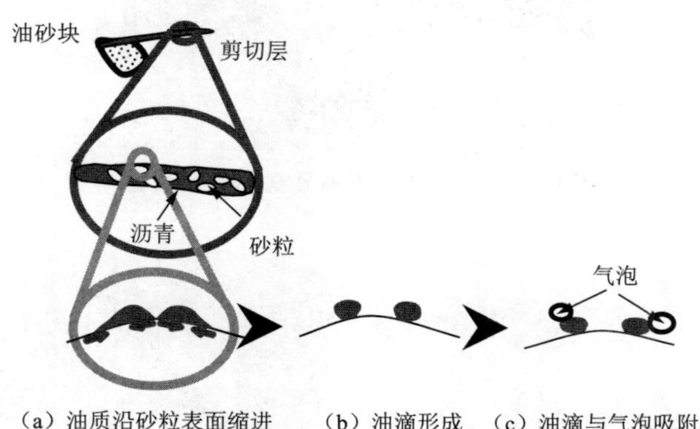

图 6-45　振动表面活性剂洗油过程

（2）实验仪器和材料。

低频谐振波波场模拟实验装置、广口瓶、恒温箱、玻璃棒、砂子（70～140 目）、表面活性剂、脱水原油等。

(3) 实验方法和步骤。

① 将70目和140目的砂子按照体积比1∶1比例混合后用清水洗干净,105 ℃烘干。

② 将脱水原油和烘干的砂子按照体积比1∶4的比例进行混合75 mL,搅拌,老化48 h后称重。

③ 加入一定浓度的表面活性剂溶液进行振动(控制低频振动参数)和非振动下洗油效率实验。

④ 作用90 min将油水过滤后的油砂105 ℃烘干后称重,其洗油效率的计算如下:

$$\eta=\frac{m_1-m_2}{qp}\times 100\% \tag{6-3}$$

式中 η——油砂洗油效率,%;

m_1,m_2——洗油前后的干油砂质量,g;

p——初始原油体积,mL;

q——脱水原油密度,g/mL。

2) 实验结果与讨论

(1) 振动和非振动对洗油效果影响。

为了验证振动对洗油效果的影响,首先对比一组振动(固定频率18 Hz和加速度0.3 m/s^2)和非振动条件洗油实验,其实验装置如图6-46所示,实验结果对比如图6-47和表6-21所示。

图6-46 振动条件下油砂洗油实验装置

图6-47 洗油初始和60 min以后的状态

表 6-21　振动与不振动洗油效率

序　号	洗油量/mL		洗油效率/%		洗油效率提高值/%
	表面活性剂	振动表面活性剂	表面活性剂	振动表面活性剂	
1	0.7	1.5	4.6	10.0	5.3
2	0.5	1.4	3.3	9.3	6.0
3	0.6	1.7	4.0	11.3	7.3

从图 6-47 可以看出，洗油效果不是特别明显，但总体来说振动条件下洗油效率提高了 6.2%。分析原因为：一方面一定频率和加速度下的振动不仅可以降低油砂之间的黏附力，使表面活性剂与油砂充分接触增加表面活性剂的洗油效果；另一方面振动也加速了分子之间的相对运动，可能使得油从大分子变为小分子，进一步降低了油砂之间的黏附力，提高洗油效率。振动时间为多长，并且在哪个振动方式下洗油效率最好？针对这些问题进行振动时间以及不同频率和加速度下油砂洗油效率的实验。

(2) 低频振动作用时间对洗油效率的影响。

振动频率为 20 Hz，加速度为 0.4 m/s^2 时，对于一定浓度表面活性剂，考察不同低频振动时间对洗油效率的影响，结果如图 6-48 所示，随着振动时间增加洗油效率增加，振动 25 min 时洗油效率达到 9.73%，30 min 时洗油效率达到 10.97%，继续增加振动时间对洗油效率影响不大。分析认为，当油砂含油较高时，油和砂之间黏附力较大，时间太短振动作用不易破坏分子之间的黏附力，随着振动时间的增加黏附力减小，洗油效率提高。综合考虑，振动时间为 40 min 时最佳，为了充分洗油，下面实验选取振动时间为 60 min。

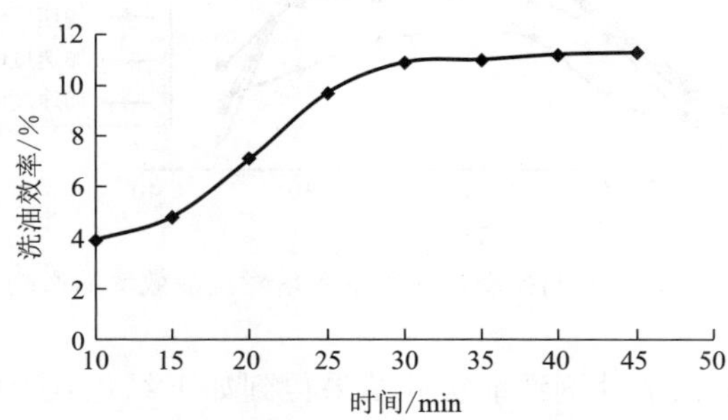

图 6-48　低频振动作用时间对洗油效率的影响

(3) 低频振动频率和加速度对洗油效率的影响。

在一定表面活性浓度、不同振动参数下振动 60 min 对洗油效率的影响如表 6-22 和图 6-49 所示。由图可知，当加速度一定时，洗油效率随频率的增大先增大后减小，但几乎都在同一个频率处达到最大。这可能是由于此频率在砂岩的固有频率范围附近(砂粒固有频率为 20 Hz 左右)，在该频率下振动不仅降低了油水间的界面张力和油与砂粒间的黏附力，并且使洗油剂与油砂充分接触，使得砂粒表面由亲油转变为亲水或亲水砂粒的亲水性增大，更大程度上实现砂与油的分离。当频率一定时，洗油效率随加速度的增加而增加，但当加速度增加到一定值时，洗油效率增幅变小。这是由于加速度的增大加速了分子间的相对运动，破坏了油的流变结构，使大分子断裂为小分子，减小了其在砂粒表面的吸附力，提高了洗油效率；另外，由于物质结构和相对分子质量的不同，存在一个使大分子断裂为小分子的最大临界值，因而当加速度到达一定值时，洗油效率增幅变小。由图 6-49 可知，频率 15～25 Hz、加速度 0.4～0.6 m/s^2 时的洗油效果比较理想，可达 12.02%。

表 6-22　不同振动加速度和频率下洗油效率　　单位：%

频率/Hz ＼ 加速度/(m·s^{-2})	0.2	0.3	0.4	0.5	0.6
0	3.94	3.94	3.94	3.94	3.94
5	4	4.49	5.49	5.86	6.18
10	5.37	8.05	8.46	8.54	8.8
15	8.03	9.85	11.15	11.53	11.83
20	8.3	10.2	11.26	11.72	12.02
25	4.92	10	11.26	11.77	11.67
30	3.59	9.74	10.77	10.58	10.31
35	5.37	3.78	4.97	3.33	4.57

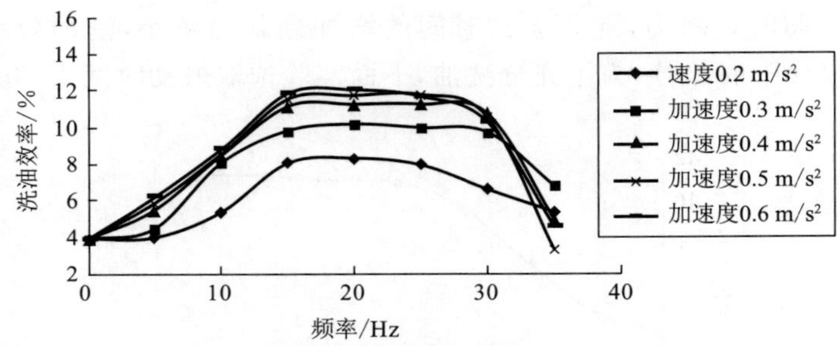

图 6-49　不同振动加速度下频率对洗油效率的影响

通过低频谐振波对表面活性剂洗油实验结果得到如下结论：① 优选出最佳低频谐振波参数为：频率 15～25 Hz，加速度 0.4～0.6 m/s^2，作用时间 30 min 以上，洗油效率最高可达 12.02%，比单独表面活性剂洗油效率提高 8.08%。② 低频谐振波复配表面活性剂洗油，不仅提高了洗油效率，还提高了洗油速度（可缩短 4 倍左右时间），表明低频谐振波复合技术可用于表面活性剂洗油。

2. 低频谐振波对表面活性剂乳化性能的影响

1）实验材料与方法

（1）实验材料与仪器。

材料：生物酶主剂 SUN-B1 和辅剂 SUN-B2，主辅剂按照体积比 1∶10 配制；地层水（矿化度 40 000 mg/L，NaCl、$CaCl_2$、$MgCl_2$ 的浓度分别为 70%、12%和 18%)；陕北原油(平均密度 0.826 g/cm^3，黏度 3.87 mPa·s)。

仪器：分析天平(0.000 1 g)(顶尖科仪(中国)股份有限公司)、井下大功率可控频率低频谐振波实验装置(北京海泰石油新技术开发中心)、乳化机(莱芜市精细化工机械设备厂)、显微镜(型号 XP-330、上海炳宇光学仪器有限公司)、比色管(50 mL)、蒸馏水、容量瓶、烧杯、量筒、吸管和玻璃搅拌棒等。

(2) 实验原理和方法。

① 自乳化分析。

将配制的生物酶溶液和脱水原油 30 mL(先放入生物酶溶液然后放原油)按照体积比 1∶1 分别加入两比色管中，配好后立即将其中一个放在振动台上进行振动下静态乳化，振动参数 18 Hz 和 0.4 m/s^2，其实验装置如图 6-50 所示。观察两个比色管中生物酶的乳化效果。

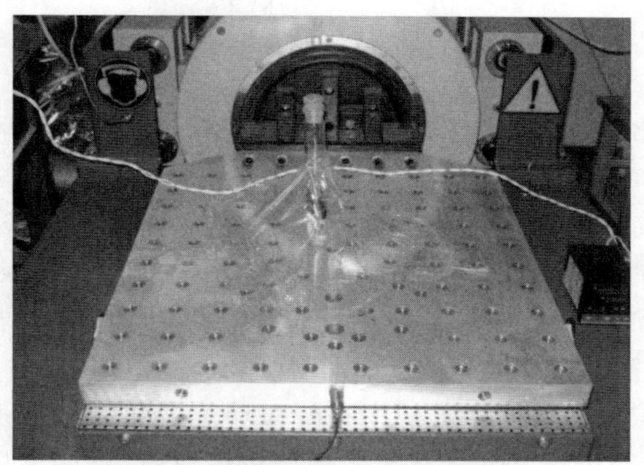

图 6-50　振动条件下乳化实验装置

② 动态乳化以及稳定性测定。

将两份体积相同的生物酶溶液和脱水原油按照 1∶1 体积比配置，分别放入乳化机进行振动和非振动条件下乳化实验，乳化一定时间后立即取出一滴放在载玻片上用显微镜观察振动和非振动条件下乳状液的微观形态，同时取出部分振动和非振动下的乳状液置于两比色管中，把加入振动下形成的乳状液的比色管继续放置于振动台上，同时记录两比色管析水量与时间的关系，在相同时间内析水量越多，说明乳状液的稳定性越差。目前，析水率的计算如下：

$$\eta = \frac{q}{p} \times 100\% \tag{6-4}$$

式中　η——析水率，%；

p——制备乳状液时加入的生物酶溶液的体积，mL；

q——乳状液形成后析出的生物酶溶液的体积，mL。

2）结果与讨论

（1）振动对自乳化体积的影响。

由图 6-51 可以观察到地层温度（室温）下作用 12 h 后振动复合生物酶和生物酶对原油的自乳化性能的影响。

（a）振动　　（b）不振动

图 6-51　振动和非振动条件下静态乳化效果

从图 6-51 可以看出，生物酶具有乳化原油的能力，振动条件下乳化效果要优于单独生物酶的乳化效果。分析其原因为：周期振动加剧了油水界面处生物酶溶液与油相接触，使更多生物酶包被原油，形成水包油分子有序组合体，增加生物酶的乳化效果；界面处的生物酶由于包被作用浓度减少，导致溶液内部的生物酶向界面处进一步扩散，从而使更多的油被乳化。所以振动比不振动的原油乳化量相对增多，乳化效果好，即可以提高地层的生物酶驱油效果。

（2）振动对乳状液液滴结构的影响。

图 6-52 是低频谐振波复合生物酶和生物酶在动态乳化时显微镜观测到的乳状液的微观形态。从振动和非振动条件下乳状液显微镜图像可以看出，两种情况下形成的都是水包油乳状液，都可以减小驱油过程中的流动阻力，达到提高采收率的目的。对比可知振动条件下乳状液平均粒径较小，分布密集且均匀，可见振动具有协同生物酶使原油向形成微乳的方向转化，比单独的生物酶溶液更有利于驱油。

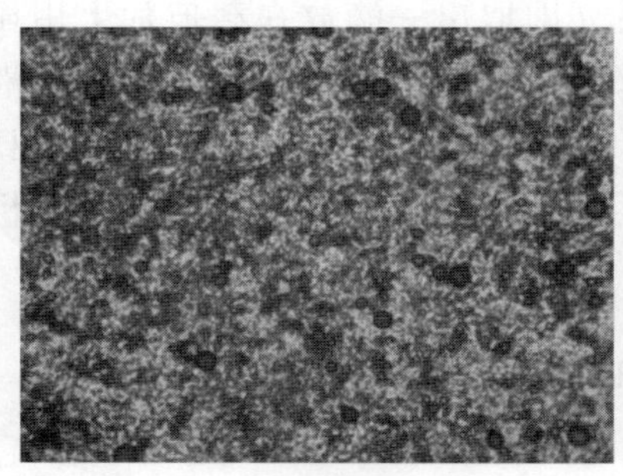

（a）振动

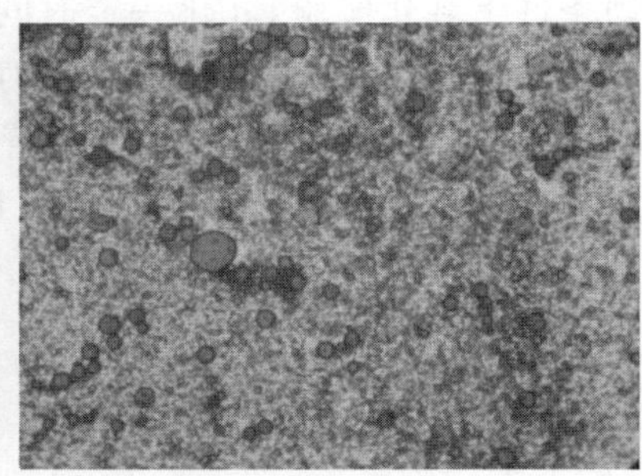

（b）不振动

图 6-52　振动和不振动作用条件下乳状液的微观形态

（3）振动对乳状液稳定性的影响。

为了测定振动对乳状液稳定性的影响，进行上述实验的同时观察乳状液在比色管中不同时刻的乳化状态，如图 6-53 所示，并记录不同时间下的析水量，最后得出析水率和时间的关系，如图 6-54 所示。

（a）5 min 时的状态（左不振动右振动）　　（b）180 min 时的状态（左不振动右振动）

图 6-53　振动和非振动条件下形成乳状液初期和中后期的状态

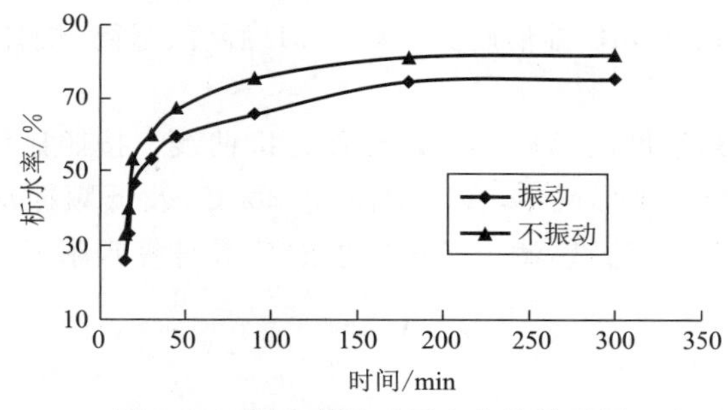

图 6-54　析水率随时间变化的关系图

图 6-53 是光束照射下两比色管正向观察到的某时刻下的乳状液。根据光传播过程中光线照射到粒子时，如果粒子半径大于入射光波长，则发生光的反射；如果粒子半径小于入射光波长，则发生光的散射。粒子半径越大，反射越强，散射和透射越差。因此，从图中可看出，无振动的比振动后的反射强度都要高得多，即不振动时粒子平均粒径大得多，比色管中乳状液体系呈浑浊状态，主要是由于振动降低乳状液聚并速度，加强了乳状液动力学的稳定性，而不振动时乳状液聚并速度快，大量乳状液小分子聚结形成大分子，因而分子平均粒径很大。另外由图 6-53 析水初期和中后期两张图片中非振动和振动条件下乳状液的对比可知，不管是振动还是非振动条件下反射强度都增加，说明随着时间的增加，乳状液分子都在不停地聚并，平均粒径在不停地增大。由图 6-54 可以看出在振动和不振动下乳状液在初期析水速率很快，随着时间的延长逐渐变得缓慢甚至不再析出。分析原因为：在初期不振动时乳状液聚并速度快，大量乳状液小分子变成大分子，因而分子平均粒径很大，在重力作用下由于油水密度差异使得水析出速度加快，而在后期无论振动与否，乳状液聚并逐渐达到稳定饱和状态，随时间的继续增加水几乎不再析出，因而在地层振动复合生物酶驱油的过程中可能会有一部分乳状液产出。

6.4.2 低频谐振波对表面活性剂驱动态吸附和扩散性能的影响

通过低频谐振波振动和非振动条件下表面活性剂吸附和扩散系数的测量与对比，分析表面活性剂驱过程中低频谐振波对吸附量和扩散性能的影响。

1. 低频谐振波对表面活性剂吸附性能的影响

测量振动与非振动下锥形瓶(含天然岩心砂)中表面活性剂驱溶液中的表面活性剂浓度，以此表征动态驱替过程的吸附量大小。

1）实验材料与方法

(1) 实验材料。

实验药品：生物表面活性剂烷基多糖苷(APG)，延长天然岩心洗油后制备的岩心砂经洗净、烘干、筛取 80～100 目，5%苯酚溶液，浓硫酸，地层水等。

实验仪器：723 可见光分光光度计(上海菁华科技仪器有限公司生产)、低频振动实验装置(自制)、20 mL 容量瓶、50 mL 锥形瓶、吸球、5 mL 滴管、量筒、烧杯、玻璃棒等。

(2) 实验方法。

用地层水配制一系列浓度的 APG 溶液，绘制标准曲线。按照比例取一定量的岩心砂和一定浓度的 APG，将其放入锥形瓶中，在一定温度(30 ℃)及低频振动或不振动条件下进行一定时间吸附，然后取其上部清液，测定 APG 的浓度，并计算吸附量，即

$$\eta = V\frac{c_0 - c}{m} \tag{6-5}$$

式中 η——表观吸附量，mg/g；

c_0，c——地层砂吸附前、后液相中 APG 质量浓度，mg/mL；

V——吸附体系中 APG 溶液的体积，mL；

m——地层砂的质量，g。

2）实验结果与讨论

(1) 吸附时间的选择。

APG 质量浓度为 0.05 mg/mL，选择液砂比 20∶1(mL∶g)，测定时间对吸附量的影响，其结果如图 6-55 所示。由图 6-55 可见不振动条件下表面活性剂在岩心砂上吸附缓慢，吸附 10 h 以后才能基本上达到饱和状态；而振动条件下，表面活性剂在岩心砂上的吸附速度很快，6 h 基本上就达到饱和，并且振动条件下吸附量明显下降。为对比振动和不振动对吸附的影响，以下实验选取吸附时间为 12 h。

(2) 液砂比的选择。

APG 质量浓度为 0.05 mg/mL，吸附时间为 12 h，考察不同液砂比(mL∶g)对吸附量的影响，其结果如图 6-56 所示。从图中可以看出针对陕北岩心砂，不振动条件下，当液砂比小于 20∶1 时，液砂比严重影响 APG 的吸附量，当液砂比大于 20∶1 时，液砂比对吸附量的影响不大；而在振动条件下当液砂比为 10∶1 时吸附接近达到平衡状态。为对比振动和不振动对吸附的影响，在以下实验选取液砂比为 20∶1。

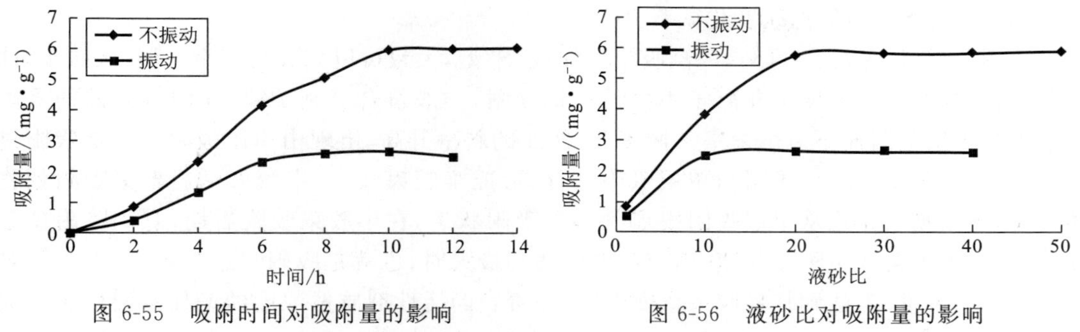

图 6-55　吸附时间对吸附量的影响

图 6-56　液砂比对吸附量的影响

(3) 吸附等温线的变化。

为比较振动与不振动下陕北岩心砂对吸附量的影响,需选取同样的吸附时间 12 h 和液砂比 20∶1,考察不同的振动参数(振动频率和振动加速度)对吸附量的影响,其结果如图 6-57 和图 6-58 所示。由图可见振动前后吸附量有明显差异,不振动时吸附量先缓慢上升(近似线性增加),之后在低质量浓度处出现拐点,吸附量随着质量浓度的增大而增大,随后基本不变;经振动以后,在低质量浓度时仍然出现类似的拐点,然后上升出现吸附量达到最大后开始下降。

从图 6-57 和图 5-58 可以看出吸附量在任意振动参数下均有所降低。图 6-57 说明随着振动频率的增加,吸附量先降低后增加,振动频率为 15～25 Hz 之间时吸附量达到最低。陕北岩心砂频率为 20 Hz 左右,根据文献知地层砂固有频率在 25 Hz 左右,而吸附量最小的频率范围恰好是岩心固有频率的一个窄段。图 6-58 显示随着振动加速度的增加,吸附量减小,当振动加速度增加到 0.4 m/s^2 时,再继续增大加速度对吸附量的影响不大。因而选取合适的振动加速度可一定程度削弱三次采油中表面活性剂吸附损耗造成的长期困扰,提高油表面活性剂驱作用效果。

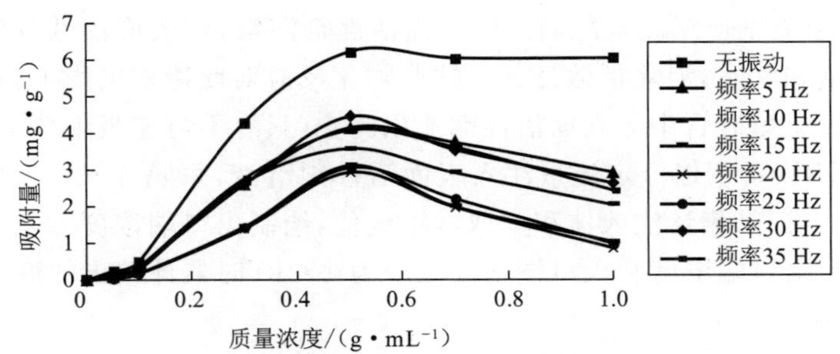

图 6-57　振动频率对吸附等温线的影响

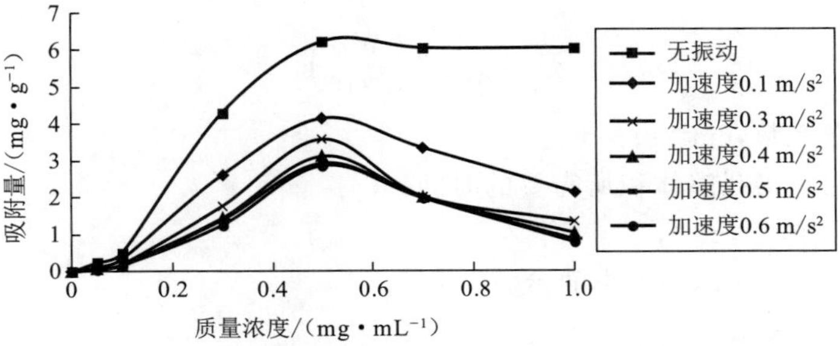

图 6-58　振动加速度对吸附等温线的影响

(4) 振动下吸附等温线变化微观分析。

由图 6-57 和图 6-58 可知，等温吸附曲线成“S”型，大致可以划分为三个区域：区域Ⅰ，曲线斜率低，为低质量浓度下非离子表面活性剂吸附，一般符合亨利定律，在固体表面的吸附属于单分子层吸附而不发生聚集。区域Ⅱ，曲线的斜率升高，出现由单层吸附向多层吸附过渡的状态，此时呈现多层吸附与单层吸附共存，形成半胶束状态，半胶束迅速聚集吸附到物体表面，导致吸附作用从单层吸附发展到多层吸附状态，在半胶束吸附后期，有利吸附位已经被占据，吸附会产生稍微减速，当减速效应达到最大时，也就是吸附量达到最大，即临界胶束浓度。区域Ⅲ，当达到临界胶束浓度以后，随着表面活性剂质量浓度的增加溶液中会有大量胶束形成，单个表面活性剂分子会减少，为了维持各自平衡，出现砂粒表面吸附层和液相中的胶束竞争吸附溶液中单个表面活性剂分子，所以大于临界胶束浓度以后出现吸附量稍微下降的趋势，但很快表面活性剂吸附速度和解吸速度达到一个稳定平衡状态，随着质量浓度继续增大吸附量变化不大。

2. 低频谐振波对表面活性剂扩散性能的影响

1) 实验材料与方法

(1) 实验仪器和材料。

岩心驱替装置、低频谐振波波场模拟室内实验装置、分光光度计、平流泵、中间容器、岩心夹持器、压力表、氮气瓶、表面活性剂溶液、浓硫酸、5%的苯酚溶液等。

(2) 实验步骤和方法。

① 制作浓度为 0.2%的表面活性剂溶液。

② 将填砂管洗净、烘干填入粒径在 0.22～0.4 mm 之间的砂子，然后称量干重，接着饱和地层水称量湿重，测定填砂管的孔隙度和水相渗透率。

③ 分别以一定流量连续注入配制好的表面活性剂溶液，使表面活性剂溶液在岩心中的吸附和滞留达到饱和状态，消除扩散过程中这些物化反应对此造成的影响，最后进行连续振动和不振动水驱直至填砂管中无表面活性剂流出为止(只有不可逆吸附分子或滞留分子)。

④ 在振动和不振动下以一定流量注入表面活性剂溶液，每隔 1 mL 在岩心出口端取样一次，测定其浓度。记录累计注入体积与取样浓度值，绘制出口端浓度和初始浓度比值与孔隙体积关系图。当出口端浓度和入口端浓度比值为 1∶10 时累计接出的液体体积记为 V_{10}，然后代入式(6-6)和式(6-7)。

$$W_{10}=\frac{V_{\mathrm{p}}-V_{10}}{\sqrt{V_{10}}} \tag{6-6}$$

$$D=\frac{1}{TV_{\mathrm{p}}}\left(\frac{LW_{10}}{1.810}\right)^{2} \tag{6-7}$$

式中 D——扩散系数，$\mathrm{cm^2/s}$；

T——注入一倍孔隙体积所需要的时间，s；

V_{p}——孔隙体积，$\mathrm{cm^3}$；

W_{10}——表征注入体积大小的参数，$\mathrm{cm^{3/2}}$；

L——岩心长度，cm；

V_{10}——出口端浓度为入口端浓度 10%时,累计接出的液体体积,cm^3。

通过上述实验和公式可求取一定注入速度下表面活性剂的扩散系数。

(3) 表面活性剂浓度测定。

表面活性剂浓度测定在前面已介绍,先测定标准曲线,通过吸光光度值确定表面活性剂浓度,在这不再重复介绍。

2) 实验结果与讨论

表 6-23 是填砂管基本数据,表 6-24 是振动和不振动条件下通过上述实验方法求出的表面活性剂的扩散系数。

表 6-23　实验岩心的基本数据

填砂管直径/cm	岩样长度/cm	渗透率/(10^{-3} μm^2)	孔隙体积/cm^3	孔隙度/%
2.6	50	22.9	80	15.9

表 6-24　表面活性剂动态扩散系数

表面活性剂	v/(mL · h^{-1})	V_{10}/cm^3	W_{10}/$cm^{3/2}$	D/(cm^2 · s^{-1})
不振动	30	20.5	13.141 352	0.171 593 8
低频振动	30	19.5	13.700 552	0.186 508 1
不振动	60	19	13.994 36	0.389 186 4
低频振动	60	18.7	14.298 46	0.402 184 4

由扩散系数的数值可以看出,振动加快表面活性剂在渗流中的扩散,注入速度也影响表面活性剂扩散,注入速度越大扩散系数也越大,但是随着注入速度的增大,振动对扩散的影响程度就会越低。

表面活性剂扩散表达式为:

$$D = D_0(1 + B) + \alpha u^{\alpha} \tag{6-8}$$

式中　D_0——表面活性剂自身的扩散系数,由表面活性剂本身的性质决定;

B——岩石多孔介质流体质量运移的弯曲度,与介质毛细管的弯曲度相关;

αu^{α}——流体在多孔介质中对流扩散项,与流体在多孔介质中的渗流速度相关。

当渗流速度固定,振动作用于岩心时,不停的周期性振动使得堵塞岩心的孔隙或者黏附于孔隙壁上的小颗粒也来回做位移正弦振动,同时由于流体驱替压差存在,这些小颗粒随着流体流动流走,扩大了孔隙的渗流通道,即扩大了多孔介质在岩心中流体运移的弯曲度,同时低频谐振波也加快了表面活性剂自身的扩散。综合分析认为低频周期性振动增强表面活性剂在多孔介质中的扩散。由式(6-8)看出随着流体渗流速度的增大,扩散系数也在增大,这与实验结果正好相符。

6.4.3　低频谐振波-表面活性剂复合驱油提高采收率效果分析

前期室内动态模拟实验表明,低频谐振波表面活性剂复合可以显著地提高水驱油效率。

为了验证低频谐振波和表面活性剂复合适合什么样的油藏,应该选取怎样的复合方式才能使协同作用效果最佳,下面在对振动波频率、加速度、表面活性剂注入段塞大小、段塞浓度优选的基础上,针对不同渗透率岩心开展低频谐振波表面活性剂复合驱油作业方式对水驱效率影响规律的室内实验研究。

1. 低频谐振波复合表面活性剂驱提高采收率效果对比

1) 实验材料和方法

(1) 实验仪器和材料。

岩心驱替装置、低频谐振波波场模拟室内实验装置、平流泵、中间容器、岩心夹持器、压力表、氮气瓶、陕北天然岩心、表面活性剂溶液等。

(2) 实验方法及原理。

与常规岩心驱替实验的不同之处在于把带有岩心的岩心夹持器放置于低频谐振波装置上,实现低频谐振波复合表面活性剂驱油实验。其振动频率选取 18 Hz,振动加速度选取 0.4 m/s^2,实验流程如图 6-59 所示。

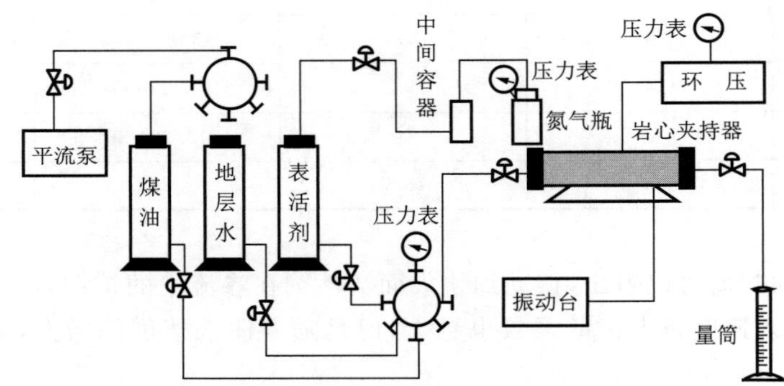

图 6-59 低频谐振波复合表面活性剂实验流程图

2) 实验结果与讨论

设计不同低频谐振波复合表面活性剂复合方式驱油实验,其每一个具体方案的实验方法和步骤如下。

① 波动复合水驱:水驱至含水率达到 98%以上,进行低频谐振波作用下水驱(低频谐振波采取连续波动的方式),直到没有油产出为止。

② 表面活性剂水驱:水驱至含水率达到 98%以上,注入一定浓度和段塞大小的表面活性剂溶液(下同),继续水驱,直到没有油产出为止。

③ 表面活性剂连续波动水驱:水驱至含水率达到 98%以上,注入一定浓度和段塞大小的表面活性剂溶液,随后在低频谐振波作用下水驱(低频谐振波采取连续波动的方式),直到没有油产出为止。

④ 波动复合表面活性剂间歇波动水驱:水驱至含水率达到 98%以上,然后在低频谐振波作用下注入一定浓度和段塞大小的表面活性剂溶液,最后在间歇低频谐振波作用下水驱

（低频谐振波采取间歇波动的方式），直到没有油产出为止。

⑤ 波动复合表面活性剂连续波动水驱：水驱至含水率达到 98%以上，然后在低频谐振波作用下注入一定浓度和段塞大小的表面活性剂溶液，最后在连续低频谐振波作用下水驱（低频谐振波采取连续波动的方式），直到没有油产出为止。

在上述实验方案下，选择气渗透率相近的 10 块天然岩心，基础数据如表 6-25 所示。对每一种实验方案分别对比整个方案实施后和第一次水驱后采收率提高值和残余油饱和度下降值，优选出最佳作用方案，实验结果如表 6-26 所示。

表 6-25　实验岩心的基本数据

岩心号	岩心直径/cm	岩心长度/cm	渗透率/(10^{-3} μm^2)	孔隙度/%
1	2.52	4.31	0.204	8.71
2	2.52	4.42	0.182	9.11
3	2.54	4.34	0.256	9.40
4	2.52	4.56	0.232	8.81
5	2.52	4.36	0.230	8.80
6	2.53	4.19	0.182	9.11
7	2.53	4.09	0.183	8.32
8	2.53	4.52	0.170	8.71
9	2.52	4.31	0.165	8.33
10	2.52	4.19	0.170	8.72

表 6-26　波动复合表面活性剂复合作用方式实验结果

岩心号	注入方式	第一次水驱采收率/%	残余油饱和度/%	第二次水驱后采收率/%	残余油饱和度/%	采收率提高值/%	采收率提高均值/%	残余油饱和度降低值/%
1	波动复合水驱	68.57	20.28	74.29	13.59	5.48	3.76	3.69
2		59.12	19.65	64.16	13.72	8.04		5.93
3	表面活性剂水驱	63.64	22.86	74.55	13.00	10.919	10.91	3.86
4		68.57	20.28	79.48	15.53	10.827		4.75
5	表面活性剂连续波动水驱	68.57	20.28	82.86	11.06	14.29	14.87	9.22
6		65.56	18.32	80.00	10.64	15.44		4.68
7	波动复合表面活性剂间歇波动水驱	59.18	25.25	81.12	11.68	21.94	20.41	13.57
8		58.33	24.11	74.23	13.189	18.89		10.93
9	波动复合表面活性剂连续波动水驱	59.099	29.53	81.82	13.12	22.73	21.91	13.40
10		60.13	24.11	81.21	13.09	21.08		14.02

表 6-26 表明波动复合水驱、表面活性剂水驱、表面活性剂波动水驱、波动复合表面活性剂间歇波动水驱、波动复合表面活性剂连续波动水驱分别提高采收率 3.76%，10.91%，14.87%，20.41%，21.91%；残余油饱和度分别下降 4.81%，4.31%，6.95%，12.25%，13.71%，可见波动复合表面活性剂连续波动水驱比单独波动复合水驱、单独表面活性剂驱以及其他振动和表面活性剂复合作用效果都好。分析原因认为低频谐振波的加入降低了表面活性剂在岩石界面的吸附，促进了表面活性剂和油充分接触，更大幅度降低了油水界面张力，增加其有效作用距离，促进表面活性剂剥离油滴和解除地层堵塞，提高低渗油藏渗透率。连续波动使得表面活性剂在振动过程中形成水包油的乳状液，使得水包油乳状液粒径变小且均匀分布，增加了乳状液稳定性，减小了流动阻力。然而在现场应用过程中为节约成本，降低设备损耗，保障施工安全，一般采取间歇波动辅助。

2. 不同渗透率下低频谐振波复合表面活性剂驱驱油效果

在最佳的振动复合表面活性剂驱驱油方式下，取不同渗透率岩心，对比渗透率对采收率和注水压力的影响，实验岩心基础数据和实验结果如表 6-27 和表 6-28 所示。

表 6-27　实验岩心基本数据

岩心号	岩心直径/cm	岩心长度/cm	渗透率/($10^{-3}\ \mu m^2$)
11	2.42	4.21	0.23
12	2.52	4.32	0.35
13	2.38	4.54	22.25
14	2.57	4.46	30.73

表 6-28　渗透率对采收率及注水压力的影响

岩心号	第一次水驱采收率/%	注水压力/MPa	第二次水驱采收率/%	采收率提高值/%	注水压力/MPa
11	52.19	14.01	74.55	22.36	11.23
12	55.98	13.5	74.86	21.88	11.21
13	61.36	11.9	79.12	14.76	10.02
14	59.68	12.01	73.75	14.07	10.79

从表 6-27 和表 6-28 看出，复合措施对于低渗透油藏可以起到降压增注，提高采收率的目的。然而实验结果显示渗透率越低采收率提高幅度越大，注水压力下降幅度越大。分析原因主要是低频谐振波形成的波动压力场对岩石和流体具有耦合作用，渗透率越低，波动形成的压力场使得流体和岩石骨架的位移差越大，非同步性越强，油在岩石上分离脱落的程度越大，这样更有利于排污解堵、疏通孔隙空间、增加流体流动通道；另外低频谐振波和表面活性剂复合更大程度降低原油黏度、界面张力，从而达到增加油的渗透能力、提高采收率、降低注水压力的目的。

3. 振动加速度对最佳低频谐振波复合表面活性剂驱方式的影响

在最佳的复合方式和渗透率下，取渗透率相近的天然岩心，对比不同振动加速度对驱油效率的影响，实验岩心基础数据和实验结果如表 6-29 和表 6-30 所示。

表 6-29　实验岩心基本数据

岩心号	振动加速度/($m \cdot s^{-2}$)	岩心直径/cm	岩心长度/cm	渗透率/($10^{-3}\ \mu m^2$)	孔隙度/%
15	0	2.52	4.29	0.214 4	9.01
16	0.1	2.52	4.41	0.182 5	8.56
17	0.2	2.54	4.38	0.223 2	9.23
18	0.3	2.52	4.47	0.230 9	8.98
19	0.4	2.52	4.29	0.210 8	8.85
20	0.5	2.52	4.32	0.234 5	9.34
21	0.6	2.52	4.39	0.198 7	8.83

表 6-30　不同振动加速度对驱油效率的影响

岩心号	振动加速度/($m \cdot s^{-2}$)	第一次水驱采收率/%	第二次水驱采收率/%	采收率提高值/%
15	0	59.23	69.35	10.12
16	0.1	65.12	82.01	16.89
17	0.2	68.25	85.37	17.12
18	0.3	58.34	77.33	18.99
19	0.4	60.78	80.86	20.08
20	0.5	59.86	79.71	19.85
21	0.6	58.75	77.76	19.51

从表 6-29 和表 6-30 看出，随着振动加速度的增加采收率出现先增加后稍微降低的趋势，分析认为振动加速度过大可能造成颗粒的堵塞，降低地层渗透率，抵消部分低频振动对表面活性剂的协同效应，因此复合驱油过程中要综合考虑低频谐振波对岩石流体以及化学剂的协同作用机制，选择针对该地层的振动参数。

通过低频谐振波和表面活性剂复合驱油方式实验结果看到，连续低频谐振波复合表面活性剂复合驱油效果最佳，可使采收率提高 21.90%。在最佳的作用方式下，考察不同渗透率岩心对采收率和注入压力影响，表明渗透率越低采收率提高幅度越大，注水压力下降幅度越大，为特低渗油田解决注不进、采不出、注水压力高提供了一条新途径。

6.4.4　低频谐振波-表面活性剂复合驱油对矿场试验的指导

由低频谐振波复合表面活性剂驱作用机理与提高采收率效果分析实验可知，低频谐振波可以提高表面活性剂的洗油效率和乳化性能，降低表面活性剂在渗流孔喉壁面的吸附与滞留，可以进一步提高表面活性剂驱的作用效果。

由低频谐振波复合表面活性剂驱驱替方式、不同岩石渗透率及振动参数对复合驱油效果影响性实验研究可知，应用波动复合表面活性剂驱＋连续波动水驱的方式提高采收率效果最优，渗透率较低的油藏采收率提高幅度更大，储层岩石在固定频率和一定的振动加速度（室内最佳加速度为 0.4 m/s^2）下提高采收率效果较好。

6.5 低频谐振波复合化学驱油技术集成分析

在分析了低频谐振波影响空气泡沫调驱、凝胶调驱、表面活性剂驱机理与效果后，有必要对现场如何同时对某口井实施低频谐振波复合化学驱油技术进行分析，并对低频谐振波复合化学驱油技术应用过程中的使用条件和技术参数进行说明，为现场应用低频谐振波技术提供指导。

6.5.1 低频谐振波-化学驱油技术现场复合应用分析

常规复合技术存在干扰油水井正常工作的缺点，且许多技术无法同时实施；而低频谐振波可现场同时与其他技术复合应用，且不影响油水井的正常工作[213-217]。

1. 低频谐振波复合化学驱最佳应用条件对比

由低频谐振波影响空气泡沫调驱、凝胶调驱、表面活性剂驱机理与效果评价实验研究表明，低频谐振波采油技术可以提高空气泡沫调驱、凝胶调驱、表面活性剂驱的效果，但是由于不同化学调驱或驱油技术作用机理与方式不同，最终实验得到低频谐振波复合化学驱油技术应用条件不尽相同[218-225]。

1）相同点

低频谐振波采油技术与空气泡沫调驱、凝胶调驱、表面活性剂驱复合应用时，在储层岩石固定频率的附近频域应用效果较好。

2）不同点

（1）低频谐振波采油技术与空气泡沫调驱复合应用时，室内在振动加速度为 0.3～0.4 m/s^2 时应用效果最好；低频谐振波采油技术与凝胶调驱复合应用时，最佳振动加速度随着凝胶成胶过程发生移动，由 0.7 m/s^2 逐渐过渡为 2.0 m/s^2 时效果最好；低频谐振波采油技术与表面活性剂驱复合应用时，室内在振动加速度为 0.4～0.6 m/s^2 时应用效果最好。

（2）低频谐振波采油技术与空气泡沫调驱复合应用时，可持续进行振动以增加复合调驱效果，当然空气泡沫注入完毕一段时间后持续振动最好；低频谐振波采油技术与凝胶调驱复合应用时，应尽可能选择在凝胶成胶加速期振动，诱导期应适当控制振动时间，稳定期不宜进行振动；低频谐振波采油技术与表面活性剂驱复合应用时，可在表面活性剂注入和后续水驱驱替时持续进行振动。

（3）低频谐振波采油技术与空气泡沫调驱、凝胶调驱复合应用时，储层渗透率越大，低频谐振波对空气泡沫调驱、凝胶调驱的增效效果越明显；低频谐振波采油技术与表面活性剂驱复合应用时，储层渗透率较低时，凝胶调驱的增效效果较好。

2. 低频谐振波复合化学驱油技术矿场实施方式与选井条件

综合物理化学技术复合应用使低频谐振波技术在一口井上或井周围实施，而其他技术在低频谐振波覆盖范围内的井上同时施工。低频谐振波技术建议在废弃油井中进行区块振动采油，其他复合应用的技术在其他油水井中实施[226-232]。

1）低频谐振波技术现场应用震源及低频谐振波传播处理油层方式

根据处理油层的技术方法特点，可将振动波处理方法分为三类：近井底地带处理方法、通过油井处理油层的方法、从地表处理油层的方法。近井带处理方法主要通过井下水动力学方法、设置分流阀方法、磁致伸缩方法、电动液压爆炸方法等实现低频振动。通过油井处理油层的方法是通过波导管（电磁锤、载重抽油机等）将能量转换为油层中的地面脉冲振动源。从地表处理油层的方法为在地表安装震源并通过上覆岩层逐层转换传递能量至目的层的简谐振动震源。

在机理研究的基础上，目前国内外已设计了多种型号的井下震源和地面震源，主要为机械式击打震源、电/液压/爆燃等脉冲震源和一些其他震源，对油井实施振动解堵和振动采油，取得了较好的增油效果。具体发展的震源类型有：① 国外发展的井下震源，有气体爆炸震源、电火花震源、液压脉冲、冲击脉冲和机械震源等。国外发展的地面震源或井筒波导管传播的震源类型，有电磁锤地面震源、固定式大功率地面震源、双模块非平衡震源、撞击脉冲震源、气动震源等。其中，电磁锤地面震源是在电磁作用下锤头做上下运动锤击底座，底座则借助井中波导管或埋入地下的桩基将振动传给油层。② 国内发展了多种震源，包括电脉冲、燃爆产生的自激波等井下震源，单轮和双轮地面震源等。

目前，由于地表振动需要能量大、能量损耗大、对周边产生巨大噪音等问题而逐渐被淘汰。因此，通过油井处理油层的方法和直接处理近井带的方法占据了低频振动处理方法的多数。为了扩大振动处理的范围，低频谐振波处理最佳方法是在井下产生低频谐振波直接对目的层位进行振动。

2）低频谐振波复合技术适用油藏及选井条件

对于复合应用的泡沫驱、自适应凝胶调驱、表面活性剂驱的选井条件已在前面涉及，在此不再赘述。

表面活性剂驱适用油藏及选井条件：① 表面活性剂驱适合在连片性较好的席状油砂体如扇三角洲前缘中的水下分流河道中进行，扇三角洲平原之辫状河道沉积不适合表面活性剂驱；② 地层温度过高的油藏不适宜进行表面活性剂驱，一般高于 60 ℃效果变差；③ 用于表面活性剂体系驱替试验的油藏厚度一般应为 2.4～12 m，油藏的平均渗透率一般要大于 $20\times10^{-3}\ \mu m^2$，变异系数为 0.28～0.8 的油藏平均渗透率需大于 $10\times10^{-3}\ \mu m^2$；④ 当含盐度低于 10 000 mg/L，二价阳离子质量浓度在 200～5 000 mg/L 时，比较适合采用表面活性剂驱，高温高盐油藏，在经济条件允许的前提下，可选用如孪连类、含氟类、微凝胶等新型表面活性剂；⑤ 表面活性剂驱通常用于中深储集层（1 000～2 500 m）；⑥ 表面活性剂驱替的原油密度应大于 0.902 g/cm³；⑦ 最佳原油黏度为 3～35 mPa·s；⑧ 含油饱和度应大于 30%；⑨ 注采井距不宜大于 300 m，斜列/五点法井网、小井距效果较好。

大功率低频谐振波适用油藏及选井条件：① 近井地带具有明显污染（杂质堵塞、水锁、气锁等）；② 原油黏度高，流动性差；③ 油层近井地带存在液阻效应，渗流阻力大；④ 地层泥质含量较低；⑤ 地层出砂较弱或基本不出砂；⑥ 油井生产正常，转注后不吸水或吸水较差；⑦ 具有分层处理条件；⑧ 井温一般不高于 90 ℃。

6.5.2 低频谐振波矿场设备参数计算

由于低频谐振波井下处理方式能量损耗小、油层覆盖范围相对大、技术发展较成熟等，因此选择井下低频谐振波矿场施工设备进行参数设计，来实现物理化学综合技术的复合应用。

井下低频谐振波矿场施工设备，主要包括人工震源设备、振动监测和分析系统。人工震源设备由地面和井下两大部分组成（图 6-60）。地面部分由卷扬机和井口简谐波振动机组成，通过电子调频率器改变振动频率和激振力。井下部分由钢丝绳、增幅器、重锤以及能量辐射器组成。其工作组成为：首先将能量辐射器投入井中，用卷扬机通过井架天车把带有增幅器和重锤的钢丝绳下入井中，用绳卡固定在井口的谐波振动机的平台上。平台由四根带有弹簧的立柱支撑并扶正，平台上安装了两台偏心摆线电机和偏心配重块。通电后，平台上带有偏心配重的两台电动机开始对称运转。根据力学原理，当偏心电机轴上的偏心配重对称于电机两轴线等速反向同步回转时，其产生离心力的水平分力大小相等，方向相反，相互抵消，而垂直分力的合力构成了激振力。谐波振动台和弹簧的振动正是由偏心电机运转时产生的周期性变化的离心力引起的。谐波振动机产生的激振力就这样带动平台在弹簧的弹力作用下做上下往复运动，卡在平台上的钢丝绳把这一运动传递给增幅器和重锤，这样在增幅器的作用下重锤上下振动，振击能量辐射器，在地层内产生人工简谐波。

该震源井下振动系统的来回运动主要靠电机的旋转和弹簧的上下振动实现，可见在整个系统中立柱弹簧是一个非常重要的部件，但多冲次的振动也使弹簧寿命大大减少，故必须选择合适的弹簧才能最大限度地满足振动系统的工作要求[233-236]。

1）已知的参数以及设计要求

根据现场常用的弹簧可知：弹簧的外径为 320 mm，该弹簧系套在一直径为 125 mm 的轴上工作；弹簧的最大压缩量 $\lambda_{max}=600$ mm，最小压缩量 $\lambda_{min}=60$ mm，最小的弹簧力 $F_1=1.64\times10^4$ N，自由长度不能超过 2 m，弹簧的振动频率为 60～90 次/min；弹簧端部选择磨平端，每端有一圈死圈。根据上述的已知条件，

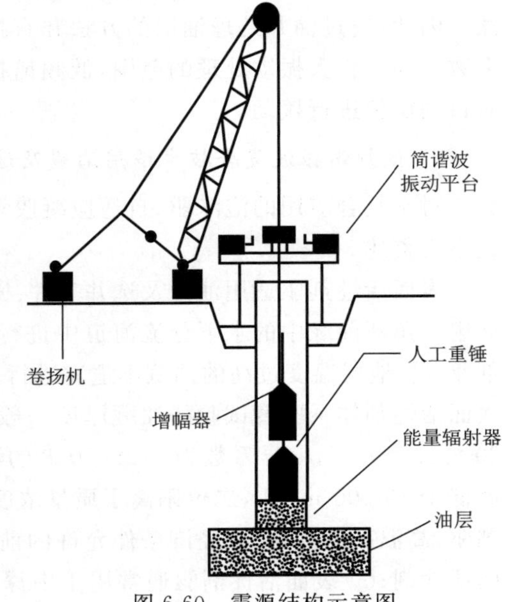

图 6-60 震源结构示意图

设计一个等螺距圆弹簧丝的螺旋压缩弹簧。

2）设计计算的有关公式

（1）弹簧的最大弹簧力。

该弹簧在工作前受到一压缩力 $F_1 = 1.64 \times 10^4$ N，该力保证弹簧稳定在安装位置，是弹簧所受的最小载荷。在该力的作用下弹簧的压缩量 $\lambda_{min} = 60$ mm，当弹簧受到最大载荷 F_2 作用时，弹簧的压缩量增加到最大值 $\lambda_{max} = 600$ mm，由于等螺距圆柱形螺旋的弹簧的特性曲线为一直线，即

$$\frac{F_2}{\lambda_{max}} = \frac{F_1}{\lambda_{min}} \tag{6-9}$$

故可以得出：$F_2 = 1.64 \times 10^5$ N。

由于在振动系统中是由四个弹簧并联组成的弹簧振动系统，所以每个弹簧承受的弹力为：

$$\frac{F_2}{4} = \frac{1.64 \times 10^5}{4} = 4.1 \times 10^4 \text{ N}$$

（2）弹簧丝的直径。

弹簧的外径 $D = 320$ mm，弹簧轴的外径 $D_z = 125$ mm，故：

$$d < (D - D_z)/2 = (320 - 125)/2 = 97.5 \text{ (mm)}$$

式中　d——弹簧丝的直径，mm；

D——弹簧的外径，mm；

D_z——弹簧轴的外径，mm。

若要准确地确定弹簧丝的直径，则弹簧丝的直径还必须满足：

$$d \geqslant d_1 = 1.6\sqrt{\frac{F_{max} k_1 C}{[\tau_T]}} \tag{6-10}$$

式中　F_{max}——弹簧受到的最大压缩力，N；

$[\tau_T]$——弹簧材料的许用切应力，MPa；

C——弹簧的旋绕比；

k_1——曲度系数。

其中弹簧材料的许用切应力 $[\tau_T]$ 不仅仅是由弹簧丝的材料决定，还与弹簧的受力循环次数有关，这里所设计的弹簧的振动频率为 60～90 次/min，且要求连续振动三个月，由此可以计算出弹簧的受力循环次数 N：

$$N_{min} = 60 \times 60 \times 24 \times 30 \times 3 = 7.776 \times 10^6 > 10^6$$

故应该选用Ⅰ类弹簧。

（3）确定弹簧的中径 D_2。

$$D_2 = D_1 - d \tag{6-11}$$

式中　D_2——弹簧的中径，mm；

D_1——弹簧的内径，mm。

为了便于制造，D_2，d 均取弹簧标准中的优选值，所以 d 仅能取为 10 的整数倍，故 d 能从 30，40，50，60 mm 中选取。

(4) 计算旋绕比 C。

$$C=\frac{D_2}{d} \tag{6-12}$$

弹簧的设计中,C 值越小,弹簧内、外侧的应力差距越悬殊,材料的利用率也就越低,所以一般都规定 $C\geqslant 4$。

(5) 计算曲度系数。

$$k_1=\frac{4C-1}{4C-4}+\frac{C}{0.615} \tag{6-13}$$

(6) 弹簧材料的选择。

选择弹簧材料时,应考虑到弹簧的使用条件、功用以及重要程度。所谓的使用条件是指载荷的性质、大小以及循环特性、工作温度和周围介质情况等。本书中选用 65Mn,$60Si_2MnA$,$60Si_2MnWA$,50CrVA,4Cr13 五种常用的弹簧丝材料进行尺寸的验算,最终确定弹簧的材料。

(7) 弹簧圈数。

① 弹簧的有效圈数 n 的计算。

$$n=\frac{G\lambda_{max}d^4}{8F_{max}D_2^3} \tag{6-14}$$

式中 G——弹簧材料的切变模量,GPa;

n——弹簧的有效圈数,其为整数且要大于计算所得到的值。

② 弹簧的总圈数 n'。

$$n'=n+\text{弹簧的死圈圈数}$$

由于该弹簧每端有一死圈,所以弹簧的死圈数为 2。

(8) 弹簧的最小节距 p_{min}。

$$p_{min}=d+\frac{\lambda_{max}}{n}+\delta_{min};\quad \delta_{min}=0.1d \tag{6-15}$$

(9) 弹簧的螺旋角 α(α 的值一般取为 6°~9°)。

$$\alpha=\arctan\frac{p}{\pi D_2} \tag{6-16}$$

(10) 弹簧在自由状态下的长度 H_0。

$$H_0=np+(n'-n+1)d \tag{6-17}$$

3) 设计结果

选用不同的弹簧丝材料,分别利用式(6-9)~式(6-17)算出弹簧的各参数,具体的计算数据如表 6-31~表 6-36 所示。

(1) 弹簧丝材料为 65Mn。

由公式可知 $d>d_1$,据表 6-31 可确定出选择该材料的弹簧丝的直径可取为 50,60,70,80 mm;根据弹簧的初始设计要求,弹簧的自由长度不能超过 2 m,且由表 6-31 可知,符合设计要求的弹簧丝的直径为 30 和 40 mm,因而该材料不宜采用。

表 6-31　弹簧丝材料为 65Mn 的弹簧设计参数

d/mm	D_2/mm	C	k_1	$[\tau_T]$/MPa	G/MPa	d_1/mm	n/圈	p/mm	α/(°)	H_0/mm
30	290	9.67	1.15	340	78 500	58.59	5	233	14.36	1 201.21
40	280	7	1.21	340	78 500	51.19	17	102.82	6.67	1 841.89
50	270	5.4	1.28	340	78 500	46.27	46	76.74	5.17	3 649.07
60	260	4.33	1.37	340	78 500	42.76	106	75.43	5.28	8 167.281
70	250	3.57	1.46	340	78 500	40.17	221	81.52	5.93	18 199.1
80	240	3	1.58	340	78 500	38.25	426	90.35	6.84	38 680.5

（2）弹簧丝材料为 $60Si_2MnA$。

由公式可知 $d > d_1$，据表 6-32 可确定出弹簧丝的直径为 50，60，70，80 mm；根据弹簧的初始设计要求，弹簧的自由长度不能超过 2 m，且由表 6-32 可知符合设计要求的弹簧丝的直径为 30 和 40 mm，因而该材料也不宜采用。

表 6-32　弹簧丝材料为 $60Si_2MnA$ 的设计参数

d/mm	D_2/mm	C	k_1	$[\tau_T]$/MPa	G/MPa	d_1/mm	n/圈	p/mm	α/(°)	H_0/mm
30	290	9.67	1.15	471	80 000	49.78	5	233	14.36	1 222.44
40	280	7	1.21	471	80 000	43.50	18	99.56	6.46	1 819.02
50	270	5.4	1.28	471	80 000	39.31	47	76.28	5.14	3 694.44
60	260	4.33	1.37	471	80 000	36.33	108	75.26	5.27	8 301.05
70	250	3.57	1.46	471	80 000	34.13	225	81.44	5.92	18 524.75
80	240	3	1.58	471	80 000	32.50	434	90.30	6.84	39 396.27

（3）弹簧丝材料为 $60Si_2MnWA$。

由公式可知 $d > d_1$，且设计要求弹簧的自由长度不超过 2 m，据表 6-33 可知选用该材料时仅有当弹簧丝的直径为 40 mm 时符合要求，此外当弹簧丝直径为 40 mm 时的螺旋升角 α 也符合一般取为 6°～9°的要求，可见材料为 $60Si_2MnWA$，弹簧丝直径为 40 mm 的弹簧符合设计要求。

表 6-33　弹簧材料为 $60Si_2MnWA$ 的设计参数

d/mm	D_2/mm	C	k_1	$[\tau_T]$/MPa	G/MPa	d_1/mm	n/圈	p/mm	α/(°)	H_0/mm
30	290	9.67	1.15	559	80 000	45.69	5	233	14.36	1 222.438
40	280	7	1.21	559	80 000	39.93	18	99.56	6.46	1 819.021
50	270	5.4	1.28	559	80 000	36.09	47	76.28	5.14	3 694.438
60	260	4.33	1.37	559	80 000	33.35	108	75.26	5.27	8 301.052

续表

d/mm	D_2/mm	C	k_1	$[\tau_T]$/MPa	G/MPa	d_1/mm	n/圈	p/mm	α/(°)	H_0/mm
70	250	3.57	1.46	559	80 000	31.33	225	81.45	5.93	18 524.75
80	240	3	1.58	559	80 000	29.83	434	90.30	6.84	39 396.27

（4）弹簧丝材料为50CrVA。

由公式可知 $d > d_1$，据表6-34可确定出选择该材料的弹簧丝的直径可取为50，60，70，80 mm；又知弹簧的初始设计要求弹簧的自由长度不能超过2 m，据表6-34可知符合设计要求的弹簧丝的直径为30和40 mm，可见该材料不宜采用。

表6-34　弹簧材料为50CrVA的设计参数

d/mm	D_2/mm	C	k_1	$[\tau_T]$/MPa	G/MPa	d_1/mm	n/圈	p/mm	α/(°)	H_0/mm
30	290	9.67	1.15	450	80 000	50.92	5	233	14.36	1 222.438
40	280	7	1.21	450	80 000	44.50	18	99.56	6.46	1 819.021
50	270	5.4	1.28	450	80 000	40.22	47	76.28	5.14	3 694.438
60	260	4.33	1.37	450	80 000	37.17	108	75.26	5.27	8 301.052
70	250	3.57	1.46	450	80 000	34.92	225	81.44	5.92	18 524.75
80	240	3	1.58	450	80 000	33.25	434	90.30	6.84	39 396.27

（5）弹簧丝材料为4Cr13。

由公式可知 $d > d_1$，据表6-35可确定出选择该材料的弹簧丝的直径可取为50，60，70，80 mm；又知弹簧的初始设计要求弹簧的自由长度不能超过2 m，据表6-35可知符合设计要求的弹簧丝的直径为30和40 mm，综合考虑，该材料不宜采用。

表6-35　弹簧材料为4Cr13的设计参数

d/mm	D_2/mm	C	k_1	$[\tau_T]$/MPa	G/MPa	d_1/mm	n/圈	p/mm	α/(°)	H_0/mm
30	290	9.67	1.15	450	77 000	50.92	5	233	14.36	1 179.97
40	280	7	1.21	450	77 000	44.50	17	102.82	6.674	1 808.99
50	270	5.4	1.28	450	77 000	40.22	45	77.22	5.21	3 603.82
60	260	4.33	1.37	450	77 000	37.17	104	75.62	5.29	8 033.5
70	250	3.57	1.46	450	77 000	34.92	217	81.61	5.94	17 873.41
80	240	3	1.58	450	77 000	33.25	418	90.39	6.84	37 964.72

4）符合设计要求的弹簧的基本参数

弹簧的材料为 $60Si_2MnWA$，其基本参数如表6-36所示。

表 6-36　弹簧的基本参数

d/mm	D_2/mm	C	k_1	$[\tau_T]$/MPa	G/MPa	d_1/mm	n/圈	p/mm	α/(°)	H_0/mm
40	280	7	1.21	559	80 000	39.93	18	99.56	6.46	1 819.02

5）弹簧刚度的计算

$$k=\frac{F}{\lambda}=\frac{Gd}{8C^3n}=\frac{80\ 000\times 40}{8\times 7^3\times 18}=64.79\ (\text{N/mm})$$

6.6　低频谐振波复合化学驱油技术投入产出比评价

经过前几节的技术分析，得到了最佳的工艺注入方式和注入参数，本节将结合室内模拟提高采收率效果，进行相应的投入产出比评价，以分析该技术在主力油层不同试验区的适应性。投入产出比分析中产品与原材料价格通过调研，采用目前产品平均价格。

1）低频谐振波-空气泡沫调驱技术投入产出比

低频谐振波-空气泡沫调驱本身气源无成本，因此成本主要为泡沫剂成本、人员成本、机器运行成本和日常生产耽搁成本。假设 HDF-1 成本为 8 000 元/t，HPAM（1 400 万相对分子质量）为 8 500 元/t，人员成本为 3 000 元/月，以 4 人计，由于增加低频谐振波振动装备，且该设备具有作用面积广、成本特低的优点，因此将低频谐振波振动装备运行成本进行平摊，机器运行成本由原来的 3 万元改为 3.2 万元，日常生产耽搁成本按照注入时无法开井生产计，由于振动条件下泡沫驱有效期延长，因此将产量增幅时间由 360 d 改为 450 d，按照原油销售价 3 000 元/t 计算，五个试验区井距、采油增加、投入、产出等参数计算如表 6-37 所示。

表 6-37　低频谐振波-空气泡沫驱技术投入产出比

试验区	WYB	XZC	GGY	YN	DB
注水井单井控制面积/m^2	200 000	42 000	75 000	250 000	360 000
井网类型	菱形反七点法	反七点法	五点法	五点法	菱形反九点法
地层厚度/m	7	17	15	27	7.63
总注入量/PV	0.6	0.6	0.6	0.6	0.6
泡沫液注入量/m^3	16 653	11 835	9 104	68 607	40 975
空气注入量/m^3	49 959	35 504	27 312	205 821	122 926
HDF-1 注入量/t	83	59	46	343	205
HPAM 注入量/t	25	18	14	137	61
材料成本/元	878 446	624 273	480 239	3 910 599	2 161 452
注入天数/d	40	40	40	40	60
运行成本/元	32 000	32 000	32 000	32 000	32 000

续表

试验区	WYB	XZC	GGY	YN	DB
人员成本/元	16 000	16 000	16 000	16 000	24 000
产量/$(t \cdot d^{-1})$	0.2	1.98	0.3	1.5	5.5
生产耽搁成本/元	6 000	59 400	9 000	45 000	165 000
采收率增加/%	20	20	20	20	20
产量增幅/t(按 450 d 计)	648.00	1 069.20	648.00	3 240.00	3 960.00
成本/元	932 446	731 673	537 239	4 003 599	2 382 452
产出/元	1 944 000	3 207 600	1 944 000	9 720 000	11 880 000
投入产出比	1∶2.08	1∶4.38	1∶3.62	1∶2.43	1∶4.99

2）低频谐振波-凝胶调驱技术投入产出比

低频谐振波-凝胶调驱技术成本主要为原料成本、人员成本、机器运行成本和日常生产耽搁成本。假设 PM-1 为 8 500 元/t，交联剂 20 000 元/t，延缓剂 14 000 元/t，人员成本为 3 000 元/月，以 4 人计，由于增加低频谐振波振动装备，且该设备具有作用面积广、成本特低的优点，因此将低频谐振波振动装备运行成本进行平摊，机器运行成本由原来的 3 万元改为 3.2 万元，日常生产耽搁成本按照注入时无法开井生产计，按照原油销售价 3 000 元/t 计算，五个试验区采油增加、投入、产出等参数计算如表 6-38 所示。

表 6-38　低频谐振波-凝胶调驱技术投入产出比

试验区	WYB	XZC	GGY	YN	DB
注水井单井控制面积/m^2	200 000	42 000	75 000	250 000	360 000
井网类型	菱形反七点法	反七点法	五点法	五点法	菱形反九点法
地层厚度/m	7	17	15	27	7.63
凝胶注入量/PV	0.3	0.3	0.3	0.3	0.3
凝胶实际注入量/m^3	33 306	23 669	18 208	137 214	81 951
HPAM 注入量/t	11.66	8.28	5.46	54.89	32.78
交联剂注入量/t	0.33	0.24	0.18	1.37	0.82
延缓剂注入量/t	0.40	0.28	0.11	2.20	1.64
材料成本/元	111 342	79 126	51 602	524 706	317 969
注入天数/d	40	40	40	40	60
运行成本/元	32 000	32 000	32 000	32 000	32 000
人员成本/元	16 000	16 000	16 000	16 000	24 000
产量/$(t \cdot d^{-1})$	0.2	1.98	0.3	1.5	5.5
生产耽搁成本/元	6 000	59 400	9 000	45 000	165 000

续表

试验区	WYB	XZC	GGY	YN	DB
采收率增加/%	20	20	20	20	20
产量增幅/t(按 360 d 计)	302.4	855.36	302.4	1 512	3 168
成本/元	165 342	186 526	108 602	617 706	538 969
产出/元	907 200	2 566 080	907 200	4 536 000	9 504 000
投入产出比	1∶5.49	1∶13.76	1∶8.35	1∶7.34	1∶17.63

3）低频谐振波-表面活性剂驱技术投入产出比

低频谐振波-表面活性剂驱过程中，由于表面活性驱可以通过地面联合站、注水站或井口以拌注、滴注等形式进行注入，无须额外的注入泵等设备，仅增加低频谐振波振动装备，该设备具有作用面积广、成本特低的优点，因此将低频谐振波振动装备运行成本进行平摊，低频谐振波复合表面活性剂驱装备运行成本假设为 0.2 万元，因此成本主要为表面活性剂药剂成本、人员成本和机器运行成本。假设表面活性剂成本为 10 000 元/t，表面活性剂浓度为 0.3%，不考虑振动对表面活性剂驱有效期的影响，表面活性剂驱有效期仍按 300 d 计算，人员成本为 3 000 元/月，以 4 人计，无日常生产耽搁成本，按照原油销售价 3 000 元/t 计算，五个试验区井距、采油增加、投入、产出等参数计算如表 6-39 所示。

表 6-39　低频谐振波-表面活性剂驱技术投入产出比

试验区	WYB	XZC	GGY	YN	DB
注水井单井控制面积/m^2	200 000	42 000	75 000	250 000	360 000
井网类型	菱形反七点法	反七点	五点法	五点法	菱形反九点法
地层厚度/m	7	17	15	27	7.63
表面活性剂注入量/PV	0.2	0.2	0.2	0.2	0.2
表面活性剂注入量/m^3	22 204	15 779	12 139	91 476	54 634
表面活性剂注入量/t	73.27	52.07	40.06	301.87	180.29
材料成本/元	732 732	520 720	400 578	3 018 708	1 802 917
注入天数/d	—	—	—	—	—
运行成本/元	2 000	2 000	2 000	2 000	2 000
人员成本/元	120 000	120 000	120 000	120 000	120 000
产量/$(t \cdot d^{-1})$	0.2	1.98	0.3	1.5	5.5
生产耽搁成本/元	0	0	0	0	0
采收率增加/%	22.36	22.36	25	25	14.76
产量增幅/t(按 300 d 计)	80.496	796.910 4	90	450	1 948.32
成本/元	854 732	642 720.2	522 578.75	3 140 708	1 924 917

续表

试验区	WYB	XZC	GGY	YN	DB
产出/元	241 488	2 390 731.2	270 000	1 350 000	5 844 960
投入产出比	1∶0.28	1∶3.72	1∶0.52	1∶0.43	1∶3.04

由低频谐振波复合化学驱油技术产出投入比评价可知(表 6-40),低频谐振波采油技术与常规化学调驱和驱油技术复合以后,产出投入比明显增加。然而由于低频谐振波振动装备运行成本平摊时运行估算较高,因此实际矿场应用时整体产出投入比还可以进一步提高。

表 6-40　低频谐振波复合化学驱油技术与原技术产出与投入比值

试验区	单纯化学驱			低频谐振波复合驱油			产出投入比比值(复合后∶复合前)		
	空气泡沫驱	凝胶调驱	表面活性剂驱	空气泡沫驱	凝胶调驱	表面活性剂驱	空气泡沫驱	凝胶调驱	表面活性剂驱
WYB	1.54	5.24	0.17	2.08	5.49	0.28	1.36	1.05	1.65
XZC	2.42	11.19	2.38	4.38	13.76	3.72	1.81	1.23	1.56
GGY	2.71	8.04	0.31	3.62	8.35	0.52	1.34	1.04	1.68
YN	1.88	6.96	0.21	2.43	7.34	0.43	1.29	1.05	2.05
DB	2.43	14.25	2.28	4.99	17.63	3.04	2.06	1.24	1.33

由复合后产出投入比数值可知,低频谐振波复合凝胶调驱产出投入比在五个试验区最高,其次为低频谐振波复合空气泡沫调驱,低频谐振波复合表面活性剂驱产出投入比最低,且在 WYB,GGY 和 YN 三个试验区投入产出比大于 1。造成上述现象的原因为无低频谐振波复合应用时,表面活性剂驱成本较高,而凝胶调驱、空气泡沫驱成本相对较低,因此凝胶调驱投入产出比＞空气泡沫驱产出投入比＞表面活性剂驱产出投入比。

由复合前后产出投入比增幅比例可知,WYB,GGY 和 YN 三个试验区进行表面活性剂驱与低频谐振波采油技术复合后产出投入比增幅比例最大,XZC 和 DB 两个试验区进行空气泡沫调驱与低频谐振波采油技术复合后产出投入比增幅比例最大,在五个试验区凝胶调驱复合后产出投入比增幅比例最小。

综合上述研究可知,该区主力油层五个试验区可优先应用低频谐振波复合空气泡沫驱技术,XZC 和 DB 试验区可以应用低频谐振波复合表面活性驱技术。对于 WYB,GGY 和 YN 试验区,由于低频谐振波复合表面活性剂驱提高采收率效果较为明显,因此可以进行先导性试验以确认复合表面活性剂驱矿产应用可行性。低频谐振波复合凝胶调驱技术由于作用机制较为复杂,还需进一步研究,暂时不建议进行复合应用。

第 7 章　矿场试验与效果评价

裂缝性特低渗油藏进行水窜水淹调控高效驱油，提供了一种改善该类油藏水窜水淹状况、提高水驱效率、增加原油采出程度的行之有效的新思路与新技术，以下是水窜水淹调控高效驱油技术在不同区块的矿场应用，为该类油藏进行水窜水淹治理提供了详细而丰富的实证，说明其较为显著的油井增油降水作用、水井增压增注作用及在裂缝性特低渗油藏良好的应用前景与推广价值，对老油区的可持续发展具有十分重要的意义。

7.1　GGY 油田

GGY 油田目前主要在 T114 注水区和 GDT 注水区进行了矿场试验。

T114 区位于 GGY 油田中西部，局部构造发育存在差异，形成低幅度鼻状隆起，主要含油层位为延长组长 6 油层，储层岩性为中—细粒长石砂岩，平均孔隙度 9.1%，平均渗透率 $1.2\times10^{-3}\ \mu m^2$，储层物性参数变化较大，非均质性较强。该区地层原油黏度 4.29 mPa·s，目前地层压力 2.02 MPa，地温系统属常温低压系统。油藏未受强烈的构造运动破坏，虽然储层物性有变化，但横向连续，分布比较稳定，油水分异不明显，油水混储，无明显的油水界面，缺乏边、底水，为典型的常温低压弹性-溶解气驱岩性油藏。T114 区 2009 年初正式投产，采用超前注水模式，地质储量采出程度低，采用反九点井网，综合含水率目前已超过 60%。

GDT 注水区位于 GGY 油田中部偏东，主要含油层位亦为延长组长 6 油层，平均孔隙度 8.46%，平均渗透率 $1.11\times10^{-3}\ \mu m^2$，非均质性较强。该区地层原油黏度 3.42 mPa·s，无明显油水分异，缺乏边、底水，目前地层压力 1.22 MPa，油层平均温度 23.7 ℃，油藏为典型的常温低压弹性-溶解气驱岩性油藏。该区为 GGY 油田老区天然能量开发区的先导注水区，注水后地层压力有所回升，综合含水率 30.7%。

该区整体处于水驱有效开发期，但由于其属于典型的裂缝性超低渗油藏，地层非均质性强，注水平面不均衡，导致部分油水井水窜严重，出现暴性水淹；前期经过多次外协队伍的堵调治理，效果均不明显，含水率上升趋势日益加剧。基于此，在系统研究该区储层特征及流体特征基础上，通过大量理论研究和室内实验研究，研发了适合该区裂缝性特低渗油藏水窜水淹调控驱油的空气泡沫复合凝胶综合调控技术。该调控体系兼顾调堵与驱油作用，具有可注入性强、封堵深度大、调控效率高、有效期长、增油控水效果明显的特性。2011年、2012年、2013年分别选取了T114注水区的1355井区、1380井区和GDT注水区作为试验区开展了水窜水淹调控驱油先导性试验并取得了显著的效果。

7.1.1 1355井区

试验区共有8个注水井组(图7-1)，注水层均为长6^1亚层，目前平均日注量为1.93 m^3，主要分布在1.313～3.241 m^3，注入量普遍偏低；配水间平均注水压力为7.8 MPa，主要分布在8.19～9.62 MPa(1335-4和1355-1井注入压力较低)。日注量高于平均值的井只有3口(1335-4，1337-2，1355-1井)。8口井的累计注水明显不均，1335-2和1337-2两口井注水量小于500 m^3，主要是由于两口井的投注时间较其他注水井晚12个月左右。T60-3，1335-4，1355-1三口井累计注水为500～1 200 m^3；T60-4，1355-3，1355-6三口井累计注水在1 200 m^3以上。

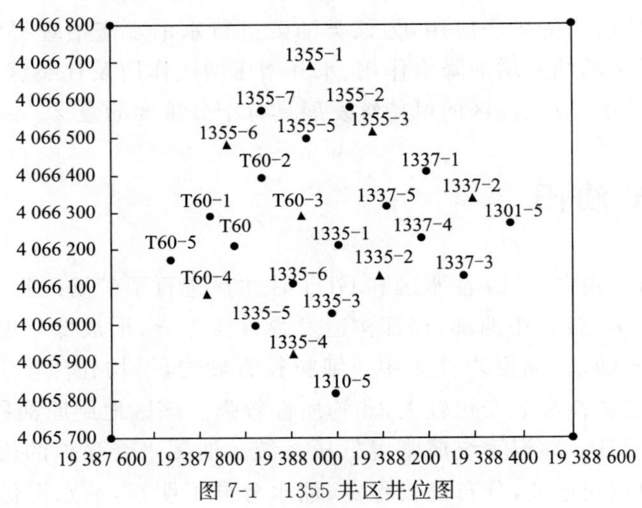

图7-1 1355井区井位图

上述注水井共对应17口采油井，其射孔层位除T60-1，T60-2，T60-5，1301-5，1337-4井外，其余12口采油井均为长6^1亚层。截至2011年5月，17口采油井中停产3口，分别是1337-5，1355-5和1355-7井；平均产液量为0.68 m^3，主要分布在0.14～2.66 m^3，产液量相对较低；平均含水率为37%，主要分布在7%～89%。正在生产的14口采油井中日产液量高于平均值的有6口，占46%。其中1310-5井日产液量为2.66 m^3(含水率为89%)，其所在井组注水井1335-4的日注水量为2.124 m^3；14口采油井含水率超过平均值的油井有1310-5(89%)，1335-5(76%)和1355-2(73%)井，占油井数的21%，4口井含水率小于20%，7口井含水率介于20%～40%之间；此外，已停产3口采油井停产时的产液量和含水率分别是1337-5井，3 m^3，65.24%；1355-5井，0.67 m^3，97%；1355-7井，2.29 m^3，96.95%，停产日期均为2010年9月。

通过对试验区油水井开发层位对应状况、平面连通性、吸水剖面、注采动态等系统性指标分析，得到了中高含水油井的主要来水方向与治理方案，最终选择 1355-1，1335-2，1335-4 和 1337-2 四口井作为调控治理井。

1. 现场注入简况

2011 年 9 月 30 日进行了现场空气泡沫综合调控试注，测得调控井的吸水能力。2011 年 10 月 1 日 6 时正式开始对 1335-4 井和 1355-1 井进行空气泡沫综合调控试验，前期为注入智能凝胶调控阶段，2011 年 10 月 15 日开始四口试验井同时注入空气泡沫开展调控试验，2011 年 10 月 1 日—12 月 19 日为综合调控，2011 年 12 月 19 日转为稳定水驱，截至 2011 年 12 月 19 日，该试验区四口水井共注入智能凝胶 253 m^3，前置液 311.5 m^3，常温常压下实注气 140 254.4 m^3，折算成地下体积 2 805.088 m^3，实注泡沫液 1 016.346 m^3，累计气液比为 2.76：1。具体每口井的情况如表 7-1 所示。通过试验井组生产数据分析，四个井组空气泡沫综合调控见效增油时间均为 2011 年 10 月开始，四个井组 9 口井有增油效果(共有 11 口井，不考虑新开井 1355-4 井)，四个井组到 2012 年 8 月 31 日合计增油 869.95 m^3(不考虑递减)，按原油密度 0.826 g/cm^3 计，则增油 718.58 t。

表 7-1 T114 井区空气泡沫综合调控试验区注入情况表

井 号	实注凝胶 /m^3	前置液 /m^3	折算地下气体积 /m^3	地下泡沫体积 /m^3	调控后注入压力 /MPa	累计气液比
1355-1	127	82.9	756.356	1 037.936	7.2	2.69：1
1335-4	126	82.2	722.724	998.29	7.4	2.62：1
1335-2	0	73.8	634.832	865.312	9.5	2.75：1
1337-2	0	72.6	691.176	919.896	8.9	3.02：1
合 计	253	311.5	2 805.088	3 821.434	—	2.76：1

2. 调控井吸水效果分析

1) 调控前试验区调控井吸水情况测试

为了解各调控井的吸水能力，为现场实际施工提供借鉴参考，2011 年 9 月 30 日对试验区 1355-1，1337-2，1335-4 和 1335-2 四口水井进行吸水情况测试，测试过程中开启 1355-1，1337-2，1335-4 和 1335-2 各井管线阀门，开泵使泵压达到 10.5 MPa，记录各井压力，关闭各井阀门后再停泵。测得泵压在 10.5 MPa 时 1355-1，1337-2，1335-4 和 1335-2 井的吸水压力与时间的变化数据如图 7-2 所示。

由图 7-2 可看出，1335-4 和 1355-1 两口井的吸水能力相近，1335-2 和 1337-2 两口井的吸水能力相近，前两口井吸水能力强于后两口，这也验证了 1335-4 和 1355-1 两口井周围存在高渗通道，与前期的分析相吻合。这些数据也为后期现场实施过程中方案的实时调整提供了依据。

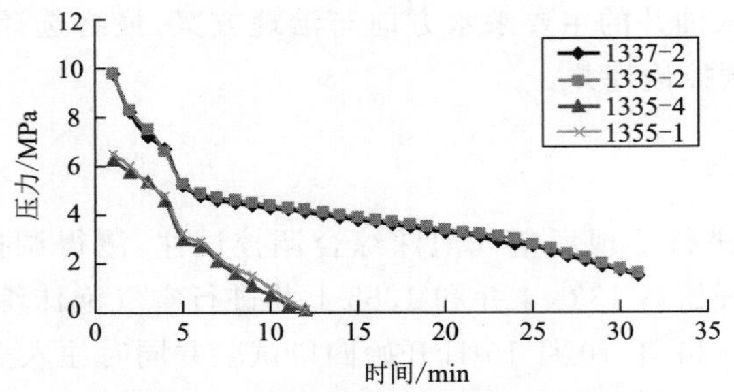

图 7-2　试验区综合调控前调控井吸水能力测试变化图

2）调控后试验区调控井吸水情况测试

为了解各调控井调控后的吸水能力以及验证调控效果，2011 年 12 月 17 日对试验区 1355-1，1337-2，1335-4 和 1335-2 四口水井进行吸水情况测试，测试过程中开启 1355-1，1337-2，1335-4 和 1335-2 各井管线阀门，开泵使泵压达到 10.5 MPa，记录各井压力，关闭各井阀门后再停泵。测得泵压在 10.5 MPa 时 1355-1，1337-2，1335-4 和 1335-2 井的吸水压力与时间的变化数据如图 7-3 所示。

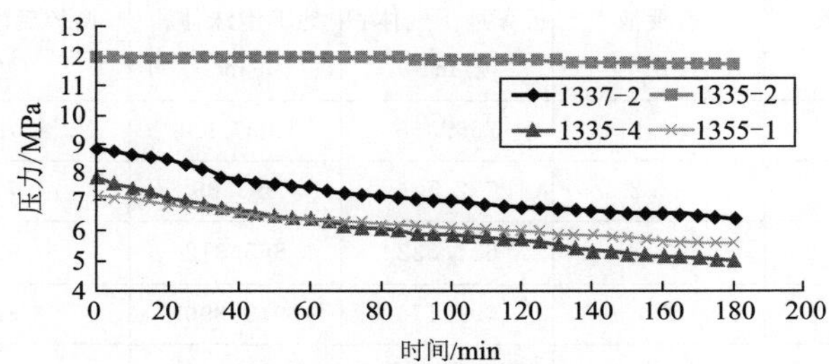

图 7-3　试验区综合调控后调控井吸水能力测试变化图

由图 7-3 可看出，经过调控之后，四口注水井的吸水能力均有所下降，这也恰恰说明了调控取得了很好的效果，水井周围的水窜通道已被控制住，这些数据也为后续水驱过程中注入参数调整提供了一定的依据。

3. 对应油井效果分析

试验区于 2011 年 10 月 1 日正式开始空气泡沫综合调控注入试验。首先利用注入撬对 1335-4 和 1355-1 井注入凝胶，注完凝胶后对 1355-1，1335-4，1335-2 和 1337-2 四口井采用地面分段塞交替注入、在地下产生泡沫的注入方式注入空气和泡沫液前置段塞。现场施工中空气泡沫的注入方式为注一天泡沫液、注一天空气的小段塞，中途由于受雨雪天气以及现场供电影响，2011 年 10 月 28 日—11 月 4 日共 8 天全面停注空气和泡沫液，此外根据现场送水、地层吸液能力以及周围受效油井动态变化及时调整注入方案，因此未能严格按照方案设计执行。

试验区自 2011 年 10 月进行空气泡沫综合调控以来，在增油控水方面取得了一定的效果，试验区四个试验井组位于长 6^1 亚层的共有油井 12 口（包括后期新开 1355-4 井），针对这

12 口油井的生产动态对综合调控效果进行分析，试验区调控前半月平均单井日产油量 0.22 m^3，日产液量 1.72 m^3，平均含水率 87.13%，调控过程及后续水驱过程中（2011 年 10 月 1 日—12 月 19 日综合调控，2011 年 12 月 19 日转为稳定水驱）平均单井日产油量 0.46 m^3，日产液量 1.37 m^3，平均含水率 66.65%，单井日产油量增加 109.09%，含水率减少 20.48%，下降了 23.51%。截至 2012 年 8 月 31 日，试验区累计增油 718.58 t（不考虑递减），目前（2012 年 8 月 31 日）平均含水率 63.88%，单井日产油量为 0.37 m^3。试验区整体含水率呈下降趋势，并趋于稳定；产液量有所下降，产油量逐渐增加，并趋于稳定。在空气泡沫驱总有效期内，随着时间的延长增油控水效果会更加明显。

1) 1355-1 井组

2011 年 10 月 1 日 1355-1 井组进行空气泡沫综合调控试验，井组累计注入凝胶 127 m^3 和地下泡沫体积 1 037.936 m^3。1355-1 井在调控之前注入压力仅为 5 MPa 左右，由图 7-4 可看出通过前期注入智能凝胶调控以后注入压力迅速升高，后期空气泡沫调控使压力稳定，一直保持在 7 MPa 以上，注气压力在 10～13 MPa 之间，正常注入压力在 10 MPa 左右，注入压力均低于方案限值 16 MPa。前期注气压力为 13 MPa 左右，压力偏高主要是因为注气速度大，与注泡沫液情况一致，经过后期地层吸液吸气能力降低这一情况，调整注气和注泡沫液速度，最终使注气压力稳定在 10 MPa 左右，注泡沫液压力维持在 7 MPa 左右，停注前（2012 年 6 月 5 日停注）配水间压力为 6.3 MPa。

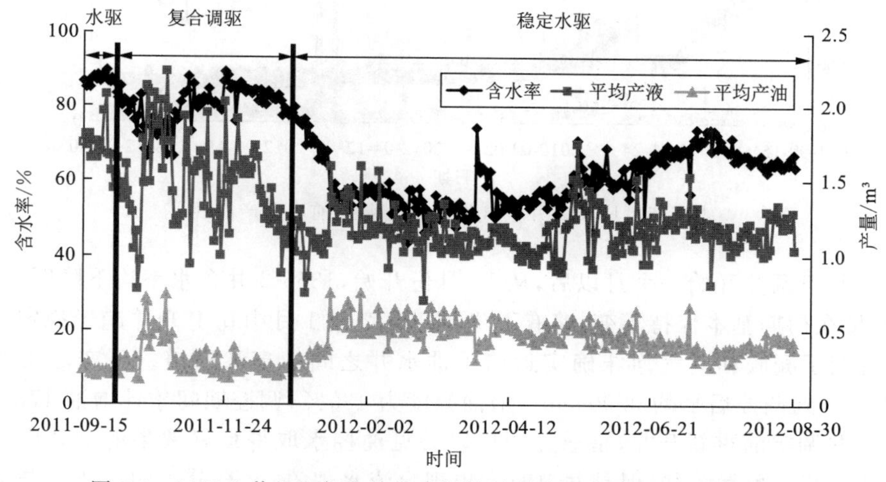

图 7-4　1355-1 井组空气泡沫综合调控过程中压力随时间的变化曲线

对应 3 口油井（1355-2，1355-5，1355-7）增油控水效果均比较明显，1355-1 井组空气泡沫综合调控 3 口见效井增油主要表现为产液降低（1355-5 与 1355-7）、含水率下降（3 口油井均下降）。1355-5 井与 1355-7 井累计日减少液量为 9.212 m^3。2011 年 10 月 1 日至 2012 年 8 月 31 日井组累计增油为 228.05 m^3。1355-5 井曾因高含水（含水率大于 98%）关井，通过调控试验后重新开井且含水率下降，原先关井自流水现象也消失，产液量下降也较明显；1355-7 井与 1355-5 井情况类似，也是关井后自流水，虽含水率下降不明显，但日产液下降 5.194 m^3，为全区下降最多的井，到目前为止井口已出现油花，随着时间的延长增油控水效果会逐渐体现出来。典型受效井 1355-2 和 1355-5 井生产曲线如图 7-5 和图 7-6 所示。

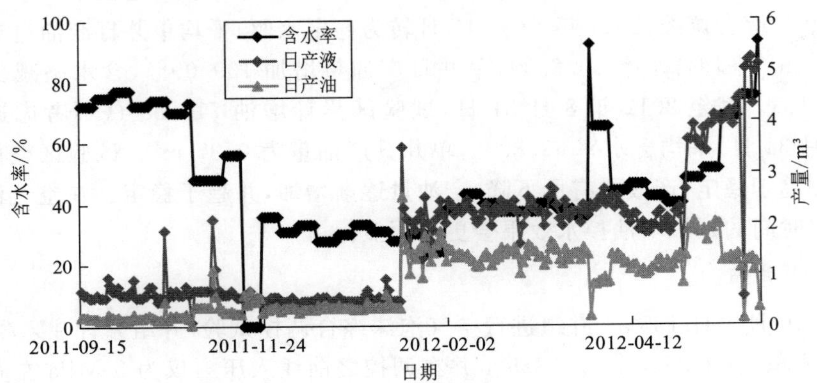

图 7-5　1355-2 井空气泡沫综合调控前后生产曲线

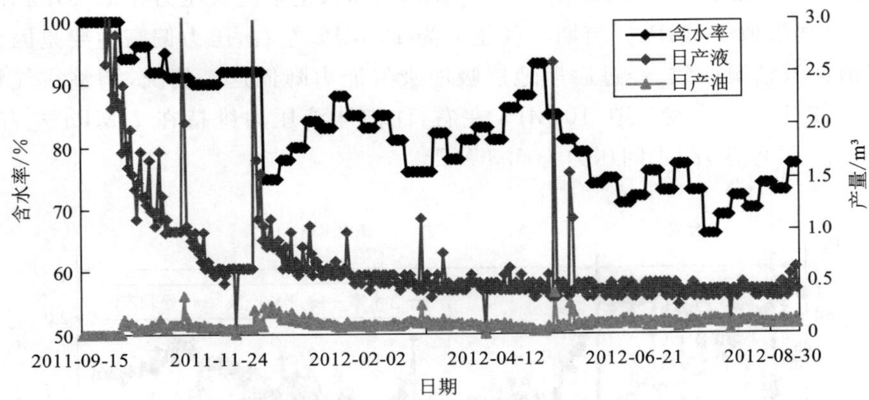

图 7-6　1355-5 井空气泡沫综合调控前后生产曲线

1355-1 井组调控开始一个月以后，从 11 月份开始，1355-2 井含水率均下降明显，并趋于稳定，产液量在初期基本保持不变，略有下降，在 2012 年 1 月中旬上升并趋于稳定。含水率逐渐下降说明了凝胶和空气泡沫确实封堵了油水井之间的高渗通道。日产油由调控前的 0.169 m^3 上升到调控后平均 0.904 m^3，增油幅度为 435%，调控期间累计增油 178.52 m^3。

1355-5 井调驱前重新开井，是通过调控以后见油控水取得良好效果的油井中的典型井代表。该井停产后虽然关井，但是井口时常出现自流水现象，这充分说明了该井与周围水井之间存在很大的高渗通道。调控后这种现象不但不再发生，而且油井开始出现油花，含水率逐渐下降，这充分说明了空气泡沫综合调控技术在该类油藏中具有很好的适用性。从该井生产曲线(图 7-6)上看，2011 年 10 月 5 日开始含水率逐渐下降，从井组开始调控该井产液持续下降，调控过程前平均日产液量为 4.578 m^3，目前日产液量为 0.42 m^3 左右(曲线上出现奇异点主要是由于实际单井日产液较少，而现场在单井产液储罐积累至一定液量时才会被统一拉去测量，故出现某一天产液量很大的点)。开井以来增油 33.49 m^3，含水率下降且自流水现象消失，大孔道已被堵住，随着后续水驱，油藏中低渗通道中未被驱替到的原油会被采出。

2）1335-4 井组

1335-4 井组于 2011 年 10 月 1 日开始空气泡沫综合调控，截至 2011 年 12 月 19 日累计注入凝胶 126 m^3，前置液 82.2 m^3，地下泡沫体积 998.29 m^3。1335-4 井在调控之前注入压力仅为 3.8 MPa 左右，与 1355-1 井组类似。由图 7-7 可看出通过前期注入智能凝胶调控以后注入压力迅速升高，后期空气泡沫调控使压力稳定，一直保持在 7 MPa 以上，注气压力在 10～13 MPa 之间，正常注入压力在 10 MPa 左右，注入压力均低于方案限值 16 MPa。前期注气压力为 13 MPa 左右，压力偏高主要是因为注气速度大，与注泡沫液情况一致，后期根据地层吸液吸气能力降低调整注气和注泡沫液速度，最终注气压力稳定在 10 MPa 左右，注泡沫液压力维持在 7 MPa 以上。转为稳定注水以后，目前（2012 年 8 月 31 日）配水间压力为 9.48 MPa。

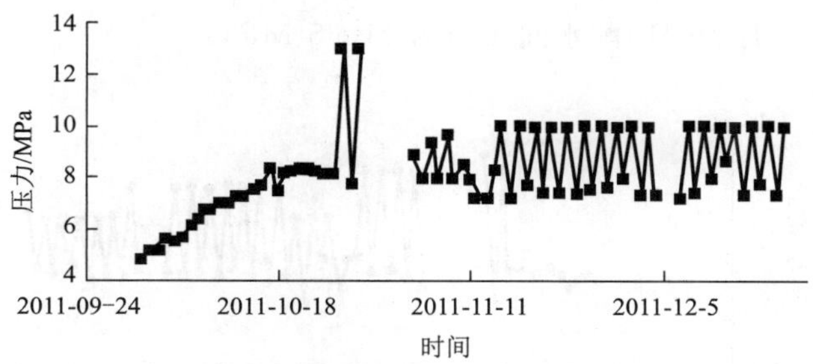

图 7-7　1335-4 井组空气泡沫综合调控过程中压力随时间的变化曲线

1335-4 井组对应油井中有 3 口油井增油效果比较明显。3 口见效井分别是 1335-3，1335-5 和 1310-5 井。2011 年 10 月 1 日至 2012 年 8 月 31 日井组累计增油为 375 m^3。1335-4 井组 1335-5 井增油量较大，典型井 1335-5 井 2011 年 9 月—2012 年 8 月生产曲线如图 7-8 所示。

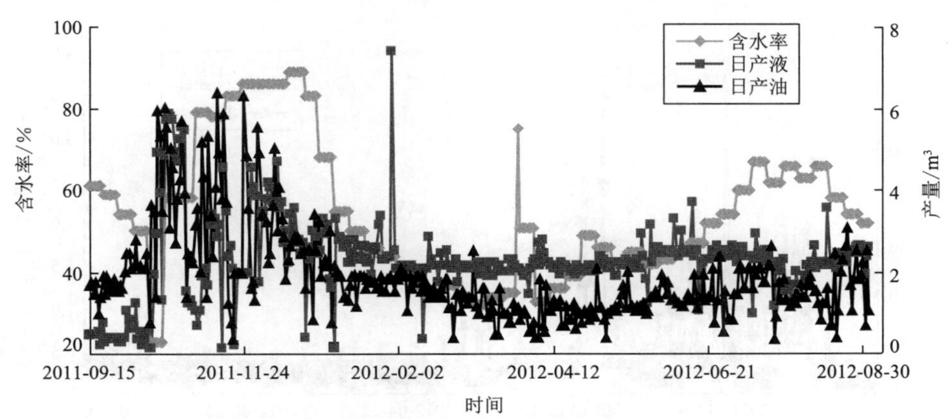

图 7-8　1335-5 井空气泡沫综合调控前后生产曲线

1335-5 井在采取调控之前，随着试验区关井测试的进行产液量逐渐下降，含水率略有下降，井组调控开始半月以后，从 2011 年 10 月 18 日开始，产液、含水率均上升，产油量也上升。产液上升说明地层能量得到了有效补充,含水率上升可能主要是水井注入速度过快导致油水井之间的裂缝开启,发生水窜现象,在后期试验当中注入速度根据地层吸液以及裂缝发育状况进行了及时调整,含水率逐渐下降。该井日产油由注空气泡沫前的 0.168 m^3 上升到 1.243 m^3,增油幅度为 640%,调控期间累计增油 301.29 m^3。

3) 1335-2 井组

1335-2 井组于 2011 年 10 月 15 日开始注空气泡沫,截至 2011 年 12 月 19 日累计注泡沫液 230.48 m^3和地面空气 31 741.6 m^3,地下空气泡沫体积共 865.312 m^3。1335-2 井在调控之前注入压力较高,为 8.5 MPa 左右。由图 7-9 可看出通过调控以后压力略有升高,随后压力稳定保持在 9 MPa 左右,注气压力在 11~13 MPa 之间,正常注入压力在 11 MPa 左右,注入压力均低于方案限值 16 MPa。前期注气压力为 13 MPa 左右,压力偏高主要是因为注气速度大,经过后期根据地层吸气能力降低调整注气速度,最终注气压力稳定在 11 MPa 左右。停注前(2012 年 7 月 19 日)配水间压力为 11.65 MPa。

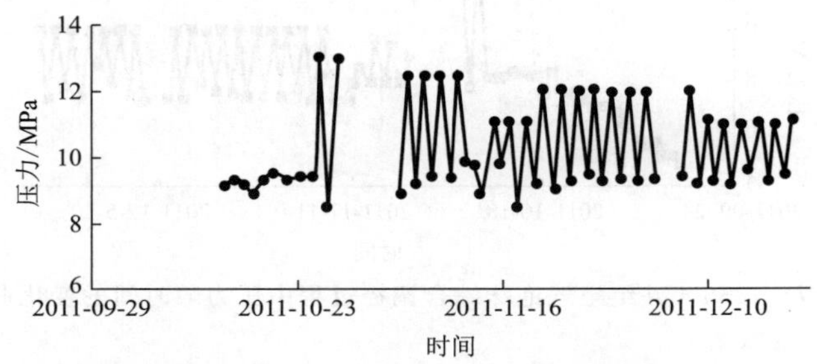

图 7-9　1335-2 井组空气泡沫综合调控过程中压力随时间的变化曲线

对应油井中有 3 口(1335-3,1337-5,1335-1 井)可见增油效果,2011 年 10 月 1 日至 2012 年 8 月 31 日井组累计增油为 288.68 m^3。其中 1335-3 井增油效果比较明显,典型井 1335-3 井 2011 年 9 月—2012 年 8 月生产曲线如图 7-10 所示。

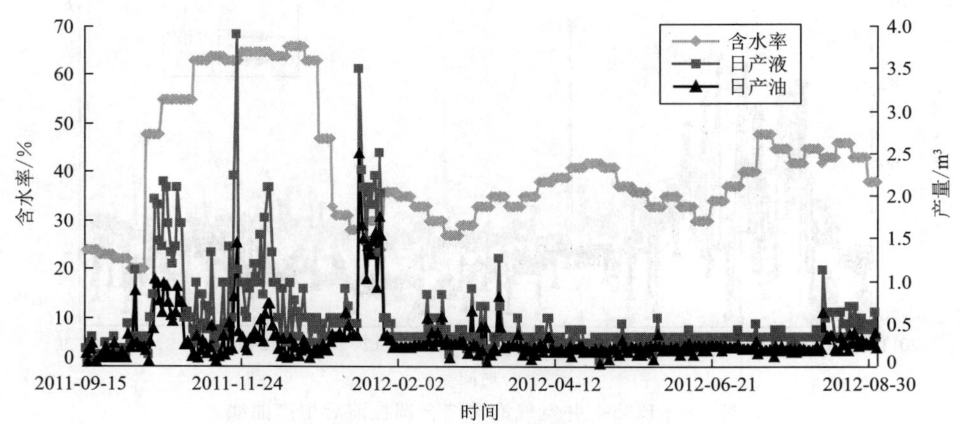

图 7-10　1335-3 井空气泡沫综合调控前后生产曲线

1335-3 井在采取调控之前,随着试验区关井测试的进行产液量逐渐下降,井组调控开始以后，产液、含水率均上升，产油量也上升。产液上升说明地层能量得到了有效补充，含水率上升可能主要是由于 1335-4 水井注入速度过快导致油水井之间的裂缝开启，发生水窜现象，加之 2011 年 10 月 15 日以后 1335-2 水井也开始注泡沫液，加剧了水窜的程度。在后期试验当中注入速度根据地层吸液以及裂缝发育状况进行了及时调整。截至 2012 年 8 月 31 日，该井在调控期间累计增油 59.03 m^3。

4）1337-2 井组

2011 年 10 月 15 日 1337-2 井组开始注空气泡沫，截至 2011 年 12 月 19 日累计注入泡沫液 228.72 m^3 和地面空气 34 558.8 m^3，地下空气泡沫体积共计 919.896 m^3。1337-2 井在调控之前注入压力较高，为 8.5 MPa 左右。由图 7-11 可看出调控以后压力稳定在 8.5 MPa 左右，注气压力在 11～13 MPa 之间，正常注入压力在 11 MPa 左右，注入压力均低于方案限值 16 MPa。前期注气压力为 13 MPa 左右，压力偏高主要是因为注气速度大，后期根据地层吸气能力降低调整注气速度，最终注气压力稳定在 11 MPa 左右。目前（2012 年 8 月 31 日）配水间压力 7.03 MPa。

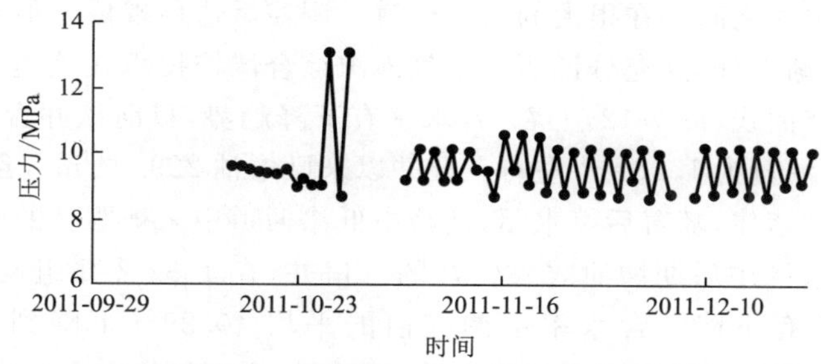

图 7-11　1337-2 井组空气泡沫综合调控过程中压力随时间的变化曲线

对应油井中 1337-5 与 1337-1 井有增油效果，其中 1337-5 井增油效果比较明显。1337-2 井组 1337-5 井高含水（含水率大于 98%），通过调控试验后重新开井且含水率下降到目前含水率 70%，且原先关井自流水现象也消失，随着时间的延长增油控水效果会逐渐体现出来。1337-1 井含水率下降比较明显。典型受效井 1337-5 和 1337-1 井 2011 年 9 月—2012 年 8 月生产曲线如图 7-12 和图 7-13 所示。

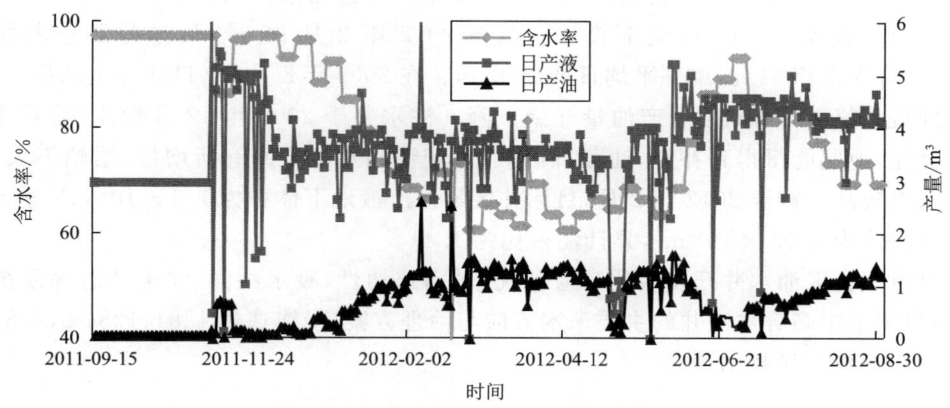

图 7-12　1337-5 井空气泡沫综合调控前后生产曲线

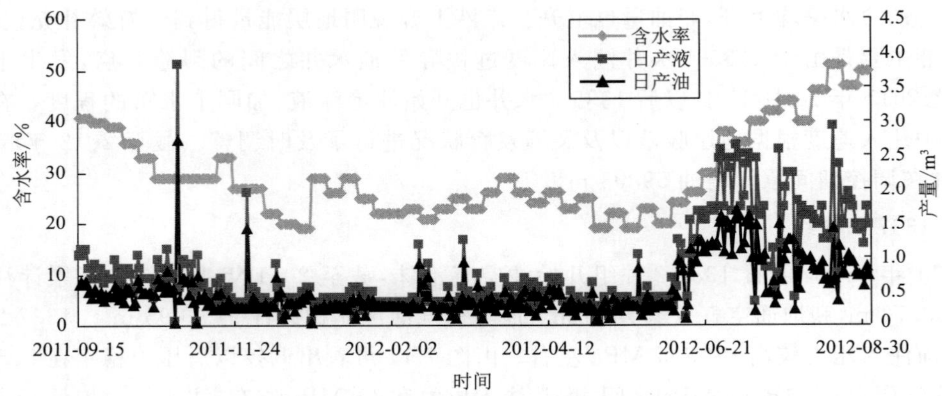

图 7-13　1337-1 井空气泡沫综合调控前后生产曲线

与 1355-5 井类似，1337-5 井也为试验区重新开井投产井，是通过调控以后见油控水取得良好效果中的典型井代表。该井停产后虽然关井，但是井口时常出现自流水现象，这充分说明了该井与周围水井之间存在很大的高渗通道。调控后这种现象不但不再发生而且油井出现油花，含水率逐渐下降，这充分说明了空气泡沫综合调控技术在该类油藏中具有很好的适用性。从该井生产曲线(图 7-12)上看，含水率有下降趋势，目前该井含水率为 70%(2012 年 8 月 31 日)，日产油量为 1.26 m^3 左右。开井以来已增油 229.04 m^3，含水率下降，产油量增多说明大孔道已被堵住，随着后续水驱，油藏中低渗通道中未被驱替的原油会被采出。

1337-1 井为试验区中后期增油效果较好的一口井，在 1337-2 井组调控开始后，含水率下降明显，产液量略有下降。含水率由调控前的平均 40.29% 下降到 2012 年 6 月份的 25%，下降 15.29%，从此以后含水率逐渐上升，产液量、产油量均有大幅度提升，目前日产油为 0.60 m^3，为调控前的 118%，这充分说明了凝胶和空气泡沫确实封堵了油水井之间的高渗通道。虽然该井调控期间增油量很少，但是随着水驱的进行，日产液增大，增油效果会日益突出。

7.1.2　1380 井区

1380 井区于 2006 年 3 月份投产，截至 2012 年 2 月已完钻井数为 31 口(图 7-14)，其中生产井 20 口，注水井 11 口，全部投注。截至 2012 年 2 月 26 号，目标井区采出程度为 1.17%，综合含水率 61%，单井平均日产油 0.3 t。在 2009 年 8 月，20 口油井全部投产，月产油量达到最大值 240.9 t，以后产油量开始下降。注水井于 2008 年 12 月投注，随着注水井的全面投注，地层能量得到补充，油藏日产液、日产油相对稳定并有所增加，增幅不大，并且综合含水率较高。截至 2012 年 2 月，目标井区累计产液地下体积为 1.3×10^4 m^3，累计注入水地下体积约为 1.93×10^4 m^3，累计注采比为 1.41。

通过对试验区油水井开发层位对应状况、平面连通性、吸水剖面、注采动态等系统性指标分析，得到了中高含水油井的主要来水方向与治理方案，最终选择 1284，1284-2，1380-4 和 1308-7 四口井作为调控治理井。

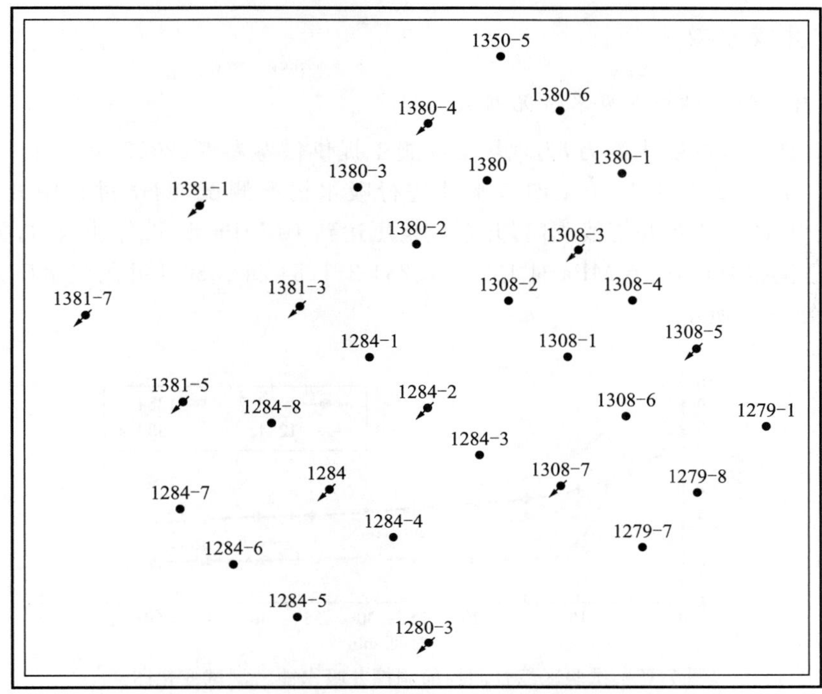

图 7-14　1380 井区井位图

1. 现场注入简况

2012 年 8 月 14 日进行了现场空气泡沫综合调控试注，测得调控井的吸水能力。2012 年 8 月 15 日正式开始对 1284，1284-2，1380-4 和 1308-7 井进行空气泡沫综合调控试验，前期为注入智能凝胶调控阶段，2012 年 9 月 26 日四口试验井开始采用地面分段塞交替注入、在地下产生泡沫的注入方式，注入空气和泡沫液前置段塞。截至 2012 年 10 月 31 日停止施工，四口注水井转入稳定注水，配水量为 4 m^3/d。该试验区四口水井共注入智能凝胶 1 209.2 m^3，前置液 81.9 m^3，常温常压下实注气 70 042.2 m^3，折算成地下体积 1 400.8 m^3，实注泡沫液 485.3 m^3，累计气液比为 2.85∶1，具体注入情况如表 7-2 所示。

表 7-2　1380 井区空气泡沫综合调控试验区注入情况表

井　号	实注凝胶 /m^3	前置液 /m^3	折算地下气体积 /m^3	地下泡沫体积 /m^3	调控后注入压力 /MPa	累计气液比
1380-4	308.6	36.2	451.5	451.5	8.6	3.01∶1
1284	226.5	36.6	100.5	100.5	8.8	2.76∶1
1284-2	330.0	36.7	422.5	422.5	8.4	2.83∶1
1308-7	344.1	37.0	426.4	426.4	7.1	2.85∶1
合　计	1 209.2	146.5	1 400.8	1 400.8	8.2	2.85∶1

2. 调控井吸水效果分析

1）调控前试验区调控井吸水情况测试

为了解各调控井的吸水能力，为现场实际施工提供借鉴参考，2012 年 8 月 14 日对试验区 1308-7，1284-2，1284 和 1380-4 四口水井进行吸水情况测试，测试过程中开启 1308-7，1284-2，1284 和 1380-4 各井管线阀门，开泵使泵压达到 10 MPa，记录各井压力，关闭各井阀门后再停泵。测得泵压在 10 MPa 时 1308-7，1284-2，1284 和 1380-4 井的吸水压力与时间的变化数据如图 7-15 所示。

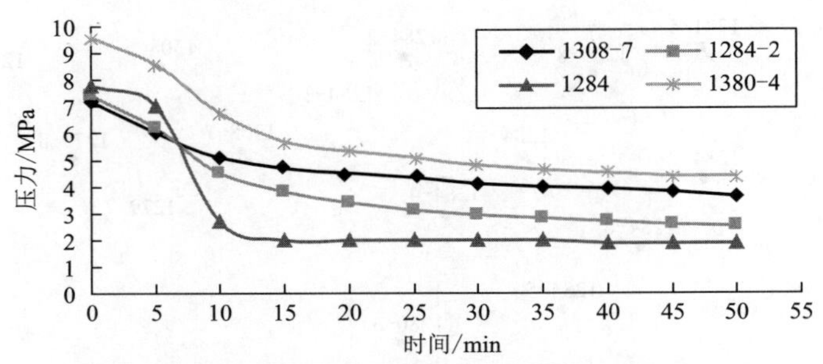

图 7-15　试验区综合调控前调控井吸水能力测试变化图

由图 7-15 可看出，1284 和 1284-2 两口井的吸水能力强于 1308-7 和 1380-4 两口井，这也验证了 1284 和 1284-2 两口井周围存在高渗通道，与前期的分析相吻合。这些数据也为后期现场实施过程中方案的实时调整提供了依据。

2）调控后试验区调控井吸水情况测试

为了解各调控井调控后的吸水能力以及验证调控效果，2012 年 10 月 31 日对试验区 1308-7，1284-2，1284 和 1380-4 四口水井进行吸水情况测试，测试过程中开启 1308-7，1284-2，1284 和 1380-4 各井管线阀门，开泵使泵压达到 10.5 MPa，记录各井压力，关闭各井阀门后再停泵。测得泵压在 10.5 MPa 时 11308-7，1284-2，1284 和 1380-4 井的吸水压力与时间的变化数据如图 7-16 所示。

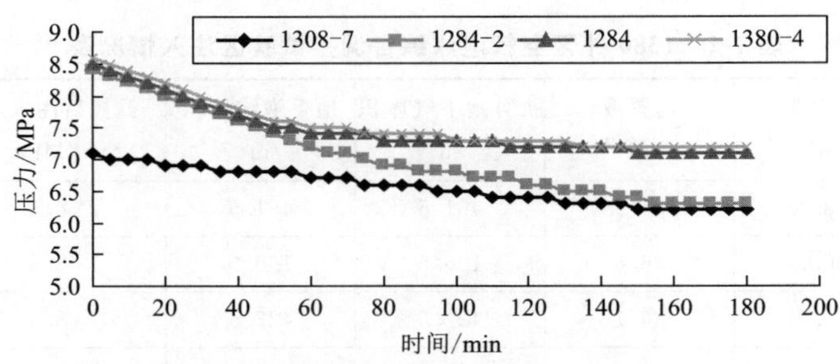

图 7-16　试验区综合调控后调控井吸水能力测试变化图

由图 7-16 可看出，经过调控之后，四口注水井的吸水能力均有所下降，这也恰恰说明了调控取得了很好的效果,水井周围的水窜通道已被控制住,这些数据也为后续水驱过程中注入参数调整提供了一定的依据。

3) 1380 井区注水井调控前后配水间压力

调控前,配水间的平均压力为 5.6 MPa,平均日注入量为 2.48 m^3,2012 年 10 月 31 日调控结束时的配水间的压力为 8.2 MPa,平均日注入量为 5.7 m^3(图 7-17),说明调控后,地层的注入压力得到改善。

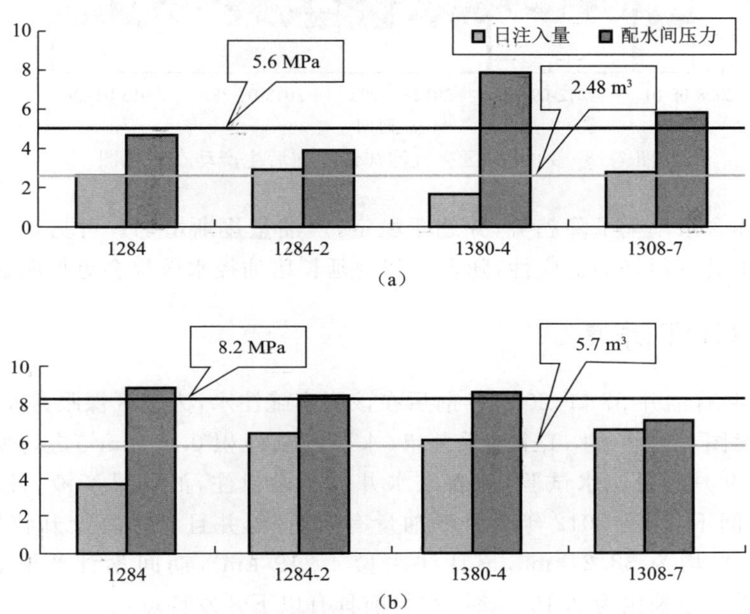

图 7-17　1380 井区试验井调控前(a)和调控后(b)注水井情况

3. 对应油井效果分析

试验区于 2012 年 8 月 15 日正式开始空气泡沫综合调控注入试验。首先利用注入撬对 1308-7,1284-2,1284 和 1380-4 井注入凝胶,注完凝胶后对 1355-1,1335-4,1335-2 以及 1337-2 四口井采用地面分段塞交替注入、在地下产生泡沫的注入方式注入空气和泡沫液前置段塞。截至 2012 年 10 月 31 日,停止施工,四口注水井转入稳定注水,配水量为 4 m^3/d。

1380 井区自 2012 年 8 月 15 日进行空气泡沫综合调控以来,在增油控水方面取得了一定的效果,现在以调控前后半个月的数据对试验区四个试验井组的 12 口油井的生产动态的综合调控效果进行分析,图 7-18 为 1380 井区空气泡沫调控前后生产动态变化图。试验区调控前平均单井日产油量 0.15 m^3,日产液量 0.5 m^3,平均含水率 59%,调控后截至 2013 年 6 月 20 日平均单井日产油量 0.23 m^3,日产液量 0.31 m^3,平均含水率 44.2%,单井日产油量增加 53.3%,产液减少 38%,含水率减少 25.8%。实施措施后 12 个月,四井组累计增油 514 t,若考虑综合递减率,累计增油 585 t。

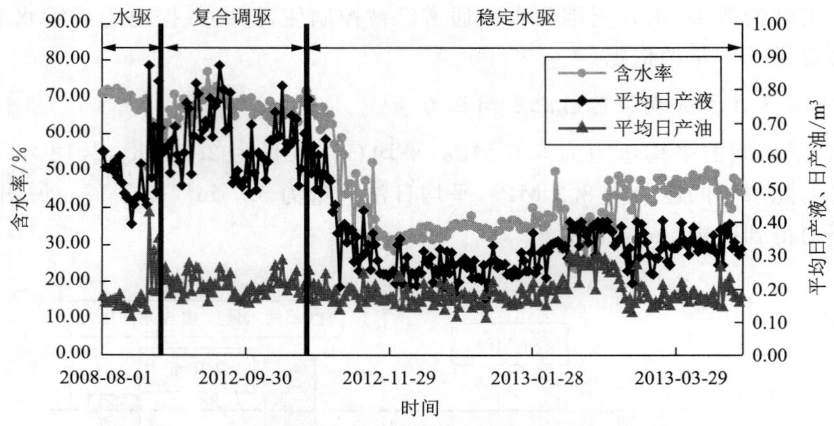

图 7-18　1380 井区空气泡沫调控前后生产动态变化图

试验区整体含水率呈下降趋势，并趋于稳定，产油量逐渐增加。可见，空气泡沫综合调控技术在该油田具有很好的适应性，随着时间的延长增油控水效果会更加明显。

7.1.3　GDT 井区

GDT 井区共有油井 37 口，2000 年前后在该区实施注水，为老区裸眼井及小井距井网提供注水指导。对图 7-19 中的 11 个注采井组（水驱控制面积 0.65 km^2）进行实际分析，上述井组于 2011 年 9 月展开注水试验，随着注水井的全面投注，油藏日产液、日产油有明显增长，但是持续时间不长，到 2012 年 1 月产油量有所下降，并且含水率上升较快。截至 2012 年 1 月，日注水平均为 38.2 km^3，累计注水量 4 719 km^3，期间累计产液量地下体积为 2 183.7 km^3，累计注采比为 2.16。该区块目前具有以下开发特点：

（1）油藏已进入产量递减阶段，采出程度较高。自 1974 年投产以来，GDT 井区一直是衰竭式开采，到 1987 年年底，年产油量达到 4 951 t，平均单井年产油 170.72 t。随着油田开发的逐步深入，其原油产量持续下滑，开发形势十分严峻。截至 2012 年 3 月，累计产油 7.8×10^4 t，采出程度为 7.3%，单井日产油 0.08 m^3。

（2）地层压力较低，下降较快。GDT 井区平均原始地层压力为 4.24 MPa，2006 年地层压力为 1.1 MPa，与原始地层压力相比地层严重亏空；2011 年 9 月平均地层压力为 1.04 MPa，地层压力得以保持，主要是由于井区注水见效，地层亏空现象稍稍得到缓解。

（3）井区综合含水率上升较快，单井受效不均。在注水之前区块综合含水率为 51%，注水开始后截至 2012 年 1 月区块综合含水率达到 73%，综合含水率上升较快。但由于油藏的非均质性及裂缝存在，部分井含水率上升缓慢，含水率在 30%左右，另一部分井含水率上升快，含水率较高，达到了 80%以上。

通过对试验区油水井开发层位对应状况、平面连通性、吸水剖面、注采动态等系统性指标分析，得到了中高含水油井的主要来水方向与治理方案，最终选择 3007-1，3307，3085-1，3023-1 和 3084-1 五口井作为调控治理井。

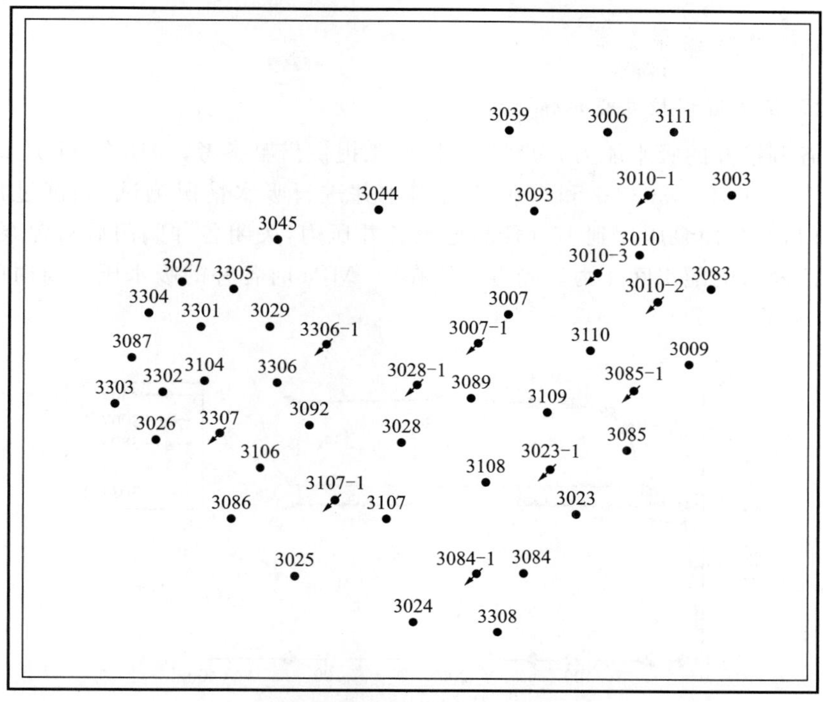

图 7-19　GDT 注水区井位图

1. 现场注入简况

2013 年 11 月 29 日对 GDT 试验区进行了调控前压力测试，2013 年 11 月 26 日对 3307，3084-1，3023-1 和 3007-1 四口井正式进行了综合调控试验，2013 年 11 月 26 日—12 月 16 日对 3085-1 井进行间歇式试注，2013 年 12 月 17 日正式开始对 3085-1 井进行综合调控；2013 年 12 月 18—24 日五口井由于停水、停电、设备维修等停注，3023-1 井于 2013 年 12 月 6 日—12 月 8 日由于停水、停电、设备维修等停注，3007-1 井于 2013 年 12 月 6—14 日和 2013 年 12 月 25—26 日亦由于停水、停电、设备维修等停注；2014 年 1 月 17 日结束试验。该试验区四口水井共注入智能凝胶约 600 m³，前置段塞和后续驱替段塞 3 700 m³，共计 4 300 m³，具体注入情况如表 7-3 所示。

表 7-3　GDT 井区综合调控试验区注入情况表

井　号	对应油井	层　位	深部调控	
			调控层段	调控剂用量/m³
3307	3104,3106,3086,3026,3306,3302	6_1^3,6_3^1	长 6_1^3	205.5
3007-1	3007,3089,3109,3110,3044	6_1^3	长 6_1^3	65.5
3085-1	3110,3009,3085,3109	6_1^3	长 6_1^3	50.5
3023-1	3109,3085,3023,3108,3089,3084	6_1^3	长 6_1^3	109.6
3084-1	3084,3024,3107,3108,3025,3308(事故)	6_1^3	长 6_1^3	162.5

2. 调控井吸水效果分析

1）调控前试验区调控井吸水情况测试

为了解各调控井的吸水能力，为现场实际施工提供借鉴参考，2013 年 11 月 25 日对试验区 3307，3805-1，3084-1，3023-1 和 3007-1 五口水井进行吸水情况测试，测试过程中开启五口井管线阀门，开泵使泵压达到 10 MPa，记录各井压力，关闭各井阀门后再停泵，3085-1 井仅记录了未注液时的配水间压力。测得泵压在 10 MPa 时各井的吸水压力与时间的变化数据如图 7-20 所示。

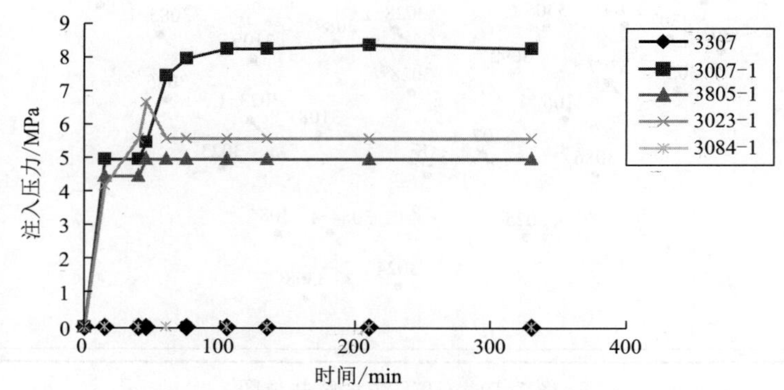

图 7-20　试验区综合调控前调控井吸水能力测试变化图

由图 7-20 可看出，3307 和 3084-1 井配水间注入压力为 0，3007-1 和 3023-1 井吸水能力亦较强，这也验证了 3307 和 3084-1 两口井周围存在高渗通道，与前期的分析相吻合；3805-1 井井口压力亦较低，仅为 5 MPa，也存在一定的高渗通道，造成周围井含水率上升。这些数据也为后期现场实施过程中方案的实时调整提供了依据。

2）调控后试验区调控井吸水情况测试

为了解各调控井调控后的吸水能力以及验证调控效果，先对 2014 年 1 月 17 日注入压力变化进行统计分析，测试过程中开启五口井管线阀门，记录各井压力，关闭各井阀门后再停泵。五口井注入压力与时间的变化数据如图 7-21 所示。

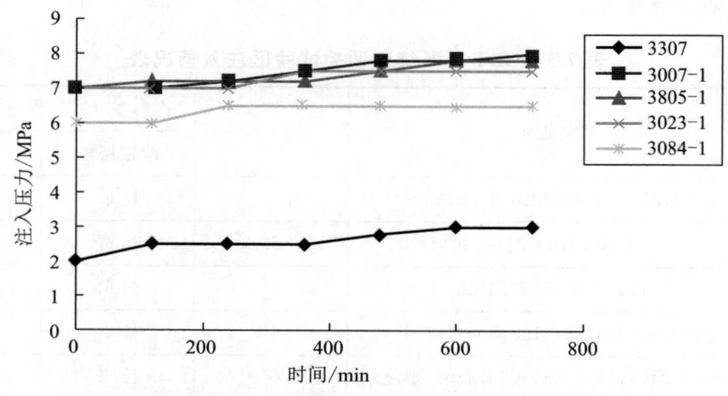

图 7-21　试验区综合调控后调控井吸水能力测试变化图

由图 7-21 可看出，经过调控之后，五口注水井的吸水能力均有所下降，尤其是 3805-1，3023-1 和 3084-1 井，这恰恰说明了调控取得了很好的效果，水井周围的水窜通道已被控制住，这些数据也为后续水驱过程中注入参数调整提供一定的依据；由于 3307 井还存在井筒漏失问题，因此注入压力虽然比调控前有所上升，但上升幅度仍然较小，需要在井筒堵漏后才能显现出该井的调控效果；3007-1 井注入压力虽下降幅度较小，但注入量明显降低，说明调控亦达到了提高注水效率的目的，防止注入水快速水窜导致的资源浪费。

3）注水井调控前后配水间压力

调控前 2013 年 10 月 28 日配水间的注入压力为 2.45 MPa，平均日注入量为 3.23 m^3；2014 年 2 月 26 日配水间的注入压力为 5.28 MPa，平均日注入量为 4.08 m^3。说明调控后，地层的注入压力、注入量得到提高，调控起到了水井增压增注的作用。

其中 3307 井注入量明显降低，注入压力得到提高，但由于井下漏失原因注入压力仍偏低；3007-1 和 3023-1 井注入压力和注入量均上升，由关停恢复注入能力；3085-1 和 3084-1 井注入压力虽然维持稳定，但注入量有明显提高，注入强度上升。整体而言，五口水井的注入效果均得到改善（图 7-22）。

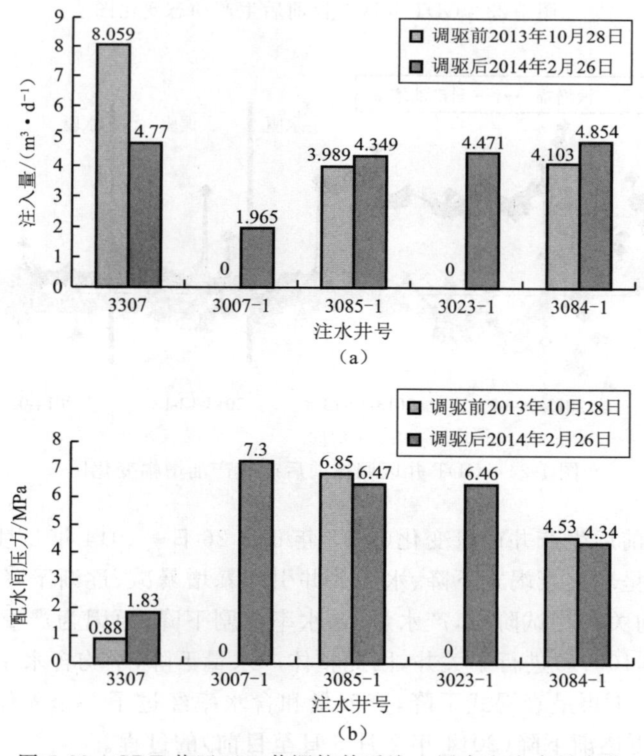

图 7-22　GDT 井区五口井调控前后注入压力和注水量变化

3. 对应油井效果分析

1）调控整体效果分析

GDT 试验区自 2013 年 11 月 26 日进行自适应深部综合调控以来，在增油控水方面取得了一定的效果，现在以调控受益井（20 口油井）调控前后产量数据变化（2013 年 6 月 26 日—2014 年 2 月 27 日）表征综合调控效果，并进行分析。

图 7-23 为 GDT 井区五口调控井的受益井综合调控前后生产动态变化图，图 7-24 为 GDT 井区调控前后产液产油增幅变化图。

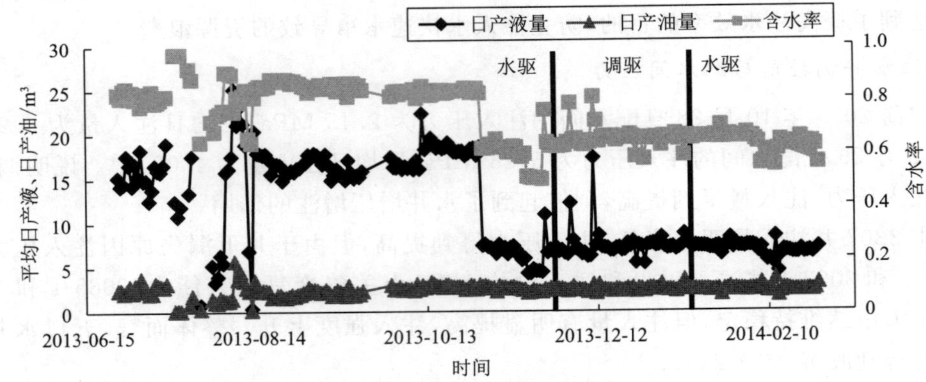

图 7-23　GDT 井区调控前后生产动态变化图

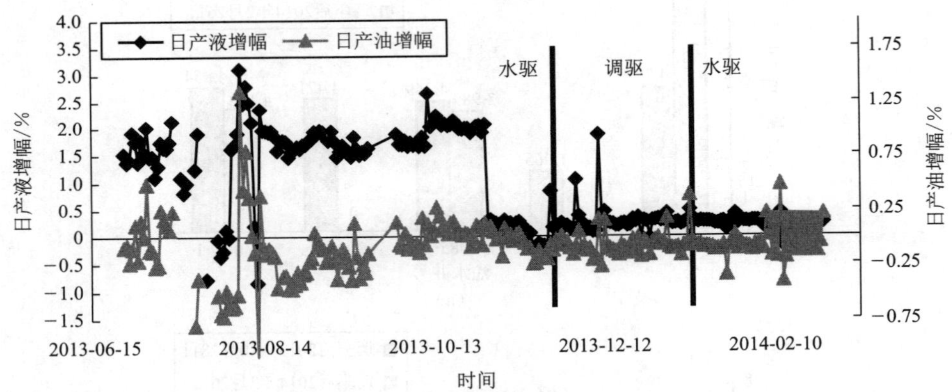

图 7-24　GDT 井区调控前后产液产油增幅变化图

根据整个调控前后生产井产量变化（2013 年 6 月 26 日—2014 年 2 月 27 日）可知：① 调控前产液与产油均呈现出衰竭式下降、水灾关井引起暴增暴减、逐渐下降三个阶段；② 2013 年 11 月初至调控前关井测试阶段，产水量、含水率急剧下降，原因为严重水淹井 3109（日产液 11.2 m^3，含水率 100%）进行了关井，因此整体产水量下降，平均含水率降低；③ 调控后产油量得以保持稳定，不再呈衰竭式下降，产液量和含水率经过了一个先保持稳定（调控后至 2014 年 2 月 5 日）再逐渐下降（2014 年 2 月 6 日至目前）的过程。

以调控前 10 d 5 个井组受益油井总日产液、日产油量的平均值（分别约为 5.78 m^3 和 2.27 m^3）作为基础参数，做产液产油相对此平均值的增幅变化曲线，增幅＝1－（某一天的日产液或日产油量）/（调控前 10 d 日产液或日产油量的平均值），如图 7-24 所示。由图可知，日产液增幅值（2013 年 12 月—2014 年 2 月 5 个井组受益油井平均总日产液约为 7.34 m^3）和日产油增幅值（2013 年 12 月—2014 年 2 月 5 个井组受益油井平均总日产油约为 2.45

m^3)均为正值，分别为 26.93%和 8.05%，说明短时间内调控受益井整体产油量有小幅增加，可知调控后生产得到改善，调控井井组的油井整体水驱开发效果提高。平均含水率由关井测试前的 84.7%变化为 66.6%，降低 18.1%。依此计算，截至 2014 年 2 月 27 日，五个井组累计增油 16.99 m^3，按原油密度 0.826 g/cm^3 计，则增油 14 t。

产油增幅较小的原因包括两方面：① 由于目前观察期仍较短，且调控后的水驱前缘在该特低渗油藏中尚未到达油井，即综合调控效果尚未能充分体现，2014 年 2 月初产液量和含水率的下降表明调控效果开始初步显现；② 在 2013 年 7—9 月期间部分采油厂的油井由于暴雨水淹普遍进行了关井(等效于间歇式采油)，且此次关井时间较长，接近 2 个月，使得油井近井带压力回升，孔喉内原油重新进行聚集分布，重新开井生产后产油量明显提高，这在许多油田产量数据中可得到体现。因此此次调控后的增油效果是在上次长关井的基础上的增油，简单地用调控后产量与调控前产量的增加幅度表示调控效果是不科学的，可以用此次调控后产量(2 月五个井组受益井总日产液、总日产油、含水率分别为 7.34 m^3，2.45 m^3，66.6%)与 7 月水灾停井前产量(五个井组受益井总日产液、总日产油、含水率分别为 15.8 m^3，2.4 m^3，84.8%)的增幅表示调控效果是较为合理的。按此方法，截至 2014 年 2 月 27 日，五个井组累计增油 4.90 m^3，按原油密度 0.826 g/cm^3 计，则增油 4.05 t。此次调控日产液增幅、日产油增幅应为－115.3%和 2.1%，含水率下降达 18.2%，即起到了较好的稳油控水的目的。

2) 典型井效果分析

(1) 3109 井——增油降水。

图 7-25 为 3109 井调控前后的生产曲线，时间是 2013 年 6 月 26 日至 2014 年 2 月 27 日，由图可以看出，3007-1，3085-1 和 3023-1 三个井组调控开始后，对应的油井 3109 井含水率下降明显，由完全水淹变为特高含水，产液中含有少量油花，说明先期注入的新型智能凝胶一定程度上封堵了裂缝等高渗通道。对于该井含水率较高，可能是由于该井本身含水率过高，储层微裂缝张启程度较大且广，注入的调控剂目前进入了部分高渗通道，但未能完全封死。另外，由于调控完成时间较短，油井尚未完全见效，待调控后续水驱段塞的前缘到达油井后才能进一步确定本次调控的效果。该井调控前含水率为100%，已水淹关井(关井前

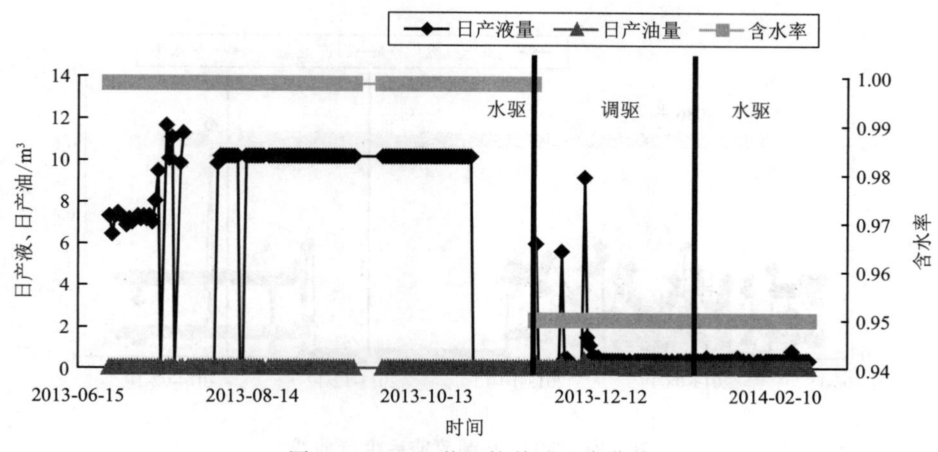

图 7-25　3109 井调控前后生产曲线

产液量约 11 m^3/d)，调控后平均含水率为 95%，下降了 5%；调控后日产液约 0.4 m^3，降出水效果明显；日产油由调控前的 0 m^3 上升到调控后的 0.017 m^3，最高时曾达 2.5～4.0 m^3。这充分说明了本次调控确实起到了增油降水的目的。

(2) 3023 井——提液增油。

图 7-26 为 3023 井调控前后的生产曲线，时间是 2013 年 6 月 26 日至 2014 年 2 月 27 日，由图可以看出，3023-1 井组调控开始后，对应的油井 3023 井增油效果明显，该井产液量的提高与 3109 井产液量的大幅降低说明了水井的驱替效率提高，先期注入的新型智能凝胶较好地封堵了裂缝等高渗通道。该井调控前后含水率较为稳定，含水率一直在 68%附近；调控前日产液仅为 0.08 m^3，调控后日产液翻倍，约 0.16 m^3，最高时达到 0.64 m^3，增液效果明显；日产油亦由调控前的 0.021 m^3 上升到调控后的 0.042 m^3，最高时曾达 0.17 m^3。这充分说明了本次调控确实起到了提液增油的目的，水驱效率得到增加。

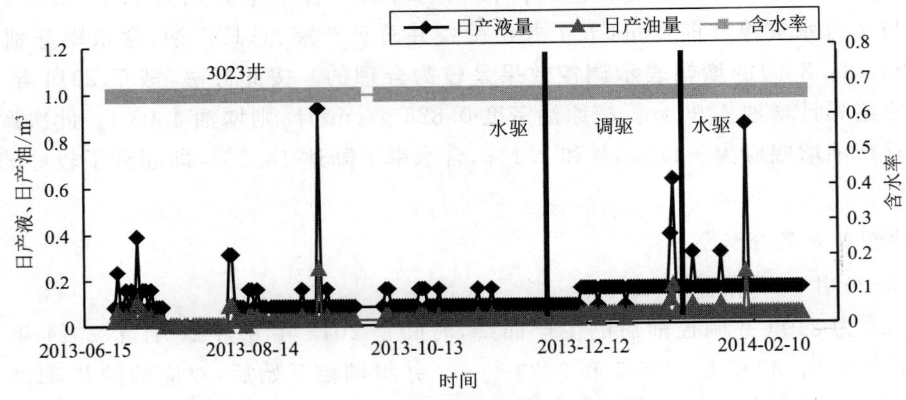

图 7-26 3023 井调控前后生产曲线

(3) 3086 井——关停井提液并恢复稳定出油。

图 7-27 为 3086 井调控前后的生产曲线，时间是 2013 年 6 月 26 日至 2014 年 2 月 27 日，由图可以看出，3307 井组调控开始后，对应的油井 3086 井增油效果明显，该井产液量的提高一定程度上说明了水井的驱替效率提高，先期注入的新型智能凝胶较好地封堵了裂缝

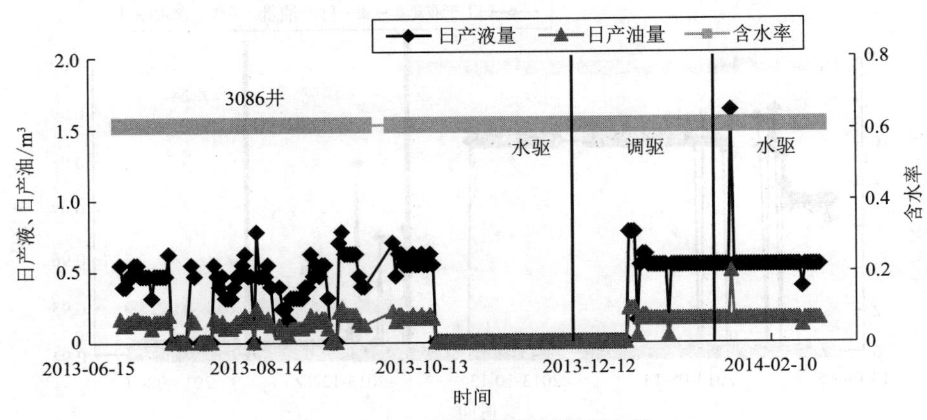

图 7-27 3086 井调控前后生产曲线

等高渗通道，降低了注入水对其他井的无效驱替。该井调控前后含水率较为稳定，一直在63%附近；该井调控前已关井，关井前日产液为 0.6 m^3，可能是由于发生水窜或暂时突然水淹导致关井，调控后日产液稳中有增，基本仍保持在 0.6 m^3 左右，但有时亦有所增加，最高时达到 0.8～1.68 m^3；日产油亦由调控前关井的 0 m^3（关井前 0.17～0.19 m^3）恢复至关井前的 0.172 m^3，最高时曾达 0.2～0.25 m^3。这充分说明了本次调控确实起到了关停井提液并恢复稳定出油的目的。

7.2　YD 油田

YD 油田目前主要在 H392 井区、H135 井区和 J92 井区进行了矿场试验。

YD 油田开发层位为长 6^1 亚层，储量富集规模大、富集量及富集程度高，储层物性与 GGY 油田相近，为低渗—特低渗、低孔、低压的轻质油储层。经过 30 多年的开发，资源面积动用程度已非常高，但地质储量采出程度仍较低，因此如何增加现有区块和开发层位的采出程度与改善开发状况是提高与保持 YD 油田产量的一个重要方式与问题。

该区经过水驱开发，部分井同样存在较为严重的水窜水淹状况，甚至出现了对应水井注水几分钟油井井口便有纯水自溢流出的严峻状况，对该部分井进行调控驱油技术改造是恢复一批关停井、增加该油田产油量的必要方法，具有非常可观的应用价值。另外，YD 油田由于各井区注水、含水状况存在明显差异，进行验证裂缝性特低渗油藏水窜水淹调控驱油技术在不同采出状况下的应用效果试验分析，有利于验证该技术的广泛适用背景与推广价值，更重要的是为油水井“早预防、早治理”和提前注采开发时间奠定了良好的支撑。

基于此，2012 年和 2013 年分别选取了 YD 油田的 H392 井区、H135 井区和 J92 井区开展了水窜水淹调控驱油先导性试验，并根据本区地质特点研发了适合其水窜水淹调控驱油的自凝胶深部液流转向调控技术，该调控体系具有“低黏度、易制备、好注入、缓交联、高强度、长有效”的特性。试验均取得了明显的增油降水效果，说明水窜水淹调控驱油技术对中低含水区块、中高含水区块、高—特高含水区块具有较好的适用性。

7.2.1　H392 井区

H392 井区位于青化砭采油厂采油二大队石子沟区，该区域勘探始于 20 世纪 80 年代，勘探期间在长 4+5、长 6 段获得含油砂层，该井区主要开发层位为长 6 油层（表 7-4 和图 7-28），水井均属于 H392 和 H396 配水间。此次自适应凝胶深部调控现场施工先导试验井区包括 H364-1，H392-1，H392-5，H394-7 和 Y59-3 五口注水井，周围与之相邻的生产油井有 24 口。

截至 2013 年 5 月 3 日，该井区 24 口油井日产原油 2.8 t，平均单井产油量 0.117 t/d，综合含水率 89%；油井中含水率超过 95%的井 7 口，4 口井因含水率达 100%而长期停井；5 口注水井中，4 口井由于对应油井水淹被迫停井停注，正常注水井平均日注入量为 2.0 m^3，注入压力为 0.25 MPa。油井生产状况表明地层中的裂缝直接沟通了注采井，表现出裂缝性水窜水淹情况十分严重，注采平衡严重失调，注入水基本处于无效循环，水驱见效差。

表 7-4 H392 井区调控前注水井相关参数

序 号	井 号	层 位	地质参数			注入参数		
			孔隙度/%	渗透率/(10^{-3} μm²)	含油饱和度/%	注入量/($m^3 \cdot d^{-1}$)	注入压力/MPa	累计注入量/m^3
1	H364-1	长 6	8.4	0.7	40.3	0	0	132.27(2012 年 4 月停井)
2	H392-1	长 6	8.7	1.0	44	0	0	1 259.33(2012 年 4 月停井)
3	H392-5	长 6	10.5	1.7	43.6	0	0	1 334.14(2012 年 4 月停井)
4	H394-7	长 6	8.4	0.75	40.3	4.5	0.25	1 013.04
5	Y59-3	长 6	7.9	0.7	43.7	5.5	0	11 949.27(停注)

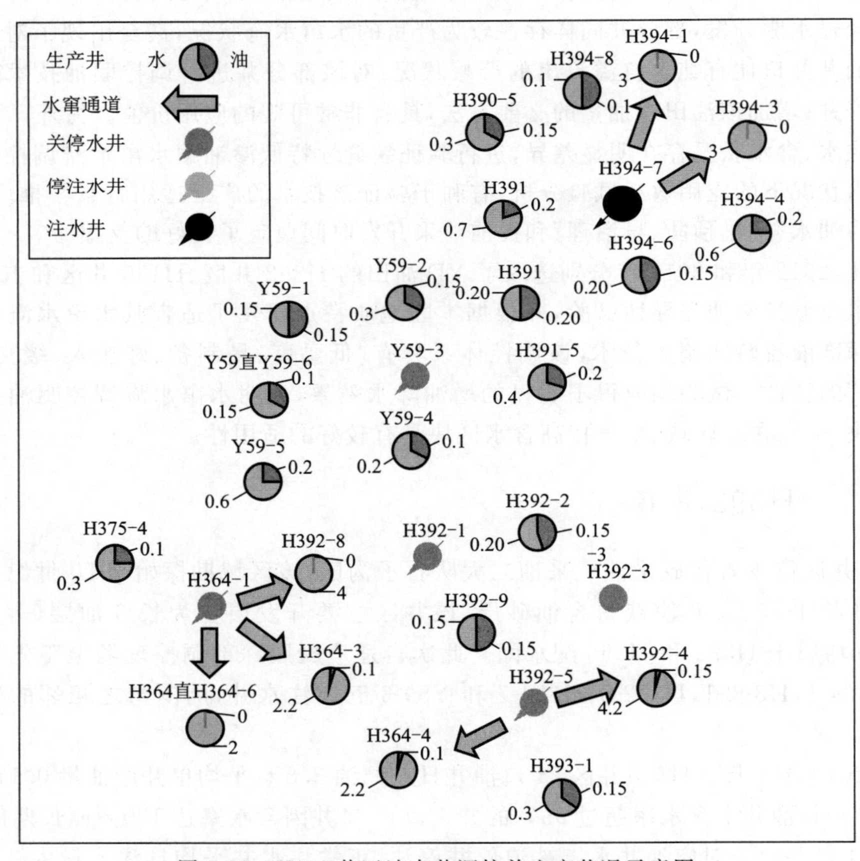

图 7-28 H392 井区油水井调控前生产状况示意图

1. 现场注入简况

2013 年 5 月 4—24 日进行了自适应深部调控注入测试，2013 年 5 月 25 日对 H392 井区 5 口注水井 H392-1，H394-7，Y59-3，H364-1 和 H392-5 进行正式自适应深部调控，调控方案和参数如表 7-5 所示。

表 7-5　H392 井区调控方案和施工参数

<table>
<tr><th rowspan="2">井　号</th><th rowspan="2">调控时间</th><th colspan="2">调控药剂</th><th colspan="2">注入参数</th></tr>
<tr><th>堵剂段塞</th><th>堵剂液量/m^3</th><th>注入速度/($m^3 \cdot h^{-1}$)</th><th>最大施工压力/MPa</th></tr>
<tr><td>H392-1</td><td rowspan="5">2013 年 5—8 月</td><td rowspan="5">预处理液＋前置液＋主体段塞＋后置液＋中间顶替清水</td><td>973</td><td rowspan="5">0.5～1</td><td rowspan="5">10</td></tr>
<tr><td>H394-7</td><td>730</td></tr>
<tr><td>Y59-3</td><td>800</td></tr>
<tr><td>H364-1</td><td>800</td></tr>
<tr><td>H392-5</td><td>816</td></tr>
</table>

2. 调控井吸水效果分析

调控后五口注水井的注入参数变化情况如表 7-6 所示。

表 7-6　H392 井区调控后注水井的相关参数

<table>
<tr><th rowspan="2">序　号</th><th rowspan="2">井　号</th><th rowspan="2">层　位</th><th rowspan="2">井段/m</th><th colspan="2">注入参数</th></tr>
<tr><th>注入量/($m^3 \cdot d^{-1}$)</th><th>注入压力/MPa</th></tr>
<tr><td>1</td><td>H364-1</td><td>长 6</td><td>555～557</td><td>8</td><td>9</td></tr>
<tr><td>2</td><td>H392-1</td><td>长 6</td><td>634～637，
664～666</td><td>8</td><td>9</td></tr>
<tr><td>3</td><td>H392-5</td><td>长 6</td><td>688～690，
692～694</td><td>8</td><td>9</td></tr>
<tr><td>4</td><td>H394-7</td><td>长 6</td><td>654～657，
659～661，
712～714</td><td>8</td><td>9</td></tr>
<tr><td>5</td><td>Y59-3</td><td>长 6</td><td>549～551，
569～571</td><td>8</td><td>9</td></tr>
</table>

调控前后注水井的平均注入参数对比如图 7-29 所示，可知调控前后注水井的注入参数发生了明显的变化，平均注入量由调控前的 2 m^3/d 上升至 8 m^3/d，增幅达 300%，平均注入压力由 0.25 MPa 上升至 9 MPa，可以看出调整吸水剖面的效果很明显，地层能量得到补充，启动压力提高，从而提高了剩余油波及程度和采收率。

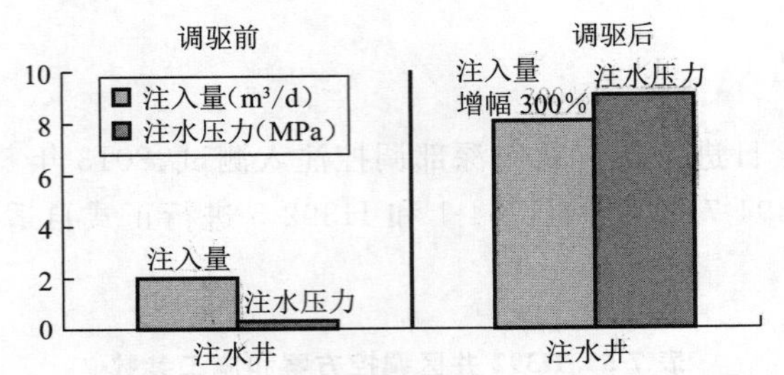

图 7-29　H392 井区注水井调控前后注入参数变化情况

3. 对应油井效果分析

1) 调控后区块整体生产变化

自 2013 年 5 月 5 日开始实施自适应凝胶深部调控以后，该井区生产状况得到明显改善。调控处理的 5 口注水井所对应的 24 口生产井在调控前后的产液情况如图 7-30 所示。

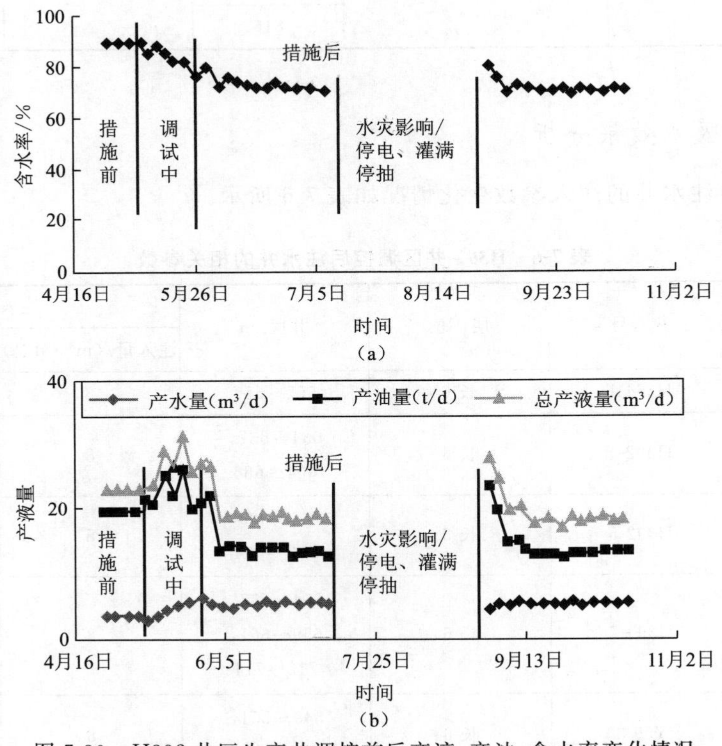

图 7-30　H392 井区生产井调控前后产液、产油、含水率变化情况

从图 7-30 可看出，调控后生产井的综合含水率由 89.6%下降至 71.76%，产油量由 2.8 t/d 增加至 5.32 t/d，增油率为 90%。

H392 井区五口注水井自 2013 年 5 月 5 日实施措施后，2013 年 5 月 10 日左右开始收效，截至 2013 年 10 月 17 日，除去受灾 45 d(折算后的平均天数)停产，共受效 112 d，累计增油 280 t，生产井综合含水率降低至 71.76%，降低了 17.9%，单井平均产油量增加 0.105 t/d。按照有效期 8 个月计算，最终增油应在 600 t 左右。

2）调控后油井具体生产状况

除 H364 直 H364-6 井外（由于井况问题导致调控失效，需要其他井下作业补充治理，不属于调控措施范畴之内，忽略其对总体施工效果的影响），调控后油井含水率明显下降，其中含水率 100%的油井重新产油，已关停的油井 H392-3 亦重新出油；高含水井和中低含水井都得到有效治理。

其中，H392-1 井和 H364-1 井进行调控后所对应的油井增油降水效果最为明显。H392-1 井对应连通油井为 H392-8，H392-2，H392-9，H392-3，Y59-4，H364-3 及 Y59-5 井，这七口油井日增油 0.36 t，平均含水率由 89.2%降至 72.2%。H364-1 井对应连通油井为 H364 直 H364-6，Y59 直 Y59-6，Y59-5，H364-3，H392-8 及 H375-4 井，这六口油井日增油 0.47 t，平均含水率从 89.8%降至 71.2%。调控后井区的生产状况分布如图 7-31 所示，水窜通道被封堵住。

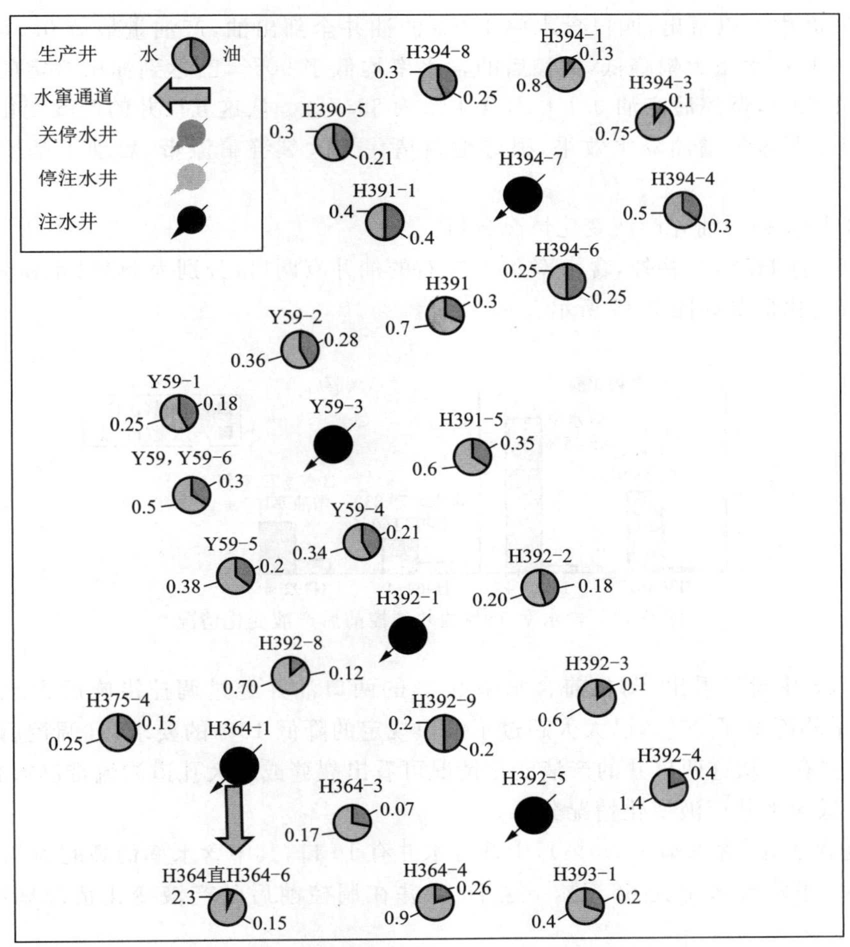

图 7-31　H392 井区油水井调控后生产状况

3）不同含水率油井的动态变化情况分析

（1）含水率100%油井及停产井的产液变化情况分析。

调控前含水率100%的油井有四口，分别为H364-3，392-8，394-1及394-3井；停产井1口，为H392-3井。经过调控后这五口井的产液变化情况如图7-32所示。

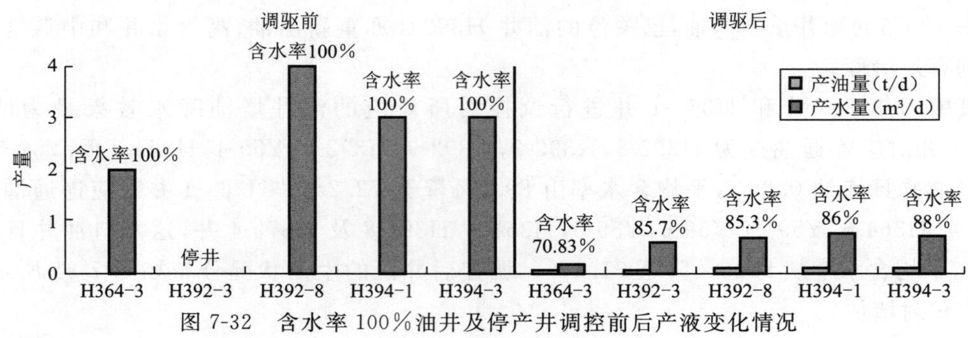

图7-32　含水率100%油井及停产井调控前后产液变化情况

从图7-32中可以看出，四口含水率100%的油井全部出油，产油量最低0.07 t/d，最高的0.13 t/d，且产水量大幅降低，调控后的含水率均低于90%，已达到油田规定的要求。对于停产井H392-3，调控后产油0.1 t/d，含水率为85.7%。从这五口井的产液变化可看出调控措施起到了明显的增油降水效果，很好地封堵住了大裂缝窜流带，启动了基质中的剩余油。

（2）含水率95%油井产液变化情况分析。

除H364直H364-6井外，含水率95%左右的油井有两口，分别为H364-4和H392-4，调控前后产液变化情况如图7-33所示。

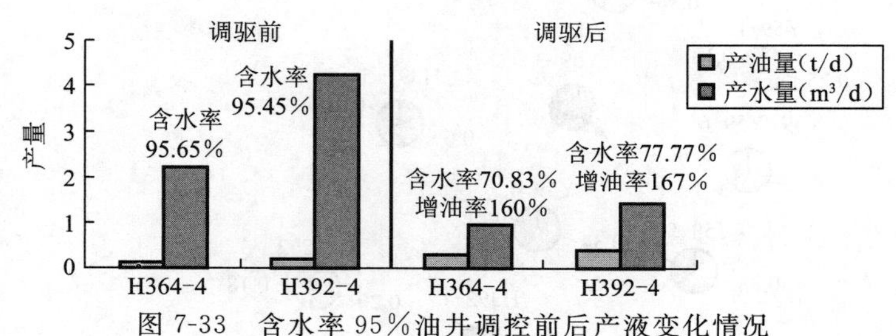

图7-33　含水率95%油井调控前后产液变化情况

从图7-33中可以看出，调控前含水率95%的两口油井经过调控措施后含水率降低至78%以下，平均降低了20%，已大大超过了油田规定的降低10%的要求；且调控后的增油率高达160%左右。从这两口井的产液变化情况可看出裂缝或者大孔道渗流带已被封堵。

（3）中低含水井产液变化情况分析。

除去高含水井（含水率＞90%），中低含水井有16口，其中含水率最高的为76.68%，最低的为50%，平均含水率为66.7%。这16口井在调控前后的产液变化情况如图7-34所示。

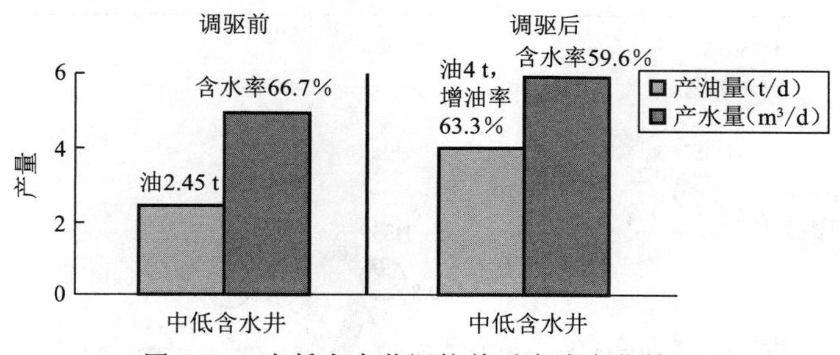

图 7-34　中低含水井调控前后产液变化情况

从图 7-34 中可以看出，调控前这 16 口井的产油量为 2.45 t/d，调控后增加至 4 t/d，增油率为 63.3%，平均含水率由调控前的 66.7%降低至 59.6%，下降了 7%。这 16 口井的产液变化情况说明调控措施对中低含水井的增油降水的效果也很明显，能够封堵高渗层启动低渗层而提高采收率。

7.2.2　H351 井区

H351 井区位于青化砭油田园子沟区，该区域勘探始于 20 世纪 80 年代，勘探期间在长 4+5、长 6 段获得含油砂层，该井区主要开发层位为长 6 油层，如表 7-7 和图 7-35 所示。此次自适应凝胶深部调控现场施工先导试验井区包括 H351-1，H351-5，H338-6，H339-7 和 H338-1 等五口注水井，周围与之相邻的生产油井有 24 口。

表 7-7　H351 井区调控前注水井相关参数

序　号	井　号	层　位	地质参数			注入参数	
			孔隙度/%	渗透率/(10^{-3} μm^2)	含油饱和度/%	注入量/($m^3 \cdot d^{-1}$)	注入压力/MPa
1	H351-1	长 6	8.1	0.75	50	2	2
2	H351-5	长 6	8.3	0.65	44	2	2
3	H338-6	长 6	8.3	0.81	42	1	0.25
4	H338-1	长 6	8.3	0.72	41.2	0	0
5	H339-7	长 6	8.0	0.65	39.6	2	3.5

调控施工前，该井区 24 口油井日产原油 3.2 t，平均单井产油量 0.133 t/d，综合含水率 82%左右；含水率超过 90%的水井 9 口，其中含水率 100%的井 1 口，其余大部分油井含水率都超过了 70%，且呈快速上升趋势，整体处于含水率快速上升阶段。正常注水井平均日注入量为 2.0 m^3，注入压力为 0.25 MPa。产液数据表明地层中的裂缝直接沟通了注采井，表现出裂缝性水窜，水淹情况十分严重，注采平衡严重失调，注入水基本处于无效循环，水驱见效差。该井区急需合适的增油控水技术保证油田的高效开发。

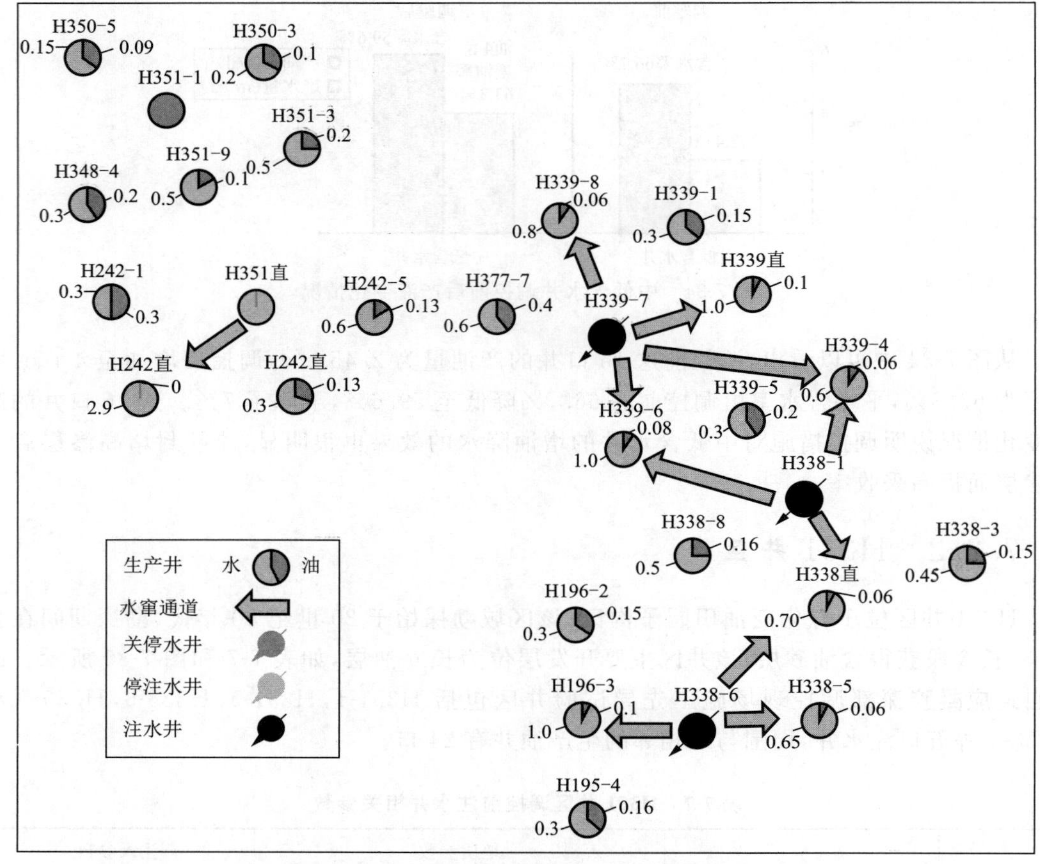

图 7-35　H351 井区油水井调控前生产状况示意图

1. 现场注入简况

2013 年 5 月 4—24 日进行了自适应深部调控注入测试，2013 年 5 月 25 日对 H351 井区五口注水井 H351-1，H351-5，H338-6，H338-1 和 H339-7 进行正式自适应深部调控，调控方案和参数如表 7-8 所示。

表 7-8　H351 井区调控方案和施工参数

井　号	调控时间	调控药剂		注入参数	
		堵剂段塞	堵剂液量 /m^3	注入速度 /($m^3 \cdot h^{-1}$)	最大施工压力 /MPa
H351-1	2013 年 5—9 月	预处理液＋前置液＋主体段塞＋后置液＋中间顶替清水	873	0.5～1	10
H351-5			830		
H338-6			900		
H338-1			880		
H339-7			856		

2. 调控井吸水效果分析

调控后注水井的具体参数如表 7-9 所示，可看出地层启动压力大幅度升高，剩余油得到有效启动。

表 7-9　H351 井区调控后注水井的相关参数

序　号	井　号	层　位	注入参数	
			注入量/($m^3 \cdot d^{-1}$)	注入压力/MPa
1	H351-1	长 6	8.5	9
2	H351-5	长 6	8.5	9
3	H338-6	长 6	8	9
4	H338-1	长 6	7.5	9
5	H339-7	长 6	8	9

调控前后的注水井的平均注入参数变化情况如图 7-36 所示，从图中可以看出，调控前后注水井的注入参数发生了明显的变化，平均注入量由调控前的 1.9 m^3/d 上升至 8 m^3/d，增幅超过 300%，平均注入压力由 0.25 MPa 上升至 9 MPa，调整吸水剖面的效果很明显，地层能量得到补充，启动压力提高，从而提高了剩余油波及程度和采收率。

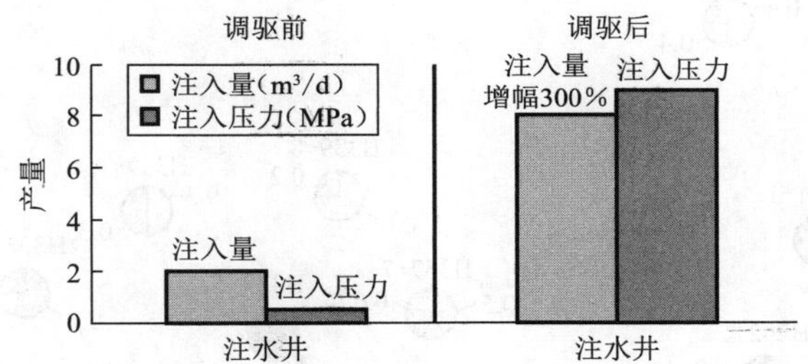

图 7-36　H351 井区注水井调控前后注入参数变化情况

3. 对应油井效果分析

1) 调控后区块整体生产变化

调控注水井所对应的 24 口生产井在调控前后的产液情况如图 7-37 所示。

从图 7-37 可看出，调控后生产井的综合含水率由 81.57%下降至 62.9%，产油量由 3.2 t/d 增加至 5.75 t/d，增油率为 79.69%。

H351 井区五口注水井自 2013 年 5 月 4 日实施措施后，2013 年 5 月 10 日左右开始收效，截至 2013 年 11 月 23 日，除去受灾 45 d(折算后的平均天数)停产，共受效 184 d，累计增油 469 t，生产井综合含水率降低了 18.67%，单井平均产油量增加 0.106 t/d。按照有效期 8 个月计算，最终增油应在 612 t 左右。

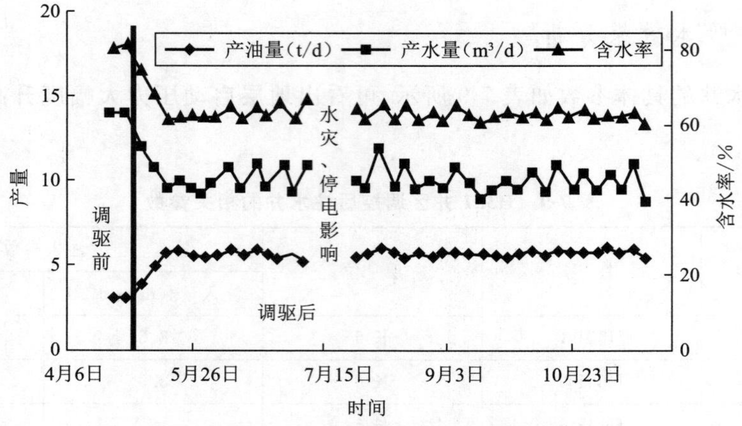

图 7-37　H351 井区调控前后产液变化情况

2）调控后油井具体生产状况

整个区块调控后油井含水率明显下降，其中含水率 100%的油井重新产油，八口大水井的含水率降至 75%以下，其他含水井也都得到有效治理。调控后整个井区的生产状况如图 7-38 所示。

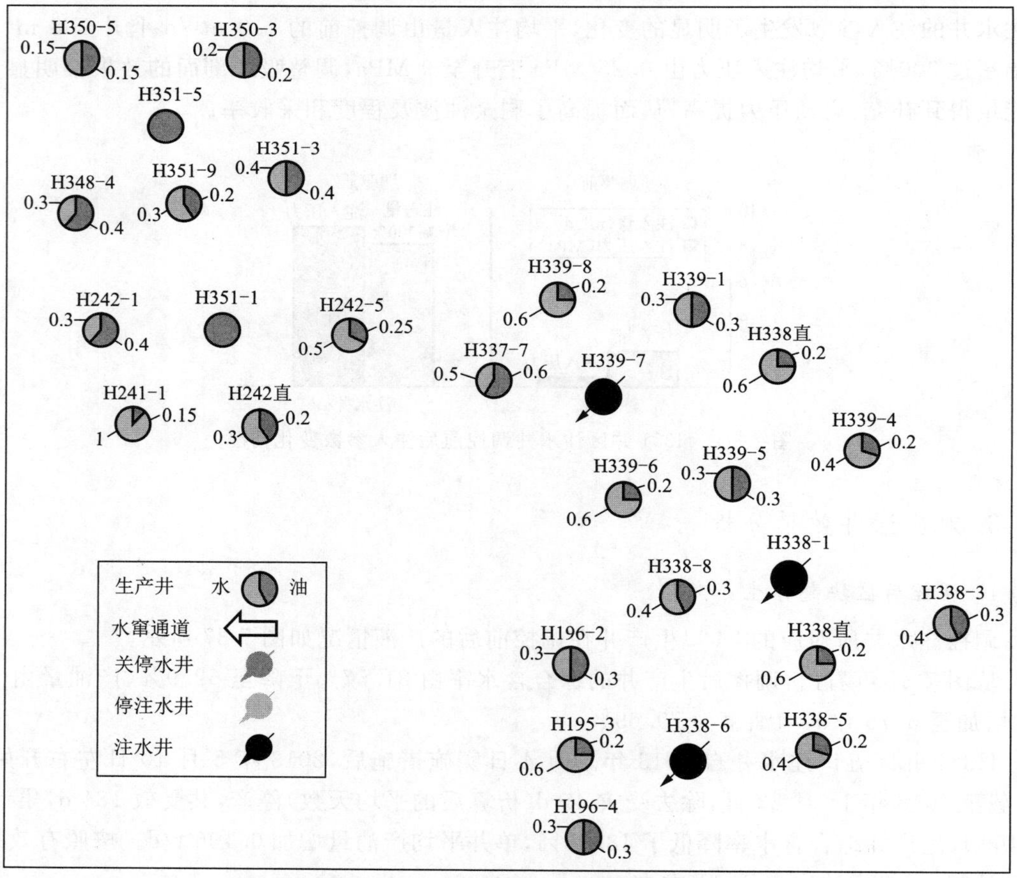

图 7-38　H351 井区油水井调控后生产状况

3）不同含水率油井的动态变化情况分析

（1）大水（含水率＞90％）井产液变化情况分析。

调控前含水率 90％的油井有 9 口，其中含水率 100％的油井 1 口。经过调控后这 9 口井的产液变化情况如图 7-39 所示。

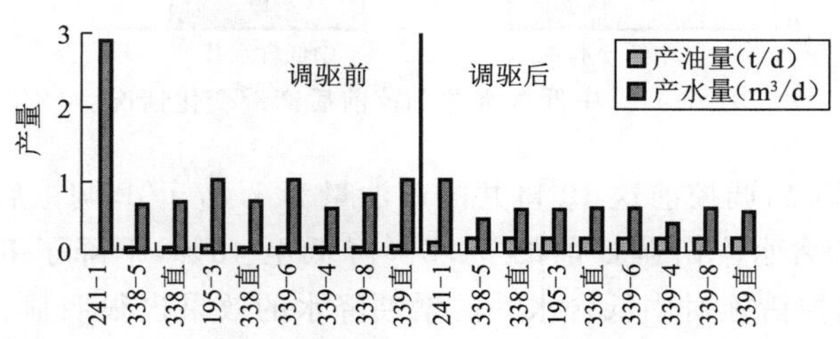

图 7-39 大水井（含水率＞90％）调控前后产液变化情况

从图中可以看出，含水率 100％的油井重新出油，产油量为 0.15 t/d，且产水量大幅降低，调控后的含水率均低于 90％，已达到油田规定的要求。对于其他 8 口大水井，调控后平均单井增产油量达 0.12 t/d，含水率下降 15％以上。调控前这 9 口井的综合含水率为 94.1％，调控后综合含水率为 75.5％，降低幅度达 19％；调控前这 9 口井共产油 0.59 t/d，调控后产油 1.75 t/d，增油率高达 197％。从这 9 口井的产液变化可看出调控措施起到了明显的增油降水的效果，很好地封堵住了大裂缝窜流带，启动了基质中的剩余油。

（2）中高含水（含水率 70％～90％）井产液变化情况分析。

中高含水油井有 5 口，分别为 H351-9，H351-3，H242-5，H338-3 和 H338-8，调控前后产液变化情况如图 7-40 所示。

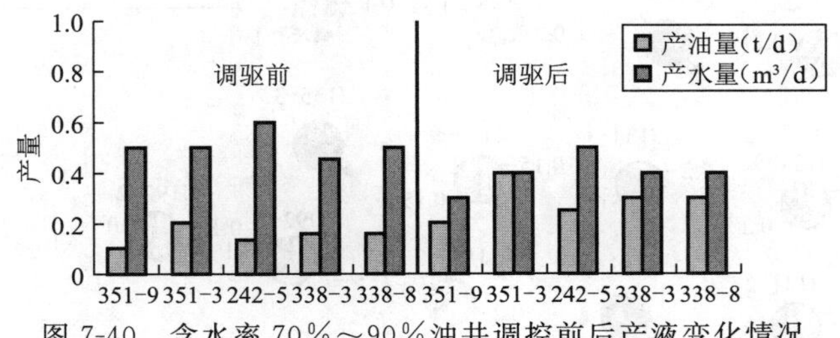

图 7-40 含水率 70％～90％油井调控前后产液变化情况

从图中可以看出，调控前含水率 70％～90％的 5 口油井经过调控措施后，增油降水效果非常明显。这 5 口井在调控前共产油 0.74 t/d，调控后共产油 1.45 t/d，增油率高达 96％；综合含水率由调控前的 77.57％降低至 57.97％，降低幅度近 20％，已大大超过了油田规定的降低 10％的要求。从这 5 口井的产液变化情况可看出高渗层已被封堵。

（3）中低含水（含水率＜70％）井产液变化情况分析。

中低含水井有 10 口，平均含水率在 55％左右。这 10 口井在调控前后的产液变化情况如图 7-41 所示。

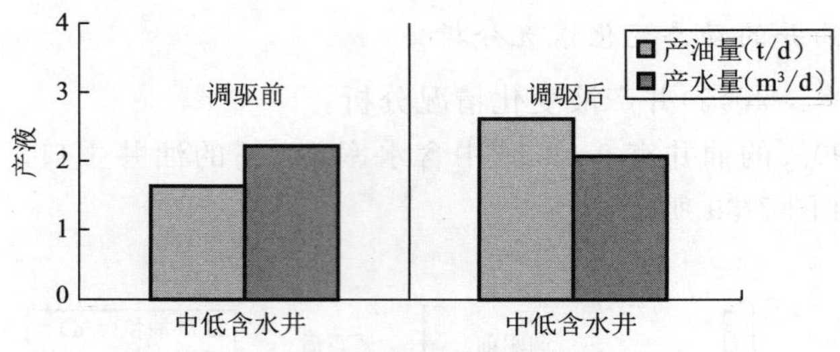

图 7-41　中低含水井调控前后产液变化情况

从图 7-41 可以看出，调控前这 10 口井的产油量为 1.87 t/d，调控后增加至 2.55 t/d，增油率为 36.36%，平均含水率由调控前的 54.6%降低至 48%，下降了 6.6%。这 10 口井的产液变化情况说明调控措施对中低含水井的增油降水的效果也很明显，能够封堵高渗层，启动低渗层，扩大波及体积而提高采收率。

7.2.3　J95 井区

J95 区块控制面积 1.41 km²，油水井共 65 口，其中注水井 10 口，油井 55 口，层位均为长 6 油层，如图 7-42 所示。该区域勘探始于 20 世纪 80 年代，勘探期间在长 4+5、长 6 段获得含油砂层。通过地质分析和油藏工程研究，筛选出了 5 口注水井进行调控，这 5 口注水井对应23口生产井，其中含水率60%及以上的油井12口，含水率50%～60%的油井9口，整个区

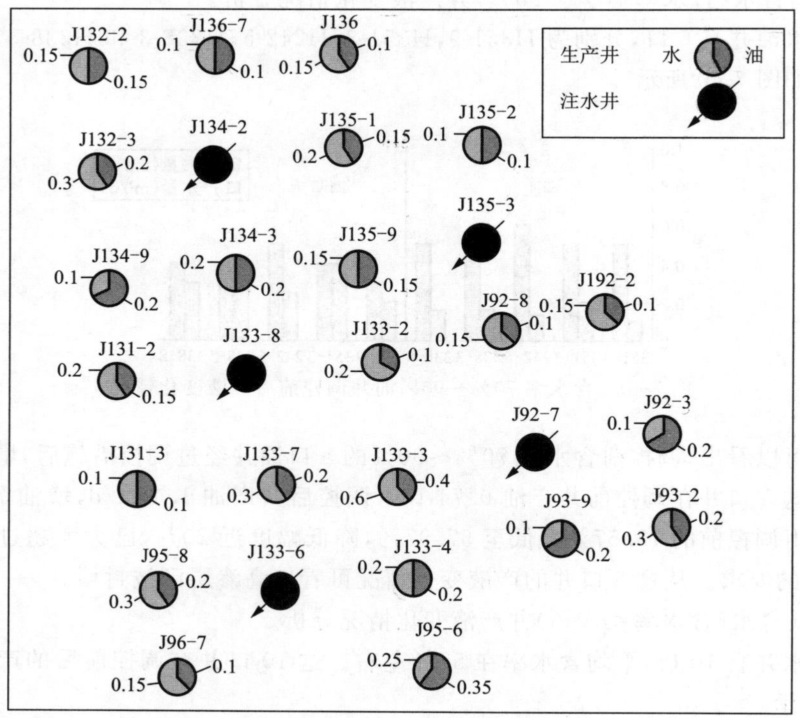

图 7-42　J95 区块井位图

块油井综合含水率为57%左右。在开发过程中呈现出含水率快速上升趋势，整体处于含水率快速上升阶段。

结合青化砭采油厂的开发情况，分析认为出现这种含水率快速上升趋势可能是油井暴性水淹的预警，因此需要提前采取措施以满足油田高速高效的开发要求和完成当前的产量需求，通过地质研究和工程分析后决定对这 5 口注水井进行调控。此次多功能自适应凝胶深部调控现场施工包括 5 口注水井，与注水井对应的油井有 23 口。

注水井 J134-2，J135-3，J133-6，J133-8 和 J92-7 周围生产井有 23 口，调控施工前注水井状况如表 7-10 所示，油井含水率在 33%～70%范围内，综合含水率 57%左右，日产量为 3.55 t，单井平均产油量 0.154 t/d。由于地层物性差，注水开发效果较差，单井产量低，且油井含水率上升速度过快，开发过程中的矛盾日益明显，同时为了满足产量的要求需要提高单井产能，因此需采用相关措施以减少开发矛盾，增加产量提高经济效益。经过地质方案和工程方案研究分析后采用多功能自适应深部调控技术。

表 7-10　5 口注水井的相关参数

序　号	井　号	层　位	地质参数			注入参数	
			孔隙度 /%	渗透率 /(10^{-3} μm^2)	含油饱和度 /%	注入量 /($m^3 \cdot d^{-1}$)	注入压力 /MPa
1	J134-2	长 6	8.1	0.75	50	2	1.5
2	J135-3	长 6	8.3	0.65	44	2	1.5
3	J133-6	长 6	8.3	0.81	42	2	1.9
4	J133-8	长 6	8.2	0.7	42	2	2
5	J92-7	长 6	8.1	0.75	43	2	2.1

1. 现场注入简况

自 2013 年 5 月 4 日开始实施自适应凝胶深部调控，调控参数如表 7-11 所示。

表 7-11　J95 井区调控方案和参数

井　号	调控时间	调控药剂		注入参数	
		堵剂段塞	堵剂液量 /m^3	注入速度 /($m^3 \cdot h^{-1}$)	最大施工压力 /MPa
J134-2	2013 年 5—11 月	预处理液＋前置液＋主体段塞＋后置液＋中间顶替清水	780	0.5～1	10
J135-3			820		
J133-6			853		
J133-8			788		
J92-7			775		

2. 调控井吸水效果分析

图 7-43 为注水井调控之前的压降曲线，停注后压力在 30 min 内即已降到 2 MPa，从图中可以看出地层阻力很小，注水对地层能量的增加完全没有帮助。

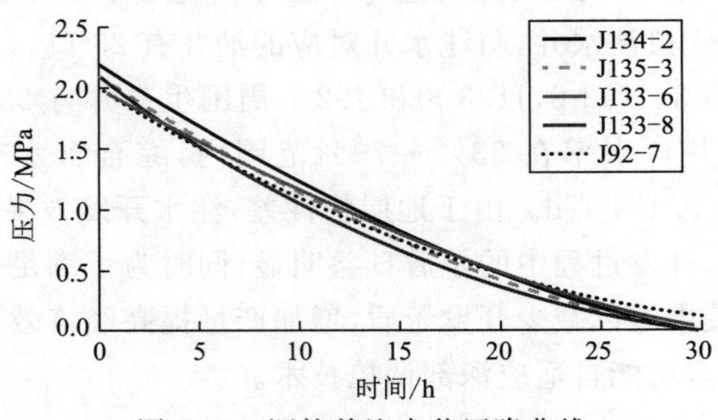

图 7-43　调控前注水井压降曲线

调控以后，注水井 J134-2，J135-3，J133-6，J133-8 和 J92-7 周围油井的生产状况得到明显改善，注水井的平均日注入量上升至 6～8 m^3，平均注入压力上升至 8～9 MPa，且关井后压力在 12 h 内仍能稳定在 5 MPa 左右，如图 7-44 所示。地层能量逐渐得到补充，地层压力不断恢复，剩余油得到有效启动。

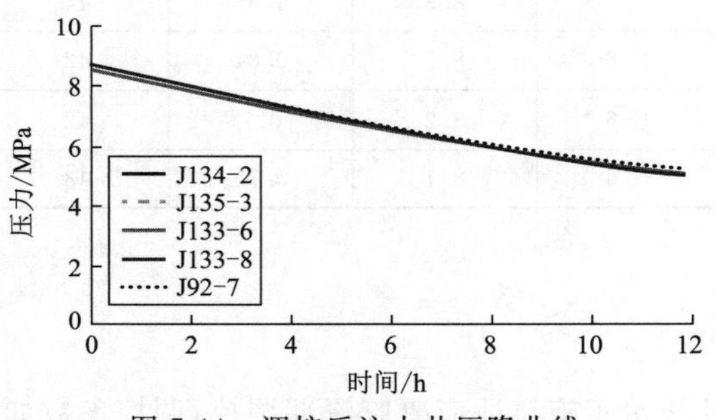

图 7-44　调控后注水井压降曲线

3. 对应油井效果分析

1）调控后区块整体生产变化

如图 7-45 所示，5 口注水井经过调控施工后周围油井原油日产量由 3.55 t 增加至 5.77 t，日增油量 2.22 t，单井平均产油量增加 0.096 t/d；截至 2013 年 11 月 23 日，扣除水灾、停电等原因导致的停产情况，油井共受效 185 d，该井区生产井累计增油 407 t，按照 8 个月的标准计算可累计增油 532 t。生产井综合含水率降低了 22.2%，目前含水率为 34.65%。

措施结果说明该技术对中低含水井也是非常适用的，这也印证了经过地质方案和工程方案论证后的多功能自适应深部调控技术在解决陕北裂缝性特（超）低渗油藏的开发难题方面是非常有效和实用的。

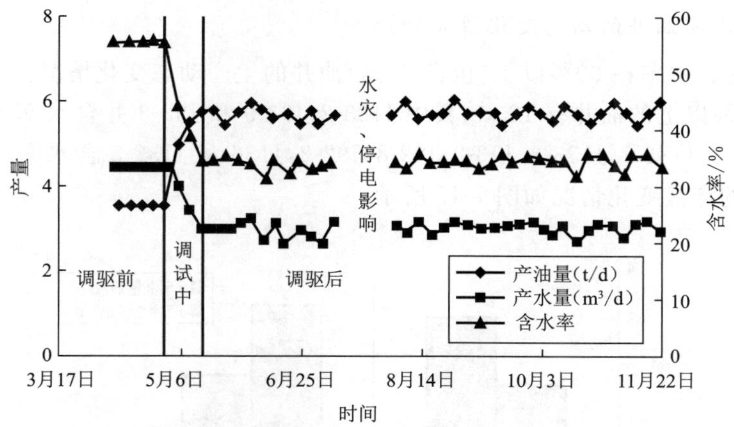

图 7-45　5 口注水井周围油井调控前后生产状况

2）调控后油井具体生产状况

调控后油井产油量明显增加，含水率明显下降，调控后的含水率在 18%～44%的范围内，具体的生产动态如图 7-46 所示。

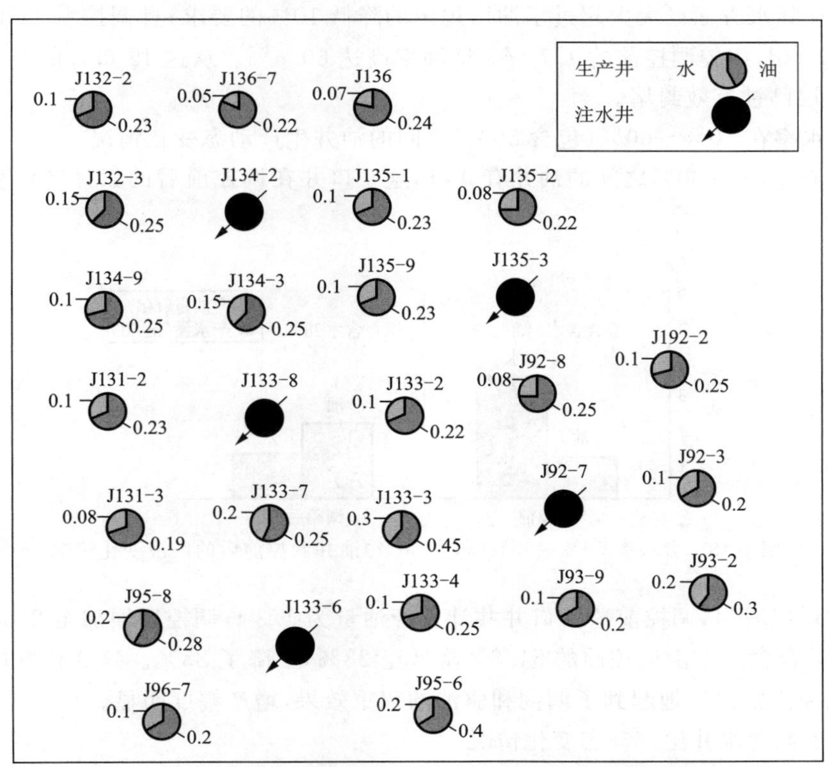

图 7-46　5 口注水井调控后周围 23 口油井的生产状况

3）不同含水率油井的动态变化情况分析

(1) 调控前含水率在60%以上(包含60%)油井的生产动态变化情况。

含水率60%以上的油井有12口，其中J133-2，J93-9和J92-3井含水率66.67%，其他9口井J95-7，J95-8，J133-7，J133-3，J93-2，J92-8，J92-2，J136和J132-3含水率均为60%，这12口井调控前后的产液变化情况如图7-47所示。

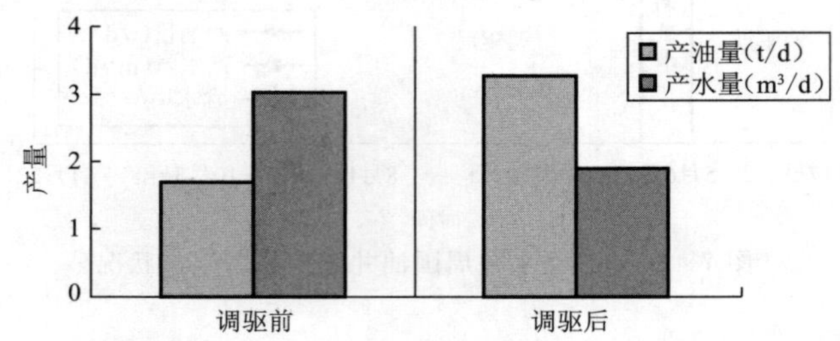

图7-47 含水率在60%以上(包含60%)油井的生产动态变化情况

从图中可以看出，调控之前产水量普遍高于产油量，调控之后产油量普遍高于产水量。调控前这12口油井的综合含水率为61%，经过调控措施后含水率低于40%，较之前至少下降了21%，在降水方面已大大超过了油田规定的降低10%的要求；且调控后12口油井的产油量为3.07 t/d，相较调控前的1.7 t/d，增油率高达80.6%。从这12口井的产液变化情况可看出高渗层已被有效封堵。

(2) 含水率在50%～60%(包含50%)之间的油井生产动态变化情况。

含水率在50%～60%之间的油井有9口，这9口井在调控前后的累计产液变化情况如图7-48所示。

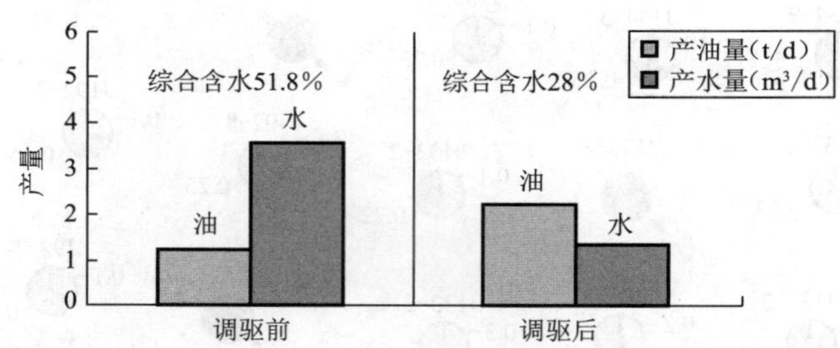

图7-48 含水率50%～60%(包含50%)油井调控前后的产液变化情况

从图中可以看出，调控前这9口井共计日产油量为1.3 t，调控后增加至2.05 t，增油率为57.7%，综合含水率由调控前的51.8%降低至28%，下降了23%。这9口井的产液变化情况说明调控措施很好地起到了调剖和驱油的双重效果，增产幅度明显。

(3) 其他低含水井生产动态变化情况。

中低含水井有2口，分别为含水率41.67%的J95-6和含水率为33.3%的J134-9，这2口井在调控前后的产液变化情况如图7-49所示。

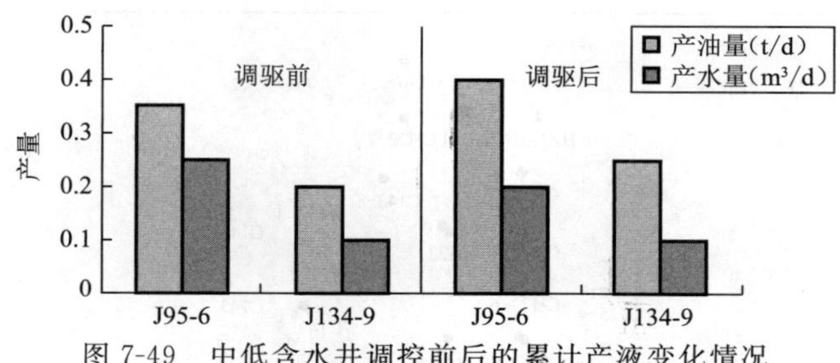

图 7-49 中低含水井调控前后的累计产液变化情况

从图中可以看出，调控前这 2 口井的产油量为 0.55 t，调控后增加至 0.65 t；平均含水率由调控前的 36%降低至 30%。这 2 口井的产液变化情况说明调控措施对低含水井的增油降水的效果也很明显，能够封堵高渗层，启动低渗层而提高采收率。

7.3 CK 油田

7.3.1 试验区简介

CK 油田 C131 区块裂缝性特低渗油藏开发层位为长 4+5 和长 6 油层，其中以长 6 油层为主，由于储层致密、非均质性强、天然微裂缝发育、井距相对较小(140×110 m 井距)、转注开发(压裂裂缝 130～150 m)，注入水沿裂缝方向水窜严重，注水不敢提压导致地层能量亏空。区块目前呈现出注水效率差、单井产能低、整体含水率高的特点，注水开发矛盾突出。

参考 CK 油田物性资料，长 6 油层孔隙度最大 15.90%，最小 0.2%，平均 10.42%，渗透率最大 $3.76\times10^{-3}\ \mu m^2$，最小 $0.05\times10^{-3}\ \mu m^2$，平均 $0.54\times10^{-3}\ \mu m^2$，主要集中在$(0.1\sim0.5)\times10^{-3}\ \mu m^2$。含油饱和度最大值 89.0%，最小值 2.35%，平均值 40.22%，主要集中在 21.98%～51.43%。

CK 油田为中—弱亲油水油藏，无水期驱油效率相对较低，相渗曲线反映两相渗流区狭窄，相渗曲线向右偏移的幅度不大，两相曲线较陡斜，两相共同渗流区束缚水饱和度为 23.61%～27.1%，平均为 25.54%。等渗点相对渗透率较低，范围为 0.047～0.112，束缚水饱和度与残余油饱和度较高，分别为 36.7%～46.7%和 28.6%～38.0%，随含水饱和度增大，油相渗透率迅速下降，水相渗透率上升。其表明在特低渗储层中，由于岩心可动的微粒、黏土膨胀、表层分子力作用，对水的流动有一定的限制，在注水开发时表现为注水能力不高。长 6 油层组原油具有较低密度(平均值)0.829 g/cm^3(变化范围 0.815～0.844 g/cm^3)，体积系数约为 1.023。CK 油田地层水矿化度为 51 000 mg/L，为 $CaCl_2$ 水型，长 6 地层温度约为 27 ℃，pH 值平均为 5.5，变化范围 5～8，略呈酸性。

7.3.2 C131 试验区矿场试验

C131 井区位于 CK 油田的南部，采用反九点井网注水开发。该井区共有 28 口注水井，共对应油井 114 口，油水井注采层位以长 6_1^1 为主，如图 7-50 所示。由 C131 井区注水井注入状况(图7-51)可知，截至2014年9月30日，28口水井中3口井停注，5口井没有注入压力

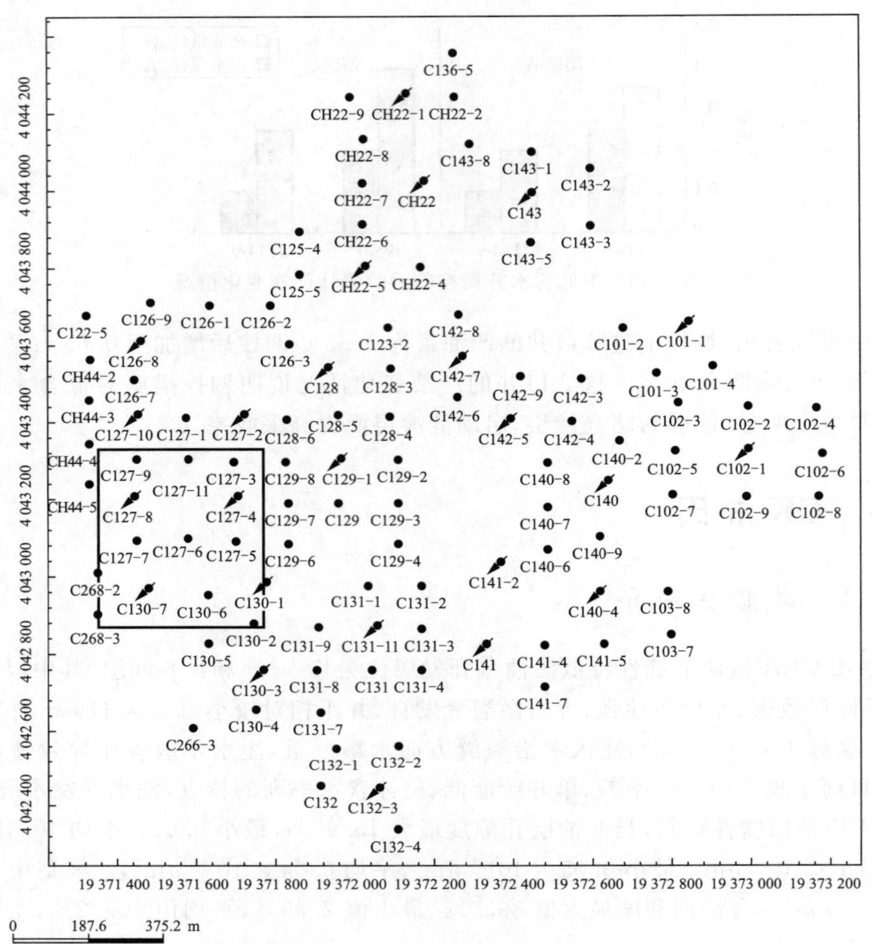

图 7-50 CK 油田刘渠注水站 C131 井区井位图

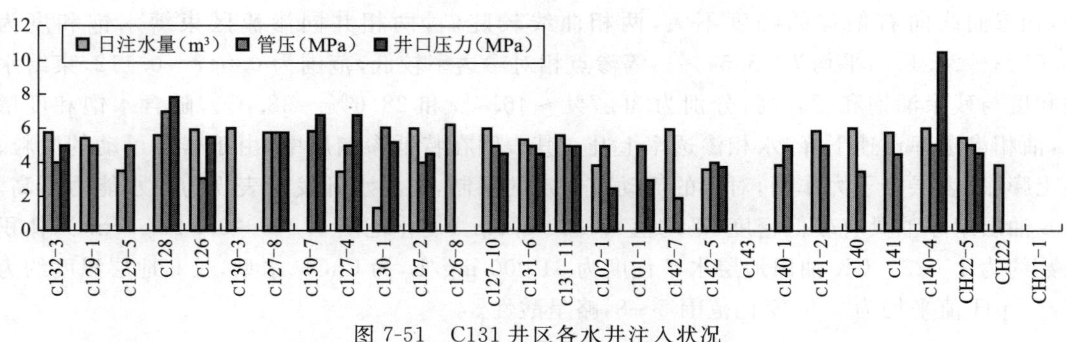

图 7-51 C131 井区各水井注入状况

记录，其余水井注入正常。有压力记录数据的水井中，6 口注水井的注入压力偏低，分别为 C132-3，C126，C127-2，C142-7，C142-5 和 C140，其中 C142-7 的管压仅为 2 MPa，其余 5 口低压井的压力在 3～4 MPa 之间；注入压力最高的井为 C128，注入压力超过 7 MPa。该配水间的注水井中日注水量小于 4 m^3 的井有 7 口，最低为 1.35 m^3；日注水量大于 6 m^3 的井有 4

口，分别为 C130-3，C127-2，C126-8 和 C127-10；其余注水井的日注水量在 5～6 m^3 之间。

该区油水井的注采情况不均衡，一方面，部分井组产液量大，含水率高，窜流现象明显；另一方面有大量井组注入量较低，产液较低，受效状况较差，需要补充能量。区块总体产油量趋稳，含水率稳中有升，产油量基本稳定（图 7-52）。生产井中高含水井有 17 口，分别为 C125-5，CH22-7，C126-4，C126-6，C136-6，C132-1，C126-2，C127-9，C44-5，C129-7，C127-3，C102-2，C102-8，C101-2，C22-8，C131-10，C127。

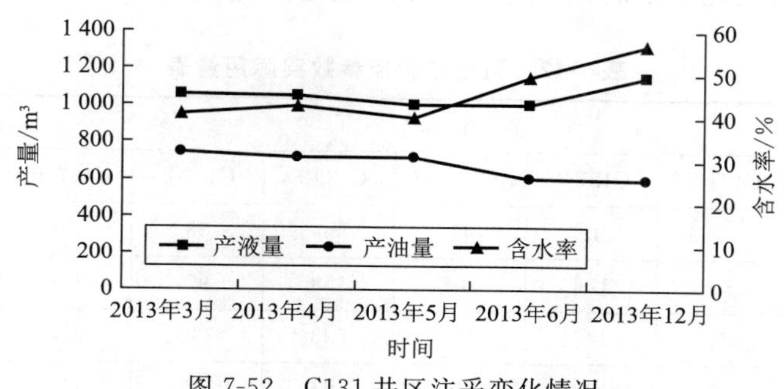

图 7-52　C131 井区注采变化情况

对于该区目前出现的高含水现象，分析认为，主要是由于绝大部分的中高含水井均分布在转注区内，其次是加密井和油田自身天然裂缝原因。

① 因转注井压裂造成的人工裂缝，水线沿裂缝推进速度过快。转注的注水井曾进行过压裂。因当初为了油井生产，油井均按正常的生产井压裂规模进行压裂，压裂规模过大导致注水井与采油井压穿、沟通，注入水沿人工裂缝方向向油井推进，造成油井含水率升高。根据 2001 年 CK 油田对压裂裂缝的检测结果，认为区域内油井压裂缝半长在 64～75 m 之间。若双井同时压裂，双井间裂缝实际长度将达到 130～150 m。

统计发现，油井的含水率上升周期与对应注水井的压裂规模（加砂量）或注水井与对应高含水油井压裂加砂量之和成线性相关，而油井的压裂规模对含水率上升周期影响较小。这一规律的发现进一步说明了注水井不压裂投注的重要性，也可指导下一步的注水工作。

② 注水区域井网井距过小且不规则造成注水开发后油井含水率升高过快。北部区的偏桥区块采用“局部 141 m×200 m 井距、整体 220 m×180 m 井距”的正方形“反九点法”注水井网开发模式。由于油田当时产能紧张，在该区域钻打加密井，加密井的增多使井网密集，注水井与油井井距缩短，导致注水区域中中高含水井增多。CH46 区中的刘渠区块是油田的油气富集区块，由于历史原因及油田上产的需要，在该区域采用 140 m×110 m 井距的注采井网进行密集开采。

在已经确认的中高含水井中，以刘渠区域含水率上升速度最快。根据 2001 年对压裂裂缝的检测结果，认为区域内油井压裂缝半长在 64～75 m 之间。若两井同时压裂，两井间裂缝实际长度将达到 130～150 m。注水井与采油井极易压穿，导致注入水沿裂缝突进。

③ 油田区域内存在天然微裂缝，造成油井水淹。CK 油田注水区长 6^1 亚层裂缝研究认为 CK 油田长 6^1 亚层存在天然的构造裂缝，裂缝方向以 EW—SN 向一对共轭为主，NE30°～40°，NW300°～320°向一对共轭为辅，天然微裂缝在注水高压下张启，而部分油水井连线方向

与天然微裂缝发育方向相近，导致注入水易沿张启的油水井间裂缝发生窜流。

1. 现场注入简况

根据试验区油水井所在区块的地层温度、地层水矿化度等特征，结合目前调控施工情况及该区地质特点，采用自主研发的自适应凝胶进行现场作业，以井口连接、油管注入方式进行调控。表 7-12 为调控井调控参数实际用量表，历时 200 余天，7 口调控井累计注入各类段塞液量 5 734 m^3，各类化学堵剂（聚合物、交联剂、稳定剂、pH 调节剂、驱油剂）合计 28 t 左右。

表 7-12 调控井调控参数实际用量表

注入参数	注入量/m^3							注入速度	最大施工
井　名	C126	C127-2	C127-4	C127-8	C129-5	C126-8	C127-10	/($m^3 \cdot h^{-1}$)	压力/MPa
预处理液	53	34	49	41	56	38	40	0.5～1	10
前置液	138	89	126	107	158	97	104	0.5～1	10
主体Ⅰ	490	315	447	379	523	338	370	0.5～1	10
主体Ⅱ	151	98	138	117	161	107	114	0.5～1	10
后置液	44	29	41	34	47	32	34	0.5～1	10
中间顶替清水	100	64	91	77	106	66	75		
合　计	976	629	892	755	1 051	678	737		

2. 调控井吸水效果分析

在以上准备工作完善的基础上，试验区自 2014 年 10 月 4 日开始进行自适应深部整体调控，截至目前，已经取得了良好的效果。C131 区七口调控井 2014 年 10 月调控前与 2015 年 7 月调控后的注入压力与井口压降情况如表 7-13 和图 7-53 所示。

表 7-13 七口注水井调控前后注入压力动态表

序　号	井　号	调控前注入压力/MPa	调控后注入压力/MPa
1	C127-2	5.5	8.2
2	C127-4	5.5	7.4
3	C127-8	6.3	6.8
4	C126	3.5	7.5
5	C129-5	5.5	6.5
6	C127-10	4.8	6.5
7	C126-8	3.5	6.0
平均值		4.9	7.0

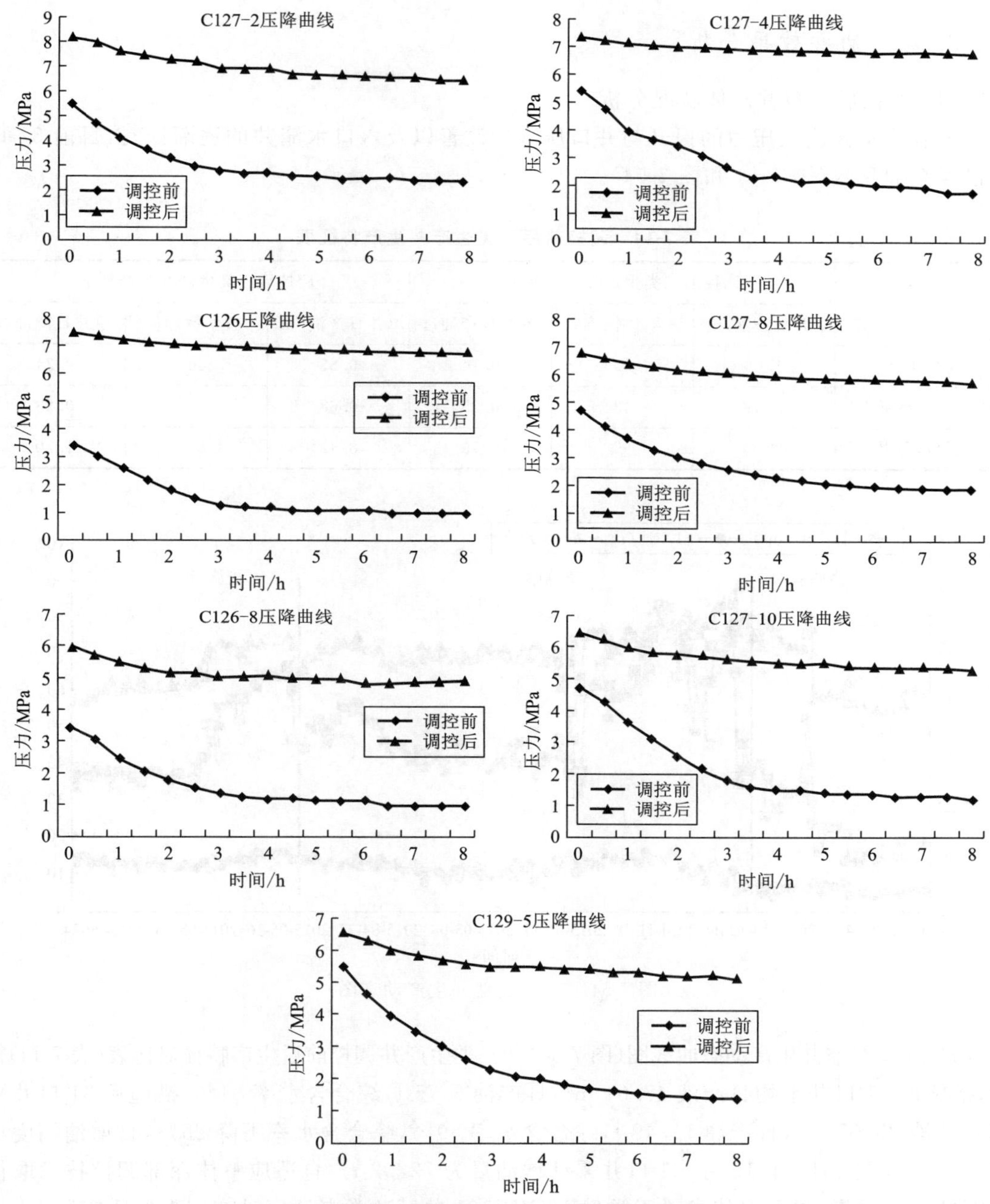

图 7-53　七口注水井调控前后井口压降动态表

由表 7-13 可知，7 口注水井调控前平均注入压力为 4.9 MPa，调控后平均注入压力为 7.0 MPa，提高了 2.1 MPa。由图 7-53 可看出，调控后压降明显变缓；7 口注水井调控前在 4～20 h 内井口压降为 2～5.5 MPa，在监测的 20 h 内井口压降为 0.5～2.7 MPa。值得注意的是 C126，C127-10 与 C126-8 井调控前，压降迅速且注入压力较低，调控后注入状况改善十分明显。

3. 对应油井效果分析

(1) 调控后受益井总体状况分析。

随着注水井注入压力的提升与井口压降的改善以及六口水淹井的逐渐恢复，目前 31 口井已经全面见效(表 7-14 和图 7-54)。

表 7-14 调控前后三类生产井生产特征表

类　别	调控前三类生产井生产特征			调控后三类生产井生产特征		
	单井日产液/m^3	含水率/%	单井日产油/t	单井日产液/m^3	含水率/%	单井日产油/t
高含水井	1.66	85	0.14	0.83	66	0.24
中低含水低效井	0.51	43	0.25	0.68	43	0.28
关停恢复井	28.41	97	0.75	8.42	86	1.20

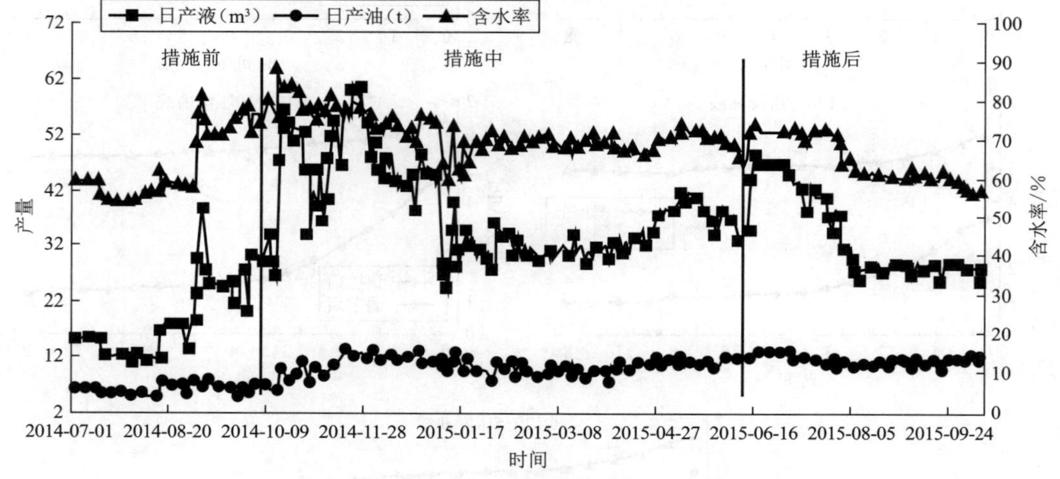

图 7-54　31 口受益井生产动态图

从 31 口受益井生产动态曲线图(图 7-54)和三类生产井调控前后生产特征对比表(表 7-14)得出，措施前 31 口井平均日产液 47.01 m^3，日产油 6.75 t，综合含水率 84%；措施后 31 口井平均日产液 28.07 m^3，日产油 11.49 t，综合含水率 59%，综合含水率下降 25%，日增油幅度达 70.2%。截至 2015 年 10 月，31 口井累计增油量为 722.2 t。自适应整体深部调控技术取得较好的实施效果，说明本技术对于类似于 CKC131 井区这类老油区具有较强的适应性。

如图 7-55～图 7-58 所示，调控后 20 口低效生产井与 5 口高含水井已全部见效。

(2) 高含水井状况分析。

高含水井措施前后变化：调控前 5 口高含水井日产液 8.31 m^3，含水率为 90%，日产油 0.71 t，调控后日产液为 4.15 m^3，含水率为 66%，日产油 1.21 t，产液量整体降低了 50%，含水率整体降低了 24%，净增油幅度约为 70%，增油降水效果显著。截至目前(2015 年 10 月 15 日)5 口高含水井已累计净产油 237.5 t(图 7-59 和图 7-60)。

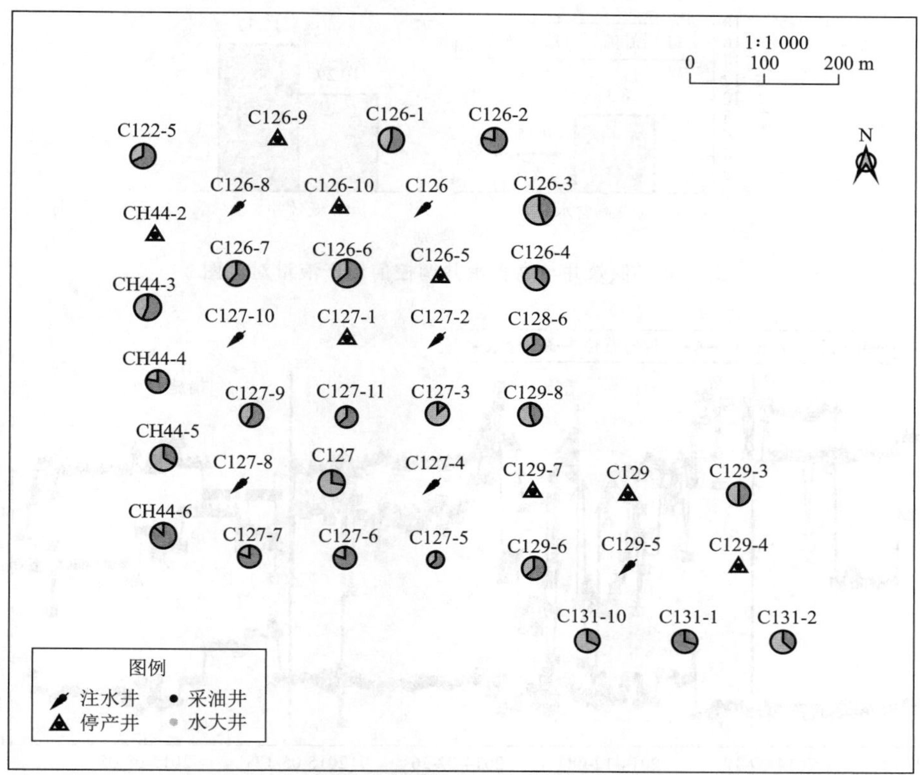

图 7-55　低效井与高含水井调控后生产情况饼状图

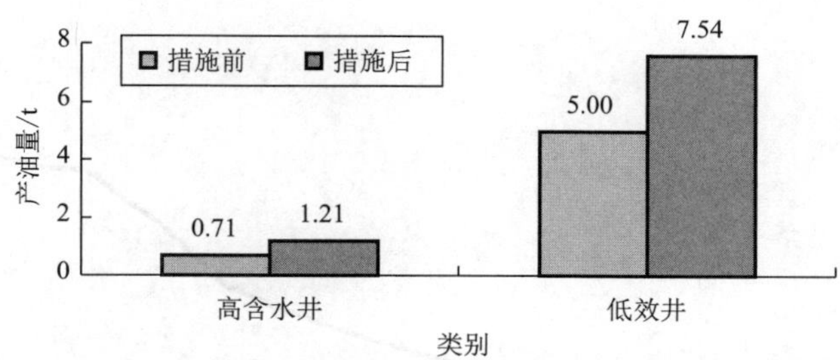

图 7-56　低效井与高含水井调控前后日产油量对比图

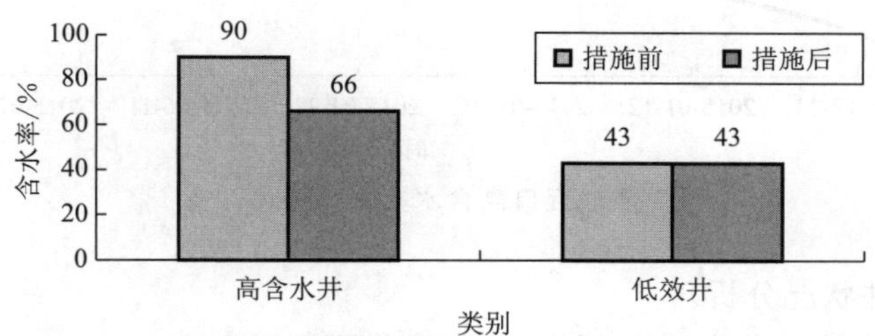

图 7-57　低效井与高含水井调控前后含水率对比图

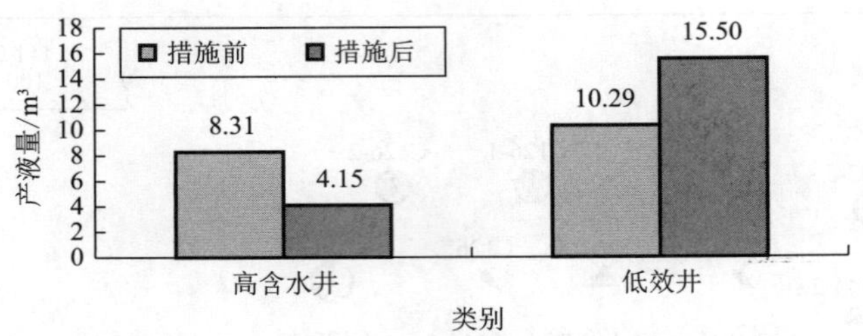

图 7-58　低效井与高含水井调控前后产液量对比图

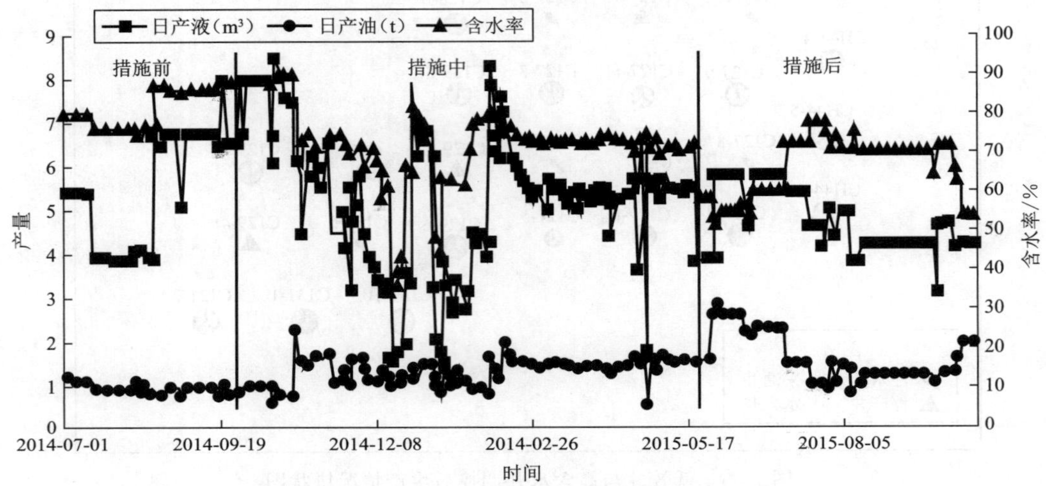

图 7-59　五口高含水井生产动态

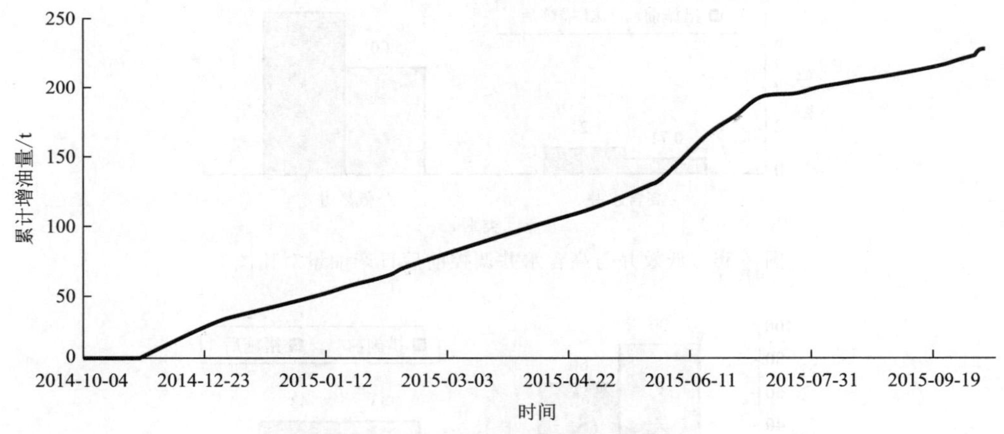

图 7-60　五口高含水井累计净增油图

(3) 中低含水井状况分析。

中低含水井措施前后变化：20 口低效井调控前平均日产液 10.29 m^3，含水率 43%，日产油 5.00 t，调控后日产液为 15.50 m^3，含水率为 43%，日产油 7.54 t。值得注意的是，调控前 6 口关停井为停产状态，随着 6 口关停井的逐渐恢复，20 口低效生产井较关停井恢复前的稳产就显得更为困难(原水窜通道开启),对原关停井周围的水窜水淹通道封堵如果稍有不慎,就会造成低效井的全面降产。截至 2015 年 10 月,6 口关停井已经恢复了 5 口,但是 20 口正常生产井的产液量上升了 51%,净增油幅度 51%,说明调控后随着水窜水淹通道的封堵,注入水已经实现深部的液流转向。截至目前(2015 年 10 月 15 日)20 口低效井已经累计净增油 350 t(图 7-61 和图 7-62)。

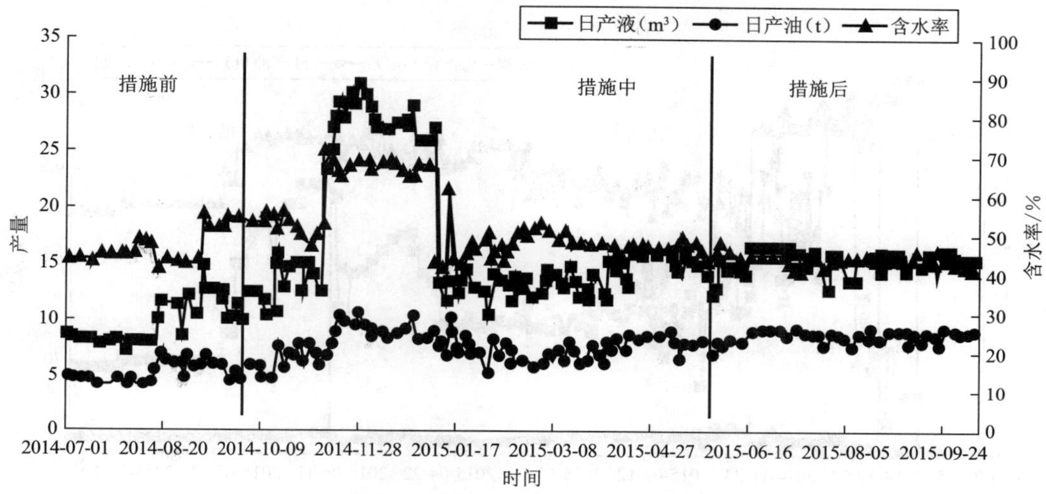

图 7-61　20 口低效井生产动态图

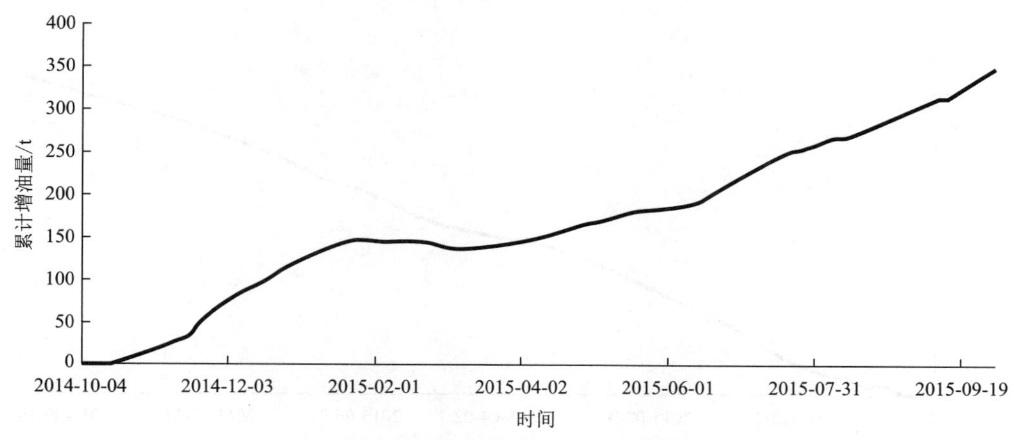

图 7-62　20 口低效井累计净增油图

(4) 水淹长停井措施后生产情况。

本次施工从 2014 年 10 月 4 日开始,2015 年 6 月结束,试验区共有 C126-10,C126-5,C127-1,C129,C129-4,C129-7,C126-9 与 CH44-2 等 8 口关停井,其中,C126-9 是由于事故关井,其余的 7 口井为典型的水淹长停井。措施后,除 CH44-2 外,其余的 7 口关停井已经全部恢复。截至 2015 年 7 月,水淹长停井中仍存在 C126-10,C126-5,C127-1,C129-7 等 4 口水大井(含水率超过 90%)。

由图 7-63 可看出，C126-10，C126-5，C127-1，C129，C129-4，C129-7 等 6 口关停井全部开井后，日累计产液为 28.41 m^3，综合含水率约为 97%，截至目前(2015 年 10 月平均值)，产液量为 8.42 m^3/d，综合含水率约为 86%。产液量降低了 19.99 m^3/d，证明水窜水淹通道已经得到了有效封堵，注入水已经成功地液流转向到了低效井中。截至目前(2014 年 10 月 4 日—2015 年 10 月 15 日)6 口停产恢复井已经累计产油 418.4 t，累计增油 235.5 t(图 7-64)。

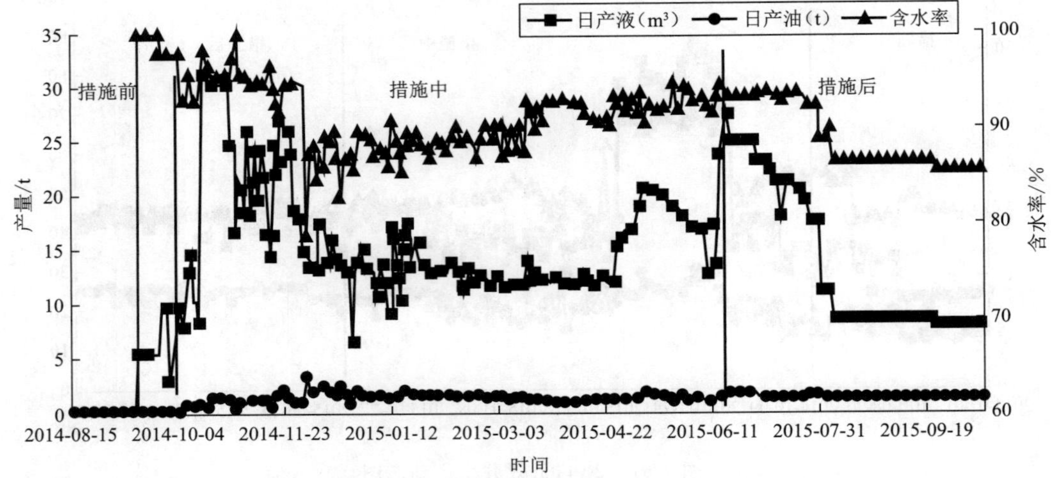

图 7-63　六口关停恢复井生产动态图

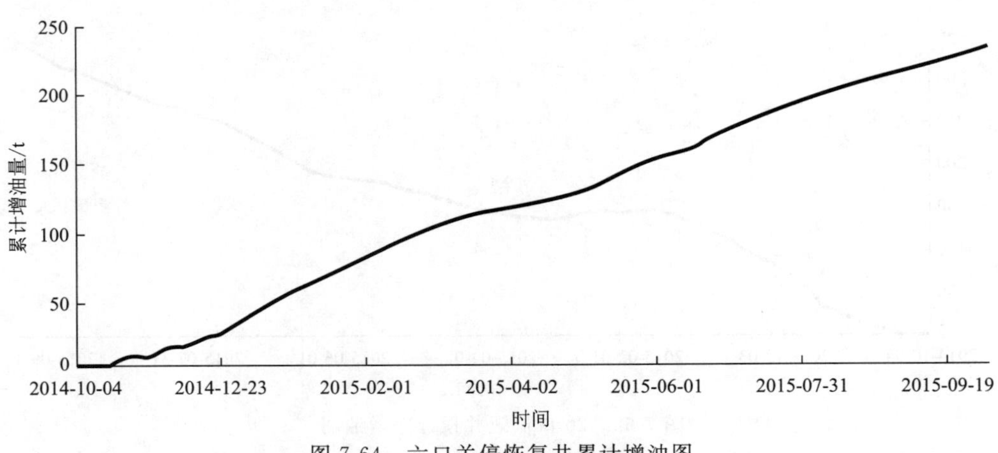

图 7-64　六口关停恢复井累计增油图

综上所述，随着 6 口注水井注入压力的升高与压降的平稳以及 6 口水淹井、5 口高含水井在调控过程中产液量的显著下降，20 口中低含水低效井产液量的上升，说明了 7 口调控井内部区域性的水窜水淹通道已被有效封堵住，注入水已经转向中低渗透层推进，扩大了水驱波及体积，增大了驱油面积，提高了采收率。

7.4　WYB 油田

7.4.1　试验区简介

WYB 油田目前主要在 YM 注水井区进行了矿场试验。

WYB 油田元岗区位于陕西省子长县境内，处于鄂尔多斯盆地东部的二级构造单元——陕北斜坡带。该盆地构造形态总体为一东翼宽缓、西翼陡窄的南北向不对称矩形大向斜盆地。盆地内部构造相对简单，地层平缓，仅盆地边缘褶皱断裂比较发育。陕北斜坡为一向西倾斜的平缓单斜，每千米坡降为 7～11 m，且构造比较简单，仅局部发育差异压实形成的低幅度鼻状构造。该区主要含油层位为延长组长 2 段，储层岩性主要为岩屑长石砂岩、长石砂岩，储层平均孔隙度 12.17%，平均渗透率 7.25×10^{-3} μm^2，储层物性参数变化较大，非均质性较强。该区地层原油黏度 5.716 mPa·s，目前地层压力 3.96 MPa。油藏未受强烈的构造运动破坏，虽然储层物性有变化，但横向连续，分布比较稳定，油水分异不明显，油水混储，无明显的油水界面，且存在活跃的边底水；油藏既受岩性控制，又受鼻状构造控制，为典型的构造-岩性油藏。

YM 注水区于 2002 年 8 月开始投产，投产初期平均单井产油 0.86 t/d，含水率 67%，随着开发的进行、天然能量的减少，产量迅速递减。为了补充地层能量，该区块于 2008 年开始对部分油井进行转注。转注后，注水从一定程度上提高了采收率；但随着注水开发的深入，储层内部部分机械裂缝逐渐张起，与人工裂缝构成裂缝窜流通道体系，导致了研究区产液量、含水率迅速上升，注采矛盾逐渐突出。因此选取了该注水区水窜严重的 11 口注水井进行自适应深部整体调控技术应用。

7.4.2　YM 试验区矿场试验

YM 井区位于 WYB 采油厂采油一大队中山区，主要开发层位为长 2 油层。该井区的所有注水井都受元岗区注水站的控制，不存在单独的配水间，存在部分的阀组间。此次自适应凝胶深部调控现场施工先导试验井区包括 2176，2178，2-6，2179，2196-1，2196-3，2194，2182，2162，2162-2 和 2200-5 等 11 口注水井，周围与之相邻的生产油井有 34 口(图 7-65)。

试验区 11 个注水井组对应油井 34 口，其中含水率大于 80%的中高含水井 28 口，占该受益井的 82%；低效井与关停井合计 6 口，占该受益井的 18%，调控前受益井组平均单井产液 2.06 m^3/d，产油 0.2 t/d，综合含水率 89%(表 7-15)。

造成以上两类问题油井的原因可归纳为以下几点：

(1) 由于试验区长 2 储层属于典型的低渗油藏，随着水驱开发过程的深入，当注入压力升高时，机械裂缝"涨起"使得储层内部的机械裂缝与加密井的人工压裂裂缝形成了"优势窜流通道体系"，造成了"一注就窜"的开发局面，使得注水井含水率迅速上升，大量的水淹井产生。

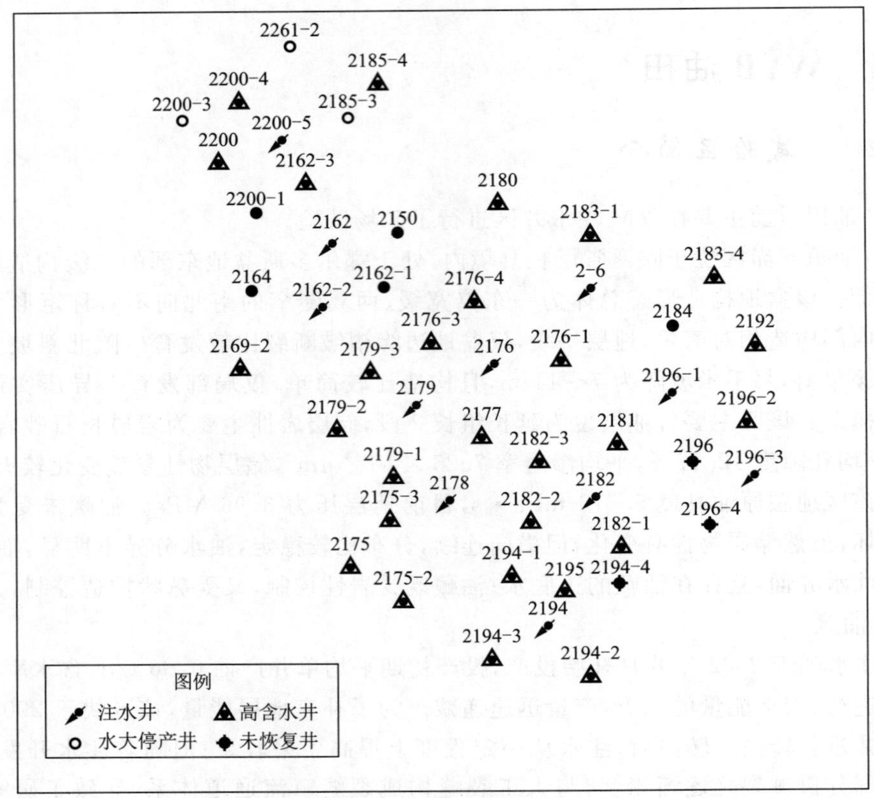

图 7-65 调控受益井生产状况

表 7-15 试验区两类问题井生产特征

类 别	数 量	日产液/m^3	含水率/%	平均单井日产油/t	所占比例/%
中高含水(>80%)井	28	61.09	90	5.33	82
低效及关停井	6	4.96	75	1.06	18

(2) 关闭的水淹井"封闭"了部分优势窜流通道,使得注入水转向,关井初期井组增产效果较好,但是随着新的窜流通道的产生,部分生产井周围又出现了窜流通道,造成了高含水井的产生,如果不及时对其进行调控,高含水井势必最终将发展为水淹井。

(3) 随着高含水井产液量的逐渐增加,周围的生产井水驱效果逐渐变差,造成了一定的低效生产井。

1. 现场注入简况

2015 年 6 月 1 日至 9 月 5 日对 2-6,2176,2178,2194,2196-1,2182,2196-3,2162-2,2200-5,2179,2162 这 11 口长 2 注水井,实施逐级自适应凝胶调驱;药剂分三段塞注入,共用药剂量 6 920.74 m^3,各类堵剂(聚合物、交联剂、稳定剂、pH 调节剂、驱油剂)合计 35.7 t 左右(表 7-16)。

表 7-16　YM 试验区调控方案和施工参数

井　号	调控时间	调控药剂		注入参数	
		堵剂段塞	堵剂液量/m^3	注入速度/($m^3 \cdot h^{-1}$)	最大施工压力/MPa
2176	2015 年 6—9 月	预处理液＋前置液＋主体段塞＋后置液＋中间顶替清水	683.20	0.5～1	9
2178			609.75		
2196-3			511.84		
2179			716.67		
2-6			553.74		
2196-1			530.62		
2200-5			607.83		
2182			630.15		
2194			665.15		
2162			714.39		
2162-2			562.99		

2. 调控井吸水效果分析

试验区截至 2015 年 9 月 20 日施工完毕，已经取得了良好的效果。WYB 油田 YM 区中山川井区目前调控的有 11 口井，调控前与调控后的注入压力与流量情况如表 7-17 所示。

表 7-17　11 口调控井调控前后注入压力动态表

序　号	井　号	调控前注入状况		调控后注入状况	
		压力/MPa	瞬时流量/($m^3 \cdot h^{-1}$)	压力/MPa	瞬时流量/($m^3 \cdot h^{-1}$)
1	2176	3.8	0.85	5.4	0.28
2	2178	0	0.91	6.3	0.24
3	2-6	2.5	0.62	4.5	0.23
4	2196-1	4	0.62	5.4	0.35
5	2194	1.6	0.87	4.5	0.37
6	2182	3.5	0.56	5.6	0.25
7	2196-3	1.2	0.56	4.6	0.29
8	2162-2	4.4	0.58	4.9	0.28
9	2200-5	3.2	0.65	6.0	0.46
10	2179	0	1.09	4.2	0.29
11	2162	0	0.49	4.8	0.54
平　均		2.2	0.71	5.1	0.33

由表 7-17 可知，11 口注水井调控前平均注入压力为 2.2 MPa，调控后注入压力为 5.1 MPa，平均提高了 2.9 MPa。

为了进一步分析调控后注水井的状况，对所有调控井测试压降曲线，如图 7-66 所示。从压降对比图与压降前后对比表可以看出，调控后 11 口注水井的压力均提高了，其中 2176，2179，2162 井从 0 MPa 提高了 4 MPa 以上；除了 2194，2196-3 与 2182 井外其余各井压降斜

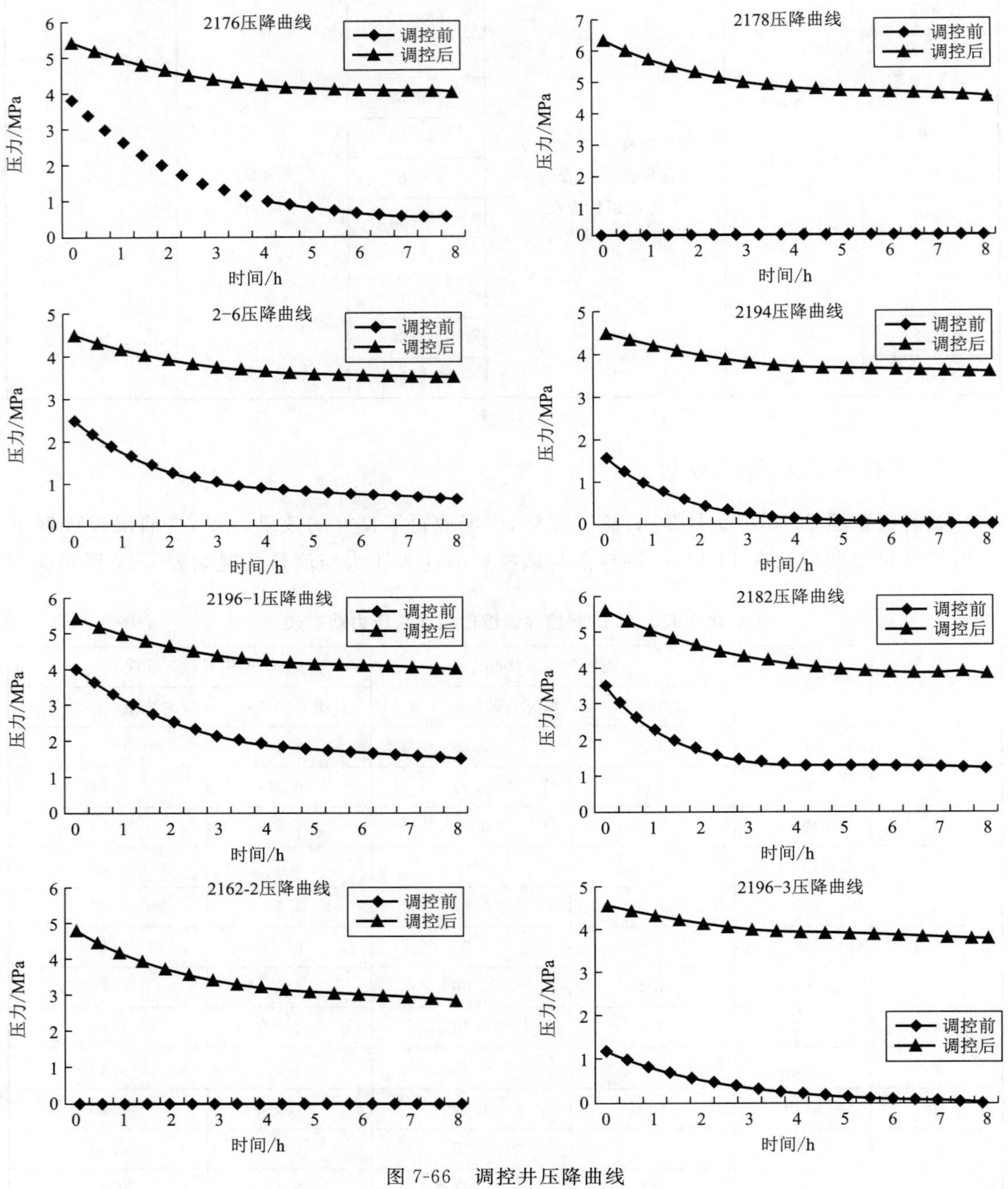

图 7-66　调控井压降曲线

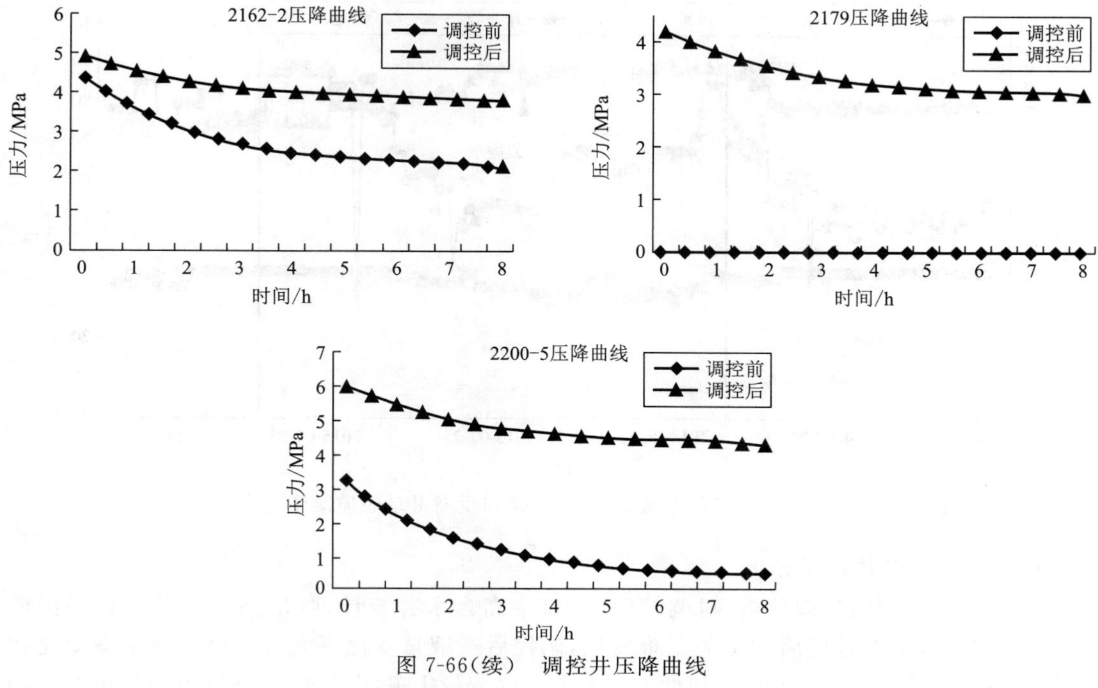

图 7-66(续)　调控井压降曲线

率明显变缓。2194,2196-3 与 2182 井调控后压降下降幅度较调控前增大,其原因为原注水压力过高导致天然层理机械裂缝的张启以及注水长期冲刷形成大孔道,导致注入压力过低,压力扩散速度很快,调控后注入压力逐渐抬升,吸水能力逐渐减缓。综上所述,措施后注入压力明显提高,在同样观测时间内,较之措施前的下降速率减慢,判断分析认为,井底高渗透带已经得到有效封堵。

3. 对应油井效果分析

(1) 调控前后受益井状况分析。

WYB 油田 YM 区自 2015 年 5 月陆续开始施工,至 9 月 20 日施工完毕。受益井的效果也逐渐显现,具体状况如图 7-67 所示。

根据 WYB 综合开采曲线,可以明显看出自适应综合调控达到一定的增油降水效果。2015 年 6 月 1 日开始正式调控,根据油田公司规定取措施前一周的产量的平均值为措施前的单井产量,统计了措施前的 34 口井的平均单井产液 2.00 m^3,含水率 89%,产油 0.20 t。经过三段塞的自适应深部综合调控,截至 2015 年 10 月 19 日,平均单井产液上升到 2.29 m^3,含水率下降到 76%,产油上升到 0.47 t。为了统计准确,采用单井计算增产效果,至 2015 年 10 月 19 日已经累计增油 611.08 t,整体来看达到了增产效果。可见注采井之间的窜流通道已经基本封堵,这也导致了注入水波及范围广,使注入水驱替到剩余油区,因此达到了一定降低含水率、提高油量的效果。封堵后,产液量并未减小,说明该自适应深部整体调控起到了“注得进、堵得住、堵得准”等作用。

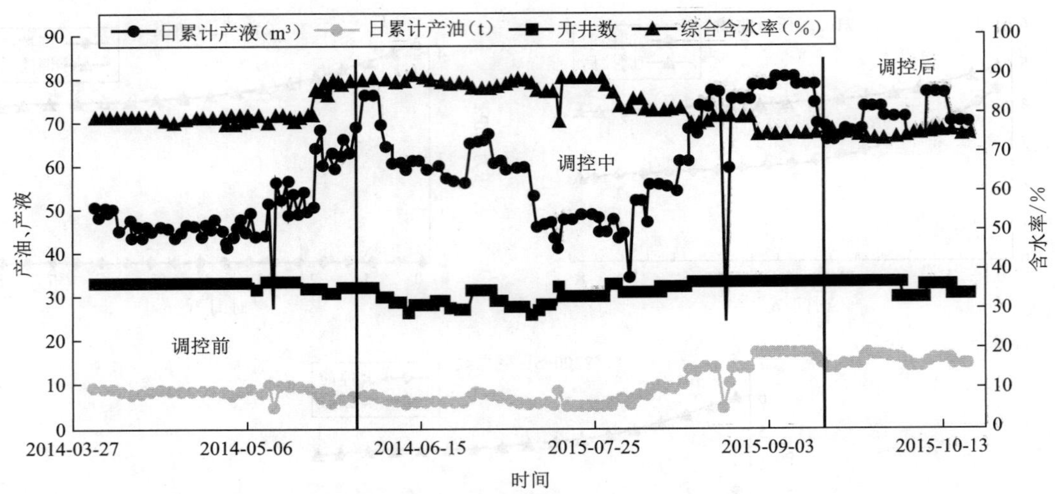

图 7-67 WYB 油田 YM 区 34 口受益井动态监测图

(2) 中高含水井状况分析。

通过对生产数据整理分类,对调控前 28 口中高含水井统计,画出高含水井累计采出曲线(图 7-68),对比调控前后的走势不难发现,调控后产液量变化不大,产油量、含水率变化比较大;产液由调控前的 61.09 m^3 稍微上升到 64.47 m^3,上升了 5.5%,但是产油量由 5.33 t 上升到了 13.24 t,提高了 148%,效果显著。

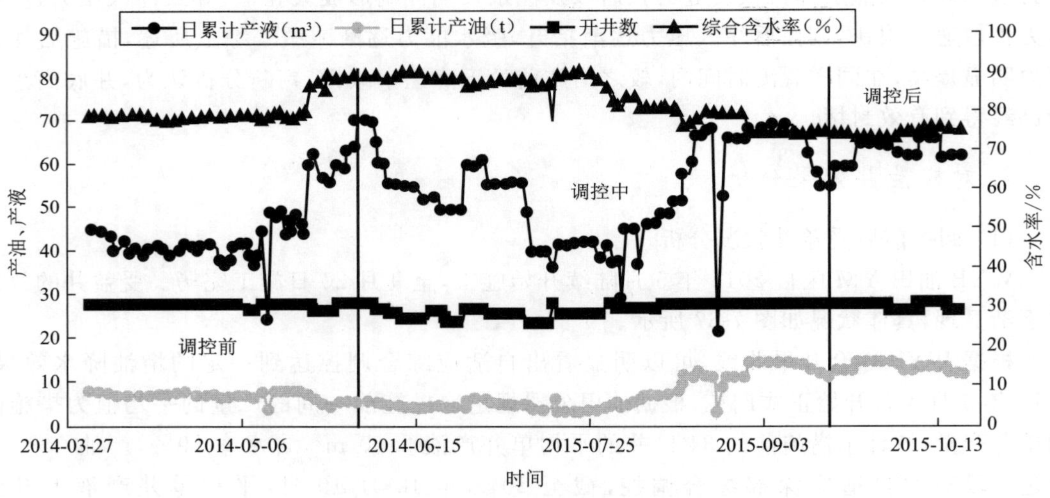

图 7-68 28 口中高含水井动态监测图

导致上述高含水井含水率明显下降的原因为,自适应调控优先封堵注采井间的高渗通道,增加了注入水到高含水井的渗流阻力,有利于注入水向其他井波及;现场施工过程中,油井转注措施增加了注水量,导致封堵后整体的产液变化不大;产油效果明显变好,说明了高渗透条带已经得到了有效的封堵。产油曲线开始增产不显著后增产显著的原因是该区块的高渗透条带较多,封堵大通道,但也不足以使注水压力提高到使天然裂缝开启,因此产油不明显，产液降低；随着施工的调整，使注水压力提高，注入水向未波及的裂缝中驱替，因此产油迅速上升。

(3) 低效井及关停井状况分析。

该区块在调控前低效井及关停井共有 6 口，如图 7-69 所示，可以看出低效含水井的波动幅度较大，整体产液呈上升趋势，产油也呈现上升趋势。产液由调控前的 4.96 m^3 上升到 8.91 m^3，含水率变化不大，产油由 1.06 t 上升到 1.92 t。原因是随着调控的进行，水窜水淹通道已被有效调控，注入水发生深部液流转向，低效井得到了有效波及，产液量上升，产油量升高。

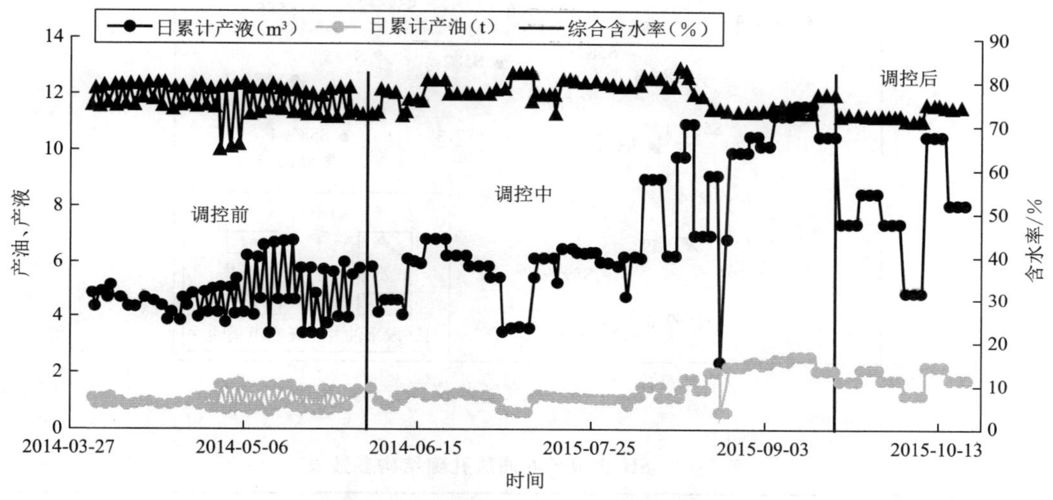

图 7-69　低效井及关停井动态监测图

7.5　SH 油田

7.5.1　SH 8-1 试验区简介

SH8-1 井区(图 7-70)构造位置属伊陕斜坡中部，SH 油田位于侏罗纪甘陕古河附近，东西向展布的甘陕古河两侧发育众多的支水系与沟谷，在起伏较大的延长组顶面古地貌背景上沉积的侏罗系早期地层厚度差异较大，从几十到 200 余米。差异沉积与差异压实作用使延安组形成了众多的鼻状构造与小圈闭，属于典型的裂缝性特低渗油藏。

根据 SH 油田长 6 油层压汞资料统计，长 6 油层平均孔隙度 12.6%，渗透率 2.32×10^{-3} μm^2，属于低孔隙度、低—特低渗储层；平均喉道半径 0.53 μm，最大平均喉道半径 0.625 μm，排驱压力一般 0.2～0.7 MPa，平均 0.4 MPa，压汞曲线可见平台段，形态简单，喉道分布偏粗，分选较好，退汞效率平均 34.4%，高的近 50%，应归属小孔细喉型储层。SH 油田长 6 油层孔隙结构参数如表 7-18 所示，资料反映长 6 储层连通性、渗透性均较好。若按上下层位比较，砂岩孔隙结构自下而上明显变好：长 6^1 最好，长 6_2^1 次之，长 6_3^1 较差。

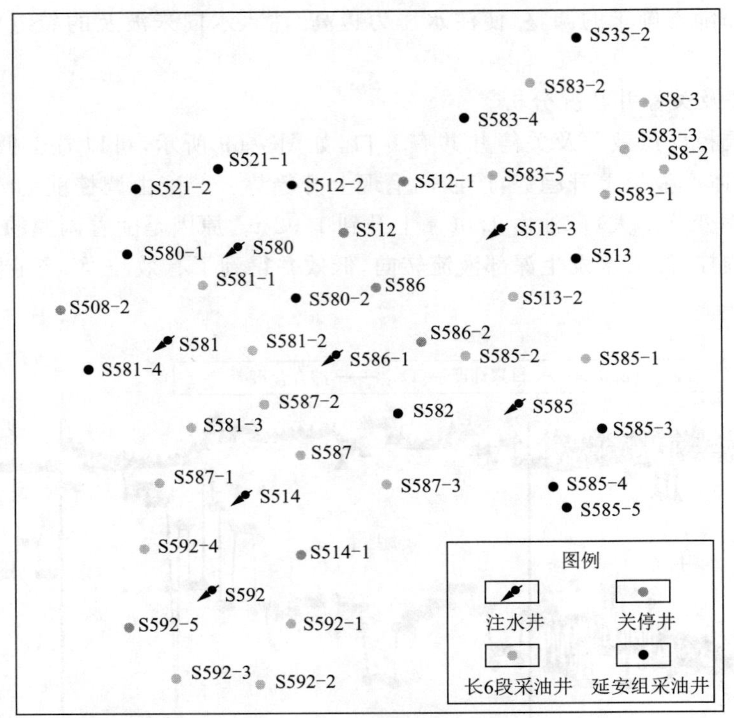

图 7-70　研究区井位图

表 7-18　SH 油田长 6 油层孔隙结构参数表

层　位	孔隙结构参数						
	孔隙度/%	渗透率/(10^{-3} μm^2)	排驱压力/MPa	中值压力/MPa	喉道均值/μm	最大喉道/μm	退汞效率/%
长 6^1	13.29	3.04	0.22	1.67	0.76	7.52	38.3
长 6_2^1	12.67	2.27	0.37	1.73	0.41	3.35	33.28
长 6_3^1	11.05	0.82	0.84	3.06	0.24	3.1	27.53
平均	12.63	2.32	0.396	1.97	0.53	6.25	34.39

根据对 SH 油田延长组长 6 油层物性分析统计数据和砂岩储油物性统计资料的分析，证明 SH 油田长 6 油层储层物性相对较好，平均孔隙度 12.63%，平均渗透率达 2.32×10^{-3} μm^2。分层、分区统计反映储层物性自下向上变好，平面上显示东区比西区略胜一筹，尤以长 6^2 层较明显。

延安组延 9、延 10 油层储油物性明显变好，据少量物性分析，孔隙度 15%～21%，渗透率从几十至几百 $\times10^{-3}$ μm^2。

研究区主力开发层系为延长组长 6 油层，站内有长 6 注水井 9 口，对应一线长 6 油井 27 口。由于储层致密、非均质性强、天然微裂缝发育、转注开发等特殊复杂原因，注入水沿复杂裂缝体系方向水窜严重，导致该区块油井产量递减加剧，综合含水率上升快，注水开发矛盾日益突出。

7.5.2　SH8-1 井区矿场试验

SH8-1 井区 9 口注水井为 S513-1，S513-3，S514，S580，S581，S583，S585，S586-1 和 S592，由 SH8-1 井区注水井注入状况可知，截至 2013 年 12 月 29 日，目前 9 口水井中 8 口井均在正常注水，仅 S580 井注不进且压力表已坏。9 口注水井中 S580，S585，S586-1 和 S592 生产层位为长 6^1 和长 6^2 亚段。9 口注水井注入压力整体偏低，S513-1 井口油压为 7 MPa，其余井均为 5～5.5 MPa；8 口在注井中 S581 和 S586-1 注入量较高，大于 20 m^3/d，其余井介于 10～20 m^3/d 之间；由图 7-71 可知，注入量较大的井主要分布在 SH8-1 井区中部。

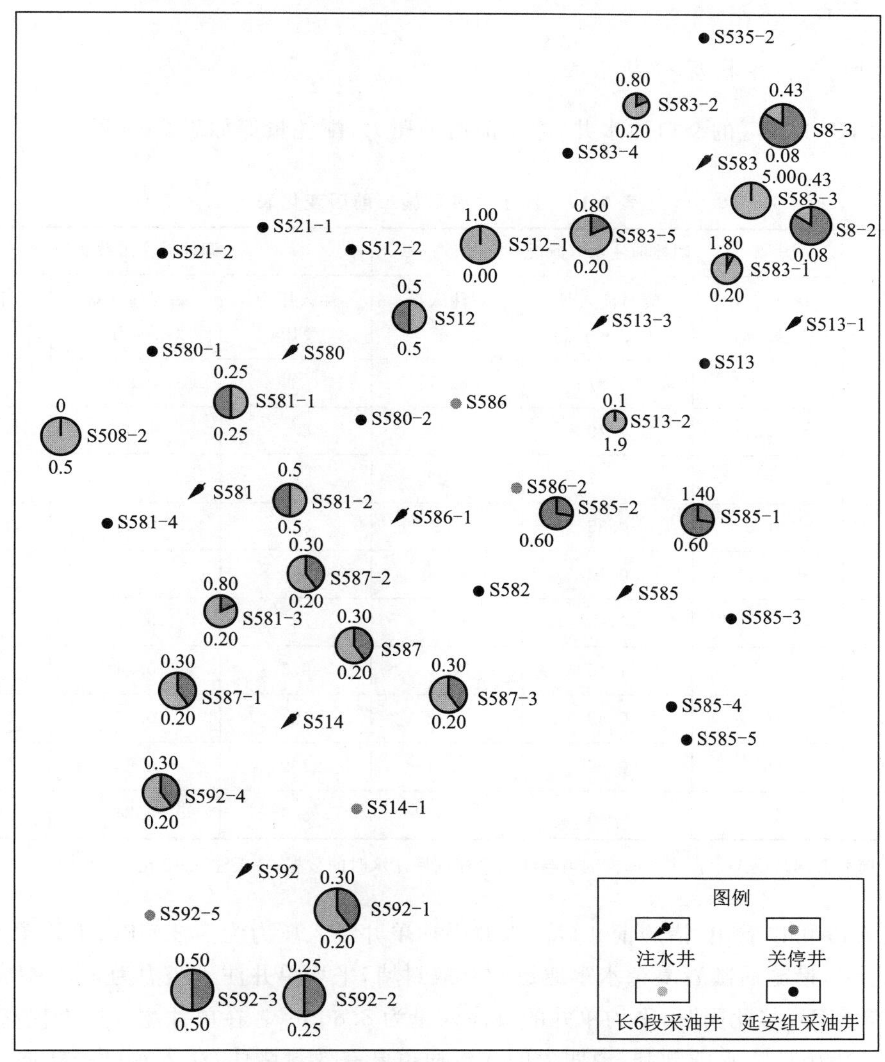

图 7-71　SH8-1 井区调控前延长组生产状况

本次现场一共施工了 9 口注水井，对应延长组长 6^2 生产井 27 口，其中 S514-1，S586-2，S592-5，S586 已经关停，仅有 23 口井进行生产。根据 2014 年 4 月 24 日—5 月 8 日试验区各井的台账数据，绘制了实验区 23 口生产井延长组措施前开采现状图(图 7-71)。由台账统计可知，调控前试验区日累计产液量为 24.5 m^3，日累计产油量为 4.82 t，综合含水率为 76%。平均单井日产液量为 1.07 m^3，平均日产油量为 0.21 t，平均单井含水率为 76%。试验区整体稳产形势严峻，需采用相关措施以减少开发矛盾，增加产量，提高经济效益。

1. 现场注入简况

2014 年 5 月 9 日正式运行，8 月 1 日施工结束，搬离井场。调驱历时 80 余天，9 口调控井累计注入各类段塞液量 6 757 m^3，各类堵剂（聚合物、交联剂、稳定剂、pH 调节剂、驱油剂）合计 37 t 左右。

2. 调控注水井状况分析

关于 SH8-1 井区的 9 口注水井，施工前后的压力、配注量等如表 7-19 所示。

表 7-19　注水井参数施工前后变化表

注水井号	调控前注水井状况			调控后注水井状况		
	注入压力 /MPa	瞬时注入量 /($m^3 \cdot h^{-1}$)	日注入量 /m^3	注入压力 /MPa	瞬时注入量 /($m^3 \cdot h^{-1}$)	日注入量 /m^3
S513-1	5	0.87	8.77	8	0.83	9.95
S513-3	5.5	0.79	8.48	8.5	1.07	12.8
S514	6	0.77	8.22	9	0.7	8.44
S581	6	0.85	7.8	8.8	0.85	10.24
S583	4	0.78	8.74	6.8	0.53	6.3
S585	5	0.85	8.92	8	0.47	5.6
S586-1	5.5	1.15	10.92	8.5	0.84	10
S592	6	0.53	5.22	9	0.45	5.3
S580	5	0.95	9.71	7.9	0.93	11.1
平均值	5.3	0.84	8.53	8.3	0.74	8.86

注：施工前后数据是施工中在注入调控剂前与注入调控剂后注水时的数据；一天注入 12 h。

由表 7-19 可以看出，措施前 9 口注水井平均单井注入压力为 5.3 MPa，平均单井日注入量为 8.53 m^3，措施后随着复杂水窜通道的有效封堵，平均单井注入压力为 8.3 MPa，较措施前提高了 3 MPa，与此同时，平均单井的日注入量为 8.86 m^3。在单井注入压力提高的同时，依然保证了措施后注水的顺利，说明大的水流通道已有效封堵住，注入水已经转向中低渗透层推进，扩大了水驱波及体积，增大了驱油面积。

3. 受益井状况分析

自 2014 年 5 月 9 日开始实施自适应凝胶深部调控以后，注水井 S513-1，S513-3，S514，S580，S581，S583，S585，S586-1，S592 周围油井的生产状况得到了明显改善。试验区 23 口生产井调控前日累计产液量为 24.5 m^3，日累计产油量为 4.82 t，综合含水率为 76%；平均单井日产液量为 1.07 m^3，平均日产油量为 0.21 t，平均单井含水率为 76%。

图 7-72 为施工区域长 6 油井生产动态监测图，图中清楚地反映了在施工过程中产油、产液、含水率的变化，施工完毕后，按原配注量进行注水，产油量出现了一定的波动，主要是配注量的改变引起水驱前缘的波动，造成产量出现一个小小的波峰，后趋于稳定。截至 2015 年 1 月 6 日，23 口生产井日累计产液(12 月平均值)22.6 m^3，日累计产油 8.8 t，综合含水率 53%，平均单井日产液量为 0.98 m^3，平均日产油量为 0.38 t。综合含水率下降 23%，净增油幅度约为 81.0%。

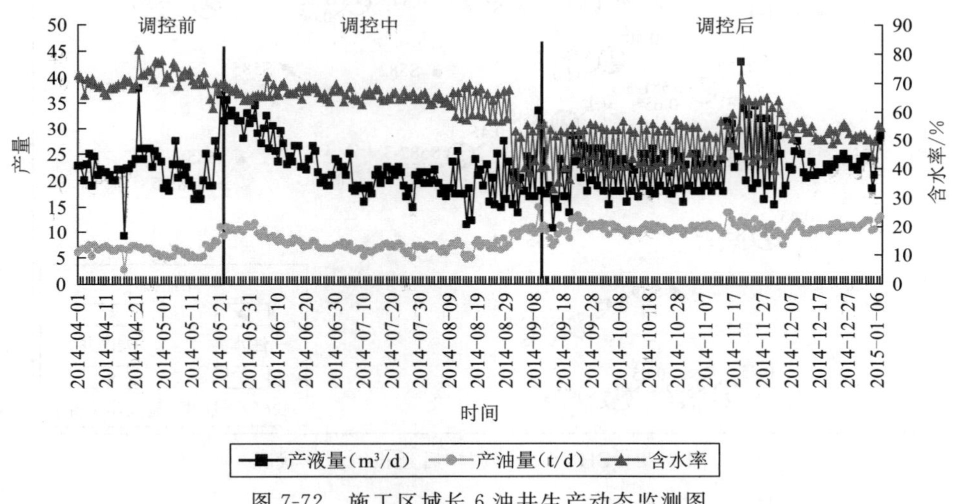

图 7-72　施工区域长 6 油井生产动态监测图

图 7-73 是该区调控后生产状况图，图 7-74 是 23 口受益生产井自施工以来的增油量动态监测图，对比图 7-71 可清楚地反映在施工过程中净增油量的变化，图内共有两条曲线，一条为不考虑递减的净增油量曲线，即实际净增油量曲线；另一条为考虑自然递减净增油量曲线(2014 年 5 月 9 日—2015 年 1 月 7 日，累计生产时间为 244 d，累计产油量为 1 895.7 t，按照延长组全年自然递率 13%计算，自然递减产量为 167 t)，根据 2014 年 5 月 9 日—2015 年 1 月 7 日每日净增油量累加结果：不考虑自然递减的情况下，截至目前，试验区 23 口受益油井累计增油 737.07 t，考虑自然递减的情况下，试验区 23 口受益井累计净增油量为 904.1 t。净增油量曲线图的整体趋势变化可分为三个阶段：第一阶段，2014 年 5 月 9 日施工之日起至 5 月 30 日迅速增加，这主要是由第一轮次段塞对大通道有效封堵造成的。第二阶段，2014 年 5 月 30 日至 9 月 12 日净增油量曲线先降低后上升，这主要是由于水窜通道逐级得到有效封堵后，注入水液流转向，逐步开始补充地层深部能量从而造成受益井产液量下降导致的。第三阶段，2014 年 9 月中旬至 2015 年 1 月 7 日，净增油量曲线稳定，23 口受益油井每

日净增油稳定在 4.4 t 左右。

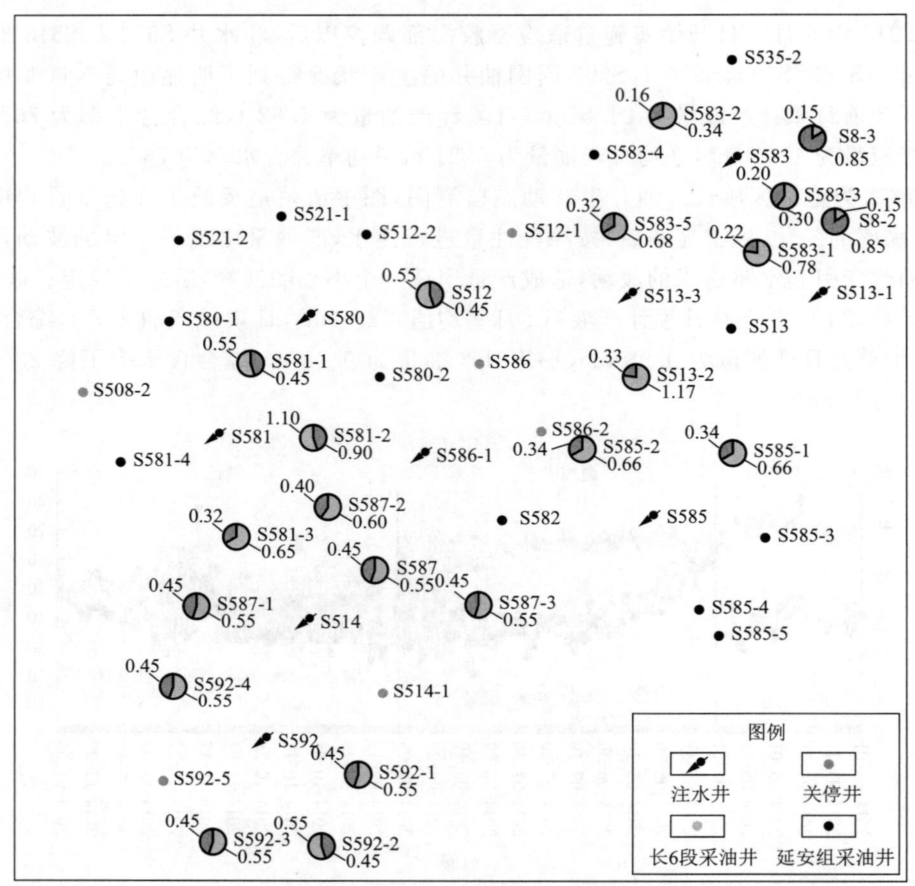

图 7-73　SH8-1 井区调控后延长组生产状况

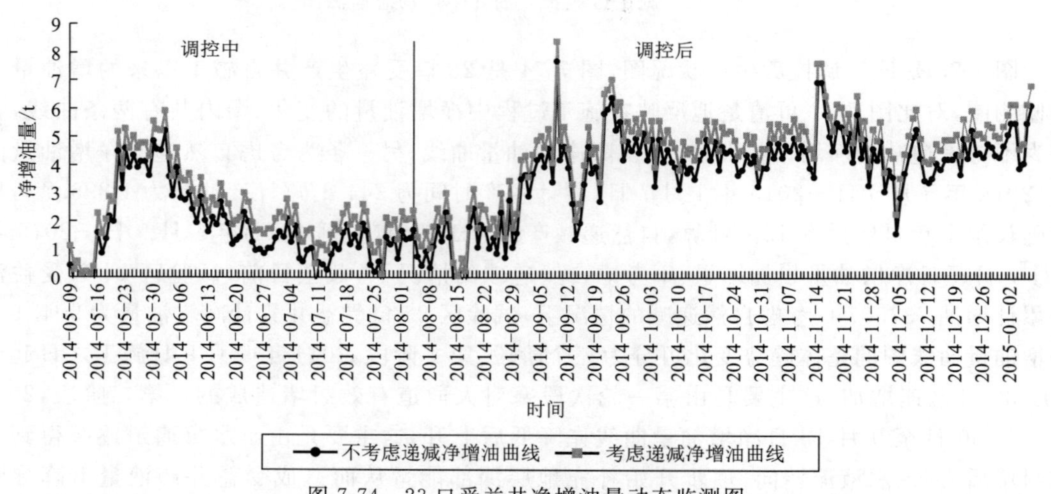

图 7-74　23 口受益井净增油量动态监测图

根据施工区域长 6 油井生产动态统计，调控前 15 口水大井累计日产液量 19 m^3，累计日产油量 2.86 t，综合含水率为 82%。截至 2015 年 1 月 6 日，15 口水大井累计日产液量 14.5 m^3，累计日产油量 4.95 t，综合含水率为 59%。水大井综合含水率下降了 23%。

综上所述，试验区 9 口注水井经过自适应深部调控后，开采长 6 层的油井产油量比调控前上升了 73.1%，水大井综合含水率下降了 23%，累计净增油量为 737.07 t，反映了自适应深部调控起到了封堵窜流通道，提高了注水压力与注水波及面积的施工效果，达到了增油降水的目的。

第 8 章 裂缝性特低渗油藏水窜水淹调控高效驱油理论与技术展望

8.1 裂缝性特低渗油藏水窜水淹调控高效驱油研究成果总结

本书通过探讨裂缝性特低渗油藏地质特征与关键技术适应性，研究了注水井深部调驱关键技术、生产井有效封堵关键技术、高效驱油关键技术、低频谐振波-化学复合驱油关键技术，结合室内提高采收率模拟实验、水窜水淹调控矿场试验，取得如下成果：

(1) 通过鄂尔多斯盆地陕北斜坡带油田主力油层地质与试验区储层特征分析，总结了各试验区油藏物性参数，主力油层低渗—特低渗、低含油饱和度、微裂缝发育、高地层水矿化度等特征的复杂性说明进行关键技术针对性研究非常必要；主力油层提高采收率关键技术适应性分析得到了适合主力油层的空气泡沫和自适应凝胶等水井调驱技术、泡沫水泥油井堵水技术、水驱/气驱/表面活性剂驱等高效驱油技术、低频谐振波强化驱油及其复合化学应用技术。

(2) 通过水井调驱技术影响因素分析和体系配方室内优选实验，研发了适应温度范围 20～80 ℃、矿化度范围 20 000～100 000 mg/L 的系列凝胶，其交联时间可从 24～96 h 可调，黏度 20 000～100 000 mPa · s 可调，完全可适用于五个主力储层条件，且经封堵效果评价表明，封堵率可达到 80%以上，可有效提高采收率 16%～20%；研发了适应温度范围 20～60 ℃、矿化度范围 20 000～100 000 mg/L 的空气泡沫体系，其耐盐性（包括 Na^{+}，Ca^{2+}，Mg^{2+} 等金属离子）和泡沫稳定性强，完全可适用于五个主力储层条件，经封堵效果评价表明，封堵率可达到 85%以上，可有效提高采收率 10%～16%。

(3) 通过油井堵水技术调驱体系配方筛选和动态封堵实验，研制了适合主力油层五个试验区油井渗透性封堵和渗透性井壁改造的泡沫超细水泥和泡沫 G 级水泥堵剂体系，其抗压强度 5～25 MPa 可调，初凝时间 1～2 h 可调，孔隙度高（16%～30%），密度低（1.2～1.5 g/cm^3），经封堵效果评价表明，封堵率可达到 86%以上，可有效提高采收率 6%～12%。

(4) 通过高效驱油技术室内模拟实验研究得到，水驱、注气驱、表面活性剂驱等高效驱油技术可以提高主力油层原油采出程度，其中表面活性剂驱和气水交注室内模拟提高采收率效果最好，水驱次之，气驱最差；但气驱对于水资源匮乏区仍具有一定的应用价值。

(5) 通过低频谐振波复合化学调驱提高采收率技术研究可知，低频谐振波采油技术可提高泡沫、凝胶调驱和表面活性剂驱的应用效果，分别提高采收率 4%～10%，4.4%～13%；研究得到了低频谐振波复合化学驱油技术工艺参数，振动频率在储层岩石固有频率附近频域（约 18 Hz），复合空气泡沫、凝胶、表面活性剂最佳振动加速度分别由 0.3～0.4 m/s^2，0.7 m/s^2 过渡至 2.0 m/s^2，0.4 m/s^2；复合空气泡沫、凝胶、表面活性剂最佳振动方式分别为持续振动、凝胶成胶加速期（药剂混合后 24～48 h）振动、持续振动。提高采收率效果和试验区储层特征表明，五个试验区可优先应用低频谐振波复合空气泡沫驱技术和低频谐振波复合凝胶调驱技术。

(6) 自适应深部调控技术在 GGY 油田和 QHB 油田多区块的成功应用，进一步验证该技术在裂缝性特低渗油藏水窜水淹治理的可行性，为低渗、特低渗油田提供一个新的增效方法，也为该技术在油田进一步推广提供支持。

8.2　裂缝性特低渗油藏水窜特征与通道演化基础理论研究

目前针对油藏水窜宏观与微观特征、指标评判、窜流通道体积计算、窜流通道治理进行了大量的研究，由于以鄂尔多斯盆地陕北斜坡为代表的裂缝性特低渗油藏涉及低渗透介质、裂纹、人工裂缝，非均质性强，裂缝发育方向多而杂，因此涉及地质、油藏、开发过程的研究更为复杂。

开展油藏水窜水淹调控治理，首先应明确、加强治理对象的研究，即窜流通道形状、演化的分析，目前国内外虽然正开展这方面的研究，但形成的成果仍局限于上述研究方面，尤其是高渗油藏的窜流，对裂缝性特低渗油藏窜流通道研究不够；另外，可以明确观察窜流通道特征的可视化实验实现难度大，得出的结果对矿场的指导性较差。针对以上两点，建议开展以下方面的研究[237-243]：

(1) 裂缝性特低渗油藏水窜特征研究。

建立含裂纹、裂缝的饱和非混相特低渗介质模型，描述不同微尺寸裂纹展布特征下的渗流规律，研究不同裂纹、裂缝类型下的整体压力分布，分析裂缝、裂纹不同起裂方式、张启程度下的水窜程度，给出窜流时的压力、原油分布、裂缝/纹尺寸特征，以及微观尺度下骨架、流体的物性变化特征，宏观尺度下沉积微相、孔渗参数的分布变化特征等。

(2) 裂缝性特低渗油藏水窜通道演化规律研究。

随着储层注水开发的不断进行，油藏逐渐发生水窜，这是必然的一个过程，尤其是对于低渗、裂缝性、稀油油藏；然而整体水窜通道的形状、尺寸以及各级水窜通道的形状、尺寸、分布比例，始终未能有一个全面深入的研究，各级水窜通道的形状、尺寸、分布比例也决定了进行水窜水淹调控工艺设计的数量和质量，因此开展并深入挖掘各级水窜通道演化规律具有重要的意义。目前开展的可视化二维平板实验、同位素注入色谱扫描识别技术、数字岩心等可以为裂缝性特低渗油藏水窜通道演化规律研究提供支持；但存在的问题是模型尺寸普遍较小，假设条件与模型简单，与实际油藏的类比性差，裂缝与低渗孔隙较难充填压实得到，演变规律分析实验周期长，弱均质实验规律对实际强非均质油藏的指导性差，因此谋求开展大尺度模型、可视化验证、揭示长时间演变、适应强非均质的储层注水开发研究，可以成为裂缝性特低渗油藏水窜通道演化规律研究的一个有效切入点。

（3）裂缝性特低渗油藏水窜通道体积计算研究。

窜流通道体积作为指导封堵药剂注入量的重要参数，无论是选择性/非选择性封堵，还是单级/多级窜流通道治理，其计算都具有重要的矿场应用价值。目前指导调堵设计最常用的窜流通道体积计算方法是经验法和理论模型解析解，对于治理经验较为丰富的老油田，作业公司利用经验法可给出大致的堵剂用量，或者求解得到一定设计调堵半径的储层孔隙体积后乘以一定的经验系数。理论模型解析解主要基于油藏孔隙体积比例或联系渗流规律的注采体积差值，对目前窜流通道体积计算提供了系列思路。例如，刘月田等建立了从孔隙线性渗流到粗糙管湍流的孔道体积计算方法，并依托于宏观管流中的压差和流速关系、示踪剂检测窜流时间，建立大孔道体积。该方法中将大孔道等效为宏观管流，对于裂缝性油藏等窜流孔喉明显大于渗流孔喉尺寸、非均质明显的情况，计算结果较好，但未能给出大孔道的尺寸界限。郑强等通过联立质量守恒方程、产能方程等，推导出利用油藏生产动态数据计算注采井间的连通体积的模型，通过求解 $2m$（未知量）$\times n$（方程数）阶矩阵，得到注采井间的连通体积大小，借助油田独立区块进行分析，用于指导调堵用剂设计。汪庐山等利用剩余可采储量计算出优势渗流通道体积，进而计算出优势通道的渗透率和孔喉半径，指出了窜流通道体积评价的必要性，但计算结果为油藏饱和水体积，并非真正的优势窜流通道体积。陈存良等根据窜流通道过量水和无窜流通道时的理论产水量计算低渗透油藏窜流通道的体积。该方法中引入的过量水和过量水劈分，对于实际窜流通道分析给出了另一种较好的思路。虽然关于窜流通道体积的计算研究已取得了一定成果，但计算结果仅仅用于指导调控注入量设计，用施工的成功率代表体积计算的准确度，缺乏与窜流过程模型验证、对比，因此，基于裂缝性特低渗油藏水窜通道演化规律研究，统计各级水窜通道体积比例将对经验法和理论解析解提供一种补充。

8.3 裂缝性特低渗油藏水窜水淹调控、高效驱油技术与材料研究

目前对鄂尔多斯盆地陕北斜坡带裂缝性特低渗油藏已开展了大量高效驱油技术试验，并取得了不同的增油效果，但较低的增油量、高昂的材料价格、高黏土含量下的强吸附、低渗透近井距开发下的较短有效作用距离、沿裂缝窜流导致的较低材料利用率，均对驱油技术的应用可行性与延续性带来了挑战，而层间、层内的强非均质性无疑再次增加了开发难度。因此，进行适用于裂缝性特低渗油藏的水窜水淹调控、高效驱油技术研究与经济性材料研发，可成为该区油田坚持攻关的方向之一。针对该问题，可进一步深入以下几个研究方向：

（1）开展效果好、效率高的开发技术或驱油技术的研究与试验。

① 当前多学科、技术快速发展，出现了大量的新材料、新能源、新方式、新思潮，因此可将其他行业的技术、思路、材料等借鉴引入石油开发行业。目前国内外开展了大量技术的研究，并提出了一些新的理念，如智能油田建设、高效率抽油机设计、声/热/光/磁/核等能源地面或地下动力辅助、精细地质评价与储层划分[244-250]、复杂地应力场分析、多分支/井型/井网

组合的水平井缝网压裂、同井采注技术、连续管技术、小井径技术、不同混相驱油技术、纳米材料驱油技术、微型机器人采油等，但由于鄂尔多斯盆地陕北斜坡油田的特殊地质特征，对这些技术的适用性可能提出挑战，因此可以开展各种新技术、新理念在该区应用的可行性分析。

② 筛选出一批有潜力的技术进行小型矿场试验，分析各技术的工艺、效果适用性，为区域内乃至全国同类油田开发提供一定借鉴。

(2) 加快经济性高效驱油剂的研发。

① 前述的一系列挑战，使得经济性高效驱油剂的研发势在必行，但目前驱油剂种类繁多、价格普遍较贵，因此应在较短时间内研发可互补、价格便宜的驱油剂，满足油田开发中驱油剂高损耗、相对高渗油藏效果差的特点。

② 针对该区域存在的不同井型，如套管井、裸眼井、油井、水井、直井、水平井等，进行适用于不同井型的高效驱油剂的研发。

③ 在代表不同特征的区块试验驱油剂的效果，为油田分类别、分区块治理奠定基础。

(3) 加快经济性水窜水淹调控剂的研发。

① 针对该区域存在的不同井型，如套管井、裸眼井、油井、水井、直井、水平井等，进行适用于不同井型的水窜水淹调控剂的研发，能够满足矿场可注入、高效封堵、近井带低污染的要求。

② 水窜水淹在大量区域存在，尤其是裂缝发育较多、非均质性强的区域，随着开发时间的延长，越来越多的井会发生暴性水窜水淹，从而降低油田的产油量和经济效益。大量井的治理需求使得经济性水窜水淹调控剂的研发势在必行，否则无法满足该技术的持续长期应用。因此研究单位可开展一系列价格便宜、注入/封堵性能好、环保性能强的堵剂。

③ 推广扩大裂缝性特低渗油藏水窜水淹治理的试验区，在代表不同特征、不同水窜水淹程度的区块试验调控剂的效果，为油田分类别、分区块治理奠定基础。

8.4　低频谐振波技术及复合化学强化采油技术基础理论研究

本书对低频谐振波-化学复合驱油关键技术进行了研究，提出并分析了低频谐振波复合开发技术在裂缝性特低渗油藏的适用性与可行性，可延续这一新的理念与方向，进行深入研究，探讨不同低频谐振波复合技术的矿场适用性，分析其内在作用机理，为油田早日投入小型试验与推广奠定理论基础。针对该方面，提出以下几个研究方向[251-256]：

(1) 加强低频波化学复合采油基础作用机理研究。

针对低频谐振波在地层中的作用机理都是基于非均质性不严重、不存在大孔道油藏，并且考虑低频谐振波单独作用流体和储层岩石，忽略波在传播过程中对流体和固体产生的位移差形成的流固耦合问题，因而低频谐振波机理还需要加强以下几个方面研究：

① 低频谐振波对渗流条件下单相流体流固耦合动力学机理研究(考虑波是一维、二维、三维、叠合波等；地层是均质和非均质一维、二维、三维)。

② 低频谐振波对渗流条件下油、水两相流体流固耦合动力学机理研究(考虑波是一维、

二维、三维、叠合波等；地层是均质和非均质一维、二维、三维）。

③ 低频谐振波对非均质性严重的低渗、特低渗裂缝性和大孔道油藏单相、油水两相渗流规律的实验研究。

④ 对于非均质性严重的裂缝性低渗特低渗和开发后期存在大孔道的油藏，需要对复杂油水渗流规律进行相关理论与实验研究。

(2) 加强低频谐振波与化学复合作用技术研究。

将低频谐振波与化学（表面活性剂、催化剂、纳米液等）采油相结合具有十分重要的意义；而目前研究都是基于非均质性不严重、不存在大孔道油藏，并且研究低频谐振波与化学剂协同作用的过程中，忽略波在传播过程中对流体和固体产生的位移差对化学剂协同作用影响的流固耦合问题，因而低频谐振波化学协同作用机理还需要加强以下几个方面研究：

① 对均质油藏和非均质性不严重的油藏进行低频谐振波化学协同机制实验研究，由此探索影响协同作用效果的主控因素和影响规律。

② 对均质油藏和非均质性不严重的油藏进行低频谐振波化学协同机制理论研究。

③ 低渗裂缝性油藏和大孔道油藏进行低频谐振波作用下凝胶、低频谐振波作用下氮气泡沫等各种化学封堵剂性能评价和影响规律分析。

④ 低渗裂缝性油藏和大孔道油藏低频谐振波化学封堵驱油协同作用机制理论。

⑤ 低频谐振波化学复合驱流固耦合渗流理论。

(3) 加强现场设备震源系统研究与创新。

随着低频谐振波与化学复合驱油理论的进一步发展，针对目前震源系统扰动单一、参数不明确、自动化水平低、震源能量低、现场工艺技术不成熟、没有完善的施工程序和调试方法等制约因素，加强震源系统的研究与创新也是该项技术进一步发展的关键问题之一。

参考文献

[1] 郝明强,刘先贵,胡永乐,等. 微裂缝性特低渗透油藏储层特征研究[J]. 石油学报,2007,28(5):93-98.

[2] 郝明强,刘先贵,胡永乐. 微裂缝性特低渗透油藏单相流体渗流特征[J]. 油气地质与采收率,2007,14(6):79-81,116.

[3] 黄冬梅,杨正明,郝明强,等. 微裂缝性特低渗透油藏产量递减方程及其应用[J]. 油气地质与采收率,2008,15(1):90-91,100.

[4] 付国民,刘云焕,宁占强. 裂缝性特低渗透储层注水开发井网的优化设计[J]. 石油天然气学报(江汉石油学院学报),2006,28(2):94-96,164-165.

[5] 张威,梅冬,李敏,等. 裂缝性低渗透油藏注采系统调整技术研究[J]. 大庆石油地质与开发,2006,25(6):43-46,121-122.

[6] 杨正明,于荣泽,苏致新,等. 特低渗透油藏非线性渗流数值模拟[J]. 石油勘探与开发,2010,37(1):94-98.

[7] 曾保全,程林松,李春兰,等. 特低渗透油藏压裂水平井开发效果评价[J]. 石油学报,2010,31(5):791-796.

[8] 王光付,廖荣凤,李江龙,等. 中国石化低渗透油藏开发状况及前景[J]. 油气地质与采收率,2007,14(3):84-89,117.

[9] 孙黎娟,吴凡,刘社芹,等. 超低渗油藏注气采油可行性实验[J]. 河南石油,2005,19(3):38-39,99.

[10] 李卓. 芳48试验区注气开发效果研究[D]. 大庆:大庆石油学院,2005.

[11] 邱衍辉,王桂杰,刘涛,等. 直井注水平井采低渗薄层调驱技术研究与应用[J]. 特种油气藏,2011,18(3):123-125,142.

[12] 魏金威,杨富鸿,王毅. 纳滤装置在改善低渗透油田注水开发效果分析[J]. 广州化工,2013,41(11):138-139,165.

[13] 闫范,侯平舒,张士建,等. 非均质注水开发油藏提高水驱油效率研究及应用[J]. 钻采工艺,2003,26(6):57-58,74,7.

[14] 庞启强. 低渗透油藏注水井解堵增注技术研究进展[J]. 石油石化节能,2011,1(4):10-12,35.

[15] 张茂林,梅海燕,顾鸿军,等. 高含水油藏注氮气开采效果分析[J]. 特种油气藏,2005,12(6):34-36,105.

[16] 娄兆彬,杨朝光,王志鹏,等. 中原油田高压低渗油藏注氮气效果及其分析[J]. 西部探矿工程,2005(2):64-65.

[17] 宋元新,崔文昊,陈领君,等. 裂缝性油藏水气交注非混相驱实验研究[J]. 特种油气藏,2010,17(4):94-95,125.

[18] 袁广均,王进安,周志龙,等. 氮气助推二氧化碳提高原油采收率试验研究[J]. 内蒙古石油化工,2013(3):12-14.

[19] 俞宏伟. 高能气体压裂在低渗透油层中的应用[D]. 大庆:大庆石油学院,2008.

[20] 蒋金宝,林英松,阮新芳,等. 低渗透油藏改造技术的研究及发展[J]. 钻采工艺,2005(5):50-53,3.

[21] 潘祖跃,李建科. 高能气体压裂技术在超低渗透油田的应用研究[C]. 中国爆破新技术Ⅲ,2012.

[22] 林英松,蒋金宝,孙丰成,等. 爆炸技术与低渗透油气藏增产[J]. 钻采工艺,2007,30(5):48-52,66.

[23] 张荣军,蒲春生. 振动-土酸酸化复合解堵室内实验研究[J]. 石油勘探与开发,2004,31(5):114-

116,132.

[24] 李亚峰,杨杰,刘强,等. 振动-压裂复合酸化解堵技术在西峰油田的应用[J]. 石油化工应用,2012,31(10):36-38.

[25] 陈晓明,梁德栋,冯莉萍. 振动-酸化复合解堵增注技术在莫北油田的应用[J]. 钻采工艺,2006,29(5):97-98,101.

[26] 饶鹏,蒲春生,刘静,等. 水力脉冲条件下盐酸酸化模型研究[J]. 科学技术与工程,2013,13(10):2648-2651,2656.

[27] 曾保全,程忠钊. 水驱油流线模拟在天然裂缝性油藏中的应用[J]. 国外油田工程,2007,23(11):30-32,34.

[28] 赵辉,姚军,吕爱民,等. 利用注采开发数据反演油藏井间动态连通性[J]. 中国石油大学学报(自然科学版),2010,34(6):91-94,98.

[29] 金志勇,刘启鹏,韩东,等. 非线性时间序列井间连通性分析方法[J]. 油气地质与采收率,2009,16(1):75-77,81.

[30] 史赞绒,铁成军,邓晗,等. 区块整体调剖决策技术[J]. 中国石油和化工,2014(6):49-51.

[31] 郑黎明,蒲春生. 浅层低渗透油层井间连通性分析方法[J]. 大庆石油地质与开发,2012,31(6):104-108.

[32] 成珍,成绥民,朱圣举,等. 应用试井方法分析安塞长6低渗裂缝型和孔隙-裂缝型注水油藏参数变化特征[J]. 油气井测试,2014,23(1):10-13.

[33] 刘同敬,姜宝益,刘睿,等. 多孔介质中示踪剂渗流的油藏特征色谱效应[J]. 重庆大学学报,2013,36(9):58-63.

[34] 张玉祥. 低渗油藏空气驱提高采收率实验研究[J]. 内蒙古石油化工,2011(3):143-144.

[35] 谢朝阳,蔡金航,陈秋芬,等. 低渗油田空气驱泡沫防气窜技术研究及矿场应用[J]. 科学技术与工程,2014,14(10):34-37.

[36] 董凤龙. 厚层块状低渗油藏高压注空气驱油机理探讨[J]. 中国石油和化工标准与质量,2014(8):145.

[37] 赵永攀,洪玲,江绍静,等. 水驱后特低渗透油藏氮气驱驱油特性分析[J]. 油田化学,2013,30(3):376-379.

[38] 刘萍,周瑜,冯佩真,等. 卫42块特低渗透油藏氮气驱研究[J]. 江汉石油学院学报,2001,23(2):58-60,2.

[39] 王成俊,郑黎明,高瑞民,等. 鄂尔多斯浅层特低渗油藏水驱后空气驱实验研究[J]. 石油地质与工程,2013,27(6):135-137,141.

[40] 刘静,蒲春生,林承焰,等. 低频谐振波作用下单相流体渗流模型研究[J]. 科学技术与工程,2014,14(10):31-33.

[41] 李星红,刘敏,蒲春生,等. 低频振动对聚合物凝胶交联过程的影响[J]. 油气地质与采收率,2014,21(3):86-88.

[42] 刘静,蒲春生,林承焰,等. 低频振动单相不可压缩流体细管流动微观动力学数学模型研究[J]. 天然气地球科学,2014,25(10):1610-1614.

[43] 饶鹏,蒲春生,刘涛,等. 水力脉冲-化学复合技术在青海尕斯油田的应用[J]. 陕西科技大学学报(自然科学版),2013,31(2):80-84.

[44] 谷潇雨,蒲春生,王蓓,等. 超声波解除岩心钻井液堵塞实验研究[J]. 西安石油大学学报(自然科学版),2014,29(1):76-79.

[45] 王佩佩,蒲春生,吴飞鹏,等. 热波耦合辅助稠油催化裂解实验研究[J]. 特种油气藏,2014,21(5):

111-114,156-157.

[46] 许洪星,蒲春生,董巧玲,等.超声波协同催化剂低温裂解超稠油实验研究[J].应用化工,2012,41(7):1143-1146.

[47] 许洪星,蒲春生,董巧玲,等.超稠油超声裂解降黏实验研究[J].科学技术与工程,2012,12(23):5873-5876.

[48] 冯金德,蒲春生,程林松.凝析气井电磁加热方式对加热效果的影响研究[C].中国力学学会学术大会2005论文摘要集(下),2005.

[49] 冯金德,蒲春生,程林松,等.电磁加热-化学复合解除凝析油堵塞温度分布研究[J].天然气工业,2006,26(5):75-78,11.

[50] 聂翠平,蒲春生.三相工频井下电磁感应加热采油技术研究[J].陕西师范大学学报(自然科学版),2005,33(S1):52-56.

[51] 苏国辉,蒲春生.电磁加热凝析气井井筒温度分布[J].钻采工艺,2005,28(6):63-65,7-8.

[52] 冯金德,蒲春生,冯金城.电磁加热解除近井地层凝析油堵塞的数学模型[J].天然气工业,2005,25(11):85-87,154.

[53] 石道涵,刘涛,蒲春生,等.非均质性油藏水力喷射钻孔井产能计算公式及其影响因素[J].油气地质与采收率,2010,17(4):101-103,107,118.

[54] 石道涵,许洪星,蒲春生.西峰油田交联聚合物深部调驱体系[J].油气田地面工程,2011,30(1):30-32.

[55] 王玮.深部调驱技术在扶余低渗透裂缝性油藏的试验研究[J].中国石油和化工标准与质量,2011(7):149-151.

[56] 何启平,施雷庭,郭智栋,等.适合高温高矿化度油藏的弱凝胶体系研究[J].钻采工艺,2011,34(2):79-82,117-118.

[57] 饶鹏,王健,蒲春生,等.尕斯油田E_3～1油藏复合深部调剖技术应用实践[J].油田化学,2011,28(4):390-394.

[58] 张艳英,蒲万芬,唐山,等.低温油藏深部调驱用弱凝胶体系研究[J].应用化工,2012,41(4):570-572,577.

[59] 刘家林,周雅萍,滕倩,等.深部调驱剂SMG封堵效果实验研究[J].精细石油化工进展,2012,13(4):9-11.

[60] 陈辉.非均质油藏特高含水开发期空气泡沫驱实验研究[J].山东大学学报(工学版),2011,41(1):120-125.

[61] 曹毅,张立娟,岳湘安,等.非均质油藏微球乳液调驱物理模拟实验研究[J].西安石油大学学报(自然科学版),2011,26(2):48-51,55,119.

[62] 史凤丽.牛心坨油田聚合物驱油可行性研究[J].内蒙古石油化工,2011(7):222-223.

[63] 潘建华.牛心坨油田低渗高凝稠油稳油控水技术研究与应用[J].石油地质与工程,2011,25(4):92-94.

[64] 刘伟,李兆敏,李松岩.非均质地层泡沫调驱提高采收率实验[J].石油化工高等学校学报,2011,24(5):26-29.

[65] 赵明国,冯超.重复调剖效果室内实验研究[J].科学技术与工程,2012,12(1):158-160.

[66] 李宏,王春彦,宋奇,等.耐温型冻胶泡沫调驱体系的性能研究[J].精细石油化工进展,2012,13(2):1-4.

[67] 陈渊,孙玉青,李飞鹏,等.纳米微球深部调驱技术在河南油田的应用[J].石油钻采工艺,2012,34(3):87-90.

[68] 程严军,张伟,庞兴梅,等.新型纳米微球调驱技术室内研究与现场应用[J].青海石油,2012,30(1):64-69.

[69] 李艳梅,陈晖,马会利,等.二次交联凝胶调驱技术的研究及应用[J].内蒙古石油化工,2006,32(4):95.

[70] 雷占祥,陈月明,陈耀武,等.聚丙烯酰胺反相乳液深部调驱先导试验初步结果[J].油田化学,2006,23(1):81-84.

[71] 龚保强,许振波.濮城油田沙二上2,3油藏条件下体膨剂与聚合物混合调驱实验研究[J].油田化学,2007,24(1):79-82.

[72] 庞德新,张元,陈铁龙.弱凝胶CN-2调驱在乌尔禾S_6油藏中的应用[J].新疆石油科技,2006,16(3):35-38,41.

[73] 王聪,辛爱渊,张代森,等.交联聚合物微球深部调驱体系的评价与应用[J].精细石油化工进展,2008,9(6):23-25.

[74] 刘永兵,冯积累,赵金洲.IPNG颗粒溶液调驱剂的注入性能试验研究[J].石油天然气学报,2008,30(1):128-131,392.

[75] 李强,宋岱锋,韩鹏,等.正韵律高含水油藏泡沫调驱体系试验研究[J].石油天然气学报,2008,30(2):570-572.

[76] 赵靖舟,杨县超,武富礼,等.论隆起背景对鄂尔多斯盆地陕北斜坡区三叠系油藏形成和分布的控制作用[J].地质学报,2006,80(5):648-655.

[77] 赵靖舟,武富礼,闫世可,等.陕北斜坡东部三叠系油气富集规律研究[J].石油学报,2006,27(5):24-27,34.

[78] 赵靖舟,王永东,孟祥振,等.鄂尔多斯盆地陕北斜坡东部三叠系长2油藏分布规律[J].石油勘探与开发,2007,34(1):23-27.

[79] SY/T 5345—1999,油水相对渗透率测定[S].北京:石油工业出版社,1999.

[80] RANGANATHAN R, et al. An experimental study of the in situ gelation behavior of a polyacrylamide/aluminum citrate “colloidal dispersion gel” in a porous medium and its aggregate growth during gelation reaction[C]. SPE 37220,1997:103-116.

[81] LU X G,NIU J G. Performance and evaluation methods of colloidal dispersion gels[C]. SPE 59466, 2000:2-3.

[82] MACK J, SMITH J E. In-depth colloidal dispersion gel improve oil recovery efficiency[C]. SPE/DOE 27780, 1994:17-20.

[83] SMITH J E. The transition pressure :A quick method for quantifying polyacrylamide gel strength [C]. SPE 18739,1989:473-481.

[84] HUH C. Improved oil recovery by seismic vibration: A preliminary assessment of possible mechanisms[C]. SPE 103870,2006.

[85] HOU S M, REN S R, WANG W, et al. Feasibility study of air injection for IOR in low permeability oil reservoirs of XinJiang Oilfield China[C]. SPE 131087-MS,2010.

[86] TERAMOTO T,UEMATSU H, TAKABAYASHI K, et al. Air-injection EOR in high water-saturated light-oil reservoir[C]. SPE 100215,2006.

[87] ONISHI T, OKATSU K, TERAMOTO T. History matching with combustion-tube tests for light-oil air-injection project[C]. SPE 103848-MS,2006.

[88] 宋岱锋,贾艳平,于丽,等.孤岛油田聚驱后聚合物微球调驱提高采收率研究[J].油田化学,2008,25(2):165-169,185.

[89] 曹新彩,唐芝云.二次交联凝胶调驱技术的研究及应用[J].内蒙古石油化工,2008(10):33-34.

[90] 黄波,熊开昱,陈平,等.绥中36-1油田弱凝胶调驱实验研究[J].中国海上油气,2008,20(4):239-242,249.

[91] 秦国伟,蒲春生,吴梅,等.笼统注入下可动凝胶选择性相对进入深度理论计算分析[J].油气地质与采收率,2011,18(1):44-47,114.

[92] 程诗胜,李晓楠,秦鹏飞,等.F1断块E_1f_2～3聚合物微球调驱先导试验研究与应用[J].复杂油气藏,2012,5(3):64-68.

[93] 饶鹏,杨红斌,蒲春生,等.空气泡沫/凝胶复合调驱技术在浅层特低渗低温油藏中的模拟应用研究[J].应用化工,2012,41(11):1868-1871.

[94] 赵嵘.高升油田聚合物驱油可行性研究[J].内蒙古石油化工,2012(19):155-156.

[95] 刘伯昂,吉克智.耐盐延膨颗粒深部调驱技术在白豹低渗油藏的应用[J].内蒙古石油化工,2012(20):92-94.

[96] 易有权.无机凝胶与预交联颗粒体系调驱技术在瓦窑堡采油厂的应用[J].中国石油和化工标准与质量,2012(15):119.

[97] 吴刚,王志强,游靖,等.高温低渗透砂岩油藏可动凝胶调驱技术[J].石油钻采工艺,2012,34(6):97-99.

[98] 张艳辉,戴彩丽,徐星光,等.河南油田氮气泡沫调驱技术研究与应用[J].断块油气田,2013,20(1):129-132.

[99] 许洪星,蒲春生,许耀波.预交联凝胶颗粒调驱研究[J].科学技术与工程,2013,13(1):160-165.

[100] 周元龙,姜汉桥,王川,等.核磁共振研究聚合物微球调驱微观渗流机理[J].西安石油大学学报(自然科学版),2013,28(1):70-75,2.

[101] 李浩,赵进义,高文俊,等.甘谷驿油田唐114区域空气泡沫综合调驱技术试验研究[J].中国石油和化工标准与质量,2013(4):172.

[102] 李爱芬,唐健健,陈凯,等.泡沫在不同渗透率级差填砂管中的调驱特性研究[J].岩性油气藏,2013,25(4):119-122,128.

[103] 刘传宗,黄俊,刘国霖,等.疏水改性聚丙烯酰胺的驱油效果[J].精细石油化工进展,2013,14(2):11-13.

[104] 斯拉英·库尔班,陈栋,马志鑫,等.超低渗裂缝油藏深部置胶成坝调驱技术[J].中国石油和化工标准与质量,2013(14):129-130.

[105] 付欣,刘月亮,李光辉,等.中低渗油藏调驱用纳米聚合物微球的稳定性能评价[J].油田化学,2013,30(2):193-197.

[106] 姚传进,李蕾,雷光伦,等.孔喉尺度弹性微球的深部调驱性能[J].西南石油大学学报(自然科学版),2013,35(4):114-120.

[107] 刘煜.黏弹性颗粒驱油剂调驱性能的室内研究[J].承德石油高等专科学校学报,2013,15(3):5-9.

[108] 杨红斌,蒲春生,李淼,等.自适应弱凝胶调驱性能评价及矿场应用[J].油气地质与采收率,2013,20(6):83-86,116.

[109] 刘静,秦国伟,蒲春生,等.温敏凝胶流变性能动力学研究[J].功能材料,2012,43(4):454-456,461.

[110] 杨红斌,吴飞鹏,李淼,等.低渗透油藏自适应弱凝胶辅助氮气泡沫复合调驱体系[J].东北石油大学学报,2013,37(5):78-84,131-132.

[111] 宋岱锋.功能聚合物微球深部调剖技术研究与应用[D].济南:山东大学,2013.

[112] 郭志东,肖龙,朱红霞,等.CDG与聚合物的驱油特征研究[J].油田化学,2009,26(1):84-90,71.

[113] 吴行才,王洪光,李凤霞,等.可动凝胶调驱提高石油采收率机理及矿场实践[J].油田化学,2009,26

(1):79-83,75.

[114] 于法珍,冷强,李军,等. 耐高温活性溶胶深部调驱剂及其在桩52块的应用[J]. 油田化学,2009,26(2):172-175.

[115] 田鑫,任芳祥,韩树柏,等. 微凝胶调驱效果实验研究[J]. 应用化工,2010,39(6):874-876.

[116] 杨红斌,张启德,柳娜,等. 低温高矿化度油藏弱凝胶调驱体系的研制及性能评价[J]. 油田化学,2013,30(4):517-520.

[117] 顾军,向阳,何湘清,等. 深层稠油热采中泡沫水泥保温性研究[J]. 石油勘探与开发,2002,29(5):89-90,108.

[118] 顾军,向阳,何湘清,等. 井下泡沫水泥密度变化规律研究[J]. 石油与天然气化工,2002,31(1):35-36.

[119] 屈建省,宋有胜,杜慧春. 新型泡沫水泥的研究与应用[J]. 钻井液与完井液,2000,17(4):14-17.

[120] 唐良智. 轻质泡沫水泥注浆材料的应用研究[D]. 长沙:中南大学,2011.

[121] 顾军,尹会存,高德利,等. 泡沫水泥稳定性研究[J]. 油田化学,2004,21(4):307-309.

[122] 张立秋,宁宇,秘洁芳. 浅析泡沫水泥稳泡及水化机理[J]. 煤炭学报,1996,21(2):220-224.

[123] 席建桢. 特低渗透油藏2+3纳米膜驱强化采油矿场应用[J]. 内蒙古石油化工,2013(17):148-150.

[124] 秦国伟,蒲春生,赵常生,等. 热致型聚合物流变性室内实验[J]. 油气田地面工程,2010,29(12):44-46.

[125] 秦国伟,蒲春生. 热致型凝胶粘弹性流变模型研究[J]. 功能材料,2010,41(S1):159-161.

[126] 郭东方,张兵涛,邓德亭,等. 胡5块微生物调驱的吸水剖面变化[J]. 油田化学,2009,26(1):94-97.

[127] 郭辉,杨昌华,范君,等. 高温低渗油藏用耐温抗盐调驱体系的研究与应用[J]. 油田化学,2010,27(2):183-187.

[128] 秦国伟,蒲春生,罗明良,等. 热增稠型智能凝胶的研究进展、应用及展望[J]. 应用化工,2008,37(10):1214-1217.

[129] 刘云利. 夏9井区特低渗砂砾岩高含水期油藏治理研究与应用[J]. 中国石油和化工标准与质量,2014(2):203.

[130] 孙仁远. 部分水解聚丙烯酰胺/柠檬酸铝胶凝体系调驱特性研究[D]. 天津:天津大学,2004.

[131] 隋清国. 桩西深部调驱体系的研究与应用[D]. 济南:山东大学,2007.

[132] 胡书勇,张烈辉,张崇军,等. 化学调驱技术在高含水期复杂断块油藏中的应用[J]. 钻采工艺,2005,28(3):37-39,116-117.

[133] 胡书勇,张烈辉,张崇军,等. 复杂断块油藏高含水期剩余油挖潜调整技术研究[J]. 西南石油学院学报,2005,27(3):29-31,7.

[134] 林波,蒲万芬,刁素. 预胶水凝剂SW-03性能研究[J]. 西部探矿工程,2005(12):103-105.

[135] 罗宪波,蒲万芬,武海燕,等. 交联聚合物溶液在多孔介质中调驱效果实验研究[J]. 油田化学,2004,21(4):340-342.

[136] 李军. HS油田裂缝油藏深部调驱技术研究及应用[J]. 新疆化工,2011(1):25-27.

[137] 凌松江. 微生物调驱技术研究与应用[J]. 中国石油和化工标准与质量,2013(17):95.

[138] 袁义东. 甘谷驿空气泡沫综合调驱技术研究与矿场试验[D]. 西安:西安石油大学,2012.

[139] 刘祖鹏,李兆敏,李宾飞,等. 多相泡沫体系调驱提高原油采收率试验研究[J]. 石油与天然气化工,2010,39(3):242-245,261,181.

[140] 孟令君. 低渗油藏空气/空气泡沫驱提高采收率技术实验研究[D]. 青岛:中国石油大学,2011.

[141] 杨红斌,蒲春生,吴飞鹏,等. 空气泡沫调驱技术在浅层特低渗透低温油藏的适应性研究[J]. 油气地质与采收率,2012,19(6):69-72,115-116.

[142] 袁新强.聚驱后复合热泡沫体系性能评价研究[D].北京:中国科学院研究生院(渗流流体力学研究所),2010.

[143] 姚晓,郭小阳,乔树成,等.低温易漏浅井用泡沫水泥特性研究[J].钻井液与完井液,1996,13(3):19-22.

[144] 屈建省,杜慧春,肖苑.压力、温度对泡沫水泥密度的影响[J].钻井液与完井液,1995,12(1):69-71.

[145] 杜传伟,李国忠.纤维增强泡沫水泥材料的制备与性能研究[J].砖瓦,2013(5):45-47.

[146] 黄俊,张誉才,鲁军辉.超低渗油藏有效开发技术研究[J].重庆科技学院学报(自然科学版),2014,16(2):87-90.

[147] 蒋有伟,张义堂,刘尚奇,等.低渗透油藏注空气开发驱油机理[J].石油勘探与开发,2010,37(4):471-476.

[148] 顾永华,何顺利,田冷,等.注空气提高采收率数值模拟研究[J].重庆科技学院学报(自然科学版),2010,12(5):82-84,87.

[149] 邵雪.肇州油田渗透率影响因素实验研究[J].中国石油和化工标准与质量,2012(8):155,184.

[150] 张永刚,罗懿,刘岳龙,等.红河油田轻质原油低温氧化实验及动力学研究[J].油气藏评价与开发,2013,3(6):43-47.

[151] 金亚杰,张晓刚.高压注空气提高采收率的影响因素研究[J].中外能源,2013,18(8):39-45.

[152] 蒲万芬,袁成东,金发扬,等.轻质油藏高压注空气技术应用前景分析[J].科技导报,2013,31(17):72-79.

[153] 彭元怀.复合热载体泡沫驱数值模拟研究[D].青岛:中国石油大学,2011.

[154] 丁杨海.特低渗透油藏注氮气提高采收率室内实验研究[D].西安:西安石油大学,2011.

[155] 任波.陕北特低渗透油藏注氮气提高采收率数值模拟研究[D].西安:西安石油大学,2012.

[156] 白方林.苏6井区气藏伤害因素分析及降低水锁伤害方法研究[D].西安:西安石油大学,2011.

[157] 杨悦,蒲春生,王萍.低频脉冲波对储层岩心渗流特性影响规律研究[J].西安石油大学学报(自然科学版),2007,22(2):123-125,128,180-181.

[158] 蒲春生,王蓓,肖曾利,等.二元叠合波条件下多孔介质单相平面径向渗流数学模型研究[J].大庆石油地质与开发,2008,27(1):97-101.

[159] 刘兵.弹性波提高采收率方法综述[J].世界石油工业,1995,2(1):28-35.

[160] 雷光伦.国内外振动采油技术的发展简介[J].钻采工艺,2002,25(6):46-48.

[161] 吴云华.天然地震增油与人工地震采油[J].世界地震工程,1996(3):71-78.

[162] 张福仁,王东.声波采油技术在胜利油田的应用前景[J].断块油气田,1997,4(1):55-59.

[163] 李伟,谢朝阳,陈凤,等.声波采油技术处理油层半径范围分析[J].断块油气田,1996,3(3):64-69.

[164] 肖曾利,蒲春生.振动采油技术的研究现状及展望[J].石油地质与工程,2007,21(4):33-35,39,10.

[165] 李旭,张建国,吴晓明,等.井下自激振动采油技术模拟试验与应用[J].石油矿场机械,2008,37(9):58-61.

[166] 刘挺,刘杨,刘桂珍,等.地震波增加石油产量机理研究[J].中国工程机械学报,2009,7(2):249-252.

[167] 刘静,蒲春生,郑黎明,等.低频谐振波辅助表面活性剂采油技术[J].石油钻采工艺,2012,34(5):87-90,94.

[168] 刘静,蒲春生,郑黎明,等.低频振动对原油黏度影响的实验研究[J].科学技术与工程,2012,12(27):7061-7063,7067.

[169] 尚校森,蒲春生,刘静,等.碱和盐存在时振动影响乳状液稳定性研究[J].科学技术与工程,2012,12(15):3582-3586.

[170] 刘静,蒲春生,秦国伟,等. 低频谐振波下复配洗油剂对油砂洗油率的影响因素分析[J]. 油田化学,2011,28(1):58-61,73.

[171] 刘静,蒲春生,郑黎明,等. 低频谐振波降低表面活性剂吸附特性的研究[J]. 应用基础与工程科学学报,2013,21(5):946-952.

[172] DOSER D I, BAKER M R, LUO M, et al. The not so simple relationship between seismicity and oil production in the Permian Basin, west Texas [J]. Pure and Applied Geophysics,1992, 139(3-4): 481-506.

[173] NIKOLAEVSKIY V N, LOPUKHOV G P, LIAO Y Z. Residual oil reservoir recovery with seismic vibrations[C]. SPE 29155,1996.

[174] LUO Y T, DAVIDSON B, DUSSEAULT M. Measurements in ultra-low permeability media with time-varying properties[C]. EUROCK-1996-157,1996.

[175] BELONENKO V N, et al. Vibro-seismic technology of hydrocarbon yield and analogies of the Australian Pacific region and CIS[C]. Oil and Gas Australia,1996.

[176] BELONENKO V N. Vibro seismic technology for increasing hydrocarbon bed recovery[C]. New Technologies for the 21st Century, 2000.

[177] ROBERTS P M, SHARMA A. Low-frequency acoustic stimulation of fluid flow in porous media [J]. J. Acoust. Soc. Am., 1999, 105(105):573-576.

[178] PAN Y. Reservoir analysis using intermediate frequency excitation[D]. California: Stanford University, 1999.

[179] SPANOS T, DAVIDSON B, DUSSEAULT M B, et al. Pressure pulsing at the reservoir scale: A new EOR approach[C]. PETSOC-99-11-P,1999.

[180] MAURICE B DUSSEAULT, BRETT C DAVIDSON, TIM J SPANOS. Removing mechanical skin in heavy oil wells[C]. SPE58718, 2000.

[181] MAURICE B DUSSEAULT, BRETT C DAVIDSON, TIM J SPANOS. Pressure pulsing: The ups and downs of starting a new technology[J]. JCPT,2000,39(4):13-17.

[182] KURLENYA M V, SERDYUKOV S V. Low-frequency resonances of seismic luminescence of rocks in a low-energy vibration-seismic field[J]. Journal of Mining Science, 1999,35(1):1-5.

[183] 苏玉亮,吴春新,吴晓东. 特低渗油藏不同开发方式室内实验研究[J]. 实验力学,2011,26(4):442-446.

[184] 张敬辉. 微乳液降低水锁伤害实验研究[J]. 钻井液与完井液,2013,30(2):40-42,46,92-93.

[185] 徐艳丽,龙永福,王涛,等. 五里湾长 6 油藏聚表二元驱研究与应用[J]. 石油化工应用,2012,31(7):26-29,37.

[186] 李洪玺,刘全稳,何家雄,等. 物理模拟研究剩余油微观分布[J]. 新疆石油地质,2006,27(3):351-353.

[187] 王瑞飞,吕新华,国殿斌. 高压低渗砂岩油藏储层驱替特征及影响因素[J]. 中南大学学报(自然科学版),2012,43(3):1072-1079.

[188] 徐宏明,侯吉瑞,赵凤兰,等. 非均质油藏封窜及化学驱复合技术研究[J]. 油田化学,2013,30(1):80-82,95.

[189] 吴春新. 特低渗油藏开发方式优化研究[D]. 青岛:中国石油大学(华东),2011.

[190] 胡海霞. 彩 9 井区西山窑组油藏综合调整研究[D]. 荆州:长江大学,2012.

[191] 刘静,蒲春生,刘涛,等. 脉冲波作用下地层流体渗流规律研究[J]. 西安石油大学学报(自然科学版),2011,26(4):46-49,8.

[192] 库兹涅佐夫.应用复合新型声学技术提高枯竭油田开发效率[J].吐哈油气,2009,14(3):297-300.

[193] KURLENYA M V, SERDYUKOV S V. Study of the formation and relaxation processes of seismic luminescence for rocks in a low-energy vibration-seismic field[J]. Journal of Mining Science, 1999, 35(1): 6-11.

[194] KURLENYA M V, SERDYUKOV S V. Reaction of fluids of an oil-producing stratum to low-intensity vibro-seismic action[J]. Journal of Mining Science, 1999,35(2): 113-119.

[195] SERDYUKOV S V, KURLENYA M V. Mechanism of oil production stimulation by low-intensity seismic fields[J]. Acoustical Physics, 2007, 53(5): 618-628.

[196] 孙仁远,成国祥.人工振动对多孔介质中液体流动的影响[J].水动力学研究与进展,2004,19(4):552-557.

[197] 樊伟平.采油新技术的研究应用[D].内蒙古石油化工,2010(1):97-99.

[198] 马建国,金友煌.机械振动影响岩心渗透率的实验研究[J].西安石油学院学报,1996,11(5):8-15.

[199] 李明远,赵立志.声波振动与岩石表面润湿性[J].石油学报,1999,20(6):57-62.

[200] 王瑞飞,孙卫,张荣军,等.井下低频振动提高原油采收率技术研究[J].西北大学学报(自然科学版),2006,36(3):457-460.

[201] 薛中天,杨卫宇.非常规采油增产方法研究现状及发展思路[J].西安石油学院学报,1996,11(1):15-18.

[202] 王天波,李保国,刘中敏.低频脉冲振荡解堵仪的研制与应用[J].石油仪器,2000,14(2):11-14.

[203] 任波.人工谐振波对二元复合深部调驱影响规律研究[D].西安:西安石油大学,2011.

[204] 康美娟,蒲春生.复合振动增产增注技术的研究与展望[J].石油矿场机械,2007,36(11):77-79.

[205] 田扬.低频谐振波对生物酶驱油效果影响规律实验研究[D].西安:西安石油大学,2011.

[206] 吴晓明,张建国,王颖,等.振动辅助化学剂降粘的室内实验及现场应用[J].油气地质与采收率,2008,15(6):89-91.

[207] 楚子星.化学与物理复合降粘及解堵机理研究[D].青岛:中国石油大学(华东),2004.

[208] 朱建红,蒲春生,田扬,等.低渗透油藏复合生物酶驱油室内实验研究[J].油气地质与采收率,2012,19(2):33-36,113.

[209] 张磊,马华.低频人工谐振波对纳米微球深部调剖封堵效果影响[J].辽宁化工,2011,40(10):1106-1108.

[210] 时宇,蒲春生,杨正明,等.低频波动条件下流体平面渗流模型研究[J].特种油气藏,2008,15(3):69-71,79,108-109.

[211] 王萍,蒲春生,孟德嘉.水力振动技术:中晚期油田的强心剂[J].中国石油石化,2005(10):60.

[212] WESTERMARK R V, BRETT J F, MALONEY D R. Enhanced oil recovery with downhole vibration stimulation[C]. SPE 67303,2001.

[213] ARIADJI T. Effect of vibration on rock and fluid properties: On seeking the vibroseismic technology mechanisms[C]. SPE 93112,2005.

[214] HUH C. Improved oil recovery by seismic vibration: A preliminary assessment of possible mechanisms[C]. SPE 103870,2006.

[215] JOSE GIL CIDONCHA. Application of acoustic waves for reservoir stimulation[C]. SPE 108643, 2007.

[216] MARCEL FREHNER, STEFAN M SCHMALHOLZ, YURI PODLADCHIKOV. Interaction of seismic background noise with oscillating pore fluids causes spectral modifications of passive seismic measurements at low frequencies[C]. SEG/San Antonio 2007 Annual Meeting,2007:1307-1311.

[217] SERGEY KOSTROV, WILLIAM WOODEN. Possible Mechanisms and case studies for enhancement of oil recovery and production using in-situ seismic stimulation[C]. SPE 114025,2008.

[218] IRFAN KURAWLE, MOHIT KAUL, NAKUL MAHALLE, et al. Seismic EOR-the optimization of aging waterflood reservoirs[C]. SPE 123304,2009.

[219] LIE HUI ZHANG, PETER HO, YUN LI, et al. Low frequency vibration recovery enhancement process simulation[C]. SPE 51914,1999.

[220] ZHU T, XUTAO H, VAJJHA P. Downhole harmonic vibration oil-displacement system: A new IOR tool[C]. SPE 94001,2005.

[221] 于海力. 蒙古林砾岩油藏人工地震采油试验研究[J]. 地震工程与工程振动,2000,20(4):148-153.

[222] 班志强,姚建豪,补福. 井下低频电脉冲技术在河南油田的应用[J]. 测井技术,2002,26(3):238-241.

[223] 杨永超,邵理云. 人工地震提高采收率技术在濮城油田的先导试验及其效果[J]. 海洋石油,2005,25(4):67-70,83.

[224] 廖家汉,孙利,姜淑霞,等. 人工地震采油技术的研究与应用[J]. 钻采工艺,2003,26(5):56-58,6.

[225] 宋元新. 大功率低频谐振波采油波场分布与近井渗流特征研究[D]. 青岛:中国石油大学(华东),2010.

[226] 苗晓明,郑立功,陈刚. 低频声波振动采油技术在低渗透油田适应性探讨[J]. 中外能源,2010(12):57-59.

[227] 庞岁社,李花花,赵新智. 长庆低渗透油藏油层解堵技术综述[J]. 石油化工应用,2012,31(7):1-13.

[228] 杨顺贵,高鹰,吴旭光,等. 谐波井下振动驱油技术先导性试验[J]. 石油矿场机械,2004,33(2):93-94.

[229] 白海燕. 大庆外围低渗透油田波动采油现场试验[D]. 成都:西南石油大学,2006.

[230] 李旭. 井下自激振动采油技术理论与实验研究[D]. 青岛:中国石油大学(华东),2008.

[231] 贝君平,牛猛,徐涛,等. 人工低频波在渤南五区应用的可行性研究[J]. 内江科技,2012(3):65.

[232] 张鹏. 人工地震采油扰动系统与工艺技术研究[D]. 西安:西安石油大学,2011.

[233] 贝君平. 低渗透油藏大功率人工筒谐波强化采油技术研究与应用[D]. 青岛:中国石油大学(华东),2009.

[234] 王蓓,孔鹏,张玉雪,等. 地震波提高原油采收率的机理评价[J]. 国外油田工程,2007,23(11):10-13.

[235] 蒲春生,时宇. 井下低频水力振动器的工作特性研究[J]. 石油矿场机械,2005,34(6):23-27.

[236] 汪庐山,关悦,刘承杰,等. 利用油藏工程原理描述优势渗流通道的新方法[J]. 科学技术与工程,2013,13(5):1155-1159.

[237] 葛丽珍,陈丹磬,杨庆红. 利用核磁共振成像技术研究河流相非均质储层剩余油分布[J]. 中国海上油气,2014,26(2):51-54,60.

[238] 巩磊,黄涛,伍星,等. 根据可视化模拟研究确定调剖剂最佳投放位置[J]. 油气田地面工程,2014,33(10):37-38.

[239] 刘月田,孙保利,于永生. 大孔道模糊识别与定量计算方法[J]. 石油钻采工艺,2003,25(5): 54-59.

[240] 郑强,刘慧卿. 水驱油藏注采井连通体积计算[J]. 科学技术与工程,2012,28(12):7194-7197.

[241] 陈存良,牛伟,郭龙飞,等. 基于井间动态连通性计算低渗油藏窜流通道[J]. 科学技术与工程,2014,26(14):41-44.

[242] 赵修太,付敏杰,王增宝,等. 次生大孔道地层精细调堵可视化模拟研究[J]. 石油钻采工艺,2013,35(5):84-87.

[243] 蒲春生，陈庆栋，吴飞鹏，等. 致密砂岩油藏水平井分段压裂布缝与参数优化[J]. 石油钻探技术，2014,42(6):73-79.

[244] 石道涵，张兵，于浩然，等. 致密油藏低伤害醇基压裂液体系的研究与应用[J]. 陕西科技大学学报(自然科学版)，2014,32(1):101-104.

[245] 石道涵，张兵，何举涛，等. 鄂尔多斯长7致密砂岩储层体积压裂可行性评价[J]. 西安石油大学学报(自然科学版)，2014,29(1):52-55,7.

[246] 景成，蒲春生，周游，等. 基于成岩储集相测井响应特征定量评价致密气藏相对优质储层——以SULG东区致密气藏盒8上段成岩储集相为例[J]. 天然气地球科学，2014,25(5):657-664.

[247] 景成，蒲春生，宋子齐，等. SLG东区致密气储层最佳匹配测井系列优化评价[J]. 测井技术，2014,38(4):443-451,457.

[248] 景成，宋子齐，蒲春生，等. 基于岩石物理相分类确定致密气储层渗透率——以苏里格东区致密气储层渗透率研究为例[J]. 地球物理学进展，2013,28(6):3222-3230.

[249] 李淼，蒲春生，景成，等. GY油田储层成岩储集相分类及测井响应特征[J]. 岩性油气藏，2013,25(3):48-52.

[250] 谢新秋. 稠油热波耦合层内催化裂解降粘剂研究[D]. 青岛：中国石油大学(华东)，2011.

[251] 李斌，刘莉. 人工地震技术改善稠油蒸汽驱中后期开发效果[J]. 西部探矿工程，2011(11):51-52.

[252] 刘涛. 低渗透油藏注水井水力脉冲-化学深穿透解堵技术研究[D]. 青岛：中国石油大学(华东)，2011.

[253] 张荣军，蒲春生，董正远. 振动条件下地层流体渗流的数学模型[J]. 石油学报，2004,25(5):80-83.

[254] 王萍，蒲春生，孟德嘉，等. 国内外振动采油技术的研究及展望[J]. 石油矿场机械，2005,34(5):28-30.

[255] 张荣军，蒲春生，刘洋，等. 振动-化学复合解堵技术的研究与应用[J]. 特种油气藏，2004,11(2):56-59,101.

[256] 张荣军，蒲春生，聂翠平，等. 振动-酸压复合增产技术[J]. 天然气工业，2004,24(9):72-74,10.